高等学校"十二五"计算机规划教材·实用教程系列

计算机办公自动化实用教程
（Windows XP+Office 2007）

刘小豫　段　群　编

西北工業大學出版社

【内容简介】本书为高等学校“十二五”计算机规划教材，主要内容包括：办公自动化概述、计算机基础知识、Windows XP 操作系统与输入法、文字处理软件 Word 2007、电子表格软件 Excel 2007、演示文稿制作软件 PowerPoint 2007、计算机网络与 Internet 的应用、电脑办公常用软件、常用办公设备、计算机维护与故障排除、综合应用实例以及上机实验。各章后附有本章小结及操作练习，使读者在学习时更加得心应手，做到学以致用。

本书结构合理，内容系统全面，讲解由浅入深，实例丰富实用，既可作为各高等学校办公自动化基础课程的首选教材，也可作为各成人高校、民办高校及社会培训班的教材，同时还可供广大计算机爱好者自学参考。

图书在版编目（CIP）数据

计算机办公自动化实用教程：Windows XP + Office 2007/刘小豫，段群编．—西安：西北工业大学出版社，2011.5

高等学校“十二五”计算机规划教材·实用教程系列

ISBN 978-7-5612-3087-9

Ⅰ．①计…　Ⅱ．①刘…　②段…　Ⅲ．①Windows 操作系统—教材②办公自动化—应用软件，Office 2007—教材　Ⅳ．①TP316.7②TP317.1

中国版本图书馆 CIP 数据核字（2011）第 080640 号

出版发行：西北工业大学出版社
通信地址：西安市友谊西路 127 号　　邮编：710072
电　　话：（029）88493844　88491757
网　　址：www.nwpup.com
电子邮箱：computer@nwpup.com
印 刷 者：陕西兴平报社印刷厂
开　　本：787 mm×1 092 mm　1/16
印　　张：18
字　　数：478 千字
版　　次：2011 年 5 月第 1 版　　2011 年 5 月第 1 次印刷
定　　价：36.00 元

序言

2010 年召开的全国教育工作会议是新世纪以来第一次、改革开放以来第四次全国教育工作会议。在全面建设小康社会、教育开始从大国向强国迈进的关键时期，召开全国教育工作会议、颁布《国家中长期教育改革和发展规划纲要（2010—2020 年）》，是党中央、国务院作出的又一重大战略决策，是我国教育事业改革发展一个新的里程碑，意义重大，影响深远。

在《国家中长期教育改革和发展规划纲要（2010—2020 年）》中，对我国高等教育事业的改革和发展明确了指导思想，牢固确立人才培养在高校工作中的中心地位，着力培养信念执著、品德优良、知识丰富、本领过硬的高素质专门人才和拔尖创新人才，创立高校与高校、科研院所、行业、企业、地方联合培养人才的新机制，走产、学、研、用相结合之路。

在“十二五”规划中，对教育改革也提出了新的要求，按照优先发展、育人为本、改革创新、促进公平、提高质量的要求，深化教育教学改革，推动教育事业科学发展，全面提高高等教育质量。

近年来，我国高等教育呈现出快速发展的趋势，形成了适应国民经济建设和社会发展需要的多种层次、多种形式、学科门类基本齐全的高等教育体系，为社会主义现代化建设培养了大批高级专门人才，在国家经济建设、科技进步和社会发展中发挥了重要作用。

但是，高等教育质量还需要进一步提高，以适应经济社会发展的需要。不少高校的专业设置和结构不尽合理，教师队伍整体素质有待提高，人才培养模式、教学内容和方法需进一步转变，学生的实践能力和创新精神需进一步加强。

为了配合当前高等教育的现状和中国经济生活的发展状况，依据教育部的有关精神，紧密配合教育部已经启动的高等学校教学质量与教学改革工程精品课程建设工作，通过全面的调研和认真研究，我们组织出版了“高等学校‘十二五’计算机规划教材·实用教程系列”教材。

本系列教材旨在“以培养高质量的人才为目标，以学生的就业为导向”，在教材的编写中结合工作实际应用，切合教学改革需要，提高人才培养的能力和水平，更好地满足经济社会发展对高素质人才的需要。

主要特色

⊙ 中文版本、易教易学

本系列教材选取在工作中最普遍、最易掌握的应用软件的中文版本，突出“易教学、易操作”，结构合理、循序渐进、讲解清晰。

⊙ **内容全面、图文并茂**

本系列教材合理安排基础知识和实践知识的比例，基础知识以“必需、够用”为度，内容系统全面，图文并茂。

⊙ **结构合理、实例典型**

本系列教材以培养实用型和创新型人才为目标，在全面讲解实用知识的基础上拓展学生的思维空间，以实例带动知识点，诠释实际项目的设计理念，实例典型，切合实际应用，并配有上机实验。

⊙ **体现教与学的互动性**

本系列教材从“教”与“学”的角度出发，重点体现教师和学生的互动交流。将精练的理论和实用的行业范例相结合，使学生在课堂上就能掌握行业技术应用，做到理论和实践并重。

⊙ **与实际工作相结合**

开辟培养技术应用型人才的第二课堂，注重学生素质培养，与企业一线人才要求对接，充实实际操作经验，将教育、训练、应用三者有机结合，使学生一毕业就能胜任工作，增强学生的就业竞争力。

读者对象

本系列教材的读者对象为高等学校师生和需要进行计算机相关知识培训的专业人士，同时也可供从事其他行业的计算机爱好者自学参考。

结束语

希望广大师生在使用过程中提出宝贵意见，以便我们在今后的工作中不断地改进和完善，使本系列教材成为高等学校教育的精品教材。

西北工业大学出版社

2011 年 3 月

前 言

随着计算机技术的飞速发展，计算机在社会、经济和生活中的地位日益重要。计算机知识与应用能力是培养跨世纪的高等专业技术人才极其重要的组成部分。

计算机技术的发展更多地代表着信息技术的发展，在计算机广泛使用和无纸办公发展的今天，熟练掌握 Office 2007 的使用和上网操作已成为广大办公人员必须具备的基本技能。

本书以“基础知识+课堂实战+综合实例+上机实验”为主线，以常用的 Windows XP 作为操作平台，对 Office 2007 的各个组件进行循序渐进的讲解，使读者能快速直观地了解和掌握 Office 2007 的基本使用方法、操作技巧和行业实际应用，为步入职业生涯打下良好的基础。

本书内容

全书共分 12 章。其中第 1～2 章主要介绍办公自动化与计算机的基础知识；第 3 章主要介绍 Windows XP 操作系统与输入法的相关知识；第 4～6 章主要介绍 Word 2007、Excel 2007 和 PowerPoint 2007 的基本操作与使用技巧；第 7 章主要介绍 Internet 的基础知识与应用；第 8 及第 9 章主要介绍办公设备和常用工具软件的使用；第 10 章主要介绍计算机维护与故障排除。第 11 章列举了几个有代表性的综合实例，第 12 章是上机实验，通过理论联系实际，帮助读者举一反三、学以致用，进一步巩固所学的知识。

读者定位

本书结构合理，内容系统全面，讲解由浅入深，实例丰富实用，既可作为各高等学校办公自动化基础课程的首选教材，也可作为各成人高校、民办高校及社会培训班的教材，同时还可供广大计算机爱好者自学参考。

本书由刘小豫、段群编写，第 1，4，5，6，11，12 章由刘小豫编写；第 2，3，7，8，9，10 章由段群编写。

本书力求严谨细致，但由于水平有限，书中难免出现疏漏与不妥之处，敬请广大读者批评指正。

编　者

目录

第 1 章　办公自动化概述

办公自动化是信息化社会最重要的标志之一，它将人、计算机和信息三者结合为一个办公自动化系统，构成一个服务于办公业务的人—机信息处理系统。通过使用先进的机器设备和技术，办公人员可以充分利用各种办公信息资源，从而提高办公效率，使办公业务从事务级进入管理级，甚至辅助决策，将办公和管理提高到一个崭新的水平。

知识要点

- ⊙ 办公自动化概述
- ⊙ 计算机办公的常用设备
- ⊙ 计算机办公的常用软件

1.1　办公自动化概述

信息技术的发展推动了整个社会的信息化进程，并改变了传统的办公模式。计算机、打印机、复印机等办公设备的出现，更使得办公自动化的程度越来越高。因此，办公人员只有掌握办公自动化相应的操作技能，才能胜任现代化办公，逐步提高工作效率。

1.1.1　办公自动化的概念

办公自动化（Office Automation，简称 OA）是信息化社会最重要的标志之一，它,利用现代化的设备和技术全部或部分代替办公人员的工作，从而实现高效地处理办公信息和办公事务。

在 20 世纪 80 年代中期，我国办公自动化专家会议对办公自动化作了如下定义：办公自动化是利用先进的科学技术，不断使人的办公业务活动物化于人以外的各种设备，并由这些设备与办公室人员构成服务于某种目标的人—机信息处理系统。其目的是充分地利用信息资源提高生产效率、工作效率和质量并辅助决策，求取更好的效果以达到既定（即经济、政治、军事或其他方面的）目标。一个完整的办公自动化系统应包括 4 个基本环节，即信息采集、信息加工、信息传输和信息保存，其中的核心任务是为各领域各层次的办公人员提供所需运用的信息。

借助于各种办公软件和现代设备，办公自动化集许多独立的办公职能于一体，实现用户工作的自动化（如信息交流、文字处理）和协同工作的流程化（如车辆预订），从而使得各项办公工作高效、快捷、方便地进行。

1.1.2　办公自动化的优点

在实际的办公活动中，借助于各种办公软件和现代化办公设备，可以实现收发文件管理、会议管理、远程办公、浏览信息、信息交流等功能，从而提高工作效率。

目前，常用的办公自动化软件都具有其各自的功能模块，这些模块所实现的功能实际上就是办公自动化的优点，概括起来主要包括以下几个方面。

（1）网络服务模块：提供电子邮件、电子公告、电子论坛等功能，为用户创建方便快捷的信息传送和交流的平台。

（2）信息发布模块：用户可以根据自身的需要定制网站，对外部以及内部发布各种信息。

（3）日常工作模块：用户可以使用该模块中的任务提示、工作计划和日程安排等功能，安排管理日常工作。

（4）行政管理模块：用户可以使用该模块中的会议管理、员工档案、考勤、档案管理等功能为行政管理提供帮助。

（5）后勤管理模块：用户可以使用该模块中的制度查询、学习培训、用餐及车辆预订等功能，减轻后勤工作者的负担。

（6）系统管理模块：可用于管理本系统的工作人员、用户组、权限以及系统维护等工作。

1.1.3 办公自动化的现状与发展趋势

如今计算机已渐渐融入日常办公中，办公自动化已由传统的局域网内的互联互通进入到了支持移动办公、远程办公管理等更广阔的领域。

使用计算机进行办公已经经历了办公计算机化、办公网络化、网络程序化 3 个过程，现在正向网络办公智能化迈进。

（1）办公计算机化：在办公的过程中可以使用计算机，制作文档、保存数据、打印文件，并使用一些单机版软件等。

（2）办公网络化：随着网络的诞生，将计算机与互联网连接，可以实现资源共享。

（3）网络程序化：在办公网络化的基础上，有了网络办公软件的办公平台，可以在网络上对办公文档实现轻松有序的管理。

（4）网络办公智能化：采用 Internet 或 Intranet 技术，基于工作流的概念，使企业内部人员方便、快捷地共享信息，高效地协同工作，改变过去复杂、低效的手工办公方式，实现迅速、全方位的信息采集、信息处理，为企业的管理和决策提供科学的依据。

1.2 计算机办公的常用设备

在办公活动中，离不开办公设备的使用。借助这些设备，可以帮助人们完成各种工作，大大提高工作效率，减轻人们的劳动强度，下面分别对它们进行介绍。

1.2.1 计算机

一台计算机是现代办公人员工作中必不可少的工具，而一台外形优雅、性能稳定的商务计算机，再配以辅助办公设备，不但可以辅助办公人员进行日常工作，而且还可以提高工作效率。

计算机是一种高度自动化并能进行快速运算的电子设备，也可以用来对数据、文字、图像、声音等信息进行存储、加工与处理。它具有运算速度快，存储和逻辑判断能力强，通用性和可靠性高等优点，被广泛应用在科学计算、数据处理、过程控制、计算机辅助系统、人工智能、电子商务和网络通信等领域，如图 1.2.1 所示的是两种不同类型的计算机。

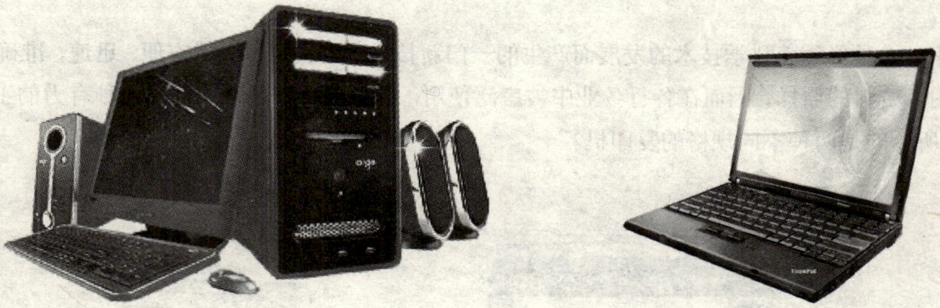

台式机　　笔记本计算机

图 1.2.1　两种不同类型的计算机

1.2.2　打印机

打印机是计算机的重要输出设备，它可将计算机中的文档文件和图形文件快速、准确地打印到纸质媒体上，以供人们查阅、保存等。常见的打印机有三大类：针式打印机、喷墨打印机和激光打印机，如图 1.2.2 所示的是激光打印机和喷墨打印机。

激光打印机　　喷墨打印机

图 1.2.2　激光打印机和喷墨打印机

1.2.3　扫描仪

扫描仪是一种光机电一体化的高科技产品，是除键盘和鼠标之外，计算机使用最广泛的输入设备。使用扫描仪可以将文字、图片等信息输入到计算机中，这样，可以大大提高工作效率，减少重复性劳动，如图 1.2.3 所示的是惠普公司生产的两种不同规格的扫描仪。

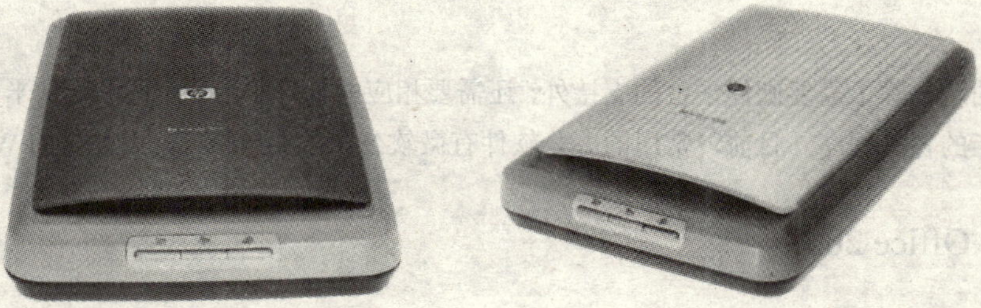

图 1.2.3　扫描仪

1.2.4 复印机

复印技术是伴随着科学技术的发展而产生的一门新技术。由于复印机能方便、迅速、准确地复制文字和图形资料的原样，因而在各行各业中被广泛使用，成为实现办公自动化的一种有力的工具，如图 1.2.4 所示的是两种不同规格的复印机。

图 1.2.4 复印机

1.2.5 传真机

传真机可以通过通信线路，将文字、图表和照片等纸页式静止图像信号从一端传送到另一端，并影印在纸上得到与发送方完全相同的副本。

传真机作为一种信息的传递工具，具有方便、快捷、准确和费用低等优势，已成为企事业单位办公必不可少的工具，如图 1.2.5 所示的是两种不同品牌的传真机。

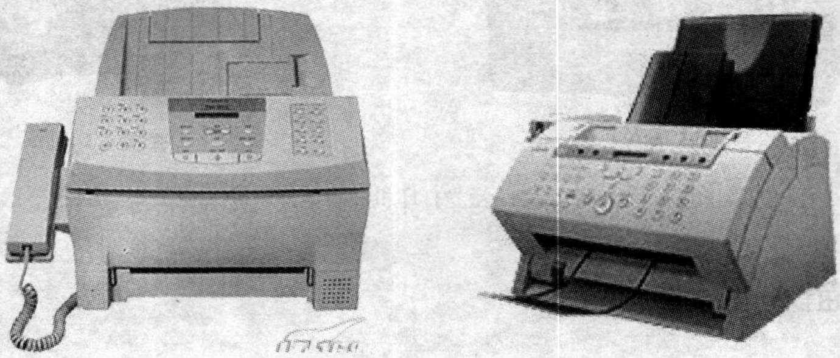

图 1.2.5 传真机

1.3 计算机办公常用软件

计算机的运行除了需要硬件平台的支持外，还需要相应的软件平台。计算机软件平台是指运行在计算机硬件上的各种程序。目前，常用的办公软件有微软公司的 Office，金山公司的 WPS 等。

1.3.1 Office 2007

Microsoft Office 是微软公司开发的办公自动化软件，Office 2007 是其最新的版本。该软件是一个庞大的办公软件和工具软件的集合。

使用 Office 可以帮助用户更好地完成日常办公和公司的各项业务。Office 2007 办公软件由 Word 2007，Excel 2007，PowerPoint 2007，Access 2007 以及 Outlook 2007 等办公组件组成。

使用 Word 2007 可以进行书信、公文、报告、论文、商业合同及报纸书刊等的排版工作。

使用 Excel 2007 可以进行列写清单、预算、统计、数据跟踪、数据汇总、函数运算、财务报表的统计等计算量较大的工作。

使用 PowerPoint 2007 可以制作幻灯片、演示文稿、贺卡、流程图、组织结构图、投影片及教学课件等。

使用 Access 2007 可以建立通信录、客户订单、图书、歌曲等各种不同类型的数据库，并可根据需要对其进行管理和维护。

使用 FrontPage 2007 可以方便、快捷、高效地为公司或个人制作网页。

使用 Outlook 2007 可以更轻松地管理所接收到的电子邮件。

此外，Word，Excel，PowerPoint 和 Access 等组件之间的内容可以互相调用，互相链接。也可以将这些组件结合在一起使用，以便使文档、电子表格、演示文稿、数据库等综合起来，进一步满足人们的工作需求。

1.3.2　其他常用办公软件

除了微软公司的 Office 办公软件以外，常用的办公软件还包括金山公司的 WPS Office 以及永中 Office 等办公软件。除此以外，在使用计算机进行日常办公时，还会用到一些其他软件。

（1）下载软件。常用的下载软件包括网际快车、网络蚂蚁、迅雷、电驴等。使用这些软件可以大幅度提高下载速度，并且可以十分方便地管理下载的文件。

（2）输入法软件。常用的输入法软件包括智能 ABC 输入法、王码五笔输入法、极品五笔输入法、紫光拼音输入法等，使用输入法软件可以十分方便地将文字输入到计算机中。

（3）解压、压缩软件。常用的解压、压缩软件包括 WinRAR，WinZip 等。使用这些软件可以帮助用户将一些较大的文件压缩成较小的文件，以便于进行网络传输，也可以将一些压缩文件进行解压，以方便用户进行查看。

（4）邮件管理软件。常用的邮件管理软件包括 Outlook Express，Foxmail 等。使用这些软件，可以更好地管理电子邮件。

（5）图片浏览软件。常用的图片浏览软件包括 ACDSee，ACP 等。使用这些软件可以方便地浏览计算机中的图片，还可以对图片进行修改等操作。

（6）即时通信软件。常用的即时通信软件包括腾讯 QQ、微软的 MSN 等。使用这些软件可以与网络中的朋友进行交流或文件传输。

1.4　搭建计算机自动化办公平台

对于大多数公司来说，利用 Windows 操作系统以及 Internet 就可以搭建花费少、效率高的办公自动化平台。

1．平台软件的选择

利用 Windows 操作系统搭建的自动化办公平台可供选择的应用软件很多，例如 Microsoft Office 或 WPS Office 系列办公软件，再加上一些其他专业软件就可以了。

2．平台硬件的要求

如果公司不需要建立自己的内部办公网，可以通过 Internet 将办公用的计算机相互连接起来，这时只需要可以上网的计算机及常用的办公设备，比如传真机、复印机、打印机等。如果公司希望构建自己的内部办公网，则还要添置服务器、集线器或路由器等设备。

本 章 小 结

本章主要讲述了计算机办公基础知识、计算机办公的常用设备和计算机办公的常用软件。通过本章的学习，读者应该对计算机办公的概念及常用的办公设备、办公软件有最基本的认识和了解，为以后的学习奠定良好的基础。

操 作 练 习

一、填空题

1．计算机办公可以应用在_________、_________、_________、_________和档案管理中。

2．计算机办公除了使工作更加轻松，还有_________、_________、_________、_________优势。

3．常用的计算机办公设备包括_________、_________、_________、_________和传真机。

二、选择题

1．用计算机进行办公经历了（　）的过程。

（A）办公计算机化　　（B）办公网络化

（C）网络程序化　　（D）A，B 和 C

2．常见的打印机有（　）。

（A）针式打印机　　（B）喷墨打印机

（C）激光打印机　　（D）A，B 和 C

三、简答题

1．什么是计算机办公？

2．常用的办公软件有哪些？

第 2 章　计算机基础知识

计算机俗称电脑，是 20 世纪人类社会最伟大的科技成果之一，计算机的广泛应用改变了人类社会的现状。随着微型计算机的出现以及计算机网络的发展，计算机逐渐成为人们在工作和生活中不可缺少的工具，掌握计算机的使用也逐渐成为人们必不可少的技能。

知识要点

- ⊙ 计算机概述
- ⊙ 计算机的组成
- ⊙ 计算机外设的连接
- ⊙ 启动和关闭计算机
- ⊙ 鼠标的操作

2.1　计算机概述

计算机从最早的自动计算机（也叫机械计算机）到现在的数字式电子计算机（Numerical Electronic Computer，也叫电子计算机），其性能不断提高，而价格却越来越低，并逐步从尖端科学领域进入人们日常的工作和生活中，用于数值的计算及信息的处理等。

2.1.1　计算机的发展

计算机从诞生至今，经历了 5 次较大的发展，下面将对其各个阶段的发展情况进行简单介绍。

1．计算机的诞生与发展

世界上第一台电子数字积分计算机 ENIAC（Electronic Numerical Integrator And Calculator）于 1946 年 2 月 15 日在美国的宾夕法尼亚大学问世。在体积上，ENIAC 非常巨大，质量超过 27 000 千克（60 000 磅），占满了一个大房间。现在看来，当时 ENIAC 的计算能力可能还比不上今天的计算器，但是它为后来计算机的发展奠定了技术基础。它的诞生标志着电子计算机时代的到来，其外观如图 2.1.1 所示。

图 2.1.1　世界上第一台计算机 ENIAC

与早期的那些机器相比，今天的计算机令人惊异，不仅速度快，而且还可以放在桌子上、膝盖上，甚至口袋里。

2．各阶段计算机的比较

计算机发展到今天，多数人认为电子器件、计算机系统结构和计算机软件技术是影响计算机发展的重要因素，其中电子器件中半导体技术的发展则是推动计算机不断发展的主要标志。迄今为止，经过 60 多个春秋，电子计算机大致经历了以电子管、晶体管、集成电路、大规模和超大规模集成电路为主要特征的 4 个阶段的发展，并向新一代电子计算机过渡。根据计算机硬件所采用电子器件的不同，各阶段计算机的比较如表 2.1 所示。

表 2.1　各阶段计算机的比较

参数＼阶段	第一代（1946－1957 年）	第二代（1958－1964 年）	第三代（1965－1970 年）	第四代（1971 年至今）
电子器件	电子管	晶体管	中、小规模集成电路	大规模和超大规模集成电路
主存储器	磁芯、磁鼓	磁芯、磁鼓	磁芯、磁鼓、半导体存储器	半导体存储器
外部辅助存储器	磁带、磁鼓	磁带、磁鼓、磁盘	磁带、磁鼓、磁盘	磁带、磁盘、光盘
处理方式	机器语言 汇编语言	监控程序 作业批量连续处理 高级语言编译	多道程序 实时处理	实时、分时处理 网络操作系统
运算速度（次/秒）	5 千～3 万	几十万～1 百万	1 百万～几百万	几百万～几万亿
典型机种	ENIAC EDVAC IBM 705	IBM 7000 CDC 6600	IBM 360 PDP 11 NOVA 1200	IBM 370 VAX II IBM PC

3．新一代计算机

习惯上人们将新一代计算机称为第五代计算机，新一代计算机无论是工作原理、体系结构，还是软件配置都应与前四代截然不同。人们普遍认为，新一代计算机应该具有高度的智能，即不仅能存储独立的信息，而且应能存储有机的知识；不仅能处理数据，而且应能提供知识，进行推理；不仅能简单地重复执行人的命令，还应具有一定的学习功能。如神经网络计算机、分子计算机、量子计算机和生物计算机等。

展望未来计算机，其发展方向主要为巨型化、微型化、网络化和智能化。

（1）巨型化。巨型化是指运算速度快、大容量、高性能的巨型计算机。巨型计算机的发展体现了计算机科学技术的发展水平。为了满足诸如天文、气象、宇航等尖端科学以及探索新兴科学（如基因工程）的需要，也为了能让计算机具有人脑学习、推理的复杂功能，人类发展了高速、大容量和功能强大的巨型化计算机。巨型计算机运算速度可高达每秒数万亿次，大大缩短了复杂科学计算的时间。

（2）微型化。微型化是指高集成度的计算机，主要分为单片机和微型机。微型机通常也叫做个人计算机。个人计算机的发展集中体现了计算机科学技术的发展水平。它推动了计算机体系结构、硬件与软件的理论与技术、计算数学以及计算机应用等多个科学分支的发展。

（3）网络化。网络化是指通过有线或无线通信线路，将不同位置的独立计算机连接起来，以进行通信和资源共享。它的发展使得用户可以在同一时间、不同地点使用计算机网络系统，从而大大提高了计算机的使用效率。

（4）智能化。智能化计算机是一种有知识、会学习、能推理的计算机，具有能理解自然语言、声音、文字和图像的能力，并且具有说话的能力，能够用自然语言直接与人对话。它可以利用已有的和不断学到的知识进行思维、联想、推理，并得出结论；能解决复杂问题，具有汇集、记忆、检索有关知识的能力。智能计算机突破了传统的冯·诺依曼式机器的概念，舍弃了二进制结构，把许多处理机并联起来，并行处理信息，大大提高了运行速度。

2.1.2　计算机的特点

目前，计算机获得了空前广泛的应用，这与计算机本身所具有的特点是密不可分的，计算机的特点主要包括以下几个方面。

1．运算速度快

目前最快的巨型机——中国的“天河一号”运行速度已达每秒 2 570 万亿次，这是传统计算工具所无法比拟的。随着技术的进步，计算机的运算速度还在不断提高。

2．计算精度高

计算机的运算精度取决于机器的字长，字长越长，精度越高。由于计算机采用二进制表示数据，因此易于扩充机器字长。不同型号计算机的字长有 8 位、16 位、32 位、64 位等，为了获取更高的精度，还可以进行双倍字长或多倍字长的运算，甚至达到数百位二进制的位运算。

3．存储容量大

计算机的存储器可以把原始数据、中间结果以及运算指令等存储起来备用。存储器不仅可以存储大量的信息，还能够快速而准确地存入或读取这些信息。存储容量的大小标志着计算机记忆能力的强弱。采用半导体存储元件作为存储器的计算机，其主存容量可达几 GB，其辅存容量可达几百 GB，而且吞吐量很高。

4．判断能力强

计算机除了具有高速、高精度的计算能力外，还具有对文字、符号、数字等进行逻辑推理和判断的能力。人工智能机的出现将进一步提高其推理、判断、思维、学习、记忆与积累的能力，从而可以代替人脑更多的功能。

5．工作自动化

计算机的内部操作是按照人们事先编好的程序自动进行的。只要将事先编写好的程序输入到计算机中，计算机就会自动按照程序规定的步骤来完成预定的处理任务，而不需要人工干预，且通用性很强，是现代化、自动化、信息化的基本技术手段。

6．可靠性强

随着科学技术的不断发展，电子技术也正发生着很大的变化，电子器件的可靠性也越来越高。在计算机的设计过程中，通过采用新的结构可以使其具有更高的可靠性。

2.1.3　计算机的分类

由于计算机的种类繁多，故目前对计算机的分类尚无统一的标准，有的按应用范围划分，有的则按性能和规模分类。如前面曾以电子开关器件的更新作为计算机分类的特征，把电子管计算机称为第一代计算机，晶体管计算机称为第二代计算机，中小规模集成电路计算机称为第三代计算机，20 世纪 70 年代中期以后采用大规模和超大规模集成电路的计算机统称为第四代计算机。这一时代见证了微型计算机的诞生，第二代存储媒体（CD-ROM，DVD-ROM 等）的改进，多媒体技术的应用以及计算机网络的迅猛发展。

1．按应用范围分类

从应用范围的角度，可将计算机分为以下两种：

（1）通用计算机。通用计算机用途广泛，适用于各种应用领域。如科学与工程计算、数据处理和过程控制等。

（2）专用计算机。专用计算机只适合某一方面的特殊应用。如炼油、化工、造纸、水泥、电力、冶金、纺织等连续性生产过程以及船舶、飞机的航行过程等。

随着微电子技术的发展，通用微处理机芯片的集成度和性价比不断提高。在很多场合下通用计算机已可涵盖和代替专用计算机，而在另外很多场合下，专用计算机又可以直接装入机电设备、仪器仪表或家电设备内部，成为其中的一个部件，这就是嵌入式计算机。

2．按规模性能分类

国际上按照计算机的规模性能，将其划分为巨型机、大型机、小巨型机、小型机、工作站和个人计算机六大类。

（1）巨型机。巨型机亦称为超级计算机（Super Computer），是计算机家族中价格最贵、运算速度最高、存储容量和体积最大、功能最强的一类计算机。主要用于国家级高科技领域和国防尖端技术中。

（2）大型机。国外习惯上将大型计算机（Mainframe）称为主机，它是通用系列计算机中的高端机种。其性能仅次于巨型机，支持批处理、分时处理、并行处理等，通常用于大型企业、银行、重点高校、石油勘探、地球物理研究以及气象部门中。

（3）小巨型机。小巨型机是新发展起来的小型超级计算机或桌面型超级计算机。它可以使巨型机缩小成 PC 机大小，或使 PC 机具有超级计算机的性能，使之具有较高的性能价格比。

（4）小型机。与大型机相比，小型机（Minicomputer）规模小、结构相对简单、价格便宜、维修使用方便，多用在大型数据库和联机事务处理，如工商业、高等院校中。

（5）工作站。工作站（Work Station）是界于小型机和 PC 机之间的一种高档台式计算机。工作站大都配置有高分辨率的大屏幕显示器和大容量的存储器以及 UNIX 操作系统。它功能强、速度快，主要用于图形图像处理和计算机辅助设计中，所以常称之为图形工作站。需要说明的是，这里的工作站与网络中的“工作站（客户机）”两者是不同的。

（6）个人计算机。个人计算机（Personal Computer）是为每次一人使用而设计的计算机，又称为 PC 机，它是目前应用最多的价格低廉的计算机。

值得注意的是，目前各型计算机之间的界线已逐渐模糊，多有融合于服务器之中的趋势或演变为不同规模的服务器。服务器（Server）是在网络环境或客户—服务器模型中为客户提供服务的高档计算机。服务器上必须安装运行网络操作系统。

2.1.4 计算机的应用

随着计算机技术的发展，计算机在越来越多的领域中得到广泛的应用，主要包括科学计算、数据处理、自动控制、辅助功能、网络通信、人工智能等方面。

1. 科学计算

科学计算也称为数值计算，是计算机最早的应用领域，高速度、高精度的运算是人工运算所望尘莫及的。现代科学技术中有大量复杂的数值计算，例如在地震预测、气象预报、工程设计、火箭和卫星发射等尖端科技领域，都离不开计算机的精确计算，从而大大节省了人力、物力和时间。

2. 数据处理

数据处理也称为非数值计算，是对大量数据进行处理，得到有用的数据信息。数据处理被广泛地应用在办公自动化、事务管理、情报分析、企业管理等方面。

3. 自动控制

自动控制也称为过程控制或实时控制，是指用计算机对连续工作的控制对象实行自动控制，并及时采集检测数据，按最优方案实现自动控制。主要应用在宇航、军事领域以及工业生产系统，例如航天飞机的飞行、军事目标的全球定位与控制、集成电路板的生产以及炼钢过程中的计算机控制等。

4. 辅助功能

计算机可以辅助工程中的计算、设计、制造、测试等多个方面，如辅助设计电路、机器加工控制、服装设计等。计算机辅助教学可以使用计算机代替或部分代替教师传授知识，实现教学自动化。

5. 网络通信

网络通信是指利用计算机网络实现信息的传递、交换和传播。随着计算机网络的快速发展，人们很容易实现不同地区间、国际间的通信以及各种数据的传输与处理，从而改变人们的时空观念。目前，计算机已广泛应用于因特网（Internet），使全球信息得到更快的传输和更大的共享。

6. 人工智能

人工智能一般是指利用计算机来模拟人脑进行演绎推理和决策分析的过程。人工智能主要研究的是将人脑进行思维的过程编成计算机程序，在计算机中存储一些公式和规则，然后让计算机自动探索解答的方法。主要应用在机器人、机器翻译、模式识别等方面。

2.2　计算机的组成

计算机是由硬件和软件两大部分组成的，它们既相互依存，又互为补充。计算机硬件的性能决定了计算机软件的运行速度、显示效果，而计算机软件则决定了计算机可进行的工作。硬件是计算机系统的躯体，软件是计算机的头脑和灵魂，只有将这两者有效地结合起来，计算机系统才能成为有生命、有活力的系统。

2.2.1　硬件系统

计算机硬件系统是指构成计算机物理结构的电气、电子和机械部件，它是计算机系统的物质基础。1946 年冯·诺依曼提出了计算机的硬件结构，其主要由运算器、控制器、存储器、输入设备和输出设备 5 大基本部件组成，其中以运算器为中心，其结构如图 2.2.1 所示。

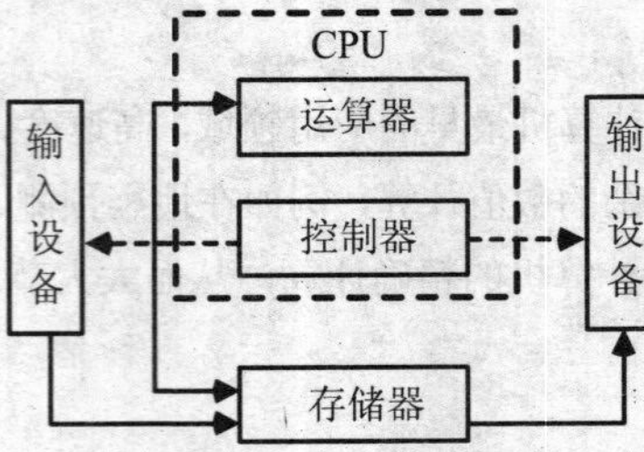

图 2.2.1 计算机硬件结构

（1）运算器。运算器负责数据的算术运算和逻辑运算，是对数据进行加工处理的部件。算术运算指的是加、减、乘、除等各种数值的运算；逻辑运算指进行逻辑判断、逻辑比较的非数值运算。

（2）控制器。控制器是计算机的指挥控制中心，是计算机的“神经中枢”。它负责统一指挥计算机各部分协调地工作，能根据人们事先安排好的指令发出各种控制信号来控制各个部件的工作。

（3）存储器。存储器是计算机的记忆部件，负责存储程序和数据，并根据命令提示程序和数据。通常存储器可分为内存储器和外存储器，内存储器简称为内存，它可以与 CPU、输入设备和输出设备之间交换或传递信息；外存储器简称为外存，主要用来存放用户所需的大量信息。常用的外存储器有硬盘、移动硬盘、光盘、U 盘等。

（4）输入设备。输入设备是计算机用来接收外界信息的设备。它主要是把程序、数据和各种信息转换成计算机能识别接收的电信号，按顺序送往计算机内存中。目前，常用的输入设备有键盘、鼠标、扫描仪等。

（5）输出设备。输出设备是将计算机内部的信息打印或显示出来的设备，常用的输出设备有显示器、打印机、绘图仪等。

从外观上看，计算机的硬件系统包括主机、显示器、键盘、鼠标、音箱等，如图 2.2.2 所示。

图 2.2.2 计算机硬件系统

一般把计算机机箱及其以内的所有硬件合称为主机，其他各种类型的输入/输出设备及存储设备统称为外设。

1. 主机

从外观上看，主机主要包括主板、中央处理器（CPU）、内存、显卡、声卡、网卡、硬盘、光驱、电源和机箱等部件。

（1）主板。主板是计算机机箱内最大的一块电路板，它是组成计算机的主要电路系统，其性能的好坏直接决定计算机的整体性能。主板上主要包括 CPU 插座、内存插槽、总线扩展槽以及串行和并行端口等，如图 2.2.3 所示。

（2）中央处理器。中央处理器就是通常所说的 CPU，它由控制器和运算器两个部件组成。运算器用于对数据进行算术运算和逻辑运算；控制器用于对程序所执行的指令进行分析，并协调计算机各个部件的工作。CPU 在很大程度上决定了计算机的基本性能，它是计算机的“大脑”，用来控制管理计算机各个部分的正常运行，其外观如图 2.2.4 所示。

（3）内存。内存是计算机 CPU 与硬盘之间传输数据的桥梁，它的主要功能是存放数据、执行命令、存储结果，并根据需要写入或者读出数据，如图 2.2.5 所示。

图 2.2.3　主板

图 2.2.4　中央处理器

图 2.2.5　内存条

（4）显卡。显卡是计算机中控制图形图像输出的重要组成部分，显卡的优劣直接影响图形图像的输出效果，如图 2.2.6 所示。

（5）声卡。声卡是计算机中处理声音信息的重要组成部分，对于一些多媒体制作者来说，声卡起着非常重要的作用，如图 2.2.7 所示。

（6）网卡。网卡在计算机中的主要作用就是连接到 Internet 或者是连接局域网，如图 2.2.8 所示。

图 2.2.6　显卡

图 2.2.7　声卡

图 2.2.8　网卡

（7）光驱。光驱是计算机读取外部信息的一个重要设备，如图 2.2.9 所示。光驱分为 CD-ROM、DVD-ROM、CD 刻录机和 DVD 刻录机 4 种。如果安装的是刻录机，那么计算机可以将数据通过刻录机写入光盘。

（8）硬盘。硬盘是计算机中一种主要的外部存储器，如图 2.2.10 所示。硬盘最大的特点就是存储容量大，同时具有存取速度快、可靠性高、每兆字节成本低等优点。目前，常见的硬盘容量是 160 GB 和 250 GB。

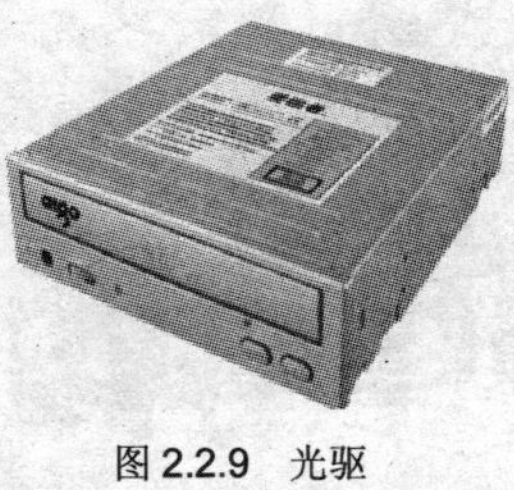

图 2.2.9　光驱

图 2.2.10　硬盘

（9）机箱。机箱是用来固定计算机全部硬件的装置，电源是计算机的供电装置，如图 2.2.11 所示。

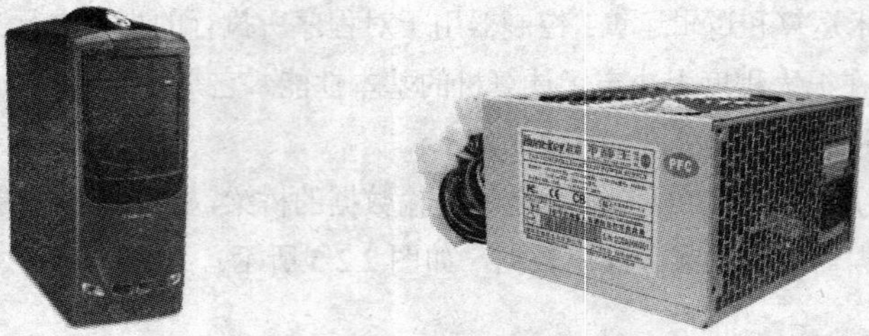

图 2.2.11　机箱和电源

2．基本外设

基本外设主要由显示器、键盘、鼠标、音箱组成。

（1）显示器。显示器是计算机最基本也是最常用的输出设备，其主要功能是把计算机处理过的结果以图像的形式显示出来。常见的显示器有 CRT 显示器和 LCD 显示器两种，如图 2.2.12 所示。

图 2.2.12　CRT 显示器和 LCD 显示器

（2）键盘和鼠标。键盘是计算机系统中最基本的输入设备，用户可通过键盘向计算机输入各种命令。鼠标作为视窗软件或者绘图软件的首选输入设备，在应用软件的支持下可以快速、方便地完成某个特定的功能。键盘和鼠标的外观如图 2.2.13 所示。

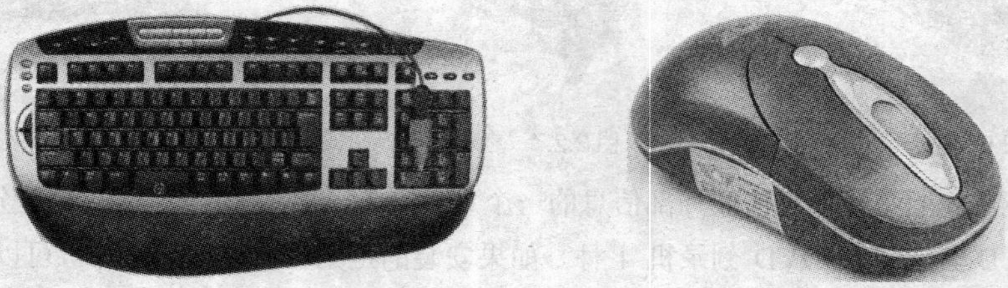

图 2.2.13　键盘和鼠标

（3）音箱。音箱用于对声音信号进行还原再现。随着人们生活水平的不断提高，人们对音箱品质的要求也越来越高，如图 2.2.14 所示。

图 2.2.14　音箱

2.2.2　软件系统

只安装硬件的计算机称为“裸机”，它不能够独立完成任何具有实际意义的工作。一台计算机的整体性能取决于硬件系统和软件系统两个方面，只有将性能卓越的硬件与功能强大的配套软件有机结合起来，才能更好地发挥计算机的功能。

计算机软件是根据解决问题的方法、思想和过程编写的程序的有序集合。人们通过软件控制计算机各部件和设备的正常运行。软件按照其功能可以分为系统软件和应用软件。

系统软件是为管理、监控和维护计算机资源所设计的软件。操作系统是最重要的系统软件，它是用来管理计算机硬件资源的基本程序，通常具有进程管理、存储管理、文件管理、网络管理及作业管理等功能。目前比较流行的操作系统有 Windows XP，Windows 7，Linux 等。

应用软件是指专门为某一领域编制的软件，如要编辑文档，可以使用 Word 2003；要播放电影，可以使用 Windows Media Player，这些软件都属于应用软件。

2.3　计算机外设的连接

购买计算机后，接下来的工作就是连接计算机的各个部件。一般情况下，计算机销售商会帮助用户安装主机箱内部的部件，而计算机的外设，如显示器、电源、键盘、鼠标、音箱和网线等则需要用户自己安装。

2.3.1　显示器的连接

在显示器的背后有两根线，先将带有针形插头的显示器数据信号线与计算机主机箱背面的显卡输出接口相连并拧紧信号线两边的紧固螺钉，避免接触不良造成画面不稳定的现象，如图 2.3.1 所示，再将显示器电源线的另一端插在电源插座上。

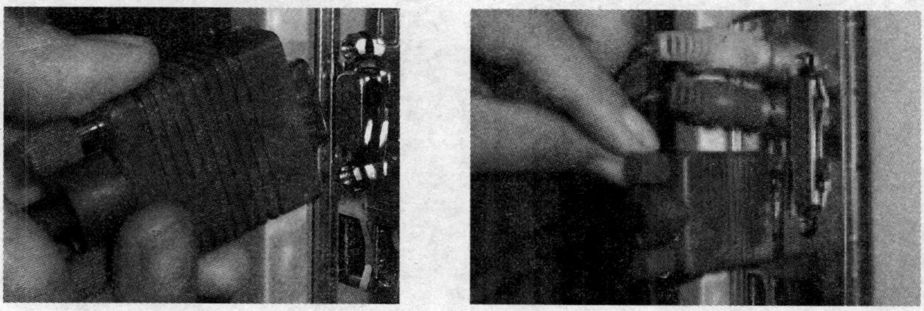

图 2.3.1　连接显示器

提示：连接显示器时，根据显示器的不同，有的将显示器的电源线连到主机，有的直接连到电源插座上。插线时应注意插口的方向，对准缺口方向再插，以免折断针头，损坏设备。

2.3.2　键盘、鼠标的连接

键盘、鼠标的连接方法如下：

（1）PS/2 接口的连接。将键盘、鼠标插头接到主机箱背面的 PS/2 圆形接口上，通常键盘接口为紫色，鼠标接口为绿色，如图 2.3.2 所示。

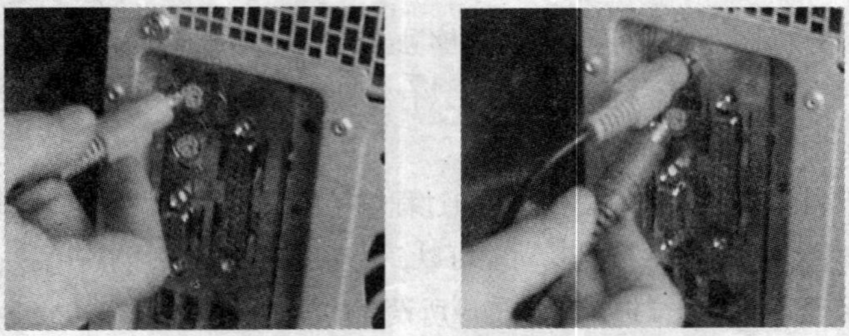

图 2.3.2 连接鼠标、键盘

（2）USB 接口的连接。USB 键盘、鼠标的连接，只要将它们的 USB 端口与机箱上的 USB 接口相连即可。

2.3.3 音箱的连接

在主机箱的背面有 3 个排列在一起而颜色不同的圆形插孔，红色的是麦克风接口，绿色的是音频输出接口，蓝色的是音频输入接口。把音箱或耳机插入绿色的音频输出接口；麦克风插入红色接口，而蓝色接口多用于接入电视卡的音频信号线。

2.3.4 电源线的连接

电源线的连接方法如下：

（1）准备好电源线，将电源线的楔形端与主机电源的接口连接，另一端直接与外部电源相连，如图 2.3.3 所示。

（2）接下来需要连接显示器的电源线，和机箱电源线连接相似，楔形的一端插入显示器的背部，另一端插到电源插座上，如图 2.3.4 所示。

图 2.3.3 主机电源线的连接

图 2.3.4 显示器电源线的连接

在打开计算机电源之前，应该仔细检查电源插座是否插好；各接口电缆线是否插牢；注意各部件与主机之间数据线与电源线不要拉得太紧，以免受到外力牵引造成接触不良；一些过长的电线可以用塑料绳将它们系住，以免桌面过于混乱。

2.4 启动与关闭计算机

计算机是一种非常复杂的机器。因此，正确启动和关闭计算机是使用过程中一个非常重要的步骤，非正常启动或关闭计算机都有可能造成设备的损坏或数据的丢失。

2.4.1　启动计算机

启动计算机是将磁盘上的操作系统信息装入计算机内存的过程，这个过程又可以分为冷启动、热启动和复位启动 3 种。

1．冷启动

冷启动的操作方法如下：

（1）打开电源开关，按下显示器的开关按钮，电源指示灯亮表示已打开显示器。接着打开其他外部设备的电源。

（2）按主机箱上的“Power”按钮，显示灯亮表示已打开主机。

（3）计算机开始自动运行，并显示启动界面，表示已经成功启动计算机并进入操作系统。

注意：按以上顺序启动计算机后，系统将开始自检，开机自检完毕后，稍等片刻即可进入 Windows 操作系统界面。但如果 Windows 操作系统设置了多个账户和密码，则要输入正确的账户名和密码才能进入。

2．热启动

在计算机运行状态下，若遇到死机现象，则可以热启动计算机。按“Ctrl+Alt+Del”组合键，在弹出的对话框中选择“关机→重新启动”命令即可重新启动计算机。

3．复位启动

复位启动则是指已进入操作系统界面，由于系统运行中出现异常且热启动失效，所采用的一种重新启动计算机的方式。其方法是按主机箱上的“Reset”按钮重新启动计算机。

提示：由于程序没有响应或系统运行时出现异常，导致所有操作不能进行，这种情况称为“死机”。死机时首先进行热启动，若不行再进行复位启动，如果复位启动还是不行，就只能关机后进行冷启动。

2.4.2　关闭计算机

用完计算机后要将其关闭。直接关闭计算机的电源，不仅会丢失保存的信息，也容易损坏计算机硬件。关闭计算机的具体步骤如下：

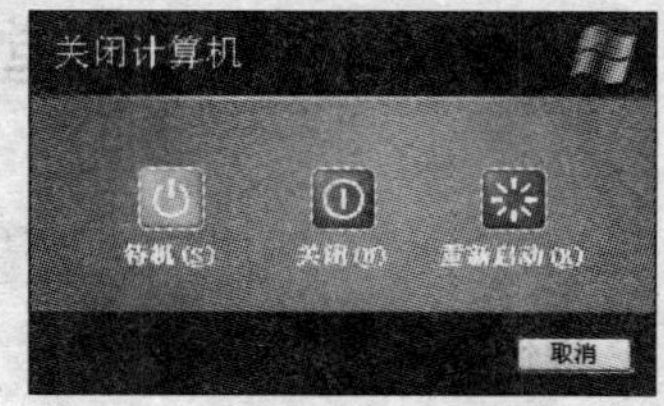

图 2.4.1　“关闭计算机”界面

（1）关闭所有已经打开的文件和应用程序。

（2）选择 开始 → 关闭计算机(U) 命令，打开如图 2.4.1 所示的 关闭计算机 界面。

（3）单击“关闭”按钮即可安全关闭计算机主机。

（4）关闭显示器和电源开关。

技巧：如果用户同时和多人在局域网上，而用户突然想结束自己的工作，建议最好选择

开始 → 注销命令来结束目前的工作，这样才不会因为中断网络连接而影响其他人的工作。

2.5 鼠标的操作

在 Windows XP 操作系统中，除了输入文字外，大多数操作都是通过鼠标来完成的。一般鼠标通过右手操作，将食指和中指自然放在鼠标的左键和右键上，拇指横向放在鼠标左侧，无名指和小指放在鼠标右侧，拇指与无名指及小指轻轻握住鼠标。手掌心轻轻贴住鼠标后部，手腕自然垂放在桌面上。

鼠标的操作方法有如下几种：

（1）移动。握住鼠标做平面移动，鼠标光标会在电脑屏幕中间同步移动。如将鼠标光标指向屏幕上的某一对象时，会出现相应的提示信息。

（2）单击。将鼠标光标指向某个对象，用食指快速按一下鼠标左键然后松开的过程。该操作常用于选择对象，被选中的对象一般有一个蓝色的底纹框。

（3）右击。将鼠标光标指向某个对象，按一次鼠标右键，将弹出该对象相关的快捷菜单，从而快速执行相应操作。右击的对象不同，弹出的快捷菜单也会有所差异。

（4）双击。将鼠标光标指向某个对象，连续快速地按鼠标左键两次再松开的过程。该操作常用于打开软件或窗口。

（5）拖动。将鼠标光标指向某个对象并按住鼠标左键不放移动鼠标，将对象移动到屏幕的目标位置后，再松开鼠标左键。该操作常用于移动对象。

（6）滚动。向上或向下拨动滚轮，可将当前窗口中未显示完的内容进行显示。

当系统处于不同的运行状态或进行不同的操作时，鼠标光标会呈现不同的形态，如表 2.2 所示。

表 2.2 鼠标光标形态与含义

光标形态	光标含义
	表示 Windows XP 准备接受用户输入命令
	此光标一般出现在文本编辑区，用于定位从什么地方开始输入文本字符
	表示系统处于忙碌状态，正在处理较大的任务，用户需要等待
	表示 Windows XP 正处于忙碌状态
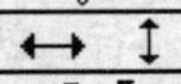	鼠标光标处于窗口的边缘时出现该形态，此时拖动鼠标即可改变窗口大小
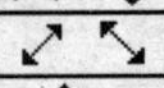	鼠标光标处于窗口的四角时出现该形态，拖动鼠标可同时改变窗口的高度和宽度
	该鼠标光标在移动对象时出现，表示拖动鼠标可移动该对象
	表示鼠标光标所在的位置是一个超级链接
	表示鼠标此时将进行精确定位，常出现在制图软件中
	鼠标光标变为此形状时单击某个对象可以得到与之相关的帮助信息

2.6 课堂实战——练习启动和关闭计算机

本例将练习启动和关闭计算机的操作方法。

操作步骤

（1）打开显示器及主机电源，稍后屏幕上将显示计算机自检信息。

（2）如果安装了多操作系统，则选择 Windows XP 选项，按回车键进入 Windows XP 操作系统，显示如图 2.6.1 所示的用户登录界面。

（3）在该界面中输入正确的登录账号和密码，然后按回车键即可运行 Windows XP 操作系统，并进入如图 2.6.2 所示的 Windows XP 桌面。

图 2.6.1　用户登录界面

图 2.6.2　Windows XP 桌面

（4）计算机使用完后，关闭所有已经打开的应用程序。

（5）单击"开始"按钮，在弹出的"开始"菜单中选择"关闭计算机"命令，弹出"关闭计算机"对话框，如图 2.6.3 所示。

图 2.6.3　"关闭计算机"对话框

（6）在该对话框中单击"关闭"按钮，即可关闭计算机。

（7）最后关闭显示器及总电源。

本 章 小 结

本章主要介绍了计算机概述、计算机的组成、计算机外设的连接、启动与关闭计算机等内容。通过本章的学习，读者应对计算机有一个基本了解，为熟练掌握计算机技术打下基础。

操 作 练 习

一、填空题

1．迄今为止，计算机的发展经历了以________、________、________、________为主要特征的 4 个阶段。

2．1946 年，在美国的宾夕法尼亚大学诞生的世界上第一台计算机的名字是________。

3．从外观上看，计算机主要由________、________、________和________4 个部分组成。

4．________是电脑主机与显示器之间的"桥梁"，它负责电脑的图形图像输出。

5. 计算机软件系统可分为__________和__________两大部分。

6. 冷启动时可按主机上的__________按钮；复位启动时可按主机上的__________按钮；热启动时可按__________组合键。

二、选择题

1. 在计算机中，平时使用的操作系统、办公软件、游戏软件等都存放在（ ）中。

（A）内存　　（B）硬盘

（C）CPU　　（D）主板

2. Windows XP 是计算机中的（ ）。

（A）硬件　　（B）应用软件

（C）文字处理软件　　（D）操作系统

3. 微型计算机硬件系统中最核心的部件是（ ）。

（A）存储器　　（B）I/O 设备

（C）UPS　　（D）CPU

4. 在计算机运行的状态下，如果遇到死机现象，则可以热启动计算机，其操作方法是（ ）。

（A）按主机上的电源按钮　　（B）按下主机上的“Reset”按钮

（C）按“Ctrl+Alt+Delete”组合键　　（D）按下显示器上的电源开关

5. 在桌面上通过鼠标的（ ）操作可以启动某个程序或打开某个窗口。

（A）单击　　（B）双击

（C）拖动　　（D）移动

三、简答题

1. 简述计算机的分类。

2. 一台计算机主要由哪些部件组成？各部件的作用是什么？

四、上机操作题

1. 按照正确的方法进行计算机的启动、重新启动和关闭操作。

2. 试着连接计算机的外设。

3. 打开机箱，认识计算机主机的组成部件。

第 3 章　Windows XP 操作系统与输入法

计算机中的操作系统为应用程序提供了运行环境，计算机中的主要部件都通过操作系统而运行，Windows XP 是目前较为流行的操作系统。中文输入法是计算机应用的基础，所以计算机办公自动化的学习，也都是从学习 Windows XP 操作系统和中文输入法起步的。

知识要点

- Windows XP 的基本操作
- 管理文件和文件夹
- 控制面板
- Windows XP 的常用附件
- 五笔字型输入法

3.1　Windows XP 基础知识

Windows XP 不管是在外观上还是在性能上都有很大的改进，而且使用起来非常方便。要想熟练地使用 Windows XP 操作系统，首先应当掌握它的基础知识。

3.1.1　Windows XP 的启动与退出

在使用 Windows XP 之前，必须先了解 Windows XP 的启动与退出方法。启动与退出的操作虽然比较简单，但用户一定要掌握正确的方法，才能正常使用该操作系统。

1．启动 Windows XP

启动 Windows XP 是非常简单的，安装完成后系统将自动启动 Windows XP，以后需要启动 Windows XP 时，只需要打开计算机即可。如果有多个操作系统，可通过按键盘中的“↑”或“↓”键进行选择，然后按回车键即可启动 Windows XP。

2．退出 Windows XP

用户在结束计算机操作之前，必须先退出 Windows XP 操作系统，然后再关闭计算机，否则将丢失或破坏正在运行的文件和程序。如果用户在没有退出 Windows XP 操作系统的情况下直接关机，系统将认为是非法关机，下次开机时，系统将自动执行自检程序。

Windows XP 是一个支持多用户的操作系统，为了便于不同的用户快速登录计算机，Windows XP 提供了注销的功能。用户不需要重新启动计算机就可以实现多用户登录，不仅快捷方便，而且减少了对硬件的损耗。

注销 Windows XP 的具体操作步骤如下：

（1）单击 按钮，弹出“开始”菜单，如图 3.1.1 所示。

（2）在“开始”菜单下单击注销按钮，弹出注销 Windows对话框，如图 3.1.2 所示。

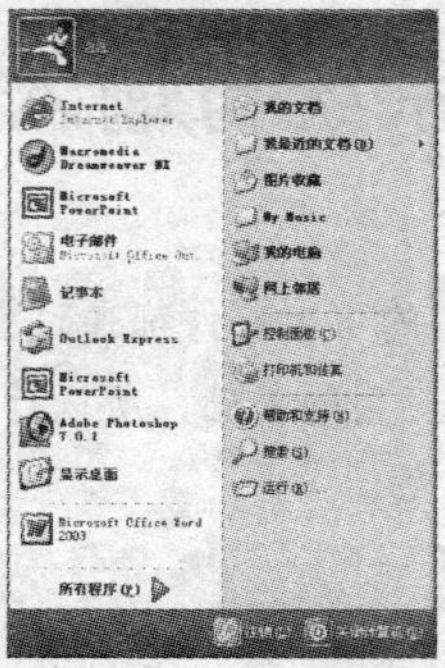

图 3.1.1　“开始”菜单

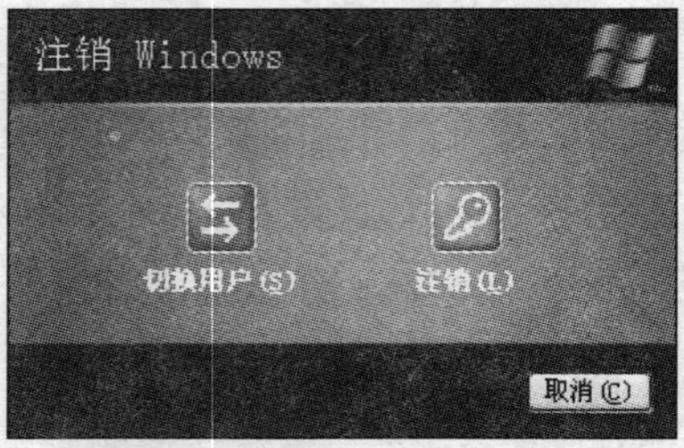

图 3.1.2　“注销 Windows”对话框

（3）在该对话框中单击注销(L)按钮，系统将保存设置并关闭当前登录用户。单击切换用户(S)按钮，则在不关闭当前登录用户的情况下切换到另一个用户，用户可以不关闭正在运行的程序，当再次返回时系统会保留原来的状态。

3.1.2　进入 Windows XP 操作系统

启动计算机进入 Windows XP 后，显示器上的整个画面称为 Windows XP 的桌面（见图 3.1.3），由桌面图标、“开始”菜单和任务栏 3 部分组成。

图 3.1.3　Windows XP 桌面

1．桌面图标

Windows XP 的桌面图标分为系统图标和快捷方式图标两种。系统图标主要包括我的文档、我的电脑、网上邻居和回收站；快捷方式图标是由用户在使用过程中自行添加的。

（1）“我的文档”图标：双击该图标可打开我的文档窗口。其中，“图片收藏”和“我的音乐”文件夹为系统默认的文件夹，其他文件或文件夹都是用户自己创建的。

（2）“我的电脑”图标：双击该图标即可打开我的电脑窗口，其中主要包括文件、文件夹、打印机、磁盘等。

（3）“网上邻居”图标：通过网上邻居可以查看工作组中共享的资源。双击该图标即可打开网上邻居窗口。

（4）“回收站”图标：双击该图标即可打开回收站窗口。回收站用来存放删除的文件、文件夹等内容，便于需要时恢复。

提示： 系统默认的回收站中没有任何文件或文件夹，在使用过程中用户可以将不需要的文件或文件夹删除并放入回收站中，当需要时再将其还原。如果要还原回收站中的内容，只须单击**回收站任务**任务窗格中的还原所有项目超链接即可；如果要将回收站中的内容彻底删除，只须单击清空回收站超链接即可。

2．“开始”菜单

在Windows系列操作系统中，“开始”菜单是用户打开应用程序的桥梁，它存储了几乎所有系统中应用程序的快捷命令图标，通过这些快捷图标，用户可以打开相应的应用程序，如“记事本”、“画板”等。单击开始按钮，即可打开“开始”菜单（也可以按“Ctrl+Esc”快捷键打开“开始”菜单）。“开始”菜单带有用户的个人特色，它由两个部分组成，左边是常用应用程序的快捷方式列表，右边为系统工具和文件管理工具列表，如图3.1.4所示。

图3.1.4　“开始”菜单

“开始”菜单各栏含义如下：

（1）用户账户栏：位于“开始”菜单的最顶端，包括用户图片和用户名称。

（2）常用程序栏：系统自动将常用的软件放置在该栏中，方便以后快速启动某项程序。

（3）所有程序栏：单击或将鼠标移动到“所有程序”栏，在弹出的快捷菜单中可以查看到该计算机中已安装的所有程序和附件。

（4）系统工具和文件管理工具栏：该栏主要由系统工具和文件管理工具组成，为用户提供了一个快捷的计算机系统资源管理通道。

（5）关闭计算机栏：该栏有两个按钮，单击注销按钮，可注销计算机当前用户的使用状态，单击关闭计算机按钮，可关闭计算机。

3．任务栏

任务栏位于Windows XP桌面的最下方，如图3.1.5所示。在Windows XP操作系统中，任务栏是一个非常重要的工具，通过任务栏，用户可以快速地打开应用程序、查看系统日期和时间、调节音量大小等。此外，如果有多个应用程序同时运行，还可以通过单击任务栏中的应用程序图标，在不同的应用程序窗口之间进行切换。

图 3.1.5　任务栏

任务栏各项含义如下：

（1）"开始"按钮：单击开始按钮，可打开"开始"菜单。

（2）快速启动区：用于显示常用的应用程序图标，单击相应的图标即可启动程序，在快速启动区中默认有 3 个快速启动图标、和。

（3）任务按钮区：在 Windows 中打开窗口或启动程序时，在任务按钮区会显示一个相应名称的任务图标按钮，单击相应的任务图标按钮可以显示该任务的操作窗口。

（4）语言栏：用于切换和显示系统使用的输入法。单击输入法图标，在弹出的下拉菜单中可以选择一种输入法；单击"还原"按钮，可将语言栏还原为桌面上的工具条；单击"最小化"按钮，可将语言栏最小化到任务栏中。

（5）通知区域：也称"提示区域"，用于提示当前的系统工作状态，包括当前的日期时钟图标9:49。系统通知区域也显示一些正在运行的程序图标。

此外，有一些应用程序在最小化之后不是以任务栏按钮的形式显示，而是显示在通知区域中，用户可以留意一下哪些程序具有这个特性。

3.2　Windows XP 的基本操作

本节主要讲述 Windows XP 的一些基本操作，包括 Windows XP 桌面图标的操作、任务栏的操作、窗口和对话框的操作以及菜单的操作等。

3.2.1　桌面图标的操作

桌面图标除了双击可打开相应的窗口外，还可以对桌面图标进行添加、移动、删除、排列等操作。

1．添加图标

所谓添加图标，是指在桌面上创建快捷方式图标。在桌面上创建快捷方式图标有以下两种方法：

（1）从"开始"菜单中添加快捷方式图标。单击开始按钮，在打开的"开始"菜单中选择要创建快捷方式的程序。按住鼠标右键，将其拖动到桌面空白位置，释放鼠标，在弹出的快捷菜单中选择复制到当前位置(C)命令即可。

（2）使用快捷菜单创建快捷方式图标。选中要创建快捷方式的图标，单击鼠标右键，在弹出的快捷菜单中选择发送到(N)→桌面快捷方式命令。

2．移动图标

移动图标的方法非常简单，只须选中要移动的图标，然后按住鼠标左键不放，将该图标拖动到目标位置后释放鼠标即可。

3. 排列图标

用户可以根据需要将桌面图标按一定的方式进行排列，其具体操作步骤如下：

（1）在桌面空白位置单击鼠标右键，在弹出的快捷菜单中选择 排列图标(I) 命令，在该子菜单中选择所需的排列方式，如图 3.2.1 所示。

（2）返回到桌面上查看按所选的排列方式进行排列后的桌面图标效果。

各排列方式的特点如下：

（1）名称：按图标名称的字母顺序排列图标。

（2）大小：按文件大小顺序排序图标。如果图标是某个程序的快捷方式，则文件大小指的是快捷方式文件的大小。

（3）类型：按图标类型顺序排列图标。

（4）修改时间：按快捷方式的最后修改时间排列图标。

4. 删除图标

用户可以通过鼠标来删除桌面上不需要的图标，其具体操作步骤如下：

（1）在要删除的图标上单击鼠标右键，在弹出的快捷菜单中选择 删除(D) 命令，弹出如图 3.2.2 所示的 确认快捷方式删除 对话框。

（2）在该对话框中单击 删除快捷方式(D) 按钮即可。

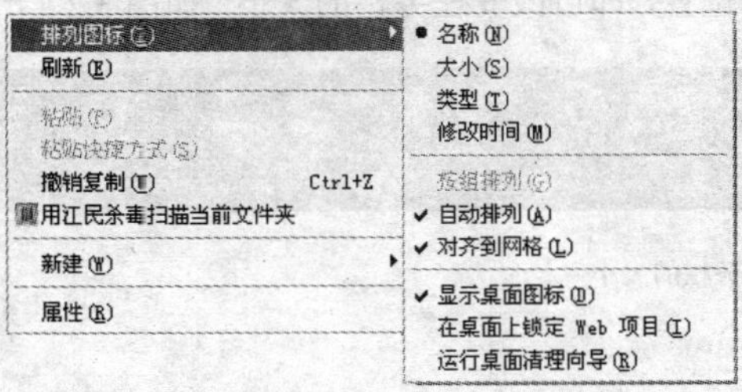

图 3.2.1 “排列图标”子菜单

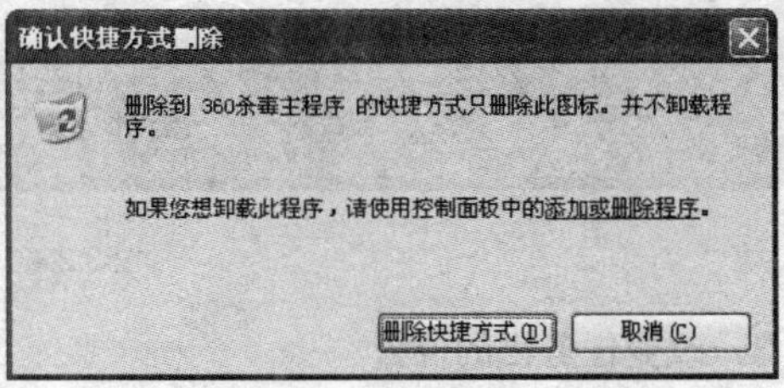

图 3.2.2 “确认快捷方式删除”对话框

5. 重命名图标

重命名图标就是为图标重新取名，其方法是：在要重新命名的图标上单击鼠标右键，在弹出的快捷菜单中选择 重命名(M) 命令，然后直接输入名称即可。

3.2.2 任务栏的操作

默认情况下，任务栏显示在桌面的最下方，用户可以对其进行设置。用户还可以根据自己的习惯来设置个性化的任务栏，这样可以方便用户的管理和使用。

1. 设置任务栏属性

为了提高工作效率，可以对任务栏进行设置。设置任务栏属性的具体操作步骤如下：

（1）在任务栏的空白处单击鼠标右键，在弹出的快捷菜单中选择 属性(R) 命令，弹出 任务栏和「开始」菜单属性 对话框，打开 任务栏 选项卡，如图 3.2.3 所示。

（2）在 任务栏 选项卡中的“任务栏外观”选区中有 5 个复选框，分别为

☑锁定任务栏(L)：选中该复选框，则不能改变任务栏的位置和大小。

☑自动隐藏任务栏(U)：选中该复选框，当任务栏不使用时将自动隐藏起来，避免总是占据着屏幕空间。

☑将任务栏保持在其它窗口的前端(T)：选中该复选框，如果用户打开很多的应用程序窗口，任务栏总是在最前端，而不会被其他窗口挡住。

☑分组相似任务栏按钮(G)：选中该复选框，将相同的程序按钮放在一起。

☑显示快速启动(Q)：选中该复选框，将在任务栏中显示快速启动图标，以便快速启动应用程序。

（3）在“通知区域”选区中选中☑显示时钟(K)复选框，可在状态区中显示时间；选中☑隐藏不活动的图标(H)复选框，可隐藏不活动的项目，以便保持通知区域的简洁明了。

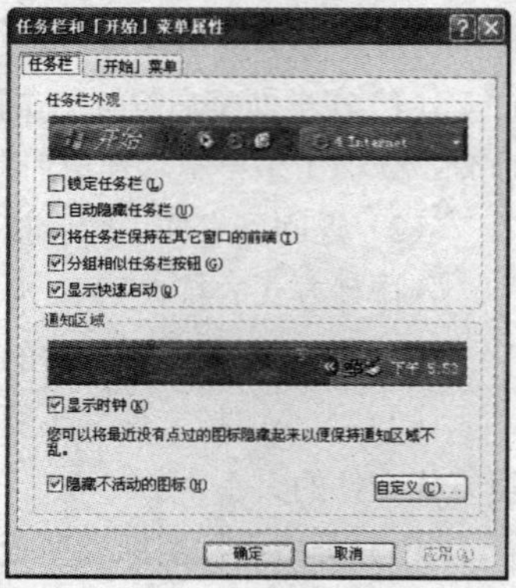

图 3.2.3 “任务栏”选项卡

（4）单击 确定 按钮，完成任务栏的属性设置。

2．改变任务栏的大小

当用户打开的窗口比较多而且都处于最小化状态时，在任务栏上显示的按钮将变得很小，用户观察很不方便。这时就需要改变任务栏的宽度来显示所有的窗口。将鼠标指针放在任务栏的边缘上，当指针变为双向箭头时，按住鼠标左键并拖动到合适的位置，即可改变任务栏的大小，如图 3.2.4 所示。

图 3.2.4 改变任务栏的大小

3．改变任务栏的位置

用户可以将任务栏放在桌面的上、下、左、右 4 边中的任何一边。其具体操作步骤如下：

（1）将鼠标指针指向任务栏的空白处。

（2）单击鼠标右键，从弹出的快捷菜单中取消选择 锁定任务栏(L) 选项。

（3）重新将鼠标指针指向任务栏的空白处，按住鼠标左键并拖动到桌面的任意一侧，释放鼠标左键，即可改变任务栏的位置。

3.2.3 窗口的操作

窗口是 Windows XP 操作的基本对象，Windows XP 中所有的应用程序都是以窗口的形式出现的，打开一个应用程序后用户看见的是该应用程序的窗口。

一次可以打开很多窗口，同时还可以在各个窗口之间自由地进行切换。Windows XP 的窗口一般包括正常、最大化和最小化 3 种状态。正常窗口是 Windows 系统的默认大小，最大化窗口占满整个屏幕，最小化窗口则缩小为一个图标或按钮。

1．窗口的组成

当工作窗口处于正常或者最大化状态时，都具有边界、应用工作区、标题栏、状态控制按钮、菜单栏、工具栏以及滚动条等组成部分。

下面以“我的文档”窗口为例来简要说明 Windows XP 窗口的组成部分，“我的文档”窗口和其他 Windows 窗口一样，具有相同的组成部分，如图 3.2.5 所示。

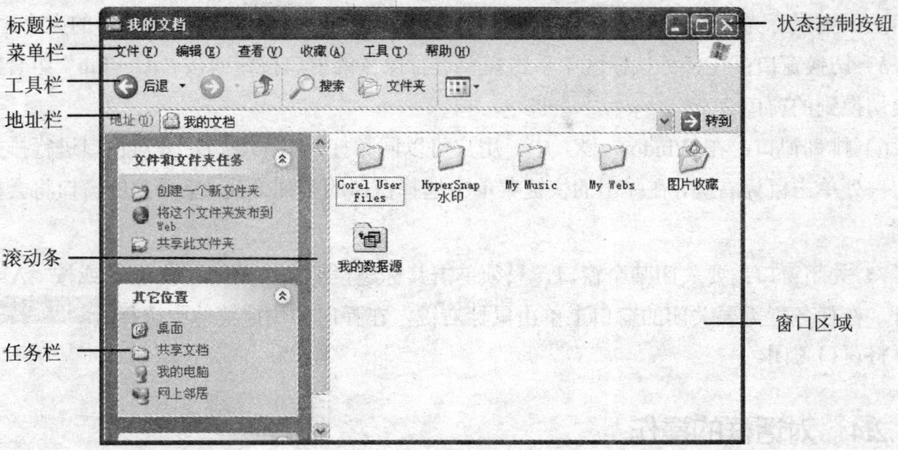

图 3.2.5　“我的文档”窗口

提示：Windows 中最高一级文件夹是桌面，当在一个窗口或者对话框中反复单击“向上”按钮至桌面所在目录时，“向上”按钮将呈灰色状态，这就说明在当前状态下对该按钮的操作无效。

如表 3.1 所示列出了窗口的各组成部分及其作用。

表 3.1　窗口的组成部分及其作用

组成部分	作　用
标题栏	位于窗口的顶部，用于显示窗口的名称。用鼠标拖动标题栏可以移动窗口，双击标题栏可以将窗口最大化或者还原
状态控制按钮	其中有 3 个按钮，用来改变窗口的大小或关闭窗口
菜单栏	在标题栏的下方，用于显示应用程序的菜单项，单击每一个菜单项可打开相应的菜单，然后从中选择需要的操作命令
工具栏	用于显示一些常用的工具按钮，如“后退”按钮、“向上”按钮、“搜索”按钮等。用鼠标单击这些工具按钮可以执行相应的操作
地址栏	在地址栏中输入文件夹路径，并单击右侧的“转到”按钮，将打开该文件夹。若计算机已经连接到 Internet，在地址栏中输入网页网址后，系统将自动启动 IE 浏览器打开网页
窗口区域	用于显示窗口中的内容
任务栏	使用该栏中的命令可以快速地执行一些需要的操作
滚动条	拖动该滚动条可显示出任务栏中没有显示出来的任务命令

2．窗口的基本操作

Windows XP 窗口的操作主要包括打开和关闭窗口、最大化/最小化窗口、缩放窗口、排列窗口、移动窗口和切换窗口等。

（1）打开窗口：若需要打开某个窗口，直接双击其图标或单击文字链接即可。如要打开“我的电脑”窗口，可以双击桌面上的“我的电脑”图标。

（2）移动窗口：将鼠标光标移动到标题栏上，按住鼠标左键不放，将其拖动到适当的位置即可。窗口处于最大化状态时，不能进行移动操作。

（3）最小化、最大化和还原窗口：最小化就是将窗口以标题按钮的形式缩放到任务按钮区，不在桌面上显示，单击窗口标题栏右侧的按钮可以最小化窗口。最大化指为了便于查看和编辑将窗口进行全屏显示，单击按钮可以还原窗口的大小。

（4）缩放窗口：当窗口处于还原状态时，可以对窗口进行缩放。将鼠标光标移动到窗口边框的任一角上，当鼠标光标变成双向箭头时，按住鼠标左键不放并拖动即可改变窗口的大小。

（5）切换窗口：在任务按钮区中单击需要进行操作的窗口按钮或按“Alt+Tab”组合键，可以选择需要切换到的窗口。

（6）排列窗口：在 Windows XP 中，用户可以同时打开多个窗口，并对窗口进行排列。在任务栏的空白处单击鼠标右键，在弹出的快捷菜单中选择窗口的排列方式，桌面上的窗口将会以相应的方式排列。

（7）关闭窗口：要关闭某个窗口，只须单击其标题栏上的“关闭”按钮或按“Alt+F4”组合键即可。在任务栏需要关闭的窗口上单击鼠标右键，在弹出的快捷菜单中选择 关闭(C) Alt+F4 命令也可将窗口关闭。

3.2.4 对话框的操作

对话框与窗口有共同点，但对话框比窗口更简洁，更直观，更侧重于与用户的交流。对话框的主要功能是输入一些相应的参数，选择设置的选项或者确定所执行的操作，使应用程序按指定方式执行。

1. 对话框的组成

一般的对话框主要包括标题栏、标签和选项卡、文本框、复选框、列表框、下拉列表、微调框、单选按钮、命令按钮等。对话框中常见的控制项如图 3.2.6 所示。

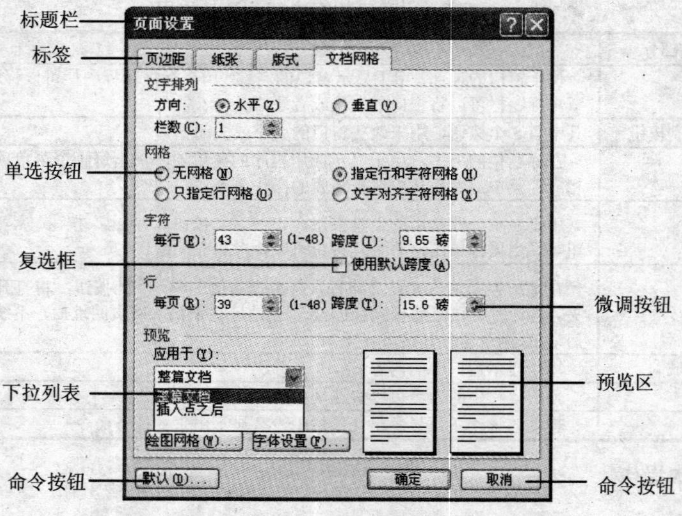

图 3.2.6　对话框中常见的控制项

（1）标签：当对话框中内容较多时，就会分成若干个标签，单击某个标签，打开相应的选项卡，可以显示出关于同一对象的各个不同方面的设置。

（2）单选按钮：通常由多个按钮组成一组，选中某个单选按钮可以选择相应的选项，但在一组单选按钮中只能有一个单选按钮被选中。

（3）下拉列表：单击下拉列表框右侧的下拉列表按钮即可显示出下拉列表，在下拉列表中列出了多个选项，使用鼠标和键盘都可从下拉列表中选择其中的一个选项。

（4）复选框：是一组相互之间并不排斥的选项，用户可以根据需要选中其中的某些选项。选中后，在选项前的方框中有一个"√"。

(5) 微调按钮：利用上箭头和下箭头可以调整左侧数字框中的数字。

(6) 命令按钮：使用该按钮可执行一个操作。若命令按钮带有"…"，则单击该按钮，将弹出另一个对话框；若命令按钮带有">>"，则单击该按钮，可扩展当前的对话框。

2. 对话框的基本操作

对话框的基本操作包括移动对话框和关闭对话框。

(1) 移动对话框。将鼠标移到对话框的标题栏上，按住鼠标左键拖动，即可将对话框移动到屏幕上的任何位置，但形状、大小不改变。

(2) 关闭对话框。用鼠标单击对话框标题栏右边的关闭按钮即可关闭对话框。如果要应用对话框中设置的参数，单击"确定"按钮并退出；如果不应用所设置的参数，单击"取消"按钮并退出对话框。

提示： (1) 在对话框的组成部分中，凡是以灰色状态显示的按钮或选项，表示当前不可执行。选择各选项或按钮时，除了用鼠标外，还可以通过按"Tab"键激活并选择参数，然后按"Enter"键确定设置的参数。

(2) 在对话框中可以方便地获得各选项的帮助信息，在对话框的右上角有一个带有问号"？"的按钮，单击该按钮，然后选择一个选项，即可以获得该选项的帮助信息。

3.2.5 菜单的约定和操作

所谓菜单，就是一些程序、命令、文件或文件夹的集合，按照类别可以分为窗口主菜单、右键快捷菜单和"开始"菜单。

1. 菜单的约定

菜单中的菜单选项各不相同，它们分别代表不同的含意。下面对常见的菜单项进行简单介绍。

(1) 右端带有右箭头的菜单命令。这种菜单称为层叠式菜单，表示该菜单还有下一级菜单，有时也将其下一级菜单称为子菜单。

(2) 右端带有省略号的菜单命令。选择并执行这些菜单命令时，通常会弹出一个对话框，要求用户进行一些必要的设置，然后再执行用户指定的操作。

(3) 带有组合键的菜单命令。带有组合键的菜单命令表示用户可以直接使用这些组合键执行该命令。

(4) 呈灰色显示的菜单命令。在 Windows XP 中，正常的菜单命令其文字呈黑色显示，表示用户可以执行该命令。当菜单命令以灰色显示时，表示用户目前不能使用该命令。

(5) 菜单命令中的选中标记。在某些菜单命令的左侧，经常会出现对勾标记或圆点标记，这表示该命令当前处于激活状态。

(6) 菜单命令的分组。在同一个下拉式菜单中，有时菜单命令之间会出现分隔线，从而将众多的菜单命令分隔成若干个小组。分在同一组中的菜单命令功能相似或具有某种共同的特征。

2. 菜单的基本操作

要对菜单进行操作就要打开菜单，可以用鼠标打开菜单，也可以用键盘打开菜单。

（1）用鼠标打开菜单。用鼠标打开菜单并使用其中的命令的方法如下：

当鼠标指针移动到菜单标题上时，菜单标题就自动显示出一个带颜色的小方框，这表明它处于活动状态，单击它就可以打开下拉菜单。单击菜单上的命令，就可以执行它。

提示：用鼠标在菜单以外的任意位置处单击，就可以撤销该菜单。

（2）用键盘打开菜单。这里以用键盘打开“我的电脑”窗口中的工具菜单并执行“文件夹选项”命令为例，介绍用键盘打开菜单并执行菜单命令的方法。

1）在桌面上双击我的电脑图标，打开我的电脑窗口，按下“Alt”键或“F10”键来激活菜单栏，此时窗口中菜单栏上当前选中的“文件”菜单将以高亮显示，如图 3.2.7 所示。

2）按向右的方向键移动该亮条选择不同的菜单，当该亮条到达所要选择的“工具”菜单时，按回车键或上下方向键就可以打开该菜单，如图 3.2.8 所示。

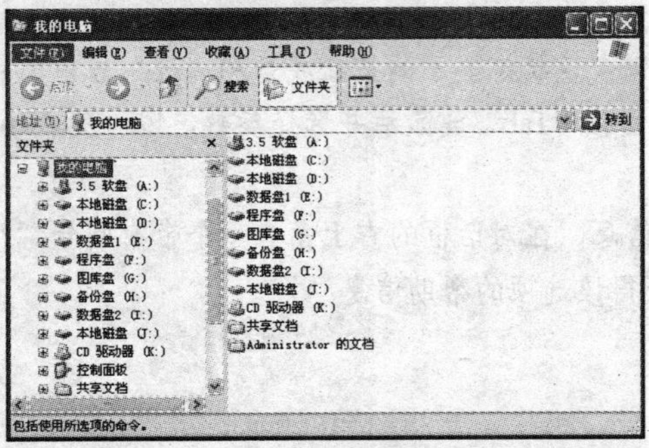

图 3.2.7　按下“Alt”键或“F10”键来激活菜单栏

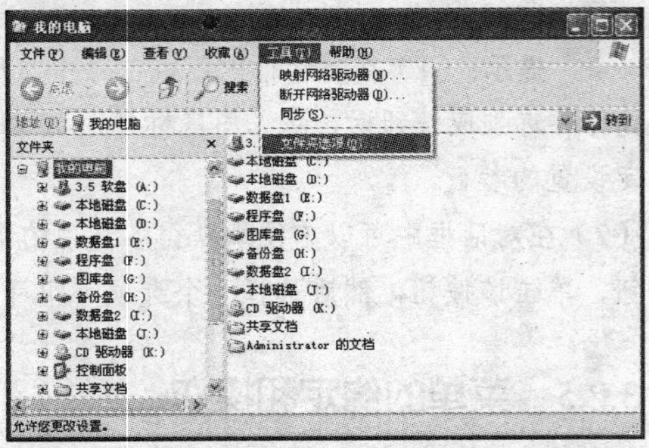

图 3.2.8　打开“工具”菜单

3）按上下方向键可激活相应的菜单命令，这里激活“文件夹选项”命令，按下回车键就可以执行该菜单命令，弹出文件夹选项对话框。

提示：打开菜单也可以使用快捷键，即按“Alt”键+菜单名后面括号中的字母键打开菜单。例如，按下“Alt+T”快捷键就可以打开“工具”菜单。打开菜单后，如果不想选择菜单命令，可以按下“Esc”键撤销菜单。

3.3　管理文件和文件夹

在 Windows XP 的使用过程中，经常要完成对文件和文件夹的各种操作，如复制、移动、重命名及查找等，所有这些操作都可以在“我的电脑”和 Windows 资源管理器中完成。

3.3.1　文件和文件夹的基本概念

在 Windows XP 的文件管理中，涉及以下基本概念。

1．文件

在计算机中，文件是最基本的存储单位，数据和各种信息都保存在文件中。文件不仅有自己的文件名，而且根据其作用或创建的应用程序的不同还有不同的类型，如文本文件（.txt）、声音文件（.wav，.mid）、图形文件（.bmp，.pcx，.tif，.wmf，.jpg，.gif 等）、动画/视频文件（.fic，.fli，.avi，.mpg 等）以及 Web 文件（.html，.htm）等。尽管文件可以有不同的类型，但计算机上典型的文件类型分为可执行文件和数据文件两种。

（1）可执行文件：可执行文件包含了控制计算机执行特定任务的指令。例如，控制计算机显示或打印存储在磁盘上的文本的程序（扩展名为.exe，.com，.dll 等）；用于格式化和扫描磁盘的操作系统程序；工具软件和应用程序软件等。

（2）数据文件：指使用应用软件创建的文稿、表格、图形图像等用户文档。数据文件必须与应用程序同时使用，当打开一个数据文件时，就会同时打开支持该文件的应用程序。在应用程序中可以对数据文件进行查看、编辑及打印等操作。

2. 文件夹

文件夹是在磁盘上组织程序和文档的一种手段，既可包含文件，也可包含其他文件夹。就像用户办公时使用文件夹来存放文档一样。

文件夹可以包含各种不同类型的文件，例如文档、音乐、图片、视频和程序等。可以将其他位置的文件（例如，其他文件夹、计算机或者 Internet 上的文件）复制或移动到用户创建的文件夹中。用户还可以在文件夹中再创建文件夹。

3.3.2　我的电脑

计算机中所有的文件都保存在“我的电脑”中，通过“我的电脑”窗口可以方便地管理和访问计算机中所有的文件，包括硬盘、可移动存储设备、用户文档等多种文件对象。

Windows XP 中提供了“缩略图”“平铺”“图标”“列表”和“详细信息”5 种窗口显示方式，用户可以根据自己的需要选择其中的一种方式来显示窗口中的内容。如在“我的电脑”窗口中单击 查看(V) 菜单，从弹出的下拉菜单中选择“缩略图”显示方式，如图 3.3.1 所示。

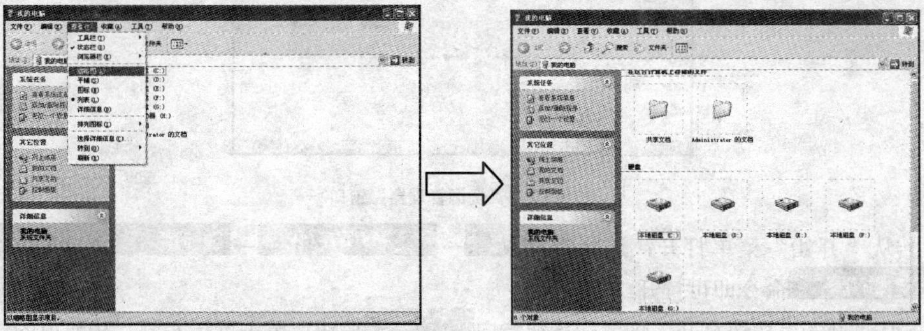

图 3.3.1　以“缩略图”方式显示窗口内容

提示：用户也可以单击工具栏中的“查看”按钮，从弹出的下拉菜单中选择需要的显示方式。

各种窗口显示方式的特点和作用分别介绍如下：

（1）缩略图：该视图方式将文件夹中的图片文件以缩略图的形式显示，因而可以快速识别该文件夹的内容。

（2）平铺：该视图方式以图标形式显示文件和文件夹，并且会显示分类信息。

（3）图标：该视图方式以图标形式显示文件和文件夹。文件名显示在图标之下，但是不显示分类信息。在这种视图中，用户可以分组显示文件和文件夹。

（4）列表：该视图方式以文件或文件夹名列表形式显示文件夹内容。当文件夹中包含很多文件，并且想在列表中快速查找一个文件名时，这种视图非常有用。

（5）详细信息：在该视图中，Windows 按组排列文件，并列出已打开的文件夹的内容和有关文件的详细信息，包括名称、类型、大小和更改日期等。

3.3.3 Windows 资源管理器

使用过 Windows 的用户可能会对 Windows 资源管理器有一些了解，通过资源管理器可以很方便地浏览和操作计算机中的文件和文件夹。Windows 资源管理器显示了计算机上的文件、文件夹和驱动器的分层结构，同时显示了映射到用户计算机上的所有网络驱动器名称。使用 Windows 资源管理器可以完成复制、移动、重新命名以及搜索文件和文件夹等操作。

1．打开“资源管理器”

资源管理器有多种打开方式，在不同的操作环境中，均可以方便快捷地打开“资源管理器”窗口。常用的方法有以下几种：

（1）从窗口打开：在用户已经打开的任意一个窗口中单击工具栏中的 文件夹 按钮，即可切换到资源管理器的形式，如图 3.3.2 所示。

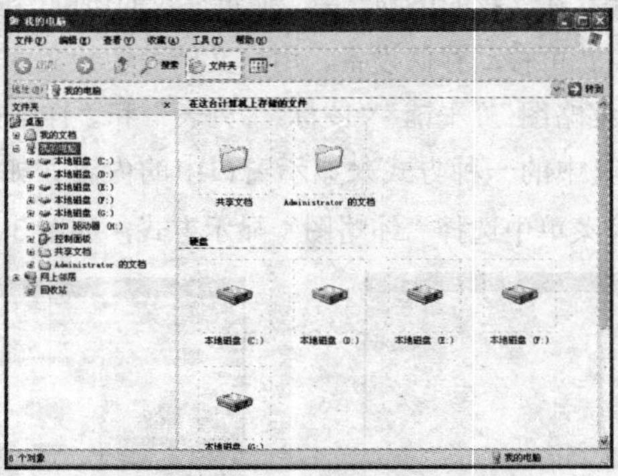

图 3.3.2 “资源管理器”窗口

（2）从“开始”菜单打开：选择 开始 → 所有程序(P) → 附件 → Windows 资源管理器 命令即可打开。

（3）从“开始”按钮打开：将鼠标指针指向 开始 按钮，单击鼠标右键，从弹出的快捷菜单中选择 资源管理器(X) 命令即可。

（4）从“我的电脑”图标打开：在桌面中“我的电脑”图标上单击鼠标右键，从弹出的快捷菜单中选择 资源管理器(X) 命令，即可打开该窗口。

2．“资源管理器”窗口

资源管理器的使用同前面介绍的文件夹窗口基本相似。“资源管理器”窗口由左右两部分组成，左面窗口称为浏览栏，用于显示桌面对象、存储器、文件夹的层次结构，右面窗口显示左面窗口中选定对象所包含的存储器、文件夹和文件。

3．浏览文件

使用“资源管理器”窗口浏览某个存储器或文件夹中所存储的文件时，可按以下操作方法进行。

（1）单击资源管理器左面窗口中的 我的电脑 图标，在右面窗口中将显示“我的电脑”中的内容。

（2）如果要在左窗口中浏览某个选项（我的电脑、存储器或文件夹）的子目录，可单击该选项前面的⊞符号（如果在某个选项前面显示⊞符号，则表示该选项下面还有子选项，如果显示⊟符号，则表示该选项已被展开）。

（3）单击左窗口中的某个选项，可以在左右两个窗口中同时显示下级文件夹及文件。如果要打开某个文件，则可以按此方法逐步展开文件夹，找到文件，双击文件图标即可启动应用程序或打开文件。

为了便于查看文件，可以使右窗口中的文件按照文件的名称、类型、大小或日期排列。其方法是选择 查看(V) → 排列图标(I) 命令，然后从弹出的级联菜单中选择 名称(N) 、 大小(S) 、 类型(T) 或者 修改时间(M) 命令。

提示：当用户要以不同的方式显示或排列文件时，用鼠标右键单击窗口的空白处，然后从弹出的快捷菜单中选择相应的显示方式排列文件即可，如图 3.3.3 所示。

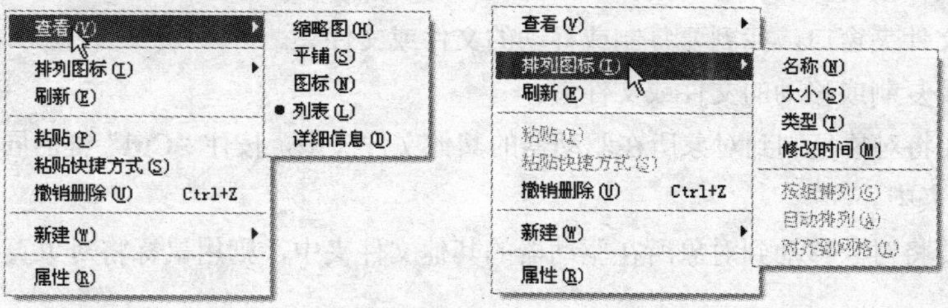

图 3.3.3　以不同的方式显示或排列文件的快捷菜单

3.3.4　文件和文件夹的基本操作

文件和文件夹的基本操作包括文件和文件夹的选择、移动、复制、重命名和删除，查找文件，查看文件和文件夹属性等操作。

1．选择文件和文件夹

用户在处理一个或多个文件或者文件夹之前，必须先选择要处理的文件或者文件夹，而选中的对象将以反白显示。如果要选择一个文件或者文件夹，只要单击它即可。如果要选择连续放置的多个文件或文件夹，可以按以下操作步骤进行。

（1）打开文件夹窗口，找到要处理的多个文件或文件夹。

（2）单击要选择的第一个文件或文件夹。

（3）按住“Shift”键，单击要选择的最后一个文件或文件夹。这样，第一个文件或文件夹和最后一个文件或文件夹之间的所有文件或文件夹都被选中了。

如果要选择不连续的多个文件或文件夹，可以按以下操作步骤进行。

（1）打开文件夹窗口，找到要选择的多个文件或文件夹。

（2）单击要选择的第一个文件或文件夹。

（3）按住“Ctrl”键，单击要选择的其他文件或文件夹即可，如图 3.3.4 所示。

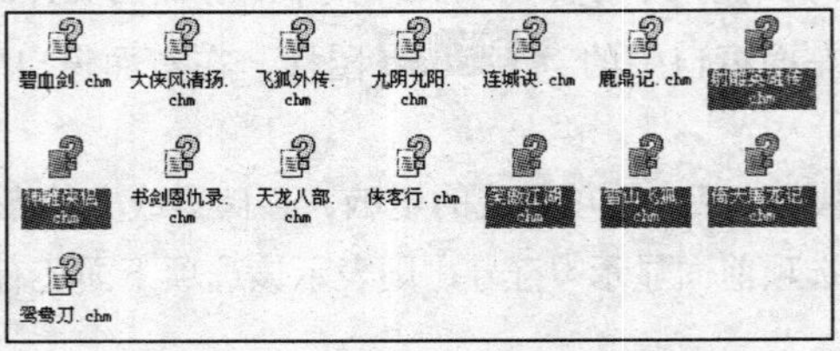

图 3.3.4　选择多个不连续的文件

提示：在选中多个文件或文件夹后，如果想取消选中其中的一个文件或文件夹，只要按住“Ctrl”键并单击该文件或文件夹即可取消它的选中状态。

2．移动与复制文件和文件夹

复制是指将选中的文件或文件夹在其他驱动器或文件夹中复制一个备份，原来的文件和文件夹仍然留在原位；而移动是将当前的文件夹或文件移到其他驱动器或文件夹中。要复制和移动文件或文件夹，可以利用鼠标拖动，也可以利用菜单中的命令。

（1）利用鼠标拖动复制和移动文件或文件夹，可以按以下操作步骤进行。

1）打开文件夹窗口，找到要复制或移动的文件或文件夹。

2）选中要复制或移动的文件或文件夹。

3）如果要将对象复制到对象所在驱动器的其他文件夹中，按住“Ctrl”键的同时，用鼠标将对象拖到目标文件夹中。

4）如果要将对象移动到对象所在驱动器的其他文件夹中，则用鼠标将对象直接拖到目标文件夹中即可。

如图 3.3.5 所示的为复制和移动文件夹时的效果。

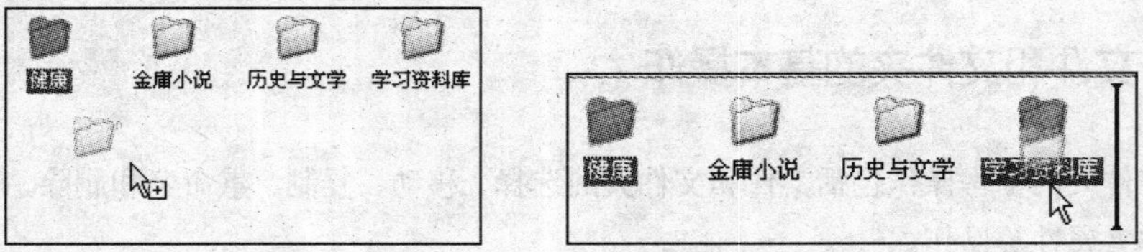

图 3.3.5　复制和移动文件夹效果

注意：在复制或移动对象时，如果目标文件夹中含有与复制或移动文件同名的文件，系统将弹出是否覆盖原文件的提示框，如果要覆盖原文件，单击 是(Y) 按钮，否则单击 否(N) 按钮。

（2）利用菜单命令法复制和移动文件或文件夹，可以按以下操作步骤进行。

1）打开文件夹窗口，选中要复制或移动的文件或文件夹。

2）如果要复制文件或文件夹，则选择 编辑(E) → 复制(C) Ctrl+C 命令；如果要移动文件或文件夹，则选择 编辑(E) → 剪切(T) Ctrl+X 命令。

3）打开目标文件夹或驱动器，选择 编辑(E) → 粘贴(P) Ctrl+V 命令即可将原文件或文件夹移动或复制到目标驱动器或文件夹中。

3．重命名文件或文件夹

在“我的电脑”“我的文档”和“资源管理器”窗口中可以给文件或文件夹重新命名。具体操作步骤如下：

（1）选中要重命名的文件或文件夹。

（2）将鼠标指针指向已选中的文件或文件夹，选择 文件(F) → 重命名(M) 命令，或者单击鼠标右键，从弹出的快捷菜单中选择 重命名(M) 命令。这时在文件或文件夹文本框周围出现一个方框，并且文件或文件夹名称呈反白状态。

（3）输入新的文件或文件夹名称，按回车键即可。

注意：不能改变用于运行应用程序的可执行文件（.exe 文件）的文件名，因为这样会导致程序无法运行。

4．删除文件和文件夹

当一个文件或文件夹不再需要时，可以将其删除，以释放空间来存放其他文件。删除文件夹时，其所含的文件或子文件夹也一并被删除。删除文件或文件夹的具体操作步骤如下：

（1）选中要删除的文件或文件夹。

（2）选择 文件(F) → 删除(D) 命令，或单击鼠标右键，从弹出的快捷菜单中选择 删除(D) 命令，或按键盘上的“Delete”键。

（3）系统将弹出如图 3.3.6 所示的 确认文件删除 提示框，确定删除操作单击 是(Y) 按钮，否则单击 否(N) 按钮。

利用上面的方法删除的文件或文件夹被放到“回收站”中，并没有真正将文件从硬盘上彻底删除，要彻底删除文件或文件夹，可单击 回收站 窗口中的 清空回收站 超链接。

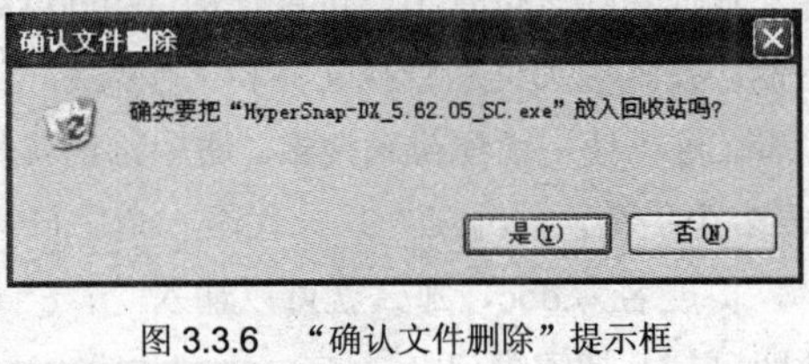

图 3.3.6 “确认文件删除”提示框

注意：普通文本文件、图片、音乐或者视频文件等，可以采用删除的方法从计算机中清除，而对于应用程序，则要使用 Windows XP“控制面板”中提供的“添加或删除程序”功能进行删除，不要直接在磁盘上删除程序文件和文件夹。

5．查看文件和文件夹的属性

每个文件和文件夹都有属性，它显示文件或者文件夹的大小、位置以及创建日期等信息。查看文件或文件夹的属性时，还可以获得如下信息：

（1）文件或者文件夹属性（指出文件是否为只读、隐藏、准备存档、压缩或加密等）。

（2）文件的类型。

（3）打开文件的程序名称。

（4）包含在文件夹中的文件和子文件夹的数目。

（5）文件被修改或访问的最后时间。

查看文件或文件夹的详细属性有以下两种方法：

（1）选定要查看属性的文件或文件夹，然后选择 文件(F) → 属性(R) 命令，如果选中的是文件，则弹出如图 3.3.7 所示的对话框（弹出的对话框将随选中的文件类型的不同而不同）；如果选中的是文件夹，则弹出如图 3.3.8 所示的对话框。

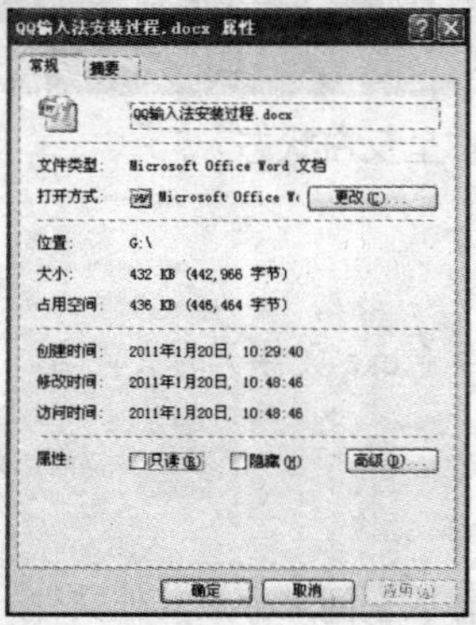

图 3.3.7　显示文档属性的对话框

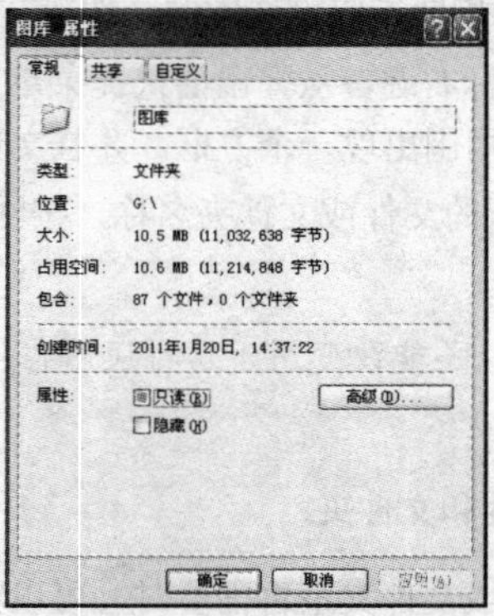

图 3.3.8　显示文件夹属性的对话框

（2）将鼠标指针移到要查看属性的文件或文件夹上，单击鼠标右键，然后从弹出的快捷菜单中选择 属性(R) 命令，也可以弹出相应的对话框。

对于“只读”和“隐藏”属性的文件或文件夹，如果没有经过慎重考虑，不要进行修改。因为如果用户修改了一个只读文件的属性，或者删除了一个只读文件，可能会对 Windows XP 造成很严重的后果，因为有些保证 Windows 正常运行的文件必须是只读的。

6．查找文件和文件夹

如果忘记某个文件或文件夹存放在什么位置了，可以使用 Windows 提供的搜索功能，根据文件的名称、类型、大小、修改日期以及索引关键字查找文件和文件夹。

如果不知道文件的全名，那么可以使用通配符来搜索。通配符也就是一些符号，这些符号可以代表任意字符，如星号（*）代表多个字符，问号（？）只代表一个字符。假设要找一个文件，而只知道文件名的第二个字母是“S”，扩展名为.doc，那么就可以输入“？S*.doc”进行搜索。

使用下面的任意一种方法即可打开搜索窗口。

（1）在“资源管理器”窗口中，单击工具栏中的 搜索 按钮。

（2）在“我的电脑”窗口中，单击工具栏中的 搜索 按钮。

（3）在桌面上选择 开始 → 搜索(S) 命令（如果“开始”菜单为普通模式）。

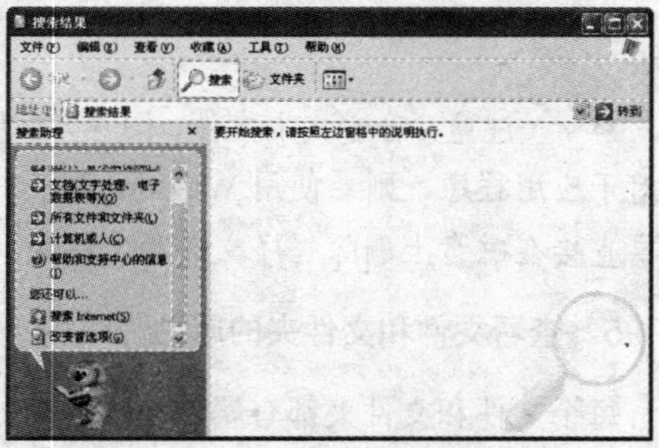

图 3.3.9　“搜索结果”窗口

打开的“搜索结果”窗口如图 3.3.9 所示。

如果要在 搜索结果 窗口中搜索文件或文件夹，可以按以下操作步骤进行。

（1）在该窗口右侧的“搜索助理”列表框中单击 所有文件和文件夹(L) 超链接。

提示： 如果没有显示“所有文件和文件夹(L)”超链接，很可能是更改了默认的搜索方式。单击“改变首选项(G)”超链接，然后依次单击“改变文件和文件夹搜索行为(R)”和“标准－包括帮助您优化搜索的分步选项(S)”超链接，最后单击“确定”按钮即可。

（2）在“全部或部分文件名(O):”文本框中输入该文件或文件夹的全名或部分名称。

（3）在“在这里寻找(L):”下拉列表中选择有可能存放要查找的文件或文件夹的磁盘或文件夹。

（4）如果要按文件的修改日期搜索文件或文件夹，则单击“什么时候修改的?”右侧的按钮，从展开的选项中选择需要的选项。

（5）如果要按文件的大小搜索文件或文件夹，则单击“大小是?”右侧的按钮，从展开的选项中选择需要的选项。

（6）单击“搜索(R)”按钮即可按输入的文件名在指定的盘符或文件夹中搜索文件或文件夹。

3.4 控制面板

控制面板就是更改计算机软/硬件设置的集中场所，可对鼠标、键盘、显示器、打印机、日期/时间、网络、输入法等进行设置，还可添加新硬件、添加/删除程序等。

3.4.1 打开“控制面板”

打开“控制面板”有以下 3 种常用的方法：

（1）选择“开始”→“控制面板(C)”命令。

（2）在“资源管理器”窗口的左侧窗格中单击“控制面板”超链接。

（3）在“我的电脑”窗口中单击任务栏中的“控制面板”超链接。

打开的“控制面板”窗口如图 3.4.1 所示，该窗口中包括常见任务栏和分类视图的图标，图标项目均采用超级链接的方式，单击图标即可打开该选项，将鼠标指针置于图标上，将弹出文字说明框，显示该图标的功能。在这种视图方式中，控制面板中包括外观和主题、打印机和其他硬件、网络和 Internet 连接、用户账户、添加/删除程序、日期/时间/语言和区域设置、声音/语言和音频设备、辅助功能选项以及性能和维护 9 个大项目。在每个大项目中又包含了若干小的设置选项，这些选项涵盖了对 Windows 系统进行设置的各个方面。

单击“控制面板”窗口左侧任务窗格中的“切换到经典视图”超链接，即可将控制面板窗口切换为 Windows 传统方式，如图 3.4.2 所示。

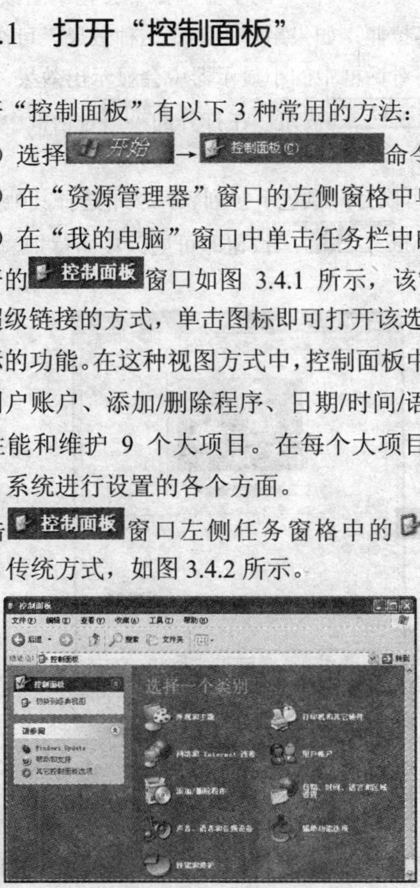

图 3.4.1 “控制面板”窗口

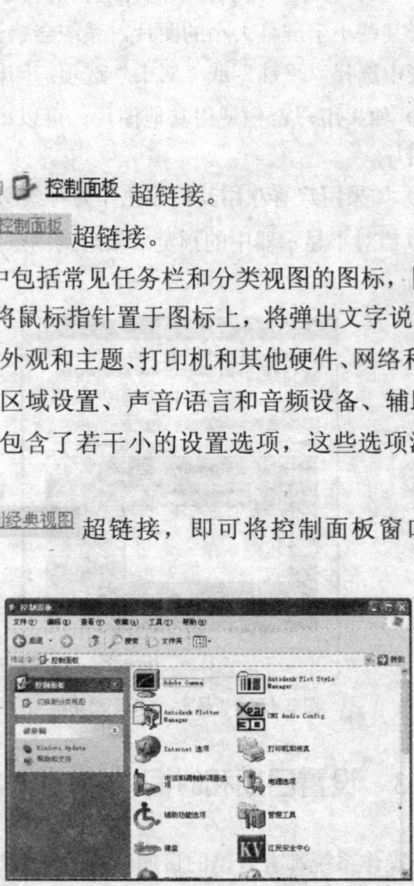

图 3.4.2 “控制面板”经典视图

3.4.2 设置显示属性

Windows XP Professional 是一个图形化的操作系统，用户可以通过控制面板窗口中的外观和主题控件来更改界面上的各种显示设置，使计算机更加美观。

1. 打开“显示属性”对话框

打开显示 属性对话框，主要有以下两种操作方法：

（1）单击控制面板窗口中的外观和主题图标，打开外观和主题窗口，在该窗口中单击显示图标。

（2）在 Windows 桌面中单击鼠标右键，从弹出的快捷菜单中选择属性(R)命令。

打开显示 属性对话框，如图 3.4.3 所示。在该对话框中有主题、桌面、屏幕保护程序、外观和设置 5 个选项卡，在不同的选项卡中可以设置显示器的不同属性。

2. 设置桌面背景

Windows XP 在安装时只提供一个默认的桌面背景，用户可以对桌面背景进行更改，具体操作方法如下：

（1）在如图 3.4.3 所示的对话框中单击桌面标签，打开桌面选项卡。

（2）在“背景”列表框中选择所需的背景图案，在对话框中的小显示器中会显示出该图案的效果。对于某些小于屏幕大小的图片，系统会默认将其拉伸，如果用户不喜欢这种效果，可在“位置”下拉列表中选择“平铺”或“居中”选项，同样，在对话框中的小显示器中会显示出效果。

（3）如果用户希望使用其他图片，可以单击浏览(B)...按钮，在打开的浏览对话框中选择自己需要的图片。

（4）如果用户喜欢用其他颜色作为背景图案，可以打开颜色下拉列表，从中选择其他颜色。

（5）当对小显示器中的预览效果感到满意后，单击确定按钮即可更改桌面背景，如图 3.4.4 所示。

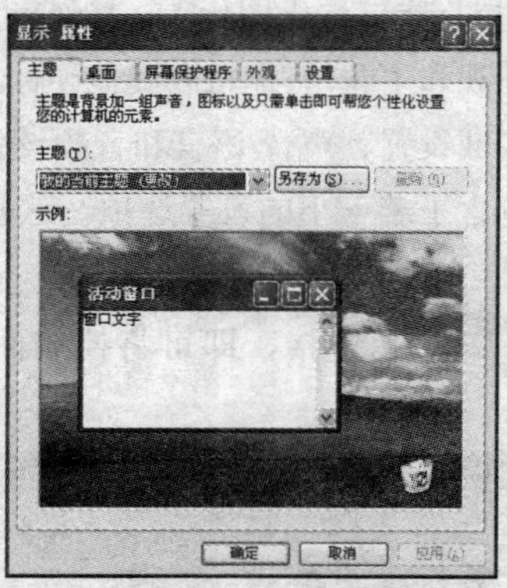

图 3.4.3 “显示 属性”对话框

图 3.4.4 设置桌面背景

3.4.3 设置日期和时间

每个操作系统都有自己的日期和时间，且会像钟表一样自动更新，用户可以将系统时间调整为当前的时间，还可以设置实际的日期，以便避开病毒的发作时间。在 Windows XP 中设置日期和时间的具体操作步骤如下：

（1）在控制面板窗口中双击日期和时间图标，弹出日期和时间 属性对话框，默认打开时间和日期选项卡，如图 3.4.5 所示。

图 3.4.5　“时间和日期”选项卡

（2）在该选项卡中的“日期”选区中的“月份”下拉列表中选择月份；在“年份”微调框中调整年份；在“日期”列表框中选择日期和星期；在“时间”选区中的“时间”微调框中输入或调整时间。

（3）设置完成后，分别单击应用(A)和确定按钮，关闭日期和时间 属性对话框，即可修改系统日期和时间。

3.4.4　用户管理

Windows XP 具有多用户管理功能，可以让多个用户共同使用一台计算机，并且每一个用户都可以拥有属于自己的操作环境。

1．创建新账户

安装 Windows XP 后，默认只有 Administrator 和 Guest 两个账户，如果要添加新的账户，可以按以下操作步骤进行。

（1）单击控制面板窗口中的用户帐户图标，打开用户帐户窗口。

（2）在用户帐户窗口中单击创建一个新帐户超链接，打开一个新的用户帐户窗口，如图 3.4.6 所示。

（3）在“为新账户键入一个名称”文本框中为新账户取一个名称，单击下一步(N) >按钮，打开一个窗口，要求选择一个账户种类。

（4）选中◉计算机管理员(A)单选按钮，然后单击创建帐户(C)按钮即可在接下来弹出的窗口中显示出刚创建的账户。用鼠标单击新创建的账户图标，可打开一个如图 3.4.7 所示的窗口，在该窗口中可以对创建的账户更改名称、创建密码、更改图片或更改账户类型。

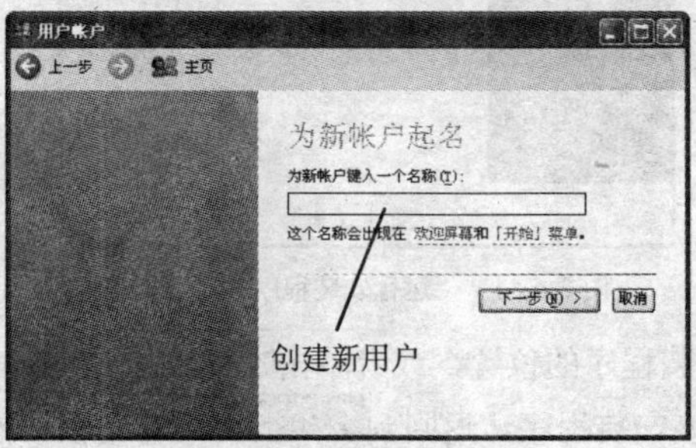

图 3.4.6　“用户账户”窗口

图 3.4.7　更改账户选项窗口

2．切换用户账户

利用 Windows XP 的注销功能可以方便地从一个账户切换到另一个账户，并在该账户的使用环境下进行各种操作。

3.4.5　添加或删除程序

添加程序是指在计算机中添加新的应用程序；删除程序是指从计算机的硬盘中删除一个应用程序的全部程序和数据（包括注册数据）。

在 控制面板 窗口中单击 添加/删除程序 超链接，打开 添加或删除程序 窗口，如图 3.4.8 所示，在该窗口中可以为计算机添加或删除程序。

1. 添加应用程序

Windows XP 中包含了很多应用程序，但仅靠这些应用程序还不能满足用户的需求，所以用户还要使用其他的应用程序来丰富计算机的功能。添加应用程序的具体操作步骤如下：

（1）在 添加或删除程序 窗口中单击 添加新程序(N) 图标，打开如图 3.4.9 所示的窗口。

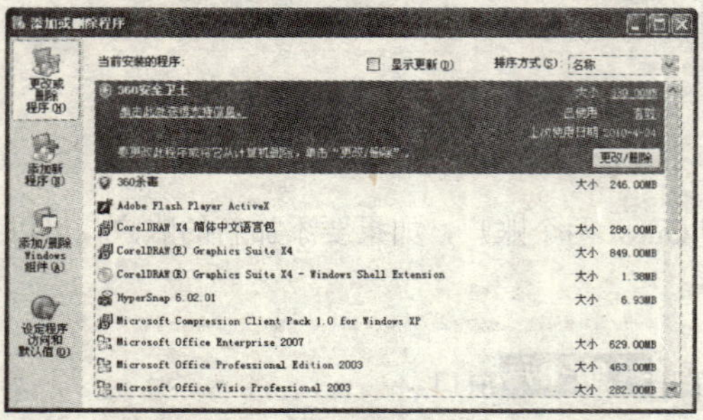

图 3.4.8　“添加或删除程序”窗口

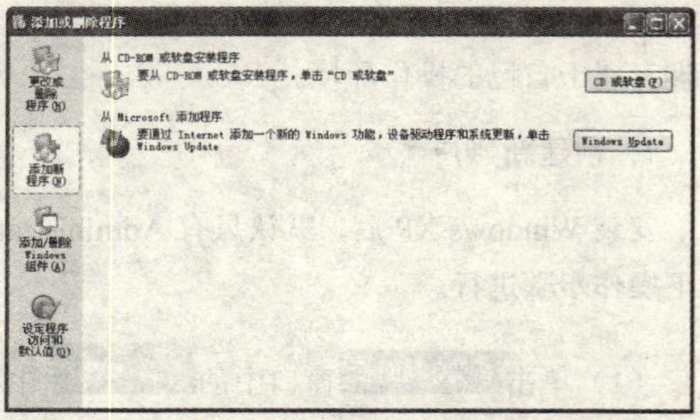

图 3.4.9　添加新程序

（2）在该窗口中单击 CD 或软盘(F) 按钮，弹出 从软盘或光盘安装程序 对话框，如图 3.4.10 所示。

（3）在该对话框中单击 下一步(N) > 按钮，弹出 运行安装程序 对话框，如图 3.4.11 所示。

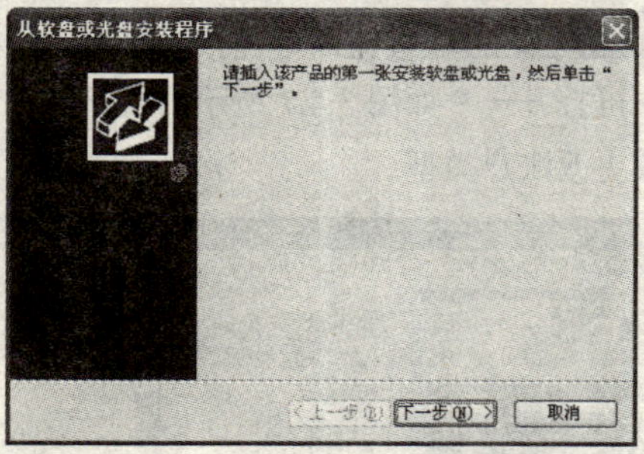

图 3.4.10　“从软盘或光盘安装程序”对话框

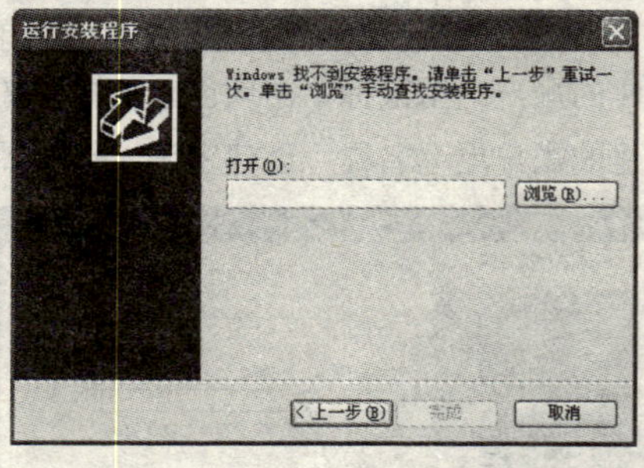

图 3.4.11　“运行安装程序”对话框

（4）在该对话框中的“打开”文本框中输入安装程序的位置，或者单击 浏览(R)... 按钮，从弹出的 浏览 对话框中找到应用程序的安装程序，双击该安装程序，返回到 运行安装程序 对话框，然后单击 完成 按钮，安装新程序向导将启动该安装程序。

（5）按照安装程序的提示，即可完成应用程序的安装。

2. 删除应用程序

删除应用程序的具体操作步骤如下：

（1）在添加或删除程序窗口中单击更改或删除程序图标，打开添加或删除程序窗口。

（2）在该窗口中选中将要删除的应用程序，然后单击删除按钮，弹出添加或删除程序提示框，如图 3.4.12 所示。

图 3.4.12 “添加或删除程序”提示框

（3）在该提示框中单击是(Y)按钮，系统将自动删除该应用程序。

3.4.6 打印机管理

打印机是计算机中重要的输出设备，编辑好的文档、图形等需要使用打印机才能打印出来。在使用打印机之前首先要安装并设置打印机。下面将介绍添加及设置打印机的方法。

1. 添加打印机

添加打印机的具体操作步骤如下：

（1）单击开始按钮，选择打印机和传真命令，打开打印机和传真窗口，如图 3.4.13 所示。

（2）在该窗口中单击添加打印机超链接，弹出添加打印机向导对话框（一），如图 3.4.14 所示。

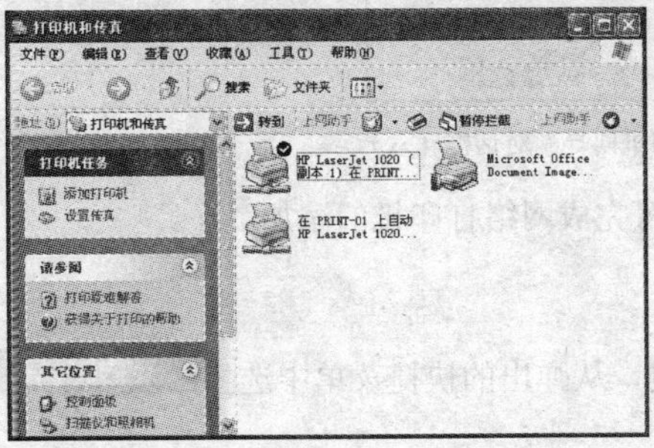

图 3.4.13 “打印机和传真”窗口

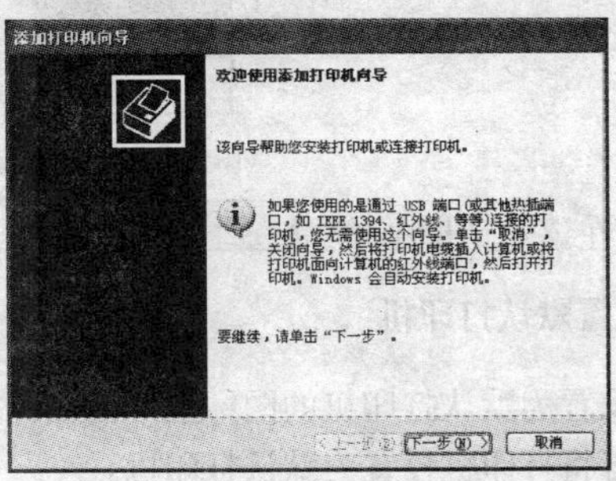

图 3.4.14 “添加打印机向导”对话框（一）

（3）单击下一步(N) >按钮，弹出添加打印机向导对话框（二），如图 3.4.15 所示。

（4）在该对话框中选中网络打印机或连接到其他计算机的打印机(E)单选按钮，然后单击下一步(N) >按钮，弹出添加打印机向导对话框（三），如图 3.4.16 所示。

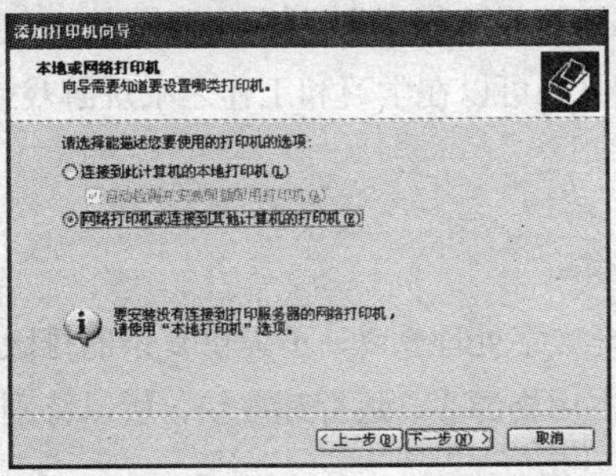

图 3.4.15 “添加打印机向导”对话框（二）

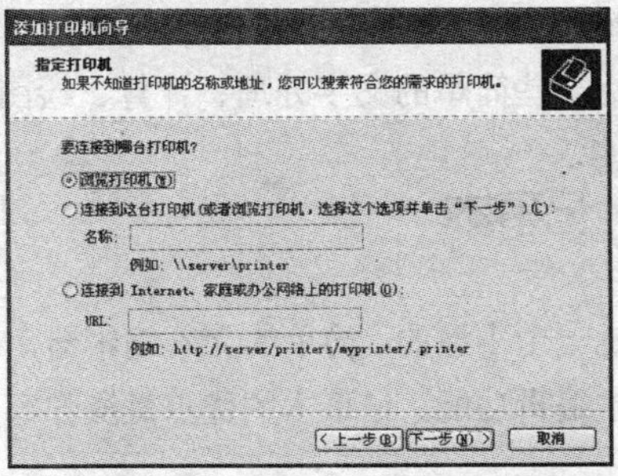

图 3.4.16 “添加打印机向导”对话框（三）

（5）在该对话框中选中“浏览打印机(W)”单选按钮，单击“下一步(N) >”按钮，弹出“添加打印机向导”对话框（四），如图 3.4.17 所示。

（6）在该对话框中的“共享打印机”列表框中选择要添加的打印机名称，单击“下一步(N) >”按钮，弹出“添加打印机向导”对话框（五），如图 3.4.18 所示。

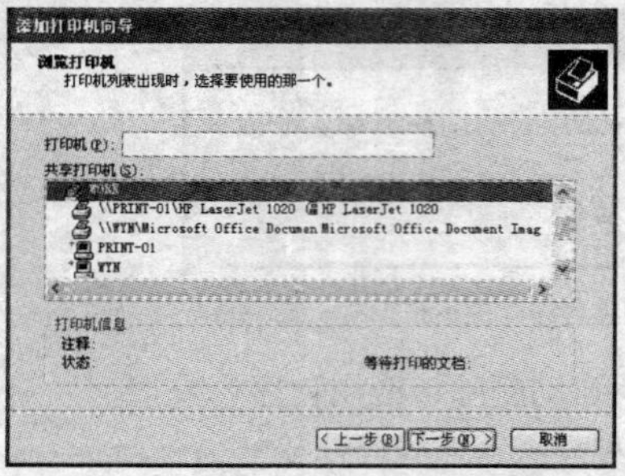

图 3.4.17　“添加打印机向导”对话框（四）

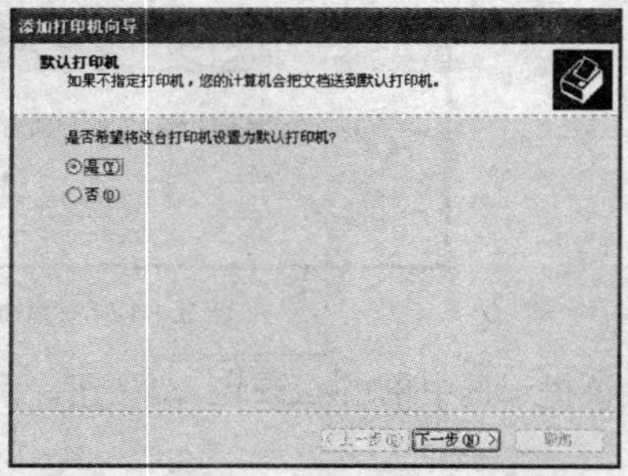

图 3.4.18　“添加打印机向导”对话框（五）

（7）在该对话框中设置该打印机是否为默认打印机，然后单击“下一步(N) >”按钮，弹出“添加打印机向导”对话框（六），如图 3.4.19 所示。

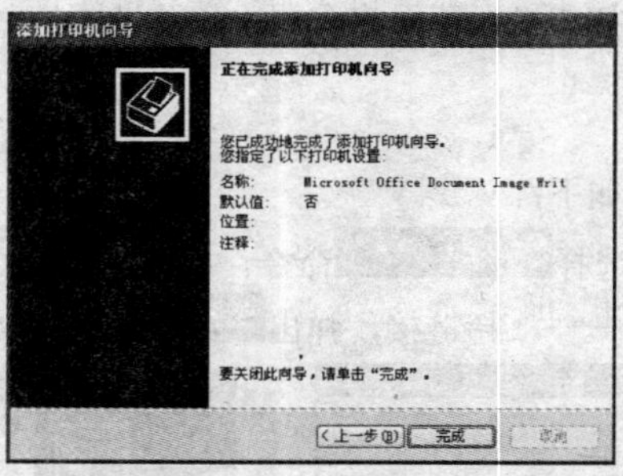

图 3.4.19　“添加打印机向导”对话框（六）

（8）在该对话框中单击“完成”按钮，即可完成网络打印机的添加。

2．设置默认打印机

在要设置为默认打印机的图标上单击鼠标右键，从弹出的快捷菜单中选择“设为默认打印机(F)”命令，即可将打印机设置为默认打印机。

3.5　Windows XP 的常用附件

Windows XP 系统的附件中包括“写字板”“计算器”“娱乐程序”“画图”等程序。学会使用附件，不仅可以进行一些简单的文字处理、计算、绘图，而且还可以在学习和工作之余玩游戏或听音乐。

3.5.1　记事本

记事本是一个小型的、简单的文本编辑器，它不是文字处理软件，不提供复杂的排版及打印格式等方面的文本编辑功能。记事本的优点是操作容易，占用资源少，运行速度快，所以特别适合处理简易文本。

选择“开始”→“程序(P)”→“附件”→“记事本”命令，打开如图 3.5.1 所示的无标题 - 记事本窗口。

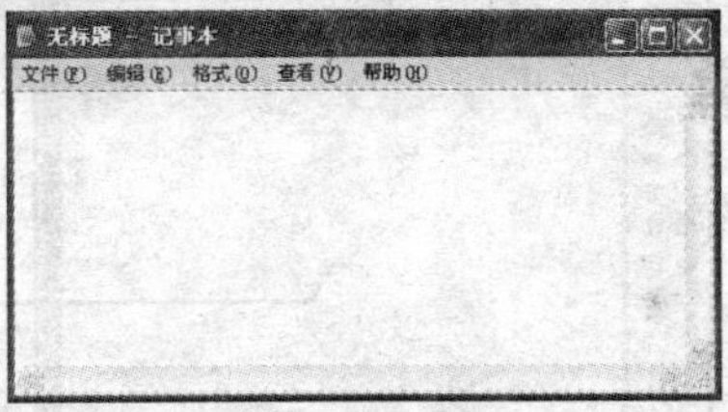

图 3.5.1　“无标题 - 记事本”窗口

使用记事本可以编辑文本，在光标所在的位置可以直接输入文字。如果输入错误，可按“Delete”键删除光标前的文字；如果要复制文本，则先选定该文本，然后按“Ctrl+C”快捷键，再将光标定位于目标位置，按“Ctrl+V”快捷键可将复制的内容粘贴到当前位置。还可以对记事本的文本进行查找和替换等操作。

3.5.2　写字板

使用写字板可以进行基本的文本编辑或网页创建，不同于记事本的是，写字板可以创建或编辑包含格式或图形的文件。

选择开始→所有程序(P)→附件→写字板命令，打开文档 - 写字板窗口，如图 3.5.2 所示，该窗口主要由标题栏、菜单栏、常用工具栏、格式工具栏、标尺、文本编辑区、状态栏等组成。

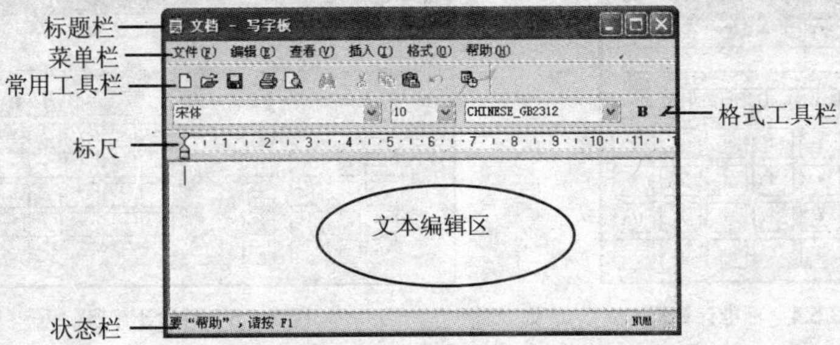

图 3.5.2　“文档 - 写字板”窗口

用户在文本编辑区中输入文本，就可以使用常用工具栏和格式工具栏中的命令按钮或菜单命令对其进行各种编辑操作。

3.5.3　画图

“画图”是一个位图图像绘制程序，它有一整套绘制工具，用户使用它可以创建黑白或彩色图形，并可将这些图形保存为位图（.bmp）文件。

选择开始→程序(P)→附件→画图命令，打开“画图”窗口，如图 3.5.3 所示。该窗口主要由标题栏、菜单栏、工具栏、绘图区、颜料盒、状态栏等组成。其中，工具栏提供画图时要用到的各种常用工具，使用这些工具可以绘制直线、曲线、矩形、圆、多边形等图形。

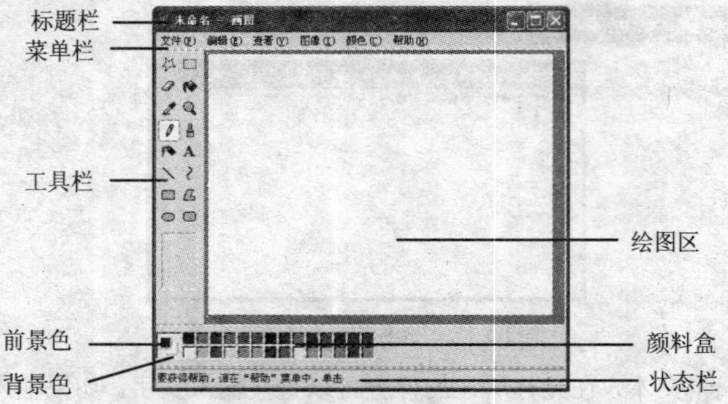

图 3.5.3 “画图”窗口

3.5.4 计算器

计算器是一个简单而又非常实用的程序，它可以完成标准计算器的所有计算功能。用户可以在运行其他程序的同时使用计算器进行计算，而且计算器可以和其他应用程序之间进行数据复制。

Windows XP 为用户提供了标准计算器和科学计算器两种类型的计算器。

标准计算器主要用于简单的算术运算，可以保存和累积计算结果，如图 3.5.4 所示。科学计算器可以用来做数制转换、对数和指数运算以及三角函数的计算等，如图 3.5.5 所示。

选择开始→所有程序(P)→附件→计算器命令，打开默认的标准计算器。如果要转换为科学计算器，选择查看(V)→科学型(S)命令即可。

图 3.5.4 标准计算器

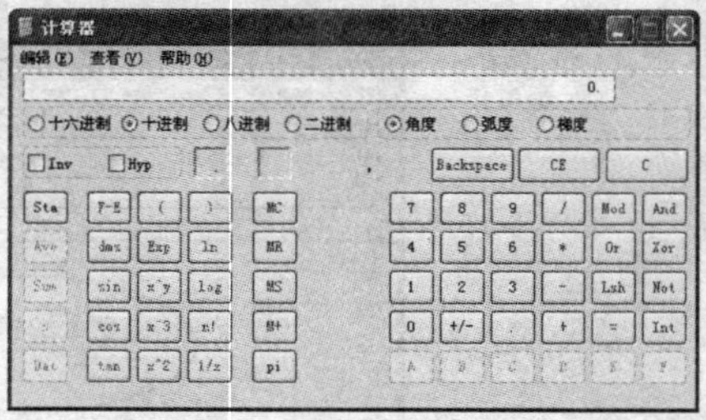

图 3.5.5 科学计算器

3.5.5 Windows Media Player 播放器

Windows Media Player 又叫媒体播放器，是专门用来播放各种媒体文件的程序。选择开始→所有程序(P)→附件→娱乐→Windows Media Player命令，即可启动 Windows Media Player，如图 3.5.6 所示。

用 Windows Media Player 播放存储在电脑中的媒体文件的具体操作步骤如下：

(1) 在“Windows Media Player”窗口中选择文件(F)→打开(O)... Ctrl+O命令，弹出打开对话框。

(2) 在“文件类型”下拉列表中选择媒体文件的类型，在“查找范围”下拉列表中选择媒体文件的位置。如果只播放其中一个文件，双击该文件名称即可播放；如果要播放多个媒体文件，可以拖动鼠标将其全部选中，然后单击打开(O)按钮即可。

用 Windows Media Player 也可以播放 CD 中的音乐。将 CD 放入光驱，Windows Media Player 将自动播放 CD 中的音乐。

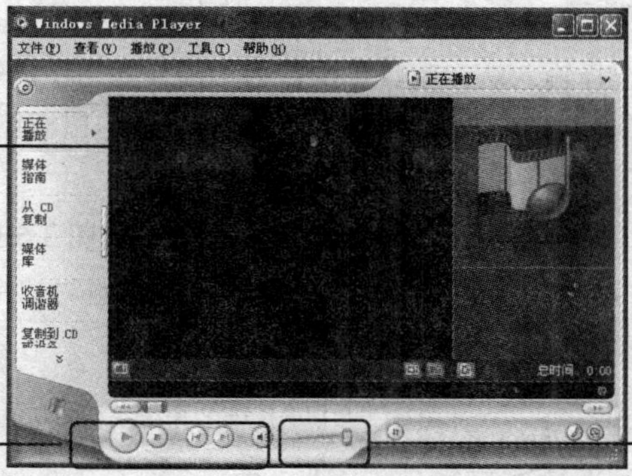

图 3.5.6　Windows Media Player

3.6　输入法的基本知识

输入文字是文字处理、电子表格制作等一切办公事务中最基础的工作。Windows XP 自带了多种输入法，用户还可以根据需要自行安装其他输入法。

3.6.1　初识输入法

英文中的字符包括字母、数字和各种符号，可以和键盘上的键位一一对应，输入起来非常简单。但汉字则不同，不仅字形各不相同，并且数量很多，因此，人们就发明了专门的中文输入程序来输入汉字，这种程序被称为中文输入法。有了中文输入法，向计算机中输入汉字也就非常简单和方便了。

3.6.2　中文输入法的分类

中文输入法大致可分为两种，一种是使用标准英文键盘进行汉字的输入，另一种是使用人工智能方式对汉字或语音进行识别的非键盘输入法。

1．键盘输入法

键盘输入法是指将按照某种特定规律输入的英文字母转化成中文后，再输入给计算机。它是目前使用最广泛的输入法，包括数字输入法、拼音输入法、字形输入法和音形组合法 4 种。

2．非键盘输入法

随着人工智能的发展，出现了许多更简单、方便快捷的非键盘汉字输入方式。目前比较实用的非键盘输入法包括光电扫描输入法、手写输入法和语音识别输入法 3 种。

3.6.3　选择输入法

安装好 Windows XP 以后，用户就可以使用系统自带的各种输入法来输入英文字符和汉字了。用户可以根据个人习惯，在多个输入法之间进行切换，选择适合自己的输入法。

一般情况下，使用“Ctrl+Space”键可以启动或关闭中文输入法；使用“Ctrl+Shift”键可以在英文和各种中文输入法之间切换。

用户还可以使用鼠标来选择输入法，其具体操作为单击任务栏中的输入法图标CH，将弹出输入法菜单，该菜单中列出了当前系统中所有的输入法，用户可以使用鼠标单击其中某一个输入法，将其作为当前输入法。

选择某种中文输入法后，屏幕上将显示该输入法的状态条，如图 3.6.1 所示的为智能 ABC 的输入法状态条。它一般位于状态栏之上，将鼠标指针移至状态条的边缘时，指针将变为“十”字箭头形，此时可单击并拖动至其他位置。

图 3.6.1　输入法状态条

3.6.4　软键盘的使用

单击“软键盘”按钮，在屏幕上会显示一个模拟键盘，也称为软键盘，如图 3.6.2 所示。单击软键盘上的按键，效果相当于按硬键盘上相应的按键。再次单击此按钮即可关闭软键盘。

中文 Windows XP 为用户提供了 PC 键盘、希腊字母、俄文字母、注音符号、拼音、日文平假名、日文片假名、标点符号、数字序号、数学符号、单位符号、制表符和特殊符号 13 种软键盘布局。在“软键盘”按钮上单击鼠标右键，将弹出如图 3.6.3 所示的“软键盘”快捷菜单，选择需要的选项，即可改变软键盘的布局。

图 3.6.2　软键盘

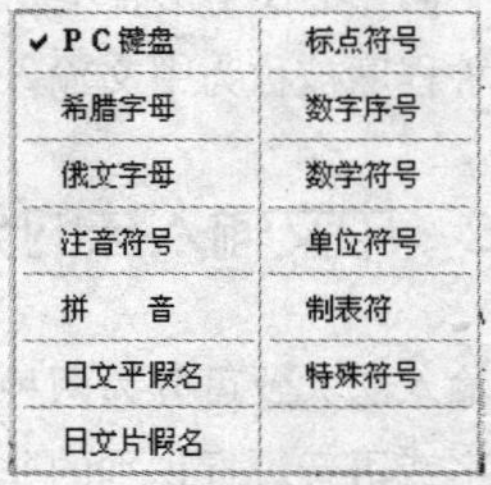

图 3.6.3　“软键盘”快捷菜单

3.7　拼音输入法

拼音输入法是一种较简单的输入法，只要知道汉字的读音，即可通过输入拼音来输入汉字。但它还是存在各种缺点，为了尽可能改善拼音输入法的性能，就演变出了多个版本，下面将介绍常用的几种拼音输入法。

1. 智能 ABC 输入法

智能 ABC 输入法是中文 Windows XP 中自带的一种汉字输入方法，又称标准输入法，是初学者最常用的一种输入法。智能 ABC 是一种基于词组的输入法，词语是基本的输入单位，它主要有全拼输入、简拼输入和混拼输入 3 种输入方式。用户可以选用这 3 种不同的输入方式，来输入各种不同长度的词组。

2. 全拼输入法

全拼输入法是一种音码输入法，它是以汉语拼音为基础的单字、双字、多字及词汇为一体的输入法。全拼输入法采用汉语拼音的声母和韵母来进行编码，不考虑声调的变化。使用该输入法，经常会遇到翻页、重码选择、复选等问题，严重影响汉字的输入速度。

3. 微软拼音输入法

微软拼音输入法是美国微软公司开发的一种汉语拼音语句输入法。使用它输入汉字时，可以连续输入汉语语句的拼音，系统会根据拼音自动选择最合理的汉字，免去了逐字逐词同音选择的麻烦。

4. 紫光拼音输入法

紫光拼音输入法是一种完全面向用户的基于汉语拼音的中文字、词及短语输入法。它具有强大的用户自定义定制功能，用户可以定制输入习惯、双拼编码、输入界面、模糊音及中文符号输入。

3.8 五笔字型输入法

五笔字型输入法是由计算机专家王永明发明的，所以又被称为“王码”输入法。五笔字型是一种输入速度快、拆分汉字方式直观、以字形为输入依据、通用性强的形码输入法，该输入法有 86 和 98 两个版本。

3.8.1 汉字字型结构

五笔字型是一种形码，它是按照汉字的字形进行编码的。所以在学习五笔字型前，首先要了解汉字的一些基本结构。

1. 汉字的笔画

一般从书写形态上将汉字笔画分为点、横、竖、撇、捺、挑（提）、钩（左右）、折 8 种笔画。在五笔字型中，把汉字的笔画分为横（提）、竖、撇、捺（点）、折 5 种。根据运笔方向基本一致的原则，将“点”归结为“捺”类，将挑（提）归结于“横”类，除竖能代替左钩以外，其他带转折的笔画都归结为“折”类。

2. 笔画的书写顺序

在书写汉字时应遵循以下规则：先左后右，先上后下，先横后竖，先撇后捺，先内后外，先中间后两边和先进门后关门。

3. 汉字的字形

在五笔字型输入法中，将汉字的字形分为左右型、上下型和杂合型。例如别、明为左右型；类、字为上下型；困、同为杂合型。

3.8.2 五笔字型键盘设计

在五笔字型输入法中，按照字根分区划分原则，将键盘分为 5 个区，以横起笔的为第一区，以竖起笔的为第二区，以撇起笔的为第三区，以捺（点）起笔的为第四区，以折起笔的为第五区。每个区又分为 5 个位，即 11～15，21～25，31～35，41～45，51～55 共 25 个键位，其字根分布如图 3.8.1 所示。

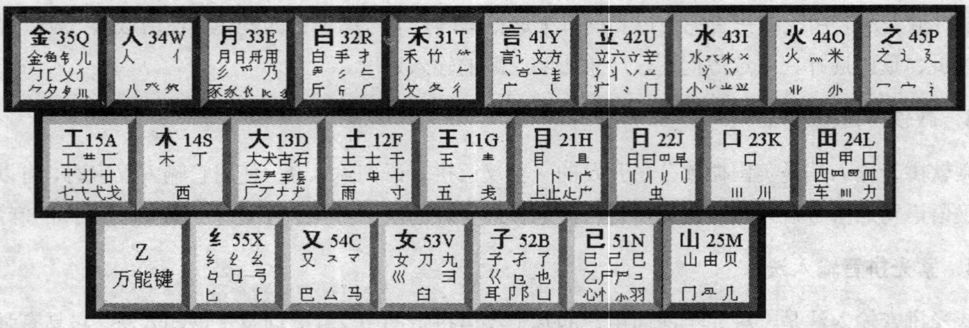

图 3.8.1　五笔字型字根键盘分布

为了帮助人们快速记忆字根，为每一区的字根编写了一首助记口诀，如表 3.2 所示。

表 3.2　码元助记口诀

区　位	按　键	助记口诀
横区（1 区）	G	王旁青头戋（兼）五一
	F	土士二干十寸雨
	D	大犬三羊古石厂
	S	木丁西
	A	工戈草头右框七
竖区（2 区）	H	目具上止卜虎皮
	J	日早两竖与虫依
	K	口与川，字根稀
	L	田甲方框四车力
	M	山由贝，下框几
撇区（3 区）	T	禾竹一撇双人立，反文条头共三一
	R	白手看头三二斤
	E	月彡（衫）乃用家衣底
	W	人和八，三四里
	Q	金勺缺点无尾鱼，犬旁留叉儿一点夕，氏无七（妻）
捺区（4 区）	Y	言文方广在四一，高头一捺谁人去
	U	立辛两点六门病
	I	水旁兴头小倒立
	O	火业头，四点米
	P	之宝盖，摘示衣
折区（5 区）	N	已半巳满不出己，左框折尸心和羽
	B	子耳了也框向上
	V	女刀九臼山朝西
	C	又巴马，丢矢矣
	X	慈母无心弓和匕，幼无力

3.8.3　字根文字的输入

字根文字包括键名字根和一般成字字根两种。输入键名字根时，将对应的字母键连击 4 次，例如，王（GGGG）；输入成字字根时，先输字根所在的键位，然后再输入该字根的第一、第二及最末一个字根，例如，寸（FGHY）。输入单笔画文字时，第一、第二键相同，后面加两个字母 LL，例如，丿（TTLL）。

3.8.4　一般汉字的输入

输入一般汉字时，如果该字少于四笔，先输入全部字根，再加一个末笔字型识别码，末笔字型识别码如表 3.3 所示。如果该字多于四笔，则先输入前三笔的字根，再输入最后一笔的字根。拆字要按照书写顺序进行，遵循取大优先、兼顾直观、能连不交、能散不连的规则。

表 3.3　末笔字型识别码

类型 / 笔画	左右型	上下型	杂合型
横	G	F	D
竖	H	J	K
撇	T	R	E
捺	Y	U	I
折	N	B	V

3.8.5　简码的输入

简码分为一级简码字、二级简码字和三级简码字。

1. 一级简码字

一级简码又称高频字，共 25 个，包括“一地在要工，上是中国同，和的有人我，主产不为这，民了发以经”，敲一键后再敲一次空格键即可将其输入。

2. 二级简码字

二级简码字由单字前两个字根代码和一空格键组成，最多能输入 25×25＝625 个汉字。

3. 三级简码字

三级简码字由单字前 3 个字根和一个空格键组成。前 3 个字根在编码中是唯一的，都选做三级简码字，约有 4 300 多个。

3.8.6　词组的输入

在五笔字型输入法中，可以直接输入词组，来提高输入速度。五笔字型中的词和字一样，一词仍只键入 4 码。如果要输入双字词，取每个字的前两个字根构成词汇简码，例如，“经济”取“纟、ス、氵、文”构成一个编码（XCIY）；如果要输入三字词，取前两个字的第一个字根，第三个字的前两个字根作为编码，例如，“计算机”取“讠、竹、木、几”构成一个编码（YTSM）；如果要输入四字词，取每个字的第一个字根作为编码，例如，“五笔字型”取“一、竹、宀、一”构成词汇编码（GTPG）；如果要输入多字词，取一、二、三、末尾 4 个字的第一个字根作为编码，例如，“中华人民共和国”取“口、亻、人、囗”构成词汇编码（KWWL）。

3.8.7　重码、容错码和万能学习键“Z”

如果一个编码对应着几个汉字，这几个汉字称为重码字。在输入重码字的编码时，重码字会同时显示在提示行中，较常用的字排在第一个位置上，并用数字指出重码字的序号。如果需要的就是第一个字，可继续输入下一个字，该字会自动跳到当前光标位置，其他重码字要用数字键加以选择。

如果几个编码对应一个汉字，这几个编码称为汉字的容错码。在汉字中，有些字的书写顺序往往因人而异，为了能适应这种情况，允许一个字有多种输入码，这些字就称为容错字。在五笔字型编码输入方案中，容错字有 500 多个。

当对汉字的拆分一时难以确定用哪一个字根时，不管它是第几个字根都可以用 Z 键来代替。借助于软件，把符合条件的汉字都显示在提示行中，再输入相应的数字，则可把相应的汉字选择到当前光标位置处。在提示行中还显示了汉字的五笔字型编码，可以帮助用户学习编码规则。

3.9 课堂实战——自定义桌面显示

使用计算机办公需要长时间面对电脑显示屏，为减轻疲劳感，可设置各种背景和屏幕保护程序，以达到美化操作界面、缓解疲劳和保护电脑的目的。

1．设置桌面主题

（1）在桌面空白处单击鼠标右键，在弹出的快捷菜单中选择 属性(R) 命令，打开 显示 属性 对话框。在“主题”下拉列表中选择需要的主题方案，如“Windows 经典”，如图 3.9.1 所示。

（2）单击 确定 按钮可看到主题已改变，如图 3.9.2 所示。

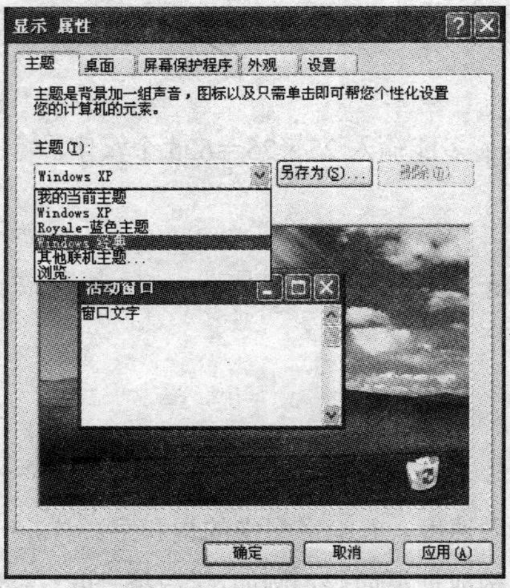

图 3.9.1　设置主题

图 3.9.2　设置后的桌面效果

2．设置桌面背景

如果不需要整体改变桌面主题，只须更改桌面显示的背景图片，可只对其进行修改。

（1）在桌面空白处单击鼠标右键，在弹出的快捷菜单中选择 属性(R) 命令，打开 显示 属性 对话框。打开 桌面 选项卡，单击 浏览(B)... 按钮，弹出 浏览 对话框，在“查找范围”列表中选择需要的图片。

（2）单击 打开(O) 按钮返回到 显示 属性 对话框中，可以看到选择的图片显示在“背景”列表中，如图 3.9.3 所示。

（3）单击 确定 按钮，桌面背景即可发生改变，如图 3.9.4 所示。

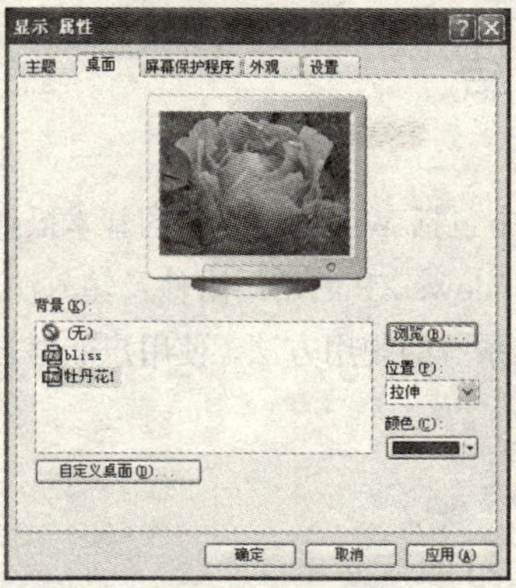

图 3.9.3　设置桌面背景

图 3.9.4　设置后的桌面

3. 设置屏幕保护程序

屏幕保护程序在办公中很常见，它不仅可以保护显示屏，还能够防止他人查看保存在电脑中的重要文件。下面将屏幕保护程序设置为“字幕”，其启动时间为“30”分钟。

（1）在桌面空白处单击鼠标右键，在弹出的快捷菜单中选择 属性(R) 命令，打开 显示 属性 对话框。打开 屏幕保护程序 选项卡，在“屏幕保护程序”列表中选择“字幕”，如图 3.9.5 所示。

（2）单击 设置(T) 按钮，弹出 字幕设置 对话框，在“文字”框中输入“一年之计在于春”，在“背景颜色”列表中选择一种颜色，如图 3.9.6 所示。

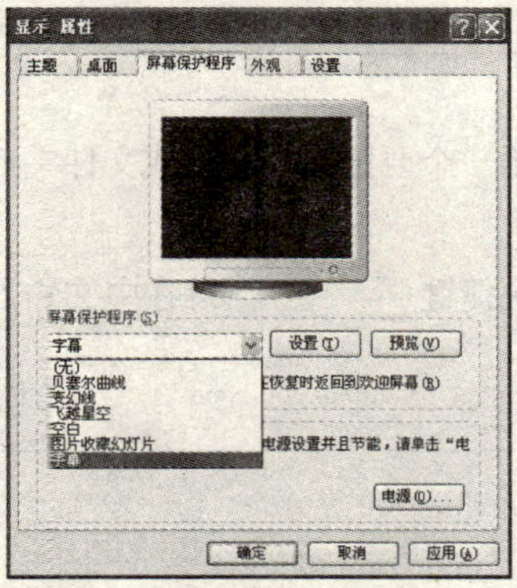

图 3.9.5　设置屏幕保护

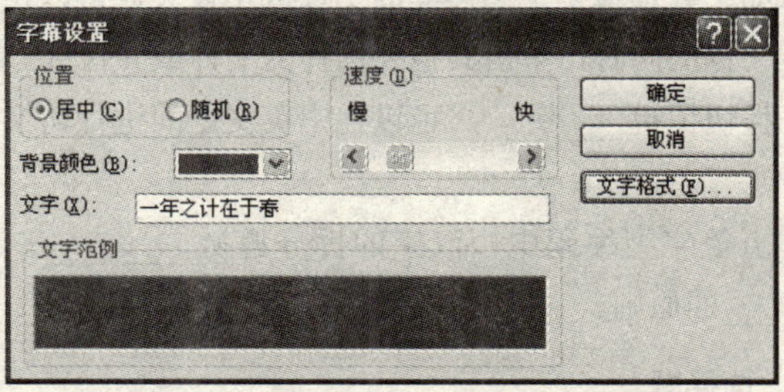

图 3.9.6　设置字幕

提示：单击 文字格式(F)... 按钮，弹出 文字格式 对话框，可设置文字的字体、字形和大小。

（3）单击 确定 按钮返回 显示 属性 对话框，在“等待”下拉列表中选择“30”分钟。

（4）单击 确定 按钮，等待 30 分钟后可看到设置的屏幕保护，如图 3.9.7 所示。

图 3.9.7　设置的屏幕保护

本 章 小 结

本章主要介绍了 Windows 操作系统的基础知识，其中包括 Windows XP 的基本操作、文件和文件夹的基本操作、Windows XP 控制面板、磁盘管理和 Windows XP 的常用附件及输入法知识等内容。通过本章的学习，用户可以进一步熟悉 Windows XP 操作系统的使用方法，使用户能够轻松地完成各种管理和操作，并能熟练运用输入法进行办公操作。

操 作 练 习

一、填空题

1. Windows XP 的桌面环境主要由________、________、________以及________组成。

2. 任务栏由________、________、________以及________组成。

3. 单击任务栏左侧的

按钮，可以打开“开始”菜单，也可以使用________快捷键打开“开始”菜单。

4. Windows XP 的“资源管理器”窗口中有两个部分：左边部分显示的是________；右边部分显示的是________。

5. Windows XP 提供了________、________、________、________和________5 种文件的显示方式。

6. 如果要选择多个不连续的文件或文件夹，可以在单击第一个要选择的文件或文件夹后，按住________键的同时，单击其他要选择的文件或文件夹。

7. 按快捷键________可以在中英文之间进行切换；按快捷键________可在中文输入法之间进行切换。

8. 五笔字型编码中，汉字的拆分遵循________、________、________、________、________的原则。

二、选择题

1. 在 Windows XP 中删除到回收站的文件（　）。

（A）已被删除不能恢复　　（B）无法被永久删除

（C）虽被删除但可以恢复　　（D）虽被永久删除但可以恢复

2. 按（　）快捷键可以将文件或文件夹永久删除，不保留在回收站中。

（A）Shift+Delete　　（B）Ctrl+Delete　　（C）Delete　　（D）Alt+Delete

3. 使用（　）快捷键可在多个窗口间进行切换。

（A）Alt+Tab　　（B）Ctrl+Space　　（C）Alt+Enter　　（D）Ctrl+Shift

4. 关闭窗口的快捷键是（　）。

（A）Ctrl+C　　（B）Alt+F4　　（C）Alt+Ctrl　　（D）Ctrl+Esc

5. 下列关于复选框和单选按钮的说法错误的是（　）。

（A）复选框一次可以选中多项或只选一项

（B）复选框也可以全部不选中或全部选中

（C）单选按钮一次只能且必须选中一项

（D）复选框和单选按钮都可以选中多项

6．对于创建的用户，不能对其进行的操作是（ ）。

（A）更改图片　　（B）更改名称

（C）设置密码　　（D）更改权限

三、简答题

1．“开始”菜单中都包含哪些内容?有什么作用？如何设置“开始”菜单？

2．什么是窗口和对话框？二者有什么区别与联系？

3．复制文件或文件夹的操作与移动文件或文件夹的操作有何不同？结果是否一样？

4．如何删除计算机中已安装的应用程序？

5．怎样设置桌面背景？

6．汉字字型有哪几种结构？书写汉字时应遵循哪些原则？

四、上机操作题

1．练习改变窗口大小、移动和切换窗口等操作。

2．将桌面背景图片更换成自己喜欢的图片。

3．在C盘创建新文件夹并命名为“ABC”，并在该文件夹下创建一个BMP图像文件ABC.BMP。

4．在“资源管理器”窗口中查看C盘Windows文件夹中的内容。

5．在Windows XP中添加一个名为“computer”的受限账户，并为该账户设置密码。

6．为自己的计算机安装打印机驱动程序，并添加打印机。

7．在计算机上设置屏幕保护程序，要求在20分钟之内没有对计算机进行任何操作便自动进入屏幕保护，并且在退出屏幕保护程序时，返回到用户选择界面。

8．使用五笔字型软件分别就成字字根、一级简码、二级简码、三级简码、词汇等进行反复练习。

第 4 章　文字处理软件 Word 2007

作为 Microsoft Office 软件中最强大的文字处理工具，Word 能够将文本、表格、图片、声音等内容按照用户的要求组织在一起，并按照预定格式打印到纸张上，形成一份图文并茂的文稿。Word 2007 继承了以往版本易用的特点，具有更新、更方便、更全面的功能。本章将由浅入深，逐步介绍 Word 2007 的基本操作。

知识要点

- ⊙ 文档管理
- ⊙ 文本的输入与编辑
- ⊙ 文本的格式设置
- ⊙ 在文档中插入表格
- ⊙ 图文混排
- ⊙ 特殊排版方式
- ⊙ 页面设置与打印输出

4.1　初识 Word 2007

Word 2007 是 Office 2007 套装软件中专用于文字处理的应用程序，它包括文字编辑、表格制作、图文混排以及 Web 文档等各项功能。它符合国际办公软件潮流，具有即点即输、随心所欲的表格制作，强大的图形处理，快速的编排打印等功能。它使文字处理工作变得简单快捷，其乐无穷。

4.1.1　Word 2007 的启动和退出

Word 2007 的启动与退出是两种最基本的操作。Word 2007 必须在启动后才能使用，使用完毕后应退出，以释放占用的系统资源。

1. Word 2007 的启动

启动 Word 2007 最常用的方法有以下 3 种：

（1）使用“开始”菜单栏启动。选择 开始 → 所有程序(P) → Microsoft Office → Microsoft Office Word 2007 命令，如图 4.1.1 所示，即可启动 Word 2007。

（2）使用桌面快捷方式启动。如果在 Word 2007 的安装过程中，根据屏幕的提示在桌面中建立了 Word 2007 快捷图标，则用户只须双击该快捷图标，即可启动 Word 2007。

（3）直接启动。在 Windows 资源管理器中，找到需要编辑的 Word 文档，直接双击此文档即可启动 Word 2007。

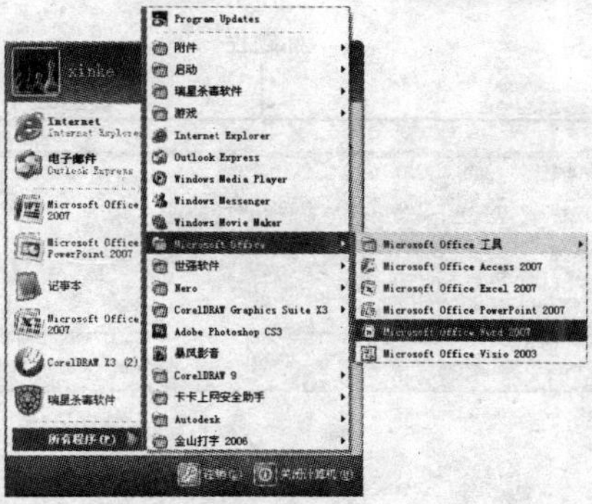

图 4.1.1　从“开始”菜单栏启动 Word 2007

2. Word 2007 的退出

使用完 Word 2007 后需要正常地保存文件并退出该程序。退出该程序可以使用下列方法之一：

（1）选择→命令。

（2）单击 Word 2007 标题栏右侧的“关闭”按钮。

（3）双击“Office”按钮。

（4）按快捷键“Alt+F4”。

注意：如果用户在退出 Word 2007 之前对文档进行了修改，系统将自动弹出一个信息提示框，如图 4.1.2 所示，询问用户是否保存修改后的文档。单击 是(Y) 按钮，保存对文档进行的修改；单击 否(N) 按钮，不保存对文档的修改，直接退出 Word 2007 程序；单击 取消 按钮，取消本次操作，返回到编辑状态。

图 4.1.2　信息提示框

4.1.2　Word 2007 的界面介绍

启动 Word 2007 后，可以看到如图 4.1.3 所示的工作界面。

Word 2007 的工作界面包括“Office”按钮、快速访问工具栏、标题栏、功能区、文档编辑区以及状态栏等。下面对界面中的各个部分分别予以介绍。

（1）“Office”按钮：位于界面的左上角，单击该按钮可打开其下拉菜单。在其中选择所需命令可执行相应的操作，且在菜单的右侧还会列出最近使用过的文档，选择某文档可快速将其打开。

（2）快速访问工具栏：默认情况下，快速访问工具栏位于 Word 窗口的顶部，“Office”按钮的右侧，使用它可以快速访问使用频率较高的工具，如“保存”按钮，“撤销”按钮和“恢复”按钮等。用户还可将常用的命令添加到快速访问工具栏，其方法为：单击快速访问工具栏右侧的按钮，在弹出的下拉菜单中选择需要在快速访问工具栏中显示的按钮即可。若在该下拉菜单中选择“在功能区下方显示”命令，则可改变快速访问工具栏的位置。

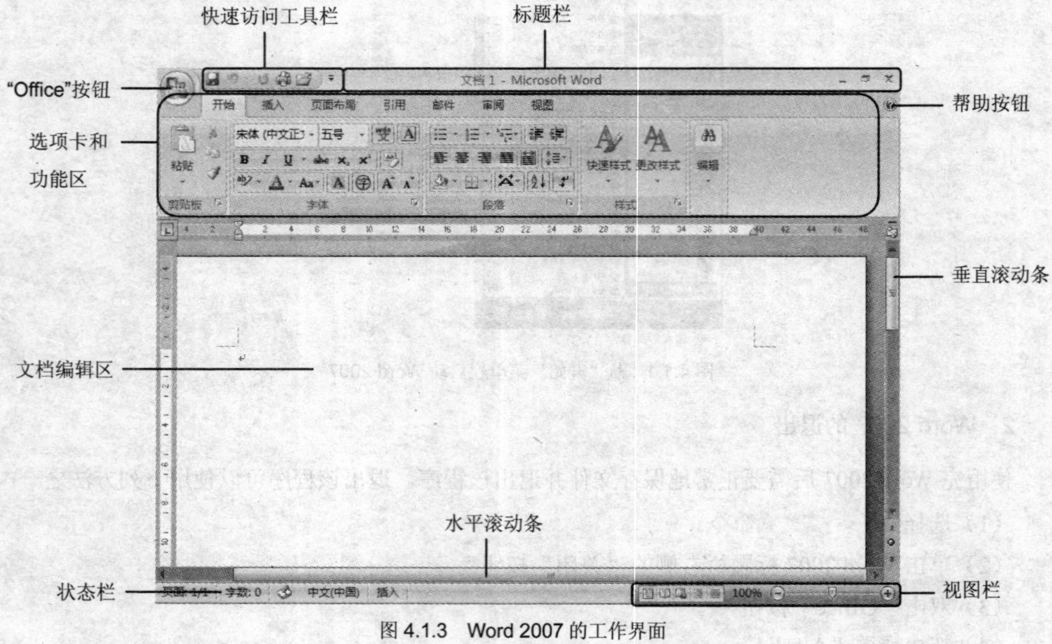

图 4.1.3　Word 2007 的工作界面

（3）标题栏：位于“快速访问工具栏”的右侧，界面最上方的蓝色长条区域，用于显示当前正在编辑文档的文档名等信息。并提供“最小化”按钮、“最大化”按钮和“关闭”按钮来管理界面。

（4）选项卡和功能区：Word 2007 中提供了“开始”“插入”和“页面布局”等多个常规选项卡，选择某一选项卡，其下方即可显示与其对应的功能区；单击功能区中的按钮或选择命令即可完成相应的设置，如图 4.1.4 所示。

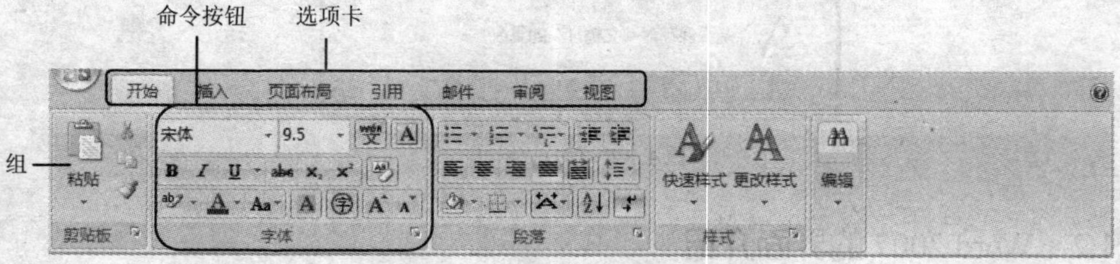

图 4.1.4　选项卡和功能区

（5）文档编辑区：Word 2007 用户界面中的空白区域即文档编辑区，它是输入与编辑文档的场所，用户对文档进行的各种操作的结果都显示在该区域中。

（6）状态栏：位于工作界面的最下方，显示当前编辑文档的状态，如页数、总页数、字数、当前文档检错结果和语言状态等内容。

（7）视图栏：Word 2007 工作界面右下部为视图栏，可以单击其中的按钮完成视图方式切换和调节页面显示比例等操作。

4.1.3　Word 2007 的视图方式

Word 2007 的视图方式主要有页面视图、阅读版式视图、Web 版式视图、大纲视图和普通视图

5 种。用户在文档的右下角可以直接单击相应的按钮来进行切换。

1. 页面视图

页面视图是最常用的一种视图方式，其布局可以直接显示页面的实际尺寸，在页面中同时会出现水平标尺和垂直标尺，如图 4.1.5 所示。如果要切换到该视图方式，可以直接单击视图切换按钮中的“页面视图”按钮。

2. 阅读版式视图

如果用户打开文档是为了进行阅读，阅读版式视图将优化阅读体验。阅读版式视图会自动打开“阅读版式”和“审阅”工具栏。如果要切换到该视图方式，可以单击视图切换按钮中的“阅读版式视图”按钮，如图 4.1.6 所示。若要停止阅读文档时，单击“阅读版式视图”工具栏上的 × 关闭 按钮或按“Esc”键，就可以从阅读版式视图切换到原来的视图方式。

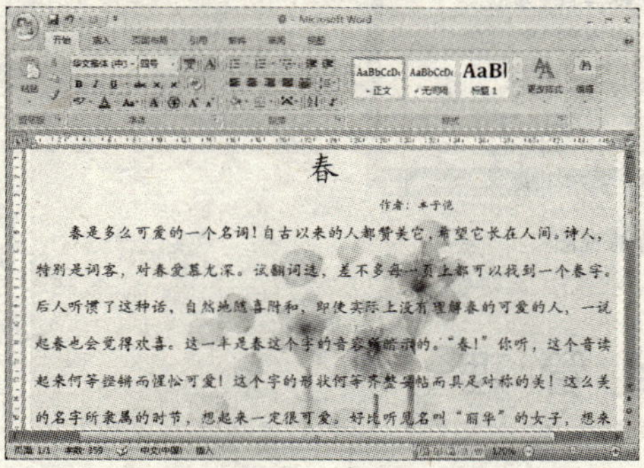

图 4.1.5 页面视图

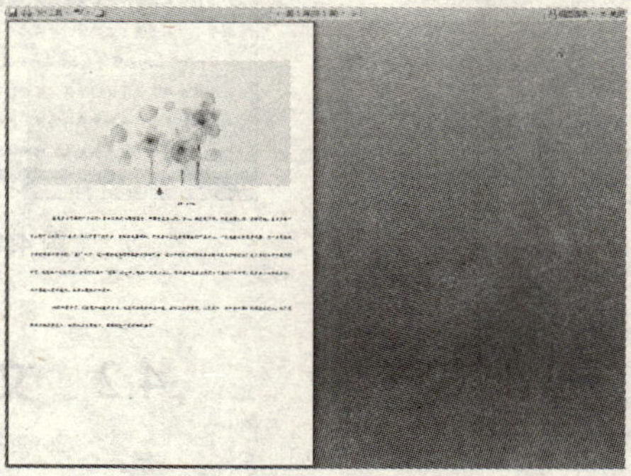

图 4.1.6 阅读版式视图

3. Web 版式视图

Web 版式视图是一种近似于 Web 页显示方式的视图，其编辑的文档可以直接用于 Internet 中，用浏览器可以直接浏览。单击视图切换按钮中的“Web 版式视图”按钮，可以直接切换到该视图方式，如图 4.1.7 所示。

4. 大纲视图

单击视图切换按钮中的“大纲视图”按钮，可以切换到大纲视图。大纲视图中文本的正文部分用一个空心的小方块标记，如图 4.1.8 所示。在该视图模式下主要显示了文档的结构。而且通过缩进文本反映文档中不同的标题级别。

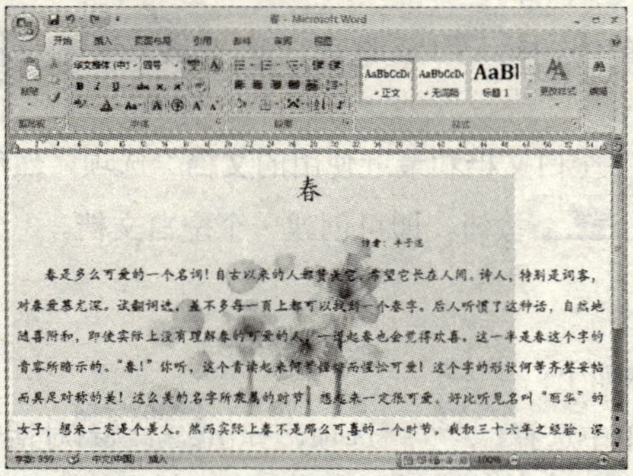

图 4.1.7 Web 版式视图

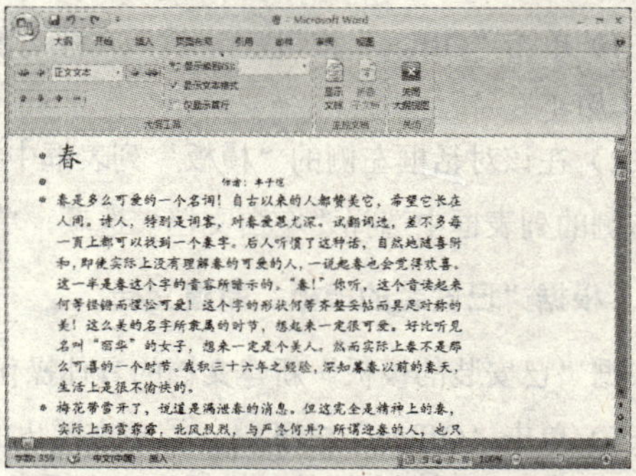

图 4.1.8 大纲视图

提示：在大纲视图中不会显示段落格式，也不能使用段落格式命令。若要浏览或修改段落格式，必须切换到其他视图。

5．普通视图

如果要切换到普通视图，可以直接单击视图切换按钮中的“普通视图”按钮，如图 4.1.9 所示。在普通视图方式下，可以简化页面的布局，其页面的左边不出现标尺。

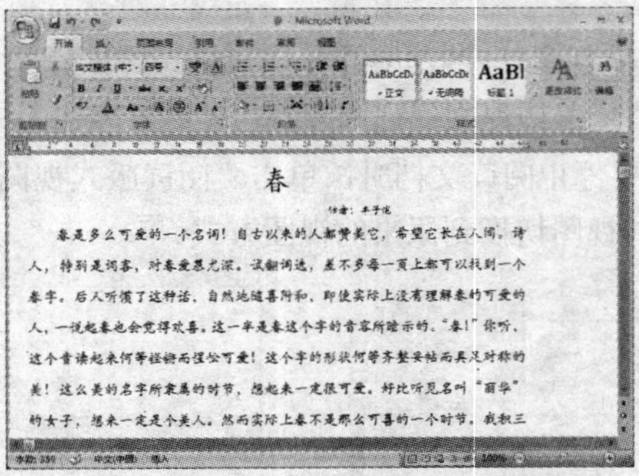

图 4.1.9　普通视图

4.2　文 档 管 理

在进行 Word 2007 文档编辑之前，应先熟悉文档的新建、保存、打开和关闭等基本操作，这样才能做到有的放矢，提高工作效率。

4.2.1　新建文档

启动 Word 2007 时，系统将自动打开一个名为“文档 1”的空白文档，用户可在其中直接进行文字的输入和编辑操作。用户还可以创建新的文档，其创建方法有以下几种，用户可根据需要选择其中的一种。

1．创建一个空白文档

创建一个空白文档的具体操作步骤如下：

（1）单击“Office”按钮，然后在弹出的菜单中选择 新建(N) 选项，弹出 新建文档 对话框，如图 4.2.1 所示。

（2）在该对话框左侧的“模板”列表框中选择“空白文档和最近使用的文档”选项，然后在对话框右侧的列表框中选择“空白文档”选项，单击 创建 按钮，即可创建一个空白文档。

2．根据“已安装的模板”新建文档

根据“已安装的模板”新建文档的具体操作步骤如下：

（1）单击“Office”按钮，然后在弹出的菜单中选择 新建(N) 选项，弹出 新建文档 对话框。

（2）在该对话框左侧的“模板”列表框中选择“已安装的模板”选项，在对话框的右侧将显示已安装的模板，如图 4.2.2 所示。

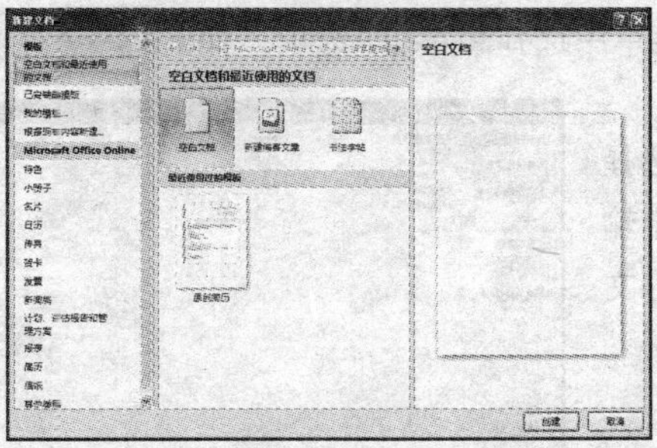

图 4.2.1 “新建文档”对话框

图 4.2.2 已安装的模板

（3）在“已安装的模板”列表框中选择需要的文档模板，单击 创建 按钮，即可根据已安装的模板创建新文档。

3. 根据“我的模板”新建文档

根据“我的模板”新建文档的具体操作步骤如下：

（1）单击“Office”按钮，然后在弹出的菜单中选择 新建(N) 选项，弹出 新建文档 对话框。

（2）在左侧的“模板”列表框中选择“我的模板…”选项，弹出 新建 对话框，如图 4.2.3 所示。

（3）从中选择需要的模板，单击 确定 按钮，即可根据用户创建的模板来创建新文档。

4. 根据现有内容新建文档

根据现有内容新建文档的具体操作步骤如下：

（1）单击“Office”按钮，然后在弹出的菜单中选择 新建(N) 选项，弹出 新建文档 对话框。

（2）在该对话框左侧的“模板”列表框中选择“根据现有内容新建…”选项，弹出 根据现有文档新建 对话框，如图 4.2.4 所示。

图 4.2.3 “新建”对话框

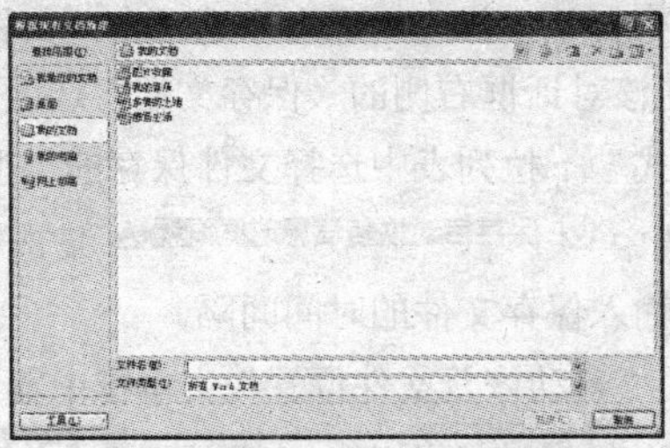

图 4.2.4 “根据现有文档新建”对话框

（3）在该对话框中选择现有的文档模板，单击 新建(C) 按钮，即可在该文档的基础上创建一个新的 Word 文档。

4.2.2 保存文档

新建的文档必须执行保存操作后才能储存在电脑磁盘中，同时在输入文档的过程中也应随时保存文档，以避免因停电或死机造成文档数据丢失。Word 2007 为用户提供了多种保存文档的方法，而且具有自动保存功能，可以最大限度地保护因意外而引起的数据丢失。

1. 保存新建文档

保存新建文档的具体操作步骤如下：

（1）单击“Office”按钮，然后在弹出的菜单中选择保存(S)选项，弹出另存为对话框，如图 4.2.5 所示。

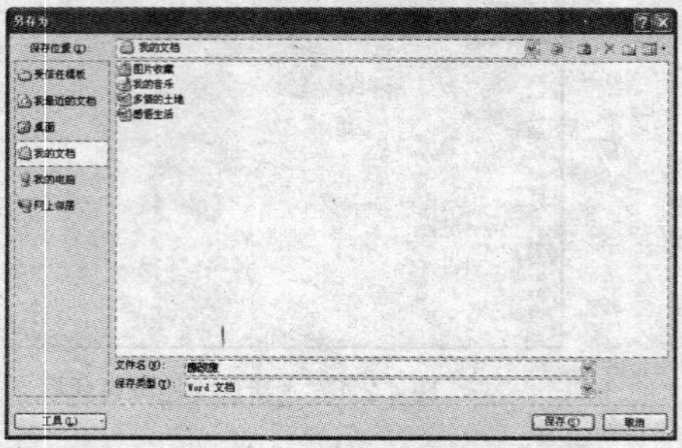

图 4.2.5 “另存为”对话框

（2）在该对话框中的“保存位置”下拉列表中选择要保存文件的文件夹位置；在“文件名”下拉列表中输入文件的名称；在“保存类型”下拉列表中选择保存文件的格式。

（3）设置完成后，单击保存(S)按钮即可。

2．保存已有文档

如果文档已存在，用户需要在修改后进行保存，可采用以下 2 种方法：

（1）在原有位置保存。在对已有文档修改完成后，单击“Office”按钮，然后在弹出的菜单中选择保存(S)选项，Word 2007 将修改后的文档保存到原来的文件夹中，修改前的内容将被覆盖，并且不再弹出另存为对话框。

（2）另存为。如果需要将已有的文档保存到其他的文件夹中，可在修改完文档之后，单击“Office”按钮，然后在弹出的菜单中选择另存为(A)选项，弹出另存为对话框。保存方法与保存新建文档一样。

3．自动保存文档

Word 2007 可以按照某一固定时间间隔自动对文档进行保存，这样大大减少断电或死机时由于来不及保存文档所造成的损失。

设置“自动保存”的具体操作步骤如下：

（1）单击“Office”按钮，然后在弹出的菜单中选择Word 选项(I)选项，弹出Word 选项对话框。单击保存标签，打开“保存”选项卡，如图 4.2.6 所示。

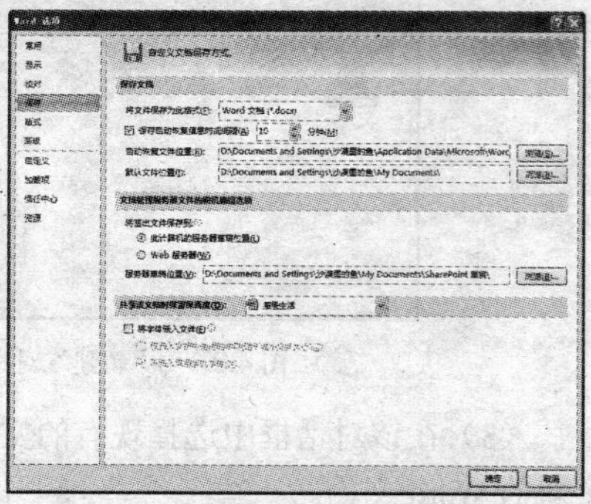

图 4.2.6 “保存”选项卡

（2）在该对话框右侧的“保存文档”选区中的“将文件保存为此格式”下拉列表中选择文件保存的类型。

（3）选中☑保存自动恢复信息时间间隔(A)复选框，并在其后的微调框中输入保存文件的时间间隔。

（4）在“自动恢复文件位置”文本框中输入保存文件的位置，或者单击浏览(B)...按钮，在弹出的修改位置对话框中设置保存文件的位置。

（5）设置完成后，单击确定按钮，即可完成文档自动保存的设置。

4.2.3 打开文档

将文档保存在电脑磁盘中后，可将其打开进行浏览或编辑，这里介绍 2 种较常用的方法。

1．使用“打开”对话框打开文档

使用“打开”对话框打开文档的具体操作步骤如下：

（1）单击“Office”按钮，然后在弹出的菜单中选择打开(O)选项，弹出打开对话框，如图 4.2.7 所示。

（2）在“查找范围”下拉列表中选择文档所在的位置，然后在文件列表中选择需要打开的文档。

（3）在“文件类型”下拉列表中选择所需的文件类型，单击 打开(O) 按钮打开需要的文档。

2．打开最近使用的文档

Word 2007 具有强大的记忆功能，它可以记忆最近几次使用的文档。单击“Office”按钮，然后在弹出的菜单右侧列出的“最近使用的文档”中单击需要打开的文档即可打开选定的文档，如图 4.2.8 所示。

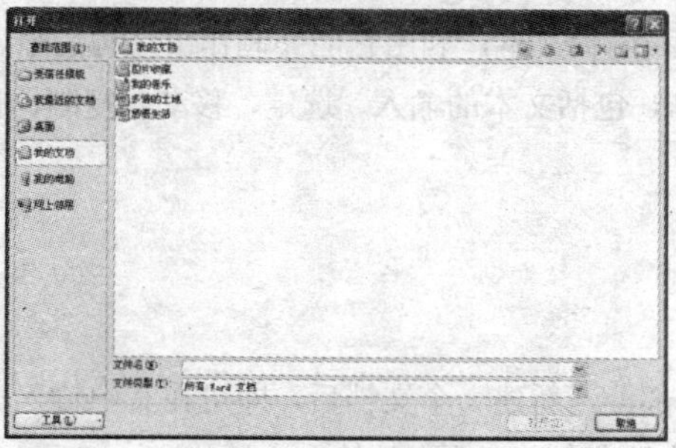

图 4.2.7　“打开”对话框

图 4.2.8　“最近使用的文档”列表

4.2.4　关闭文档

编辑完一篇文档后应关闭它，以免占用屏幕空间。一般退出 Word 2007 后即可关闭文档，但这将关闭所有 Word 文档，如果需要关闭某个文档，可采用以下方法中的任意一种。

（1）单击“Office”按钮，然后在弹出的菜单中选择 关闭(C) 选项。

（2）单击“标题栏”右侧的“关闭”按钮。

（3）按快捷键“Alt+F4”。

4.2.5　文档加密

对文档设置密码能够保护文档，不知道密码的人不能阅读或者修改文档。其具体操作步骤如下：

（1）单击“Office”按钮，在弹出的下拉菜单中选择 另存为(A) 命令，弹出 **另存为** 对话框。在该对话框中单击 工具(L) 按钮，从中选择 常规选项(G)... 命令。

（2）这时会弹出 **常规选项** 对话框，输入打开及修改文件时的密码，如图 4.2.9 所示。

（3）单击 确定 按钮，弹出 **确认密码** 对话框，再次输入密码进行确认，如图 4.2.10 所示。

（4）单击 确定 按钮，返回到 **另存为** 对话框，单击 保存(S) 按钮即可。

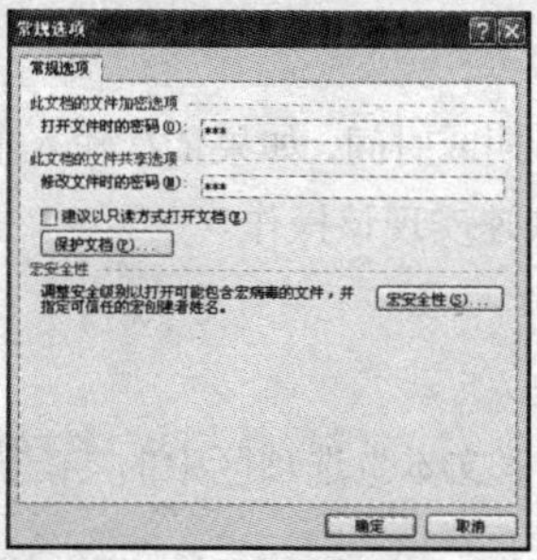

图 4.2.9　“常规选项”对话框

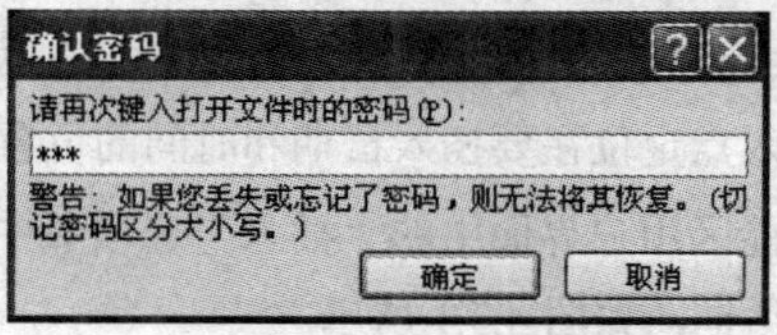

图 4.2.10　“确认密码”对话框

提示：设置打开权限密码后，打开文档时需要输入正确的密码才能打开文档。设置修改权限密码，在打开文档后需要输入正确的密码才能对文档进行编辑，否则只能以只读方式打开。

4.3 文本的输入与编辑

Word 的主要功能就是可以方便地进行输入和编辑文本，利用它能够制作出结构清晰、版式精美的各种文档。下面介绍文本的一些基本编辑操作，包括文本的输入、选定、移动、复制、删除、撤销与恢复操作以及查找与替换等。

4.3.1 输入文本

文本是 Word 文档中最基础、最重要的组成部分，新建一个文档后，即可在其中输入文本。下面分别介绍普通文本、日期和时间、特殊符号以及公式在文本框中的输入方法。

1. 输入普通文本

一般文档大多数都由普通文本组成，在 Word 中输入的普通文本包括英文文本和中文文本两种。

（1）输入英文文本。默认的输入状态一般是英文输入状态，允许输入英文字符。可以在键盘上直接输入英文的大小写文本。按“Caps Lock”键可在大小写状态之间进行切换，按住“Shift”键，再按包含要输入字符的双字符键，即可输入双排字符键中的上排字符，否则输入的是双排键中的下排字符。按住“Shift”键，再按需要输入的英文字母键，即可输入相对应的大写字母。

（2）输入中文文本。当要在文档中输入中文时，首先要将输入法切换到中文状态。其具体操作步骤如下：

1）单击 Windows 任务栏上的输入法指示器图标 EN，选择 CH 中文(中国) 选项，切换到中文输入法状态。

2）单击“微软拼音输入法”图标 MS，弹出中文输入法菜单。

3）在该菜单中选择一种中文输入法之后，便可以输入中文。

注意：Word 同其他许多文字处理软件类似，自动换行功能使用户可连续输入，不需要在每行的末尾按回车键。如果当前没有足够的空间容纳正在输入的单词，Word 将自动把整个单词移到下一行的起始位置，这种功能称为自动换行。只有需要开始输入新的一段时，才按回车键。

2. 输入日期和时间

在使用 Word 2007 编辑文档的过程中，经常需要输入日期或时间，如果依次输入不仅麻烦而且容易出错。使用 Word 2007 的插入日期和时间功能，就可以快速实现该操作。

在文档中快速插入日期和时间的具体操作步骤如下：

（1）将插入点定位在要插入日期和时间的位置。

（2）在功能区用户界面中的“插入”选项卡中，单击“文本”选项区中的 日期和时间 按钮，弹出 日期和时间 对话框，如图 4.3.1 所示。

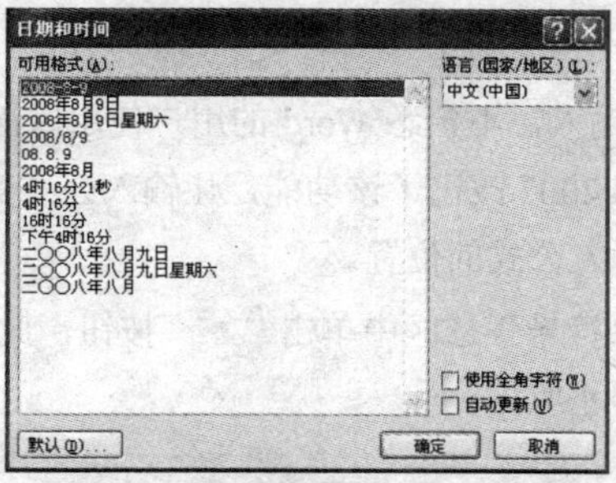

图 4.3.1　“日期和时间”对话框

（3）在“可用格式”列表框中选择一种日期和时间格式；在“语言（国家/地区）”下拉列表中选择一种语言。

（4）如果选中☑自动更新(U)复选框，则以域的形式插入当前的日期和时间，该日期和时间是一个可变的数值，它可根据打印的日期和时间的改变而改变；取消选中☐自动更新(U)复选框，则可将插入的日期和时间作为文本永久地保留在文档中。

（5）单击 确定 按钮，即可在文档中插入日期和时间。

3．输入特殊符号

Word 是一个强大的文字处理软件，通过它不仅可以输入汉字，还可以输入特殊符号，如✋☎📖等，从而使制作的文档更加丰富、活泼。

使用“插入特殊符号”对话框插入特殊符号的具体操作步骤如下：

（1）把插入点置于文档中要插入特殊符号的位置。

（2）在功能区用户界面中的“插入”选项卡中，单击“特殊符号”选项区中的 符号 按钮，在弹出的下拉菜单中选择 更多... 选项，弹出 插入特殊符号 对话框，如图 4.3.2 所示。

（3）从列表框中选择一种所需的特殊字符，然后单击 确定 按钮，即可在文档中的插入点处插入特殊字符。

（4）在 插入特殊符号 对话框中单击 显示符号栏(S) 按钮，弹出 自定义符号栏 对话框，如图 4.3.3 所示。

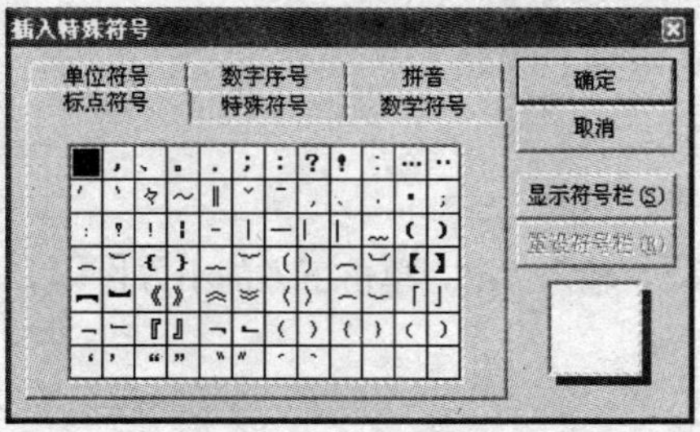

图 4.3.2　“插入特殊符号”对话框

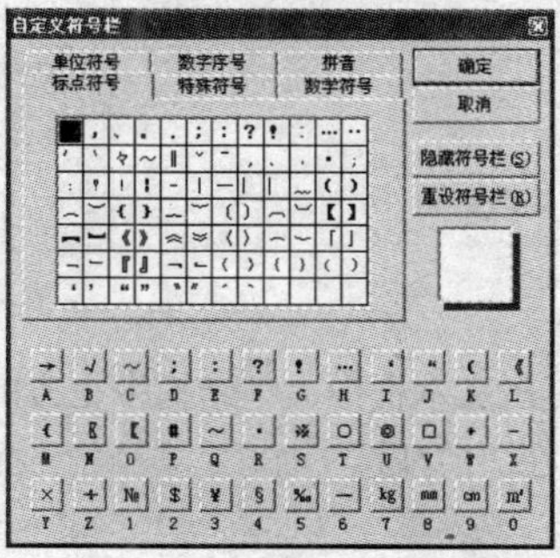

图 4.3.3　“自定义符号栏”对话框

（5）在该对话框中进行设置，单击 确定 按钮完成自定义符号栏的设置。插入特殊符号时，只须在自定义符号栏中直接单击即可。

提示：单击“插入”选项卡“符号”选区中的 Ω 符号 按钮，也可在文档中插入特殊符号。在“插入特殊符号”对话框的列表框中双击选择的符号可以快速将符号插入到文档中，并关闭对话框。

4. 输入公式

在很多文档中都涉及公式的输入，不熟悉 Word 的用户使用以前版本的 Word 插入公式中的符号时需要花费很长时间。现在 Word 2007 改进了该功能，让输入公式变得十分轻松，其方法如下：

（1）将插入点定位到需要插入公式的位置。

（2）在“插入”选项卡的“符号”选区中单击 π公式 按钮，此时在插入点将出现一个文本框，并激活“设计”选项卡，如图 4.3.4 所示。

图 4.3.4 “设计”选项卡

（3）在“设计”选项卡中，包括常用的运算符号和各种公式结构。根据输入的公式结构在“结构”工具栏中选择公式结构，单击文本框中出现的小方格，在其中输入数据，在“符号”工具栏中选择公式的符号即可。

（4）单击任意空白位置，“设计”选项卡和文本框边框被隐藏。

下面以插入公式 $(\sqrt{3}x-\sqrt[3]{2x})^n$ 为例，练习公式的输入方法。

（1）将插入点定位到需要插入公式的位置。

（2）在“插入”选项卡的“符号”选区中单击 π公式 按钮，激活的“设计”选项卡。

（3）在结构工具栏中单击 上下标 按钮，在弹出的列表框中选择 选项，表示输入结构为上下标关系的公式，如图 4.3.5 所示。

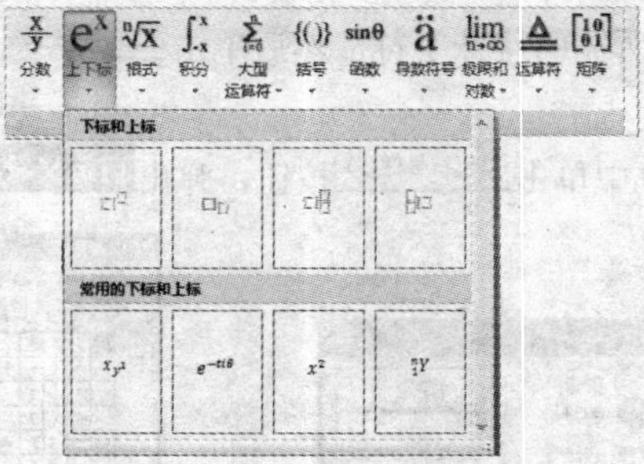

图 4.3.5 输入上下标

（4）单击文本框中 结构中上方的小方格，输入“n”，单击下方的小方格，输入“( )”，插入点定位在“(”后。

（5）单击 根式 按钮，在弹出的列表框中选择 $\sqrt{\square}$ 选项，表示输入平方根公式。在平方根公式的小方格中输入“3”，将插入点定位在平方根后，输入“x”。

（6）单击“符号”列表框中的 按钮，列表框中的数学符号将滚动显示，继续单击，直到出现“−”符号，单击它在定位点插入减号，如图 4.3.6 所示。

（7）单击 根式 按钮，在弹出的列表框中选择 $\sqrt[\square]{\square}$ 选项，表示输入几次方根公式。单击根号上方的小方格输入“3”，单击根号中的小方格输入“2x”。

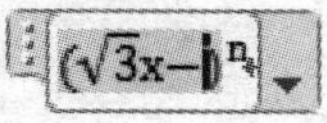

图 4.3.6　插入减号

（8）单击任意位置退出公式编辑状态完成公式的输入。

4.3.2　选定文本

在对文档进行编辑之前，首先必须选定文本，选定文本的方法有以下 2 种。

1．利用鼠标选定文本

利用鼠标选定文本比较简单，每个 Word 文档的左边为选定栏，鼠标指针在该区域中会变成形状，如表 4.1 所示列出了利用鼠标选定文本的方法。

表 4.1　鼠标选定文本

选　择	操　作
任意数量的文本	在要开始选择的位置单击，按住鼠标左键，然后在要选择的文本上拖动指针
一个词	在单词中的任何位置双击
一行文本	将指针移到行的左侧，当指针变为右向箭头后单击
一个句子	按下“Ctrl”键，然后在句中的任意位置单击
一个段落	在段落中的任意位置连击三次
多个段落	将指针移动到第一段的左侧，当指针变为右向箭头后，按住鼠标左键，同时向上或向下拖动指针
较大的文本块	单击要选择的内容的起始处，滚动到要选择的内容的结尾处，然后按住“Shift”键，同时在要结束选择的位置单击
整篇文档	将指针移动到任意文本的左侧，当指针变为右向箭头后连击三次
页眉和页脚	在页面视图中，双击灰色显示的页眉或页脚文本。将指针移到页眉或页脚的左侧，在指针变为右向箭头后单击
脚注和尾注	单击脚注或尾注文本，将指针移到文本的左侧，当指针变为右向箭头后单击
垂直文本块	按住“Alt”键，同时在文本上拖动指针
文本框或图文框	在图文框或文本框的边框上移动指针，当指针变为四向箭头后单击

2．利用键盘选定文本

在某些情况下，利用键盘选定文本也比较方便，例如要选定整个文档，按“Ctrl+A”快捷键，即可选定整个文档。如表 4.2 所示列出了键盘选定文本的快捷键。

表 4.2　键盘选定文本

组合快捷键	键盘操作范围
Shift+↑	选定从当前光标处到上一行文本
Shift+↓	选定从当前光标处到下一行文本
Shift+←	选定当前光标处左边的文本
Shift+→	选定当前光标处右边的文本
Ctrl+A	选定整个文档
Ctrl+Shift+Home	选定从当前光标处到文档开头处的文本
Ctrl+Shift+End	选定从当前光标处到文档结尾处的文本

4.3.3　移动、复制与删除文本

在录入文本过程中，经常需要移动、复制与删除其中的文本。

1．移动文本

移动文本的具体操作步骤如下：

（1）选定要移动的文本。

（2）将鼠标指针定位在要移动的文本之上，当指针变成形状时，拖动鼠标到目标位置，释放鼠标即可。

另外，在选定一段文本之后，单击鼠标右键，在弹出的快捷菜单中选择 剪切(T) 命令，然后将鼠标指针定位在目标位置上，单击鼠标右键，在弹出的快捷菜单中选择 粘贴(P) 命令，也可以实现文本的移动。

2．复制文本

要对文本进行复制，可以按照以下操作步骤进行：

（1）选定要复制的文本。

（2）单击“开始”选项卡中“剪贴板”组中的“复制”按钮。

（3）将鼠标指针定位在要粘贴的文本处，单击“开始”选项卡中“剪贴板”组中的“粘贴”按钮即可。

另外，利用鼠标也可以复制文本，具体方法是在选定文本之后，按住“Ctrl”键，当鼠标指针变成形状时，拖动鼠标到目标位置，释放鼠标即可。

3．删除文本

如果要删除一个汉字或一个英文单词，选中单词或汉字后直接按键盘上的“Delete”键或“Back Space”键。如果要删除一段文本，在选定文本内容后，除了可以按“Delete”键或“Back Space”键删除外，还可以单击“开始”选项卡中“剪贴板”组中的“剪切”按钮来删除文本。

4.3.4 撤销与恢复操作

如果用户不小心删除了不该删除的内容，可直接单击“常用”工具栏中的“撤销”按钮来撤销操作。如果要撤销刚进行的多次操作，可单击工具栏中的“撤销”按钮右侧的下三角按钮，从下拉列表中选择要撤销的操作。

恢复操作是撤销操作的逆操作，可直接单击“常用”工具栏中的“恢复”按钮执行恢复操作。

4.3.5 查找与替换文本

在一篇较长的文档中，如果想找到需要的文本或要对多个相同的文本进行统一修改，可使用 Word 2007 的查找与替换功能。

1．查找文本

查找是指根据用户指定的内容，在文档中查找相同的内容，并将光标定位在此。查找文本的具体操作步骤如下：

（1）在功能区用户界面中的“开始”选项卡中，单击“编辑”选项区中的 查找 按钮，在弹出的下拉菜单中选择 查找(F)... 选项，弹出 查找和替换 对话框，默认打开 查找(D) 选项卡，如图 4.3.7 所示。

（2）在“查找内容”下拉列表中输入要查找的文字，单击查找下一处(F)按钮，Word 将自动查找指定的字符串，并以反白显示。

（3）若要继续查找，重复单击查找下一处(F)按钮，Word 会逐一查找文档中的其他相同内容，直到文档的末尾。查找完毕后，系统将弹出如图 4.3.8 所示的提示框，提示用户 Word 已经完成对文档的搜索。

图 4.3.7　“查找”选项卡

图 4.3.8　提示框

（4）单击查找(D)选项卡中的更多(M) >>按钮，将打开查找(D)选项卡的高级形式，如图 4.3.9 所示，在该对话框中可以对要查找文本的大小写和格式等进行特别设置。

2. 替换文本

替换是指先查找所需要替换的内容，再按照指定的要求给予替换。替换文本的具体操作步骤如下：

（1）在功能区用户界面中的“开始”选项卡中，单击“编辑”选项区中的替换按钮，弹出查找和替换对话框，默认打开替换(P)选项卡，如图 4.3.10 所示。

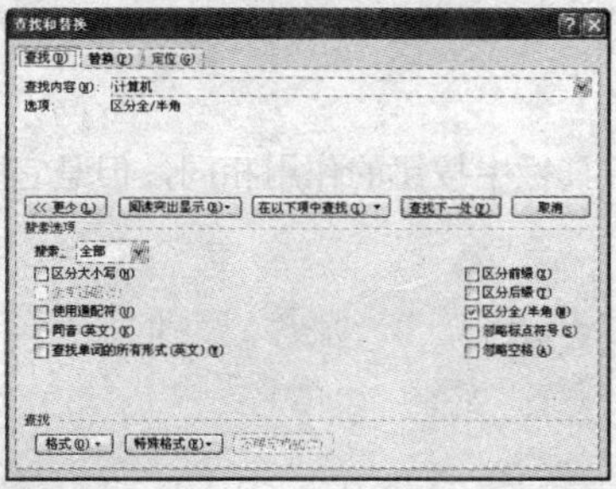

图 4.3.9　“查找”选项卡的高级形式

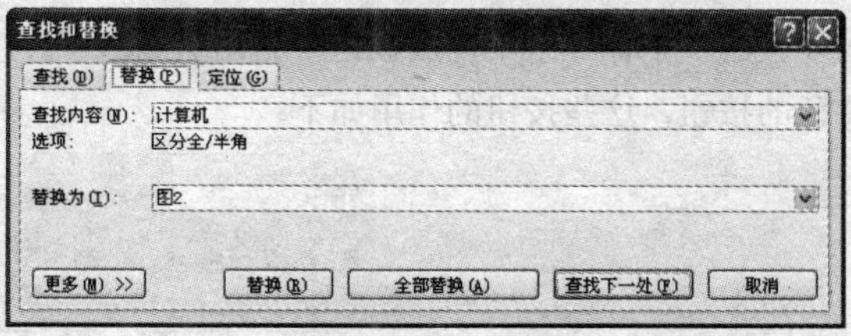

图 4.3.10　“替换”选项卡

（2）在该选项卡中的“查找内容”下拉列表中输入要查找的内容；在“替换为”下拉列表中输入要替换的内容。单击替换(R)按钮，即可将文档中的内容进行替换。

（3）如果要一次性替换文档中的全部被替换对象，可单击全部替换(A)按钮，系统将自动替换全部内容。

4.4　文本的格式设置

在 Word 2007 中，输入的文字默认为五号大小的宋体，这时的文档整体效果不明显，层次不分明，也不太美观。因此，在输入文本后还须对其格式进行设置。

4.4.1　设置字符格式

文档的格式设置包括设置字体、字形、大小和颜色等，可通过浮动工具栏、功能区的“字体”组和“字体”对话框进行设置。

1．使用浮动工具栏设置

在 Word 文档中输入文本后，显示的都是默认状态下的字符格式。为了方便用户设置字符格式，Word 2007 新提供了一个浮动工具栏，当用户选择一段文字后，浮动工具栏自动浮出，开始显示时呈半透明状态，用鼠标光标接近它时就会正常显示，在浮动工具栏中可以快速设置字符格式，如图 4.4.1 所示。

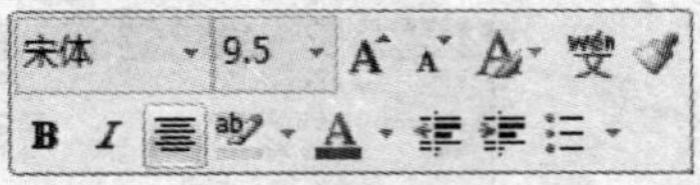

图 4.4.1　浮动工具栏

浮动工具栏中各项的作用如下：

“字体”下拉列表框：用于改变字符的外观形状，单击其右侧的按钮，在弹出的下拉列表中可选择字体样式。

“字号”下拉列表框：用于改变字符大小，单击其右侧的按钮，在弹出的下拉列表中可选择字符的大小。

“增大字体”按钮和“缩小字体”按钮：Word 的默认字号为五号，可以单击“增大字体”和“缩小字体”按钮改变所选文本的字号。

“加粗”按钮和“倾斜”按钮：如果要为选中的字符设置加粗或倾斜的效果可单击浮动工具栏中的“加粗”和“倾斜”按钮。

“字体颜色”按钮和“字符底纹”按钮：单击浮动工具栏中的“字体颜色”按钮或“字符底纹”按钮，可在弹出的列表框中设置选中字符的颜色和底纹颜色。

“带圈字符”按钮：单击该按钮可为选中字符添加圆圈。

2．使用功能区的“字体”组设置

功能区的“字体”组中许多按钮（见图 4.4.2）与浮动工具栏中按钮的作用相同，但是它多了一些有特色的按钮，这些按钮的作用如下：

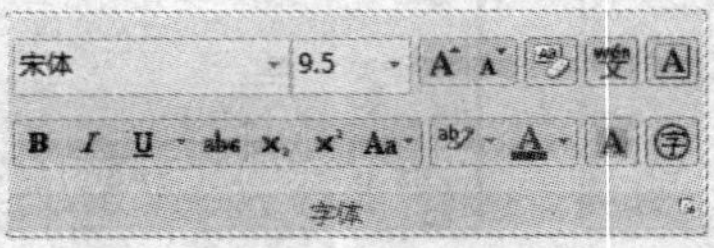

图 4.4.2　“字体”组

“下标”按钮和“上标”按钮：单击按钮可将选择的文字设置为下标或上标。

“删除线”按钮：单击该按钮将为文字添加删除线效果。

“下画线”按钮：单击该按钮将为文字添加下画线，单击右侧的按钮，在弹出的列表框中可设置不同的下画线样式，如图 4.4.3 所示。

“更改大小写”按钮：单击该按钮，在弹出的列表框中选择相应的选项定义文本全部大写或全部小写，如图 4.4.4 所示。

图 4.4.3　选择下画线样式

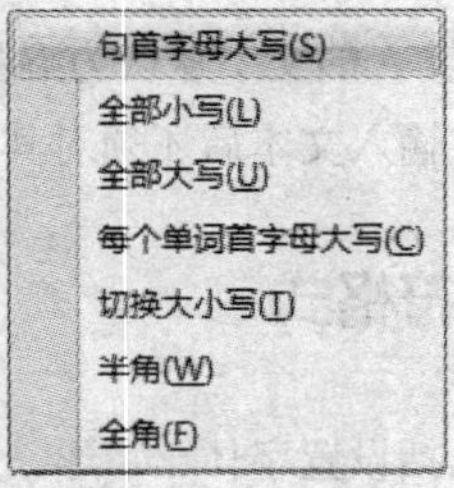

图 4.4.4　更改文本大小写

3．使用“字体”对话框设置

如果要想为文本设置复杂多样的文字效果，单击功能区“字体”组右下角的“对话框启动器”按钮，打开字体对话框，如图 4.4.5 所示。在该对话框中进行字符格式的设置，如空心、阴文、阴影、字符间距等一些比较特殊的效果，还可以预览字符设置后的效果。

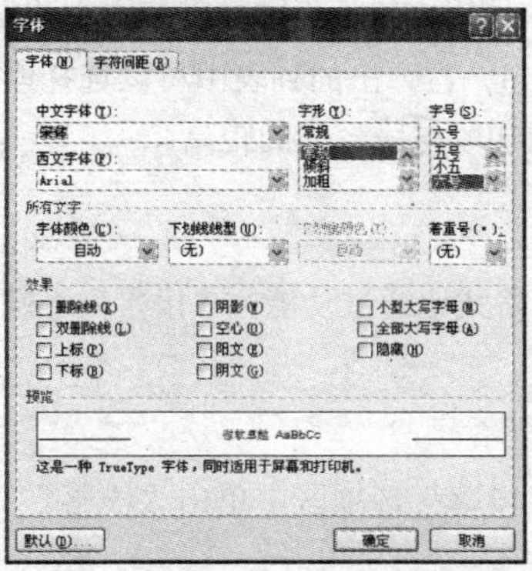

图 4.4.5　“字体”对话框

4.4.2　设置段落格式

要想使文档更加美观，仅仅设置字符的格式是不够的，更重要的是设置段落格式。通过设置段落格式可使文档的版式更具有层次感，便于阅读。设置段落格式可以通过浮动工具栏、功能区的“段落”组和“段落”对话框来实现。

1．使用浮动工具栏设置

使用浮动工具栏可以快速设置段落格式，在该工具栏中只有“居中”按钮、“减少缩进量”按钮和“增加缩进量”按钮 3 个功能按钮，设置的段落格式比较单一。在浮动工具栏中设置段落格式的方法和在浮动工具栏中设置字符格式的方法一样，选中要设置的文本后，单击浮动工具栏中相应的按钮即可。其各按钮的作用如下：

“居中”按钮：单击该按钮可设置文本的居中对齐，在设置标题文本时应用较多。

“减少缩进量”按钮：单击该按钮可减少段落文本的缩进量，减少段落与左边距之间的距离。

“增加缩进量”按钮：单击该按钮可增加段落文本的缩进量，增加段落与左边距之间的距离。

2．使用功能区的“段落”组设置

功能区“段落”组的用法与浮动工具栏类似，也是选择段落后在其中单击相应的按钮进行段落格式设置，如图 4.4.6 所示。

图 4.4.6　“段落”组

功能区的“段落”组中一些按钮与浮动工具栏中按钮的作用相同，但是它还多了许多用于设置段落格式的按钮，它们的作用如下：

"左对齐"按钮：单击该按钮，使段落与页面左边距对齐。

"居中对齐"按钮：单击该按钮，使段落与页面居中对齐。

"右对齐"按钮：单击该按钮，使段落与页面右边距对齐。

"两端对齐"按钮：单击该按钮，使段落同时与左边距和右边距对齐并根据需要增加字间距。

"分散对齐"按钮：单击该按钮，使段落同时靠左边距和右边距对齐并根据需要增加字间距。

"行距"按钮：单击该按钮，在弹出的列表中可以选择段落中每一行的磅值，磅值越大，行与行之间的间隔距离越宽，还可增加段与段之间的距离。

3．使用"段落"对话框设置

通过"段落"对话框设置段落格式比通过功能区"段落"组操作复杂一些，但可以设置得更为精确，其具体操作如下：

（1）选定要设置段落格式的段落。

（2）打开开始选项卡，在"段落"选项区中单击"段落"对话框启动器按钮，弹出段落对话框，如4.4.7所示。

（3）在"缩进和间距"选项卡中可对段落的对齐方式、左右边距缩进量、与其他段落间距进行设置；在"换行和分页"选项卡中可对分页、行号和断字进行设置；在"中文版式"选项卡中可对中文文稿的特殊版式进行设置，如按中文习惯控制首尾字符、允许标点溢出边界等。

（4）设置完成后，单击确定按钮应用设置即可。

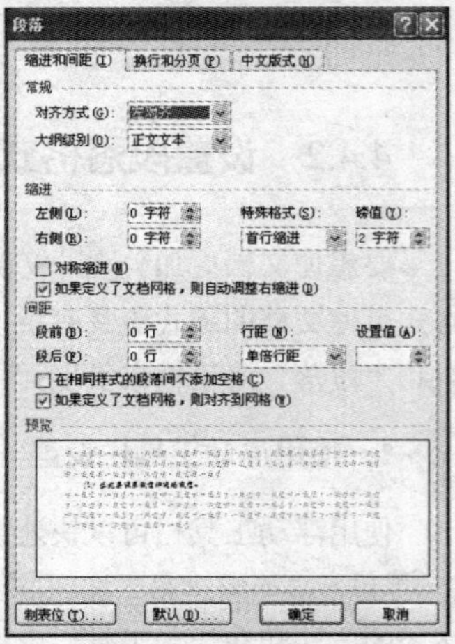

图 4.4.7 "段落"对话框

在"段落"对话框的"缩进和间距"选项卡的"缩进"栏中可设置段落缩进样式。段落缩进是指段落中的文本与页边距之间的距离。Word 中的段落缩进方式包括首行缩进、悬挂缩进、左缩进和右缩进，各种缩进方式的效果如图 4.4.8 所示。

首行缩进：可以设置段落中第一行第一个字的起始位置与页面左边距的缩进量。中文段落普遍采用首行缩进方式，一般缩进两个字符。

悬挂缩进：设置段落中除首行以外的其他行与页面左边距的缩进量。悬挂缩进用于一些较为特殊的场合，如报刊、杂志等。

左缩进：可以设置整个段落左边界与页面左边距的缩进量。

右缩进：可以设置整个段落右边界与页面右边距的缩进量。

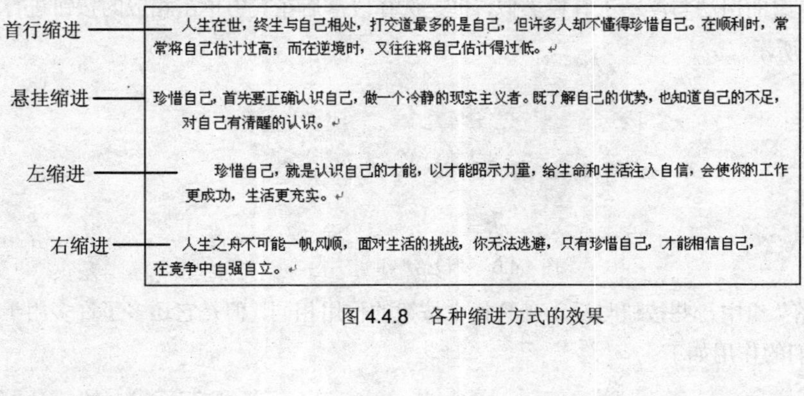

图 4.4.8 各种缩进方式的效果

4.4.3　添加边框和底纹

在制作 Word 文档时若为文档设置了页面边框和底纹效果会让文档变得更漂亮，在为页面添加边框和底纹时，既可以为页面添加单一或多种颜色的填充效果，还可以为某些特殊的文档设置底纹。

1．设置文档边框

在 Word 2007 中编辑好文档后，可以为制作的文档设置边框，从而使整个文档看起来更加漂亮。添加边框可分为设置段落边框和设置页面边框两种。

设置段落边框的方法是：先选择需要设置边框的段落后，单击功能区“段落”组的“添加边框”按钮右侧的下拉按钮，弹出相应的快捷菜单，从中选择边框和底纹(O)...命令，打开**边框和底纹**对话框，如图 4.4.9 所示。选择“边框”选项卡，在打开的选项卡中可设置边框线的样式、颜色和宽度等。

设置页面边框的方法是：在功能区单击“页面布局”选项卡，然后单击“页面背景”组的页面边框按钮，打开**边框和底纹**对话框，在“页面边框”选项卡中可设置边框样式及颜色等。

2．设置底纹

在 Word 2007 中不仅可以为文档设置边框，而且还可以为文档设置底纹，在 Word 文档中设置底纹主要包括设置文字、文本、段落和整篇文档的底纹。

在 Word 2007 中设置底纹的方法非常简单，其具体操作步骤如下：

（1）在打开的文档中，选择需要设置底纹的段落。

（2）单击“段落”工具栏中“边框”按钮右侧的下拉按钮，在弹出的下拉列表中选择边框和底纹(O)...选项，打开**边框和底纹**对话框。

（3）选择“底纹”选项卡，在“填充”下拉列表框中选择填充颜色，在“样式”下拉列表框中选择样式，在“颜色”下拉列表框中选择颜色，在“应用于”下拉列表框中选择应用的是文字还是段落。

（4）单击确定按钮，即可将设置的底纹添加到文档中，如图 4.4.10 所示。

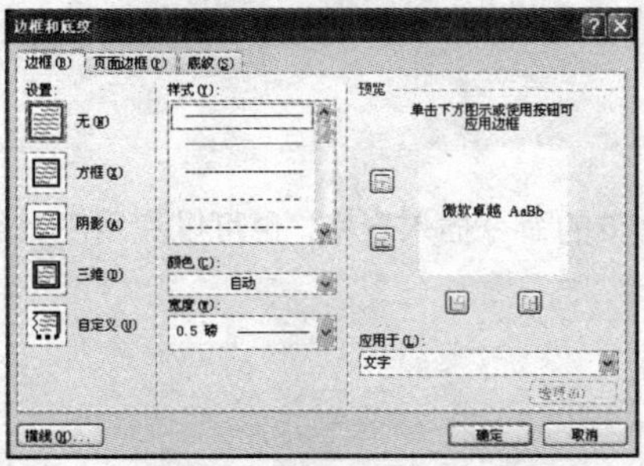

图 4.4.9　“边框和底纹”对话框

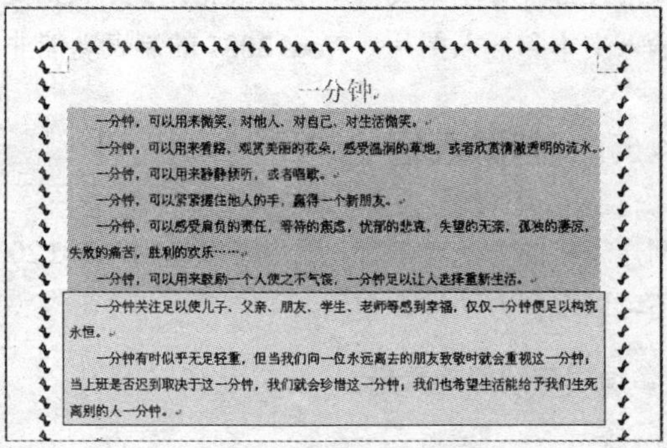

图 4.4.10　设置的边框和底纹效果

4.4.4　添加项目符号和编号

为了使文档内容重点突出，层次分明，便于阅读和理解，可在相应的文档内容前添加项目符号和编号，若遇到多级文档内容时，还可设置多级列表。

1．插入项目符号

在 Word 中默认的项目符号为“●”，若要设置其他项目符号，可在开始选项卡的“段落”组中单击“项目符号”按钮旁的按钮，在弹出的下拉菜单中选择其他项目符号，或选择定义新项目符号(D)...命令，打开定义新项目符号对话框，如图 4.4.11 所示，在其中设置符号或图片作为项目符号。

2．插入编号

设置编号的方法与设置项目符号的方法类似，就是将项目符号变成顺序排列编号，它主要用于操作步骤、论文中的主要论点和合同条款等。要想为文档设置编号，可在选择文本后，单击“编号”按钮，为文本添加普通样式的编号，或者单击“编号”按钮右侧的按钮，在弹出的下拉菜单中选择其他的编号样式。若需要自定义其他样式的编号，可在“编号”下拉菜单中选择定义新编号格式(D)...命令，打开定义新编号格式对话框，如图 4.4.12 所示，在其中根据提示进行设置。

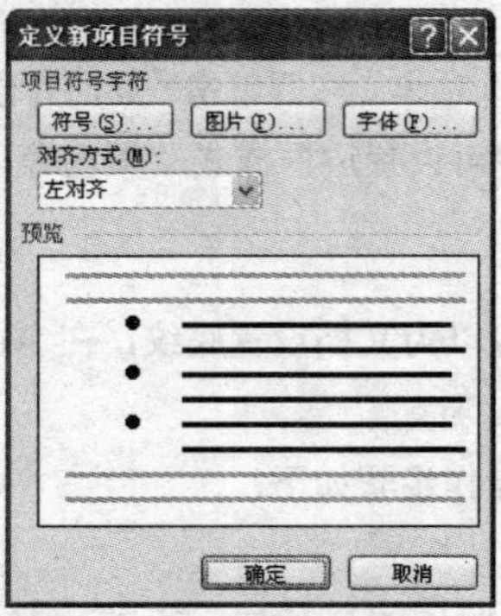

图 4.4.11 “定义新项目符号”对话框

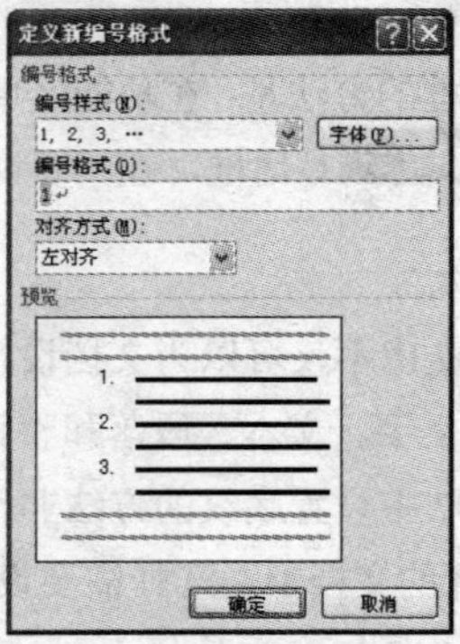

图 4.4.12 “定义新编号格式”对话框

4.5 在文档中插入表格

表格在各种类型的文档中都会经常用到。表格是由不同行数和列数的单元格组成的，可以在单元格中输入文本和插入图片。Word 2007 的制表功能非常强大，操作也很简单。

4.5.1 创建表格

创建表格的方法有多种，用户可以使用 Word 2007 自带的命令插入表格，也可以利用工具绘制表格，还可以多种方法混合使用。

1．使用按钮创建表格

使用插入选项卡中的表格按钮创建表格的操作步骤如下：

（1）将光标定位于要插入表格的位置。

（2）单击插入选项卡中的表格按钮，弹出如图 4.5.1 所示的表格选择框。

（3）拖动鼠标选择表格的行数和列数，然后释放鼠标，系统会在光标处插入表格。

2．使用菜单命令创建表格

使用菜单命令能够准确地定义表格大小和栏目数量，其操作步骤如下：

（1）打开插入选项卡，单击表格按钮，在弹出的选择框中选择插入表格(I)...命令，弹出插入表格对话框，如图 4.5.2 所示。

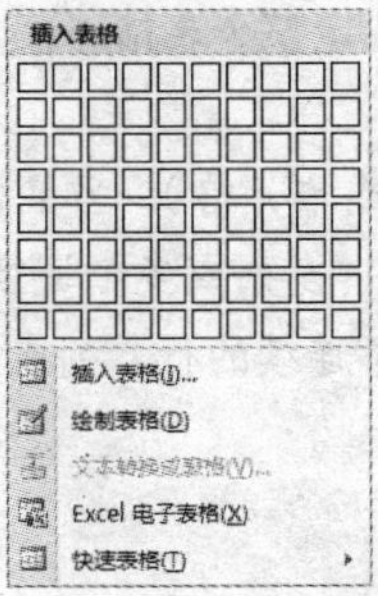

图 4.5.1　表格选择框

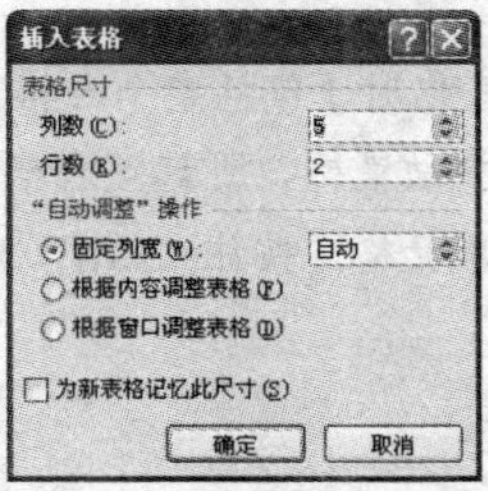

图 4.5.2　“插入表格”对话框

（2）分别在“列数”和“行数”微调框中输入表格的列数和行数，选中固定列宽(W):单选按钮设置表格的列宽。

（3）设置完成后单击确定按钮，表格即被插入。

3．绘制表格

手动绘制表格，其操作步骤如下：

（1）打开插入选项卡，单击表格按钮，在其列表中选择绘制表格(D)命令，此时鼠标指针将变成铅笔形状。

（2）在所需插入表格处拖动鼠标即可绘制表格。

提示：表格绘制完后 Word 2007 将会激活设计选项卡，如图 4.5.3 所示。在该选项卡中单击绘制表格按钮，这时鼠标指针变成铅笔形状，拖动鼠标也可以在文档里绘制表格；单击擦除按钮，可以擦去画错的线条；绘制完毕后，再次单击绘制表格按钮，可以结束绘制。

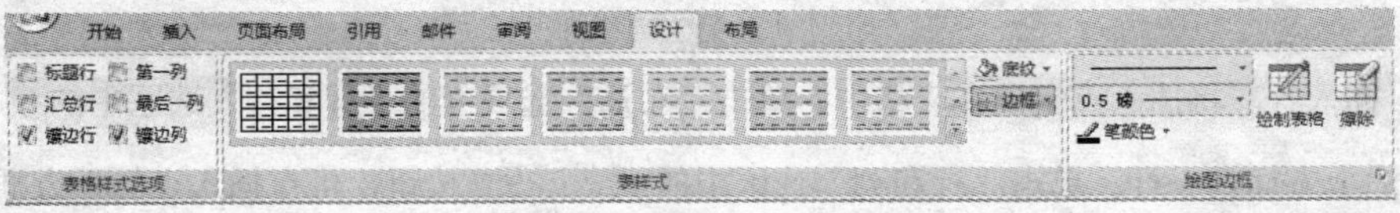

图 4.5.3　“设计”选项卡

4.5.2　在表格中选择对象

在对表格中的内容进行编辑之前，常常需要选择编辑的对象。在选择表格的对象时，根据选择的对象不同，其选择方法也不相同，大致有以下几种情况：

（1）选择单元格。将鼠标指针定位在要选定的单元格中，当指针变成形状时单击鼠标左键，即可选定所需的单元格。

（2）选择行或列。将鼠标指针定位在要选定行的左侧，当指针变成↗形状时单击鼠标左键，即可选定所需的行；将鼠标指针定位在要选定列的上方，当指针变成⬇形状时单击鼠标左键，即可选定所需的列。

（3）选择整个表格。移动鼠标光标到表格内，表格左上角出现一个移动控制点，当鼠标指针指向该控制点时，指针变成✥形状时单击鼠标左键，即可选定整个表格。

提示：在选定表格时（包括整个表格、行、列或单元格），当鼠标指针变为↗、⬇或↗形状时，单击鼠标左键并且拖动鼠标，可选定表格中的多行、多列或多个连续的单元格；按住“Shift”键可选定连续的行、列或单元格；按住“Ctrl”键可选定不连续的行、列或单元格。

4.5.3 编辑表格

在文档中插入的表格往往不能满足用户的需求，此时用户可以对表格进行插入或删除行或列、合并或拆分单元格、拆分表格、移动或调整表格大小等各种编辑操作，使其符合用户的需求。

1．复制和移动表格中的内容

在表格中可以方便地将某个或多个单元格中的内容复制和移动到其他单元格中。在表格中进行复制和移动的操作同文档中文本的复制和移动操作相同，其方法如下：

（1）选中要复制或移动的单元格。

（2）按住鼠标左键不放并拖动，可移动所选单元格中的内容；在拖动的同时按住“Ctrl”键不放可以实现复制操作。

2．修改表格版式

创建表格后，Word 将激活表格的“布局”选项卡，如图 4.5.4 所示。在其中可对当前表格的版式进行修改，如插入或删除行或列、合并或拆分单元格、拆分表格、移动或调整表格大小等。

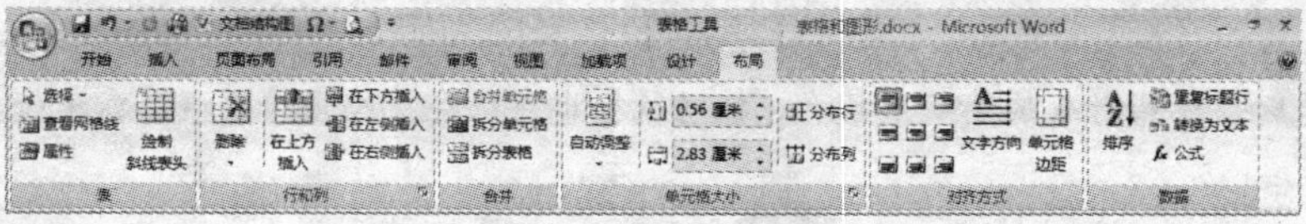

图 4.5.4　表格的“布局”选项卡

（1）插入行。将插入点定位在表格中，单击“布局”选项卡的“行和列”选区中的在上方插入按钮，可在插入点的上方插入一行；单击“行和列”选区中的在下方插入按钮，可在插入点的下方插入一行。

技巧：如果要在表中的最后一行中插入一行，可以把鼠标光标定位在最后一个单元格中，按“Tab”键即可插入一行。

（2）插入列。将插入点定位在表格中，单击“行和列”选区中的在左侧插入按钮，可在插入点左侧插入一列；单击“行和列”选区中的在右侧插入按钮，可在插入点右侧插入一列。

（3）插入单元格。将插入点定位在表格中，单击“行和列”选区中的“对话框启动器”按钮，弹出插入单元格对话框，如图 4.5.5 所示。选择相应的选项，单击确定按钮即可。

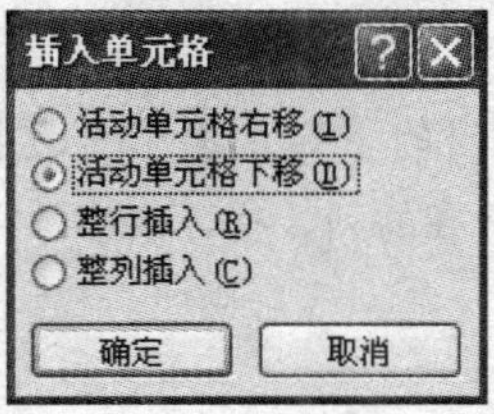

图 4.5.5　“插入单元格”对话框

(4) 合并单元格。选择要合并的单元格区域，单击“布局”选项卡的“合并”选区中的合并单元格按钮，或者单击鼠标右键，在弹出的快捷菜单中选择合并单元格(M)命令即可合并选定的单元格，如图 4.5.6 所示。

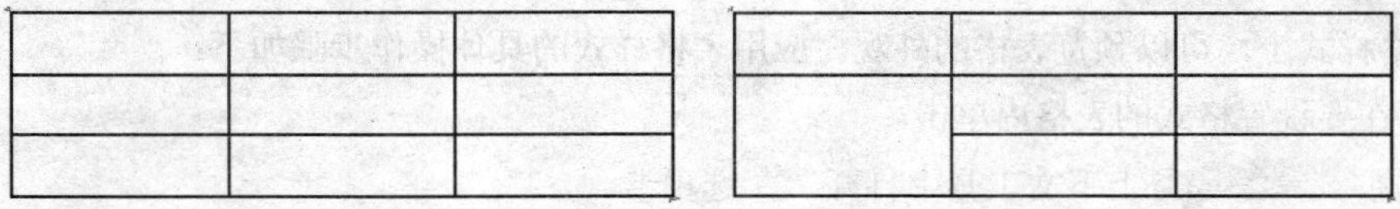

图 4.5.6　合并单元格

(5) 拆分单元格。选择要拆分的单元格或单元格区域，单击“布局”选项卡的“合并”选区中的拆分单元格按钮，弹出拆分单元格对话框，设置拆分的行列数，如图 4.5.7 所示。单击确定按钮，效果如图 4.5.8 所示。

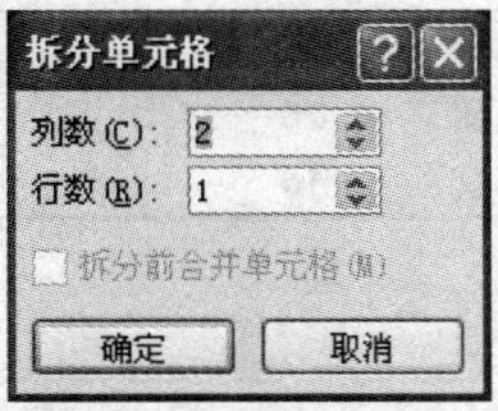

图 4.5.7　“拆分单元格”对话框

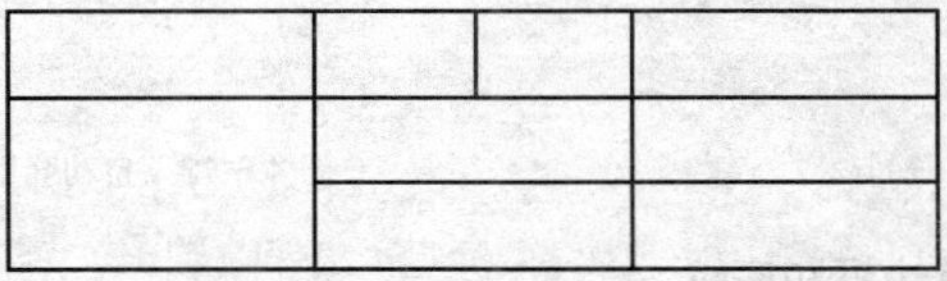

图 4.5.8　拆分单元格

(6) 拆分表格。将插入点定位在需要拆分的位置，单击“布局”选项卡中“合并”选区中的拆分表格按钮，将其拆分为两个表格，如图 4.5.9 所示。

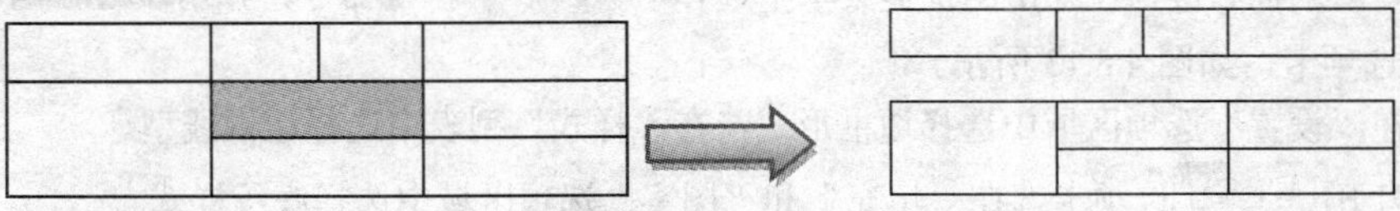

图 4.5.9　拆分表格

(7) 选定要删除的单元格。单击“布局”选项卡中“行和列”选区中的删除按钮，会弹出如图 4.5.10 所示的下拉菜单，从中选择删除单元格(D)...命令，弹出删除单元格对话框，如图 4.5.11 所示。选择相应的选项后，单击确定按钮。

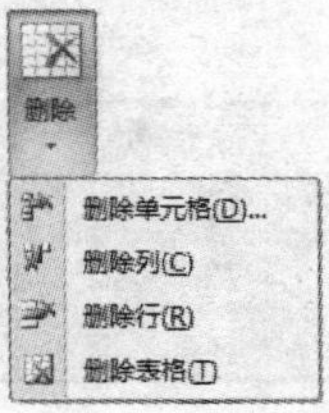

图 4.5.10　删除下拉菜单

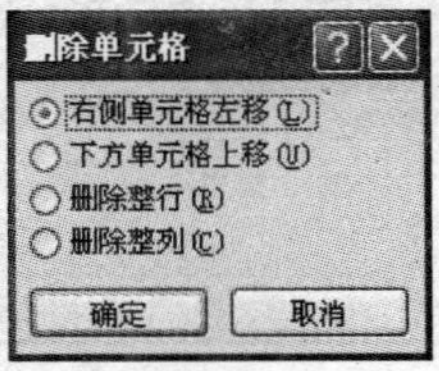

图 4.5.11　“删除单元格”对话框

提示：在单击删除按钮后弹出的下拉菜单中可选择“删除列(C)”、“删除行(R)”、“删除表格(T)”命令，可删除插入点所在的列、行、表格。

4.5.4 修饰表格

表格的一些基本操作完成后，还要对表格做进一步的修改，主要包括以下几种。

1．应用表格样式

创建表格后，可以使用“表格样式”来设置整个表格的格式。将鼠标指针停留在每个预先设置好格式的表格样式上，可以预览表格的外观。应用表格样式的具体操作步骤如下：

（1）在要设置格式的表格内单击。

（2）在“表格工具”上下文工具中打开“设计”选项卡。

（3）在“表格样式”组中，将鼠标指针停留在每个表样式上，直至找到要使用的样式为止。如果要查看更多样式，可单击“其他”箭头选择表格的外观样式。

（4）单击选中的样式可将其应用到表格，如图 4.5.12 所示。

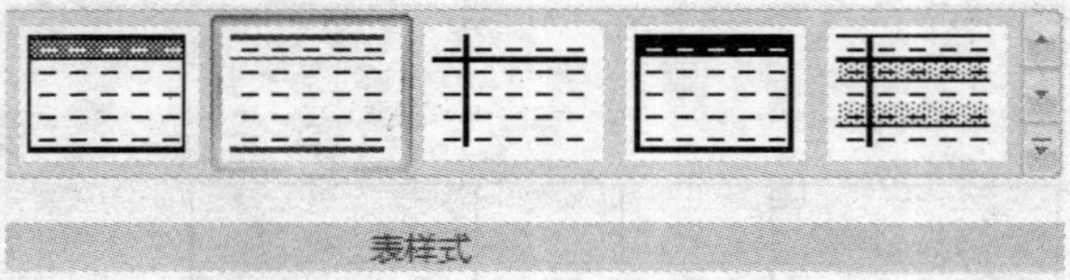

姓名	座位号	考场
张洋	12	6（2）班
李圆圆	20	5（1）班
张博文	16	6（2）班

图 4.5.12　自动套用格式

2．设置边框和底纹

如果要给表格设置边框和底纹，可以按照以下操作步骤进行：

（1）选择要设置边框和底纹的表格或表格中的单元格区域。

（2）单击鼠标右键，在弹出的快捷菜单中选择“边框和底纹(B)...”命令，弹出“边框和底纹”对话框，打开“边框(B)”选项卡，如图 4.5.13 所示。

（3）在“设置”选项区域中选择边框形式；在“样式”列表中选择边框线型。

（4）打开“底纹(S)”选项卡，在“填充”和“图案”选项区域中选择底纹样式。

（5）设置完成后，单击“确定”按钮，效果如图 4.5.14 所示。

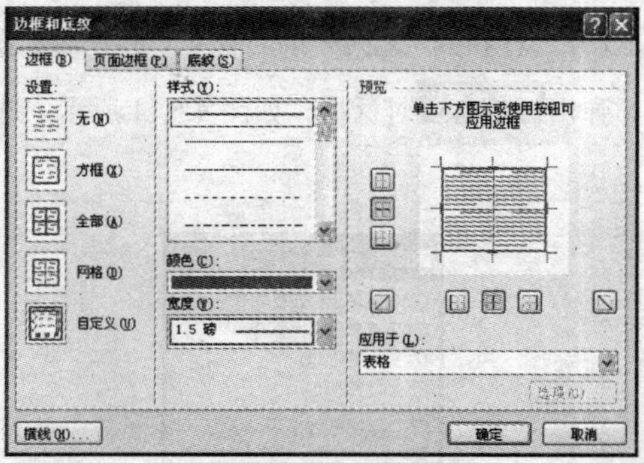

图 4.5.13　“边框”选项卡

姓名	座位号	考场
张洋	12	6（2）班
李圆圆	20	5（1）班
张博文	16	6（2）班

图 4.5.14　添加边框和底纹的效果

3. 设置表格属性

设置表格的属性主要包括设置表格的行高、列宽和表格的对齐方式等。设置这些属性可以通过表格属性对话框完成，具体操作步骤如下：

（1）打开表格工具上下文工具，在布局选项卡的“表”组中单击属性按钮，弹出表格属性对话框，如图 4.5.15 所示。

（2）在表格(T)、行(R)、列(U)选项卡中分别设置相应的参数。

（3）设置完成后，单击确定按钮。

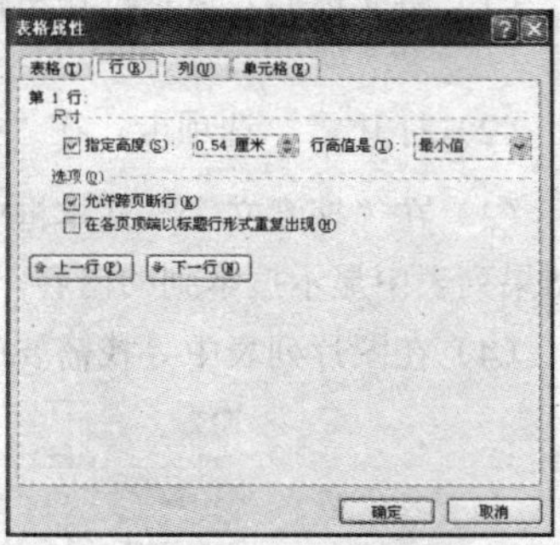

图 4.5.15　“表格属性”对话框

4. 设置表格中文字的对齐方式

表格中文字的对齐方式是相对于表格的边框线而言的，其设置步骤如下：

（1）选定要设置对齐方式的单元格区域，例如选择表格的第一行。

（2）打开表格工具上下文工具，在布局选项卡的“对齐方式”组中单击相应的按钮即可。

4.6　图 文 混 排

在 Word 2007 中还可以插入和编辑图片，制作图文并茂的文档，让文档更生动、更具有表现力。

4.6.1　插入图片和剪贴画

在 Word 2007 中，可以插入电脑中存储的图片，Word 2007 还提供了丰富的剪贴画供用户使用。

1. 插入图片

插入图片的具体操作步骤如下：

（1）将插入点定位在要插入图片的位置。

（2）打开插入选项卡，在“插图”组中单击图片按钮，弹出插入图片对话框，如图 4.6.1 所示。

（3）在“查找范围”下拉列表中选择图片的存放路径，在“文件名”文本框中显示文件的名字。

（4）选择插入的图片后单击插入(S)按钮，即可在文档中插入图片，如图 4.6.2 所示。

图 4.6.1　“插入图片”对话框

图 4.6.2　插入图片

2. 插入剪贴画

插入剪贴画的具体操作步骤如下：

（1）将光标插入点定位在所需的位置。

（2）打开插入选项卡，在“插图”组中单击剪贴画按钮，弹出剪贴画任务窗格。

（3）在“搜索文字”文本框中输入描述所需剪贴画的词或词组，如“运动”，单击搜索按钮，在结果列表中显示搜索到的内容，如图 4.6.3 所示。

（4）在图片列表中寻找需要的剪贴画，单击该剪贴画即可将其插入到文档中，如图 4.6.4 所示。

图 4.6.3　在“剪贴画”任务窗格中显示“搜索”内容

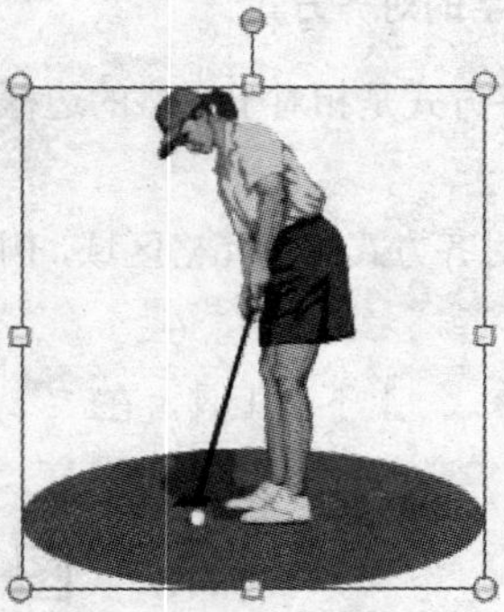

图 4.6.4　插入剪贴画

4.6.2　编辑图片和剪贴画

将图片和剪贴画插入到文档中之后，常常还要根据排版需要，对其大小、版式等进行调整，以使其能符合用户的实际需求。图片和剪贴画的编辑方法相同，下面就以剪贴画为例，介绍其编辑方法。

1. 调整图片

如果要对图片的亮度、对比度和颜色模式等进行调整，可按照以下操作步骤进行：

（1）选中要进行调整的图片。

（2）在“格式”选项卡中的“调整”选区单击亮度按钮，在弹出的下拉列表中选择合适的亮度值，即可改变图片的亮度；单击对比度按钮，在弹出的下拉列表中选择合适的对比值，可改变图片的对比度；单击重新着色按钮，弹出其下拉列表，如图 4.6.5 所示。在该下拉列表中选择合适的颜色模式，即可改变图片的颜色，如图 4.6.6 所示。

图 4.6.5　重新着色下拉列表

图 4.6.6　重新着色效果

如果要恢复图片初始值，在“格式”选项卡的“调整”选项中单击重设图片按钮即可。

2. 应用图片样式

Word 2007 新增了大量的图片样式，应用这些样式可快速更改图片的外观，还可以对该样式的形状、边框以及效果进行调整。应用图片样式的具体操作步骤如下：

（1）选中要应用图片样式的图片。

（2）在“图片工具”上下文工具中的“格式”选项卡的“图片样式”选项区中单击按钮，弹出其下拉列表，如图 4.6.7 所示。

（3）在该列表中选择要应用的样式，即可将其应用到当前所选图片中，如图 4.6.8 所示。

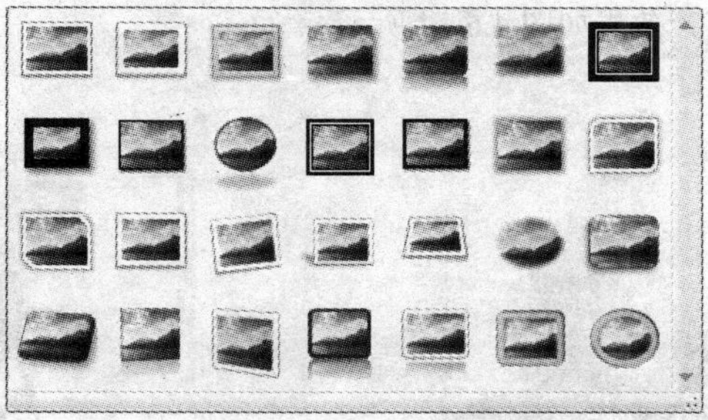

图 4.6.7　图片样式下拉列表

图 4.6.8　应用图片样式后的效果

（4）在“图片样式”选项区中单击图片形状按钮，在弹出的下拉菜单中选择相应的选项，即可改变图片的形状；单击图片边框按钮，在弹出的下拉菜单中设置图片边框的颜色、粗细和形状；单击图片效果按钮，在弹出的下拉菜单中设置图片的预设、阴影、映像、发光、柔化边缘、棱台、三维旋转等效果。

3. 排列图片

当用户创建的文档中既有文字又有图片时，应根据需要对图片和文字的版式进行排列，具体操作步骤如下：

（1）选中图片后，在上下文工具中的格式选项卡的“排列”选项中单击文字环绕按钮，弹出如图 4.6.9 所示的下拉列表。在该下拉列表中选择相应的选项，即可设置图片的环绕方式。

（2）在“排列”选项区中单击“旋转”按钮，弹出其下拉列表，如图 4.6.10 所示。在该列表中选择合适的选项，即可使图片按照该方向进行旋转，如图 4.6.11 所示。

图 4.6.9　文字环绕下拉列表

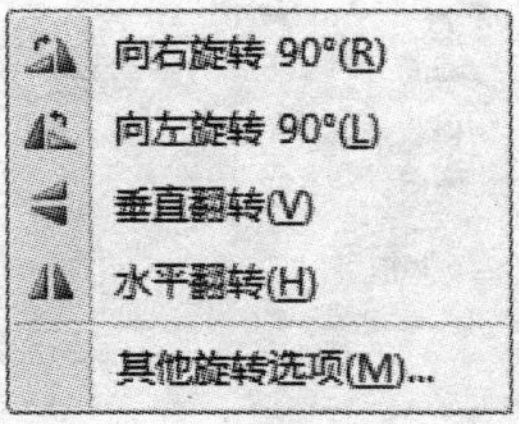

图 4.6.10　旋转下拉列表

图 4.6.11　旋转图片

4. 调整图片大小

在文档中插入图片后，经常需要对其大小进行调整，具体操作步骤如下：

（1）选中要调整大小的图片，此时图片周围出现 8 个控制点，如图 4.6.12 所示。

（2）将鼠标指针移至图片周围的控制点上，此时鼠标指针变为↘或↗形状，按住鼠标左键并拖动，如图 4.6.13 所示。

（3）当达到合适大小时释放鼠标，即可调整图片大小。

5．裁剪图片

用户还可以使用裁剪按钮裁剪图片，具体操作步骤如下：

（1）选中要裁剪的图片。

（2）在“格式”选项卡的“大小”选项区中单击 裁剪 按钮，此时鼠标指针变为形状，将鼠标指针移至图片的控制点上即可对图片进行裁剪，效果如图 4.6.14 所示。

图 4.6.12　选中图片

图 4.6.13　调整图片大小

图 4.6.14　裁剪图片效果

6．设置图片的环绕方式

在 Word 2007 中，图形的环绕方式有嵌入型、四周型环绕、紧密型环绕、衬于文字下方、浮于文字上方、上下型环绕和穿越型环绕 7 种。不同的环绕方式其效果是不一样的。

提示： 嵌入型的图片，可随文字内容的变化而移动；其余环绕方式的图片将相对固定在文档中的某个位置上，不会随文字内容的变化而移动。

设置图片、剪贴画等插入对象的环绕方式很简单，使用鼠标右键单击要设置的对象，在弹出的快捷菜单中选择 设置图片格式(I)... 命令，弹出 设置图片格式 对话框，选择 版式 选项卡（见图 4.6.15），用户可选择不同的环绕方式。

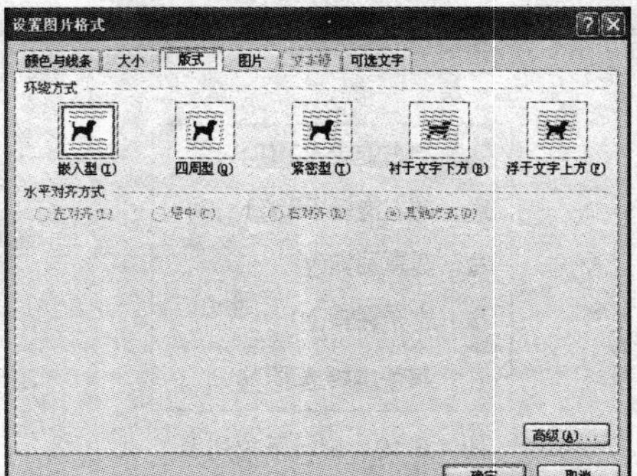

图 4.6.15　“设置图片格式”对话框

此外，还可使用图片 格式 选项卡设置图片的环绕方式。

4.6.3　插入与编辑艺术字

艺术字是一种极其有效的美化文档的手段，插入艺术字后，还可改变艺术字的形状和样式、调整字符间距、更改艺术字样式以及对其进行格式设置等。

1．插入艺术字

插入艺术字的具体操作步骤如下：

（1）将光标定位在要插入艺术字的文档中。

（2）在“插入”选项卡的“文本”组中单击艺术字按钮，弹出如图 4.6.16 所示的艺术字样式列表。

（3）在艺术字样式列表中选择一种艺术字样式，弹出编辑艺术字文字对话框，在“文本”文本框中输入艺术字文本，并设置文本的字体和字号，如图 4.6.17 所示。

图 4.6.16　艺术字样式列表

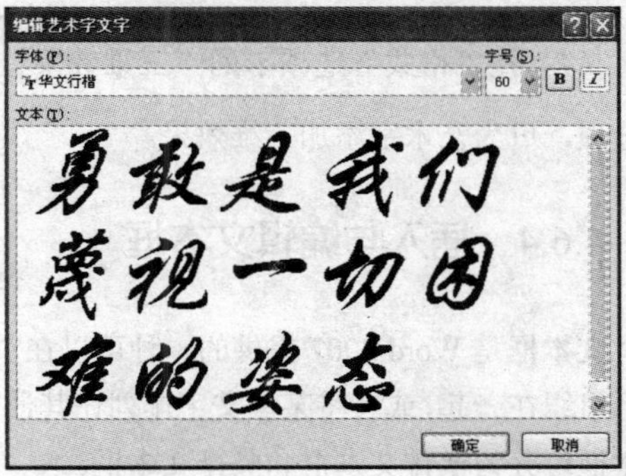

图 4.6.17　“编辑艺术字文字”对话框

（4）单击确定按钮，在文档中即可插入艺术字，如图 4.6.18 所示。

图 4.6.18　插入艺术字效果

2．编辑艺术字

在文档中插入艺术字后，用户可以根据需要对其进行各种修饰和编辑。单击插入的艺术字，在“艺术字工具”上下文工具中的“格式”选项卡中可对艺术字进行各种格式化操作。

如果要对艺术字文字进行编辑，可按照以下操作步骤进行：

（1）选中要进行编辑的艺术字。

（2）在“艺术字工具”上下文工具中的“格式”选项卡的“文字”选项区中单击编辑文字按钮，即可在弹出的“编辑艺术字文字”对话框中编辑艺术字内容。

（3）单击间距按钮，在弹出的间距下拉列表中选择合适的选项，即可改变艺术字的间距；单击按钮，可更改艺术字的方向。

（4）在“艺术字样式”选项区中单击按钮，在弹出的样式下拉列表中选择合适的选项，即可改变艺术字的样式。

（5）单击形状填充按钮，在弹出的下拉列表中选择合适的选项，可改变艺术字的填充颜色；单击形状轮廓按钮，在弹出的下拉列表中选择合适的选项，可改变艺术字的轮廓颜色；单击更改形状按钮，在弹出的列表中选择合适的选项，可改变艺术字的形状，如图 4.6.19 所示。

图 4.6.19　形状填充和更改艺术字形状

（6）在“格式”选项卡的“阴影效果”选项区中单击阴影效果按钮，在弹出的下拉列表中选择合适的选项，可为艺术字添加阴影效果。

（7）在“格式”选项卡的“三维效果”选项区中单击三维效果按钮，在弹出的下拉列表中选择合适的选项，可为艺术字添加三维效果。

4.6.4　插入与编辑文本框

文本框是 Word 2007 提供的一种可以在页面上任意处放置文本的工具。使用文本框可以将段落和图形组织在一起，或者将某些文字排列在其他文字或图形周围等。根据文本框中文字不同的排列方向，文本框可分为横排文本框和竖排文本框。

1．插入文本框

插入文本框的具体操作步骤如下：

（1）在插入选项卡的“文本”选区中单击文本框按钮，在弹出的下拉列表中选择绘制文本框(D)选项，此时光标变为十形状。

（2）将鼠标指针移至需要插入文本框的位置，单击鼠标左键并拖动到合适大小，松开鼠标左键，即可在文档中插入文本框。

（3）将光标定位在文本框内，就可以在文本框中输入文字。输入完毕，单击文本框以外的任意地方即可，效果如图 4.6.20 所示。

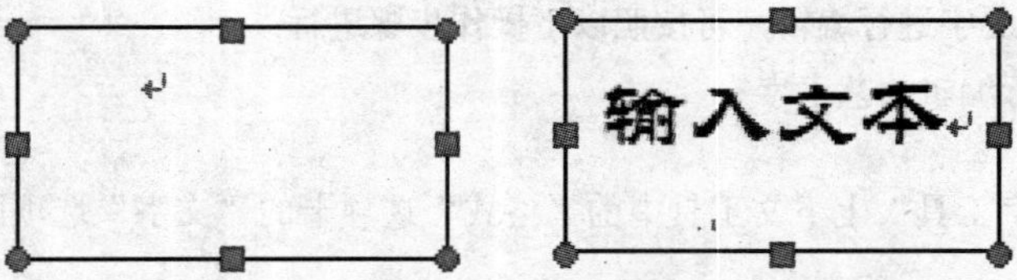

图 4.6.20　在文本框中输入文字

在功能区用户界面中的“插入”选项卡的“文本”组中选择“文本框”选项，在弹出的下拉列表中选择绘制竖排文本框(V)选项，即可在文档中插入竖排文本框。

2．编辑文本框

在文档中插入文本框后，可对其格式进行设置。单击插入的文本框，在“文本框工具”上下文工具中的 格式 选项卡中可对文本框进行各种格式化操作，如图 4.6.21 所示。

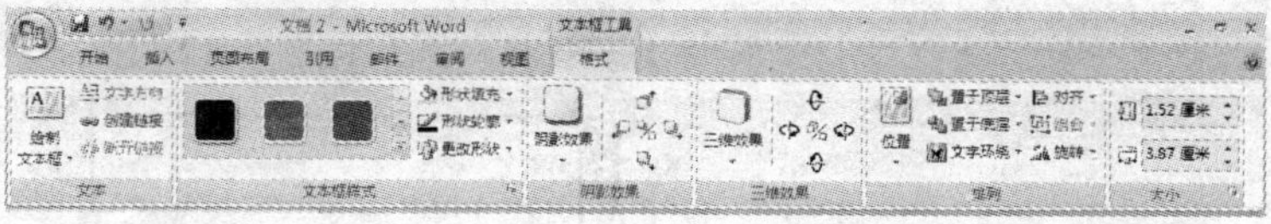

图 4.6.21　“格式”选项卡

（1）选定要设置格式的文本框，单击鼠标右键，从弹出的快捷菜单中选择 设置文本框格式(O)... 命令，或者双击鼠标左键，弹出 设置文本框格式 对话框，如图 4.6.22 所示。

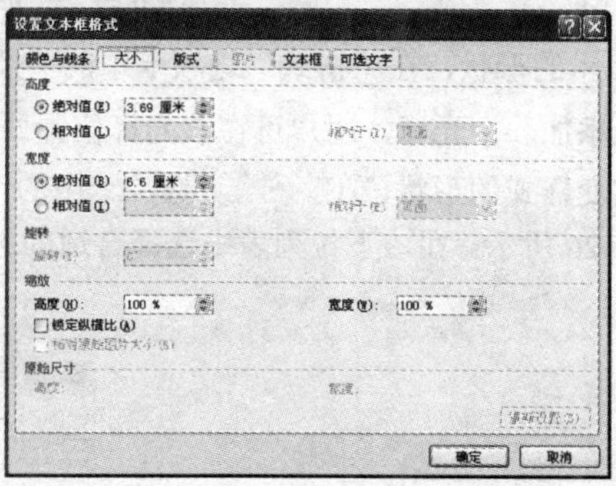

图 4.6.22　“设置文本框格式”对话框

（2）默认情况下打开 大小 选项卡，在该选项卡中可对文本框的大小进行设置；在“颜色与线条”选项卡中可对文本框的颜色与线条进行设置；在 版式 选项卡中可选择不同的选项改变文本框周围文本的环绕方式，即图形与文本的混排方式。

（3）在该对话框中打开其他的选项卡，可对文本框的其他格式进行设置。

（4）在 格式 选项卡的“文本”选区中单击 文字方向 按钮，即可改变文本框中文字的方向。

4.6.5　插入与编辑形状

在 Word 2007 中，不但可以插入图片、剪贴画，还可以自行绘制各种形状插入到文档中，如线条、正方形、椭圆、箭头、流程图、旗帜和星形等，还可以对它们进行编辑，制作出漂亮的效果。

1．插入形状

在文档中插入形状的方法如下：

（1）在 插入 选项卡中的“插图”选项区中单击 形状 按钮，弹出其下拉列表，如图 4.6.23 所示，在该列表中选择所需插入的形状。

（2）在文档中单击鼠标左键并拖动，到达合适位置后释放鼠标左键，即可绘制出形状，如图 4.6.24 所示。

2．编辑形状

在文档中插入形状后，还可以对其样式、阴影效果、三维效果及大小进行调整，以使其符合用户的需要。

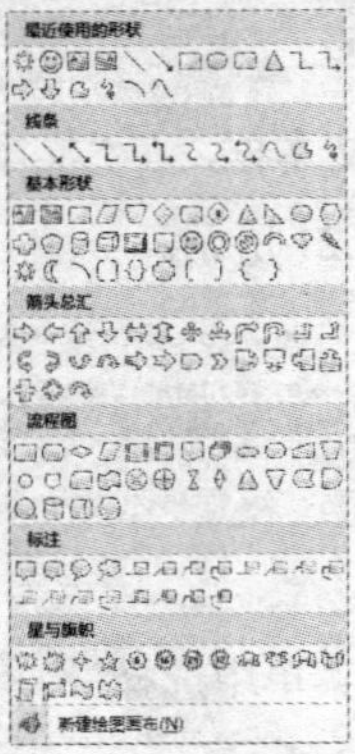

图 4.6.23　形状下拉列表

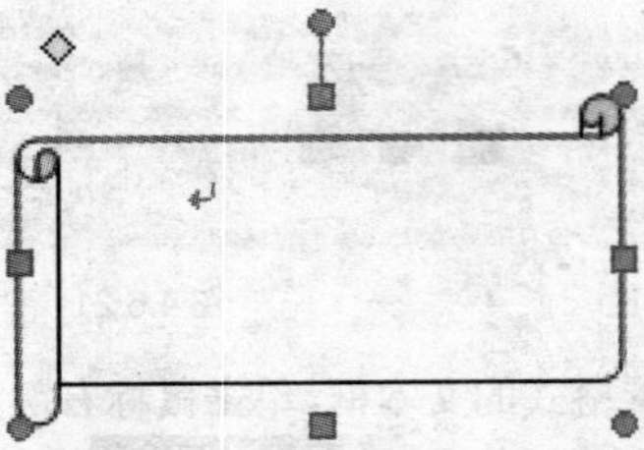

图 4.6.24　绘制的形状

（1）添加文字。选中要编辑的形状，在“格式”选项卡中的“插入形状”选项区中单击“编辑文本”按钮，即可在形状上添加一个光标，用户可在该光标位置处输入文本，如图 4.6.25 所示。

（2）形状样式。选中要改变样式的形状，在格式选项卡中的“形状样式”选项区中单击按钮，弹出其下拉列表，如图 4.6.26 所示。在该下拉列表中选择合适的选项，即可将其应用到当前所选形状，如图 4.6.27 所示。

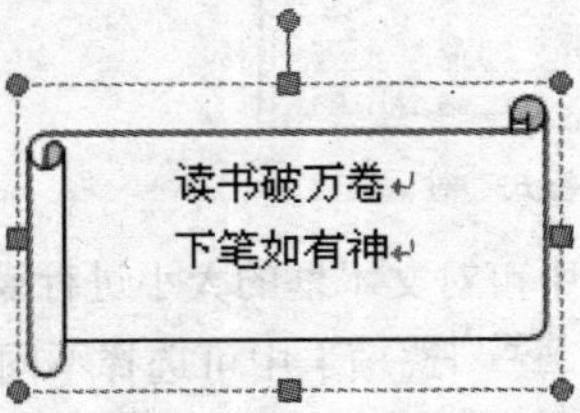

图 4.6.25　在形状上添加文本

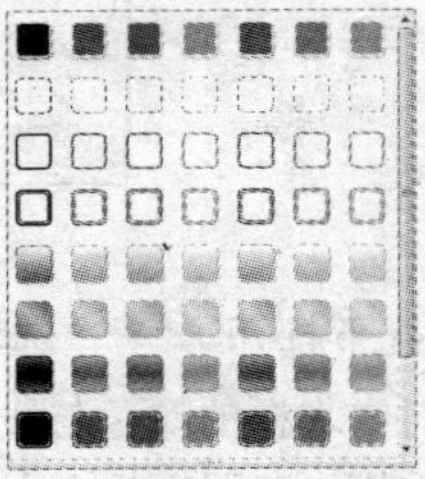

图 4.6.26　形状样式下拉列表

如果需要对应用的样式进行修改，可单击“形状填充”按钮，在弹出的下拉列表中选择合适的选项，即可改变形状的填充颜色；单击“形状轮廓”按钮，在弹出的下拉列表中选择合适的选项，即可改变形状的轮廓颜色；单击“更改形状”按钮，在弹出的下拉列表中选择合适的选项，即可改变形状的外观，如图 4.6.28 所示。

图 4.6.27　应用样式

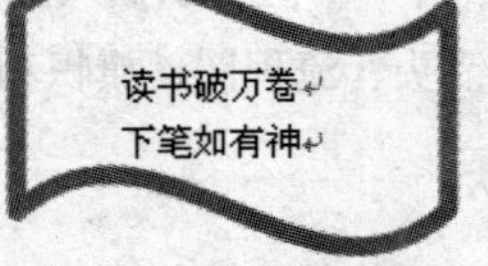

图 4.6.28　更改形状的外观

（3）阴影效果。选中要添加阴影的形状，在“格式”选项卡中的“阴影效果”选项区中单击阴影效果按钮，弹出其下拉列表，在该列表中选择合适的选项，即可为选中的形状添加阴影效果。

添加阴影后，单击“设置/取消阴影”按钮，可重新添加或取消阴影；单击“右移”按钮、“左移”按钮、“上移”按钮和“下移”按钮，可移动阴影的位置。

（4）三维效果。选中要添加三维效果的形状，在“格式”选项卡中的“三维效果”选项区中单击三维效果按钮，在弹出的下拉列表中选择合适的选项，即可为形状添加三维效果。

为形状添加三维效果后，单击“设置/取消三维效果”按钮，可重新添加或取消三维效果；单击“左偏”按钮、“右偏”按钮、“上翘”按钮、“下俯”按钮可移动三维效果。

4.6.6　创建与编辑 SmartArt 图形

为了使文字之间的关联表示得更加清晰，人们常常使用配有文字的插图。对于普通的文档，只须绘制形状，然后在其中输入文字即可满足需要，但如果想制作出具有专业设计师水准的插图，则需要借助 SmartArt。

1．插入 SmartArt 图形

在文档中插入 SmartArt 图形的具体操作步骤如下：

（1）将光标定位在需要插入 SmartArt 图形的位置。

（2）在 插入 选项卡中的“插图”选项区中单击 SmartArt 按钮，弹出 选择 SmartArt 图形 对话框，如图 4.6.29 所示。

（3）在该对话框左侧的列表框中选择 SmartArt 图形的类型；在中间的“列表”列表框中选择子类型；在右侧将显示 SmartArt 图形的预览效果。

（4）设置完成后，单击 确定 按钮，即可在文档中插入 SmartArt 图形，如果需要输入文字，可在写有“文本”字样处单击鼠标左键，即可输入文字，如图 4.6.30 所示。

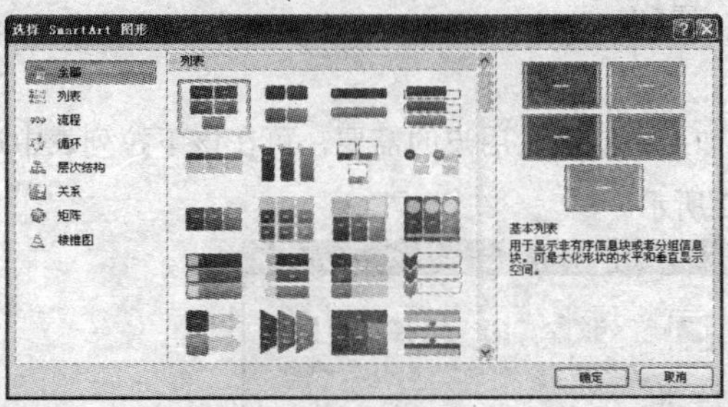

图 4.6.29　“选择 SmartArt 图形”对话框

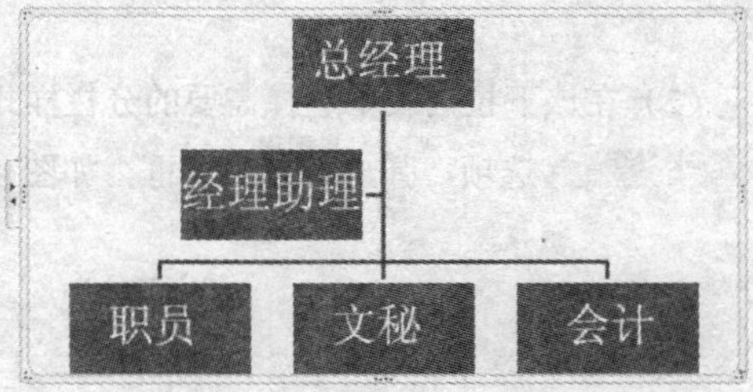

图 4.6.30　插入 SmartArt 图形

2．编辑 SmartArt 图形

创建好 SmartArt 图形后，将激活 SmartArt 工具的“设计”和“格式”选项卡，通过这两个选项卡中的按钮或列表框可对 SmartArt 图形的布局、颜色和样式等进行编辑调整，以使其符合用户的实际需要。下面主要介绍其按钮或列表框的功能如下：

（1）“添加形状”按钮：单击该按钮下方的按钮，在弹出的列表中可选择为 SmartArt 图形添加形状的位置。

（2）“布局”工具栏列表框：在该列表框中可为 SmartArt 图形重新定义布局样式。

（3）“更改颜色”按钮：单击该按钮，在弹出的列表中可为 SmartArt 图形设置颜色。

（4）“SmartArt 样式”工具栏列表框：在该列表框中可选择 SmartArt 图形样式。

（5）“重设图形”按钮：单击该按钮，将取消对 SmartArt 图形的任何操作，恢复插入时的状态。

（6）“形状样式”工具栏列表框：选择 SmartArt 图形中的形状，在该列表框中可为该形状设置样式。

（7）“艺术字样式”工具栏列表框：在该列表框中可为选择的文字应用样式。

（8）文本填充按钮：单击该按钮，在弹出的列表中可为选择的文字设置文本填充色。

（9）文本轮廓按钮：单击该按钮，在弹出的列表中可为选择的文字设置文本边框的样式及颜色。

（10）文本效果按钮：单击该按钮，在弹出的列表中可为选择的文字设置特殊的文本效果，如发光、阴影等。

4.7 特殊排版方式

在报刊、杂志或书籍中，它的一个版面不只显示一篇文章，为了版式的需要常常设置一些带有特殊效果的文档，使用特殊排版方式。Word 2007 提供了多种特殊的排版方式，如分栏排版、首字下沉、竖直排版等。

4.7.1 设置分栏

分栏可以将一段文本分为并排的几栏显示在一页中。分栏的具体操作步骤如下：

（1）在页面布局选项卡“页面设置”组中单击分栏按钮，弹出“分栏”下拉列表，如图 4.7.1 所示。

（2）在该下拉列表中选择需要的分栏样式，如果不能满足用户的需要，可在该下拉列表中选择更多分栏(C)...选项，弹出分栏对话框，如图 4.7.2 所示。

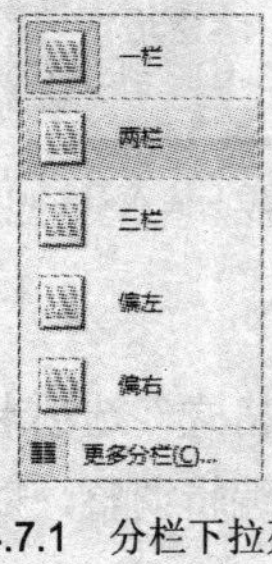

图 4.7.1　分栏下拉列表

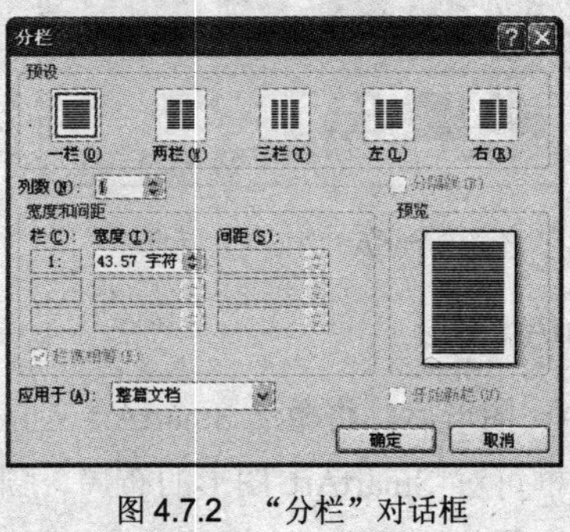

图 4.7.2　“分栏”对话框

（3）在该对话框中的“预设”选项区中选择分栏模式；在“列数”微调框中设置分列数；在“宽度”选项区中设置相应的参数。

（4）设置完成后，单击确定按钮可完成分栏，如图 4.7.3 所示。

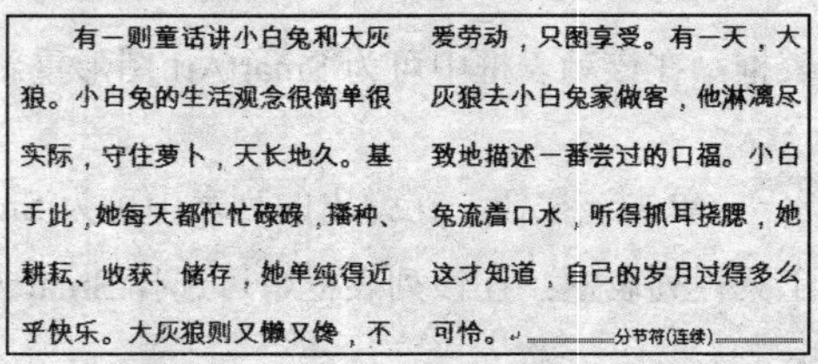
有一则童话讲小白兔和大灰狼。小白兔的生活观念很简单很实际，守住萝卜，天长地久。基于此，她每天都忙忙碌碌，播种、耕耘、收获、储存，她单纯得近乎快乐。大灰狼则又懒又馋，不爱劳动，只图享受。有一天，大灰狼去小白兔家做客，他淋漓尽致地描述一番尝过的口福。小白兔流着口水，听得抓耳挠腮，她这才知道，自己的岁月过得多么可怜。
分节符(连续)

图 4.7.3　分栏效果

4.7.2　设置首字下沉

首字下沉经常出现在一些报刊、杂志上，一般位于段落的首行。要设置首字下沉，其具体操作步骤如下：

（1）将光标置于要设置首字下沉的段落中。

（2）在 插入 选项卡中的“文本”组中单击 首字下沉 按钮，弹出“首字下沉”下拉列表，如图 4.7.4 所示。

（3）在该下拉列表中选择需要的格式，或者选择 首字下沉选项(D)... 选项，弹出 首字下沉 对话框，如图 4.7.5 所示。

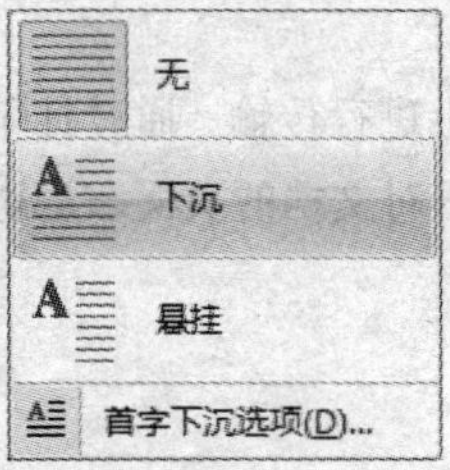

图 4.7.4　首字下沉下拉列表

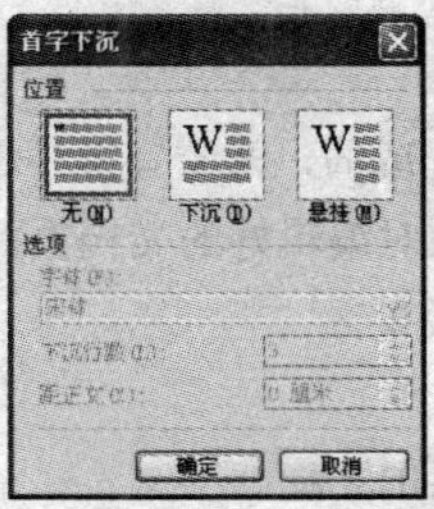

图 4.7.5　“首字下沉”对话框

（4）在该对话框中的“位置”选项组中选择一种首字下沉的样式；在“选项”选项组中的“字体”下拉列表中选择一种所需要的字体；在“下沉行数”微调框中根据需要调整下沉的行数；在“距正文”微调框中根据需要设置距正文的距离。

（5）设置完成后，单击 确定 按钮，效果如图 4.7.6 所示。

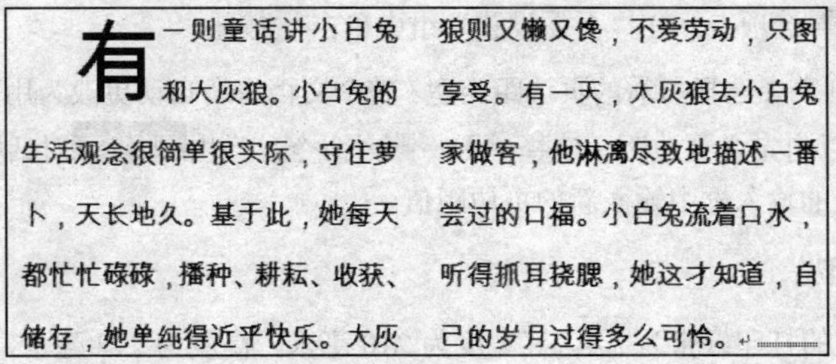
有一则童话讲小白兔和大灰狼。小白兔的生活观念很简单很实际，守住萝卜，天长地久。基于此，她每天都忙忙碌碌，播种、耕耘、收获、储存，她单纯得近乎快乐。大灰狼则又懒又馋，不爱劳动，只图享受。有一天，大灰狼去小白兔家做客，他淋漓尽致地描述一番尝过的口福。小白兔流着口水，听得抓耳挠腮，她这才知道，自己的岁月过得多么可怜。

图 4.7.6　首字下沉效果

4.7.3　竖排文档

在默认情况下，一般的排版方式都是水平排版，如果要对文字进行竖直排版，需要对其进行设置。设置竖直排版的具体操作步骤如下：

（1）选定文本中需要竖直排版的文本。

（2）在 页面布局 选项卡“页面设置”选区中单击 文字方向 按钮，在弹出的列表中选择文字旋转的方向，效果如图 4.7.7 所示。

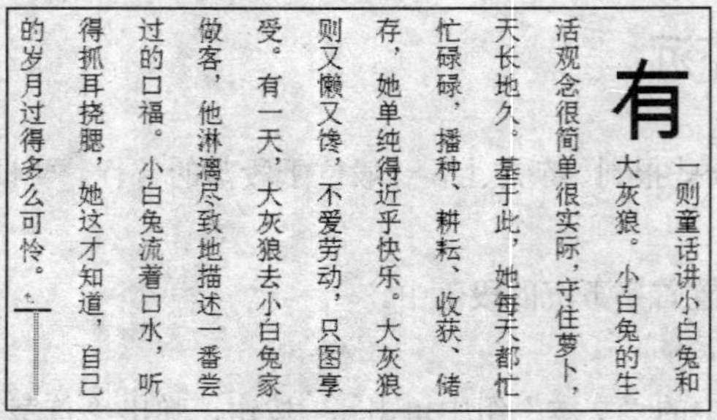
有一则童话讲小白兔和大灰狼。小白兔的生活观念很简单很实际，守住萝卜，天长地久。基于此，她每天都忙忙碌碌，播种、耕耘、收获、储存，她单纯得近乎快乐。大灰狼则又懒又馋，不爱劳动，只图享受。有一天，大灰狼去小白兔家做客，他淋漓尽致地描述一番尝过的口福。小白兔流着口水，听得抓耳挠腮，她这才知道，自己的岁月过得多么可怜。

图 4.7.7　竖排文字效果

4.8　页面设置与打印输出

在文档编辑完成后，就需要将其进行输出，例如在网络上进行传输、通过打印机进行输出等。但在输出之前，必须对编辑好的文档页面进行编辑和格式化，再对文档的页面布局进行合理的设置，才能不影响输出的效果。

4.8.1　页面设置

在 Word 文档中，页面设置指对文档的页边距、纸张、版式和文档网格等进行的设置。

1．设置页边距

页边距是指页面的正文区域与纸张的四边之间的空白距离。设置页边距的具体操作步骤如下：

（1）打开页面布局选项卡，在“页面设置”组中单击按钮。

（2）在弹出的列表中选择所需的页边距类型，整个文档将会自动更改为用户选择的页边距类型。

（3）用户也可以自定义页边距。选择自定义边距(A)...命令，弹出页面设置对话框，如图 4.8.1 所示。在“页边距”选项卡的输入框中输入新的页边距值。

2．设置纸张类型

Word 2007 默认的打印纸张为 A4，其宽度为 210 毫米，高度为 297 毫米，且页面方向为纵向。如果实际需要的纸型与默认设置不一致，就会造成分页错误，此时就必须重新设置纸张类型。

设置纸张类型的具体操作步骤如下：

（1）打开页面布局选项卡，在“页面设置”组中单击纸张大小按钮，在下拉列表中选择其他页面大小(A)...选项，弹出页面设置对话框，打开纸张选项卡，如图 4.8.2 所示。

（2）在该选项卡中单击“纸张大小”下拉列表右侧的下三角按钮，在打开的下拉列表中选择一种纸型。用户还可在“宽度”和“高度”微调框中设置具体的数值，自定义纸张的大小。

（3）在“纸张来源”选区中设置打印机的送纸方式；在“首页”列表框中选择首页的送纸方式；在“其他页”列表框中设置其他页的送纸方式。

（4）在“应用于”下拉列表中选择当前设置的应用范围。

（5）单击打印选项(T)...按钮，可在弹出的Word 选项对话框中的“打印选项”选区中进一步设置打印属性。

（6）设置完成后，单击 确定 按钮即可。

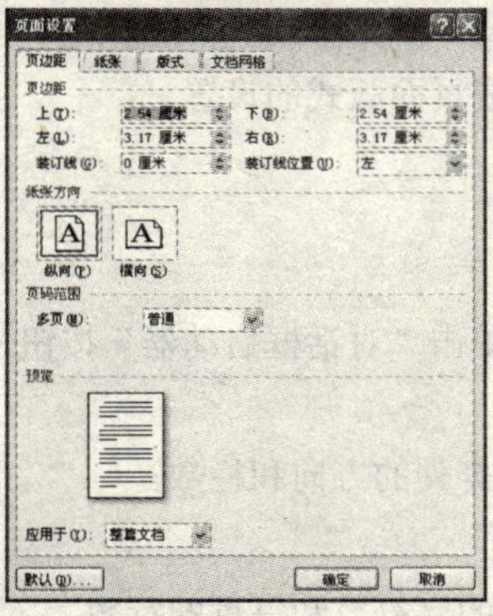

图 4.8.1　“页面设置”对话框

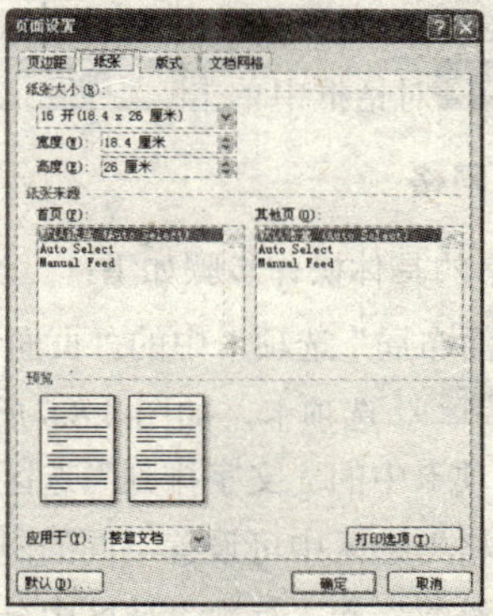

图 4.8.2　“纸张”选项卡

3．版式设置

Word 2007 提供了设置版式的功能，可以设置有关页眉和页脚、页面垂直对齐方式以及行号等特殊的版式选项。

设置版式的具体操作步骤如下：

（1）在“页面布局”选项卡中的“页面设置”组中单击“对话框启动器”按钮，弹出 页面设置 对话框，打开 版式 选项卡，如图 4.8.3 所示。

（2）在该选项卡中的“节的起始位置”下拉列表中选择节的起始位置，用于对文档分节。

（3）在“页眉和页脚”选区中可确定页眉和页脚的显示方式。如果要使奇数页和偶数页不同，可选中 ☑奇偶页不同(O) 复选框；如果需要首页不同，可选中 ☑首页不同(P) 复选框。在“页眉”和“页脚”微调框中可设置页眉和页脚距边界的具体数值。

（4）在“垂直对齐方式”下拉列表中可设置页面的对齐方式。

（5）在“预览”选区中单击 行号(N)... 按钮，弹出 行号 对话框，选中 ☑添加行号(L) 复选框，如图 4.8.4 所示。在该对话框中可进行以下操作：

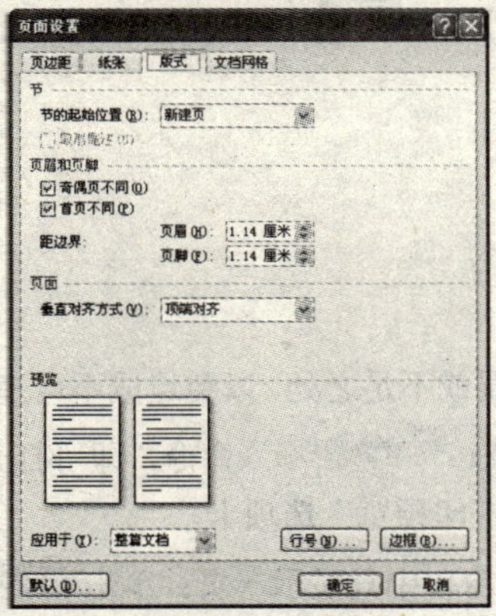

图 4.8.3　“版式”选项卡

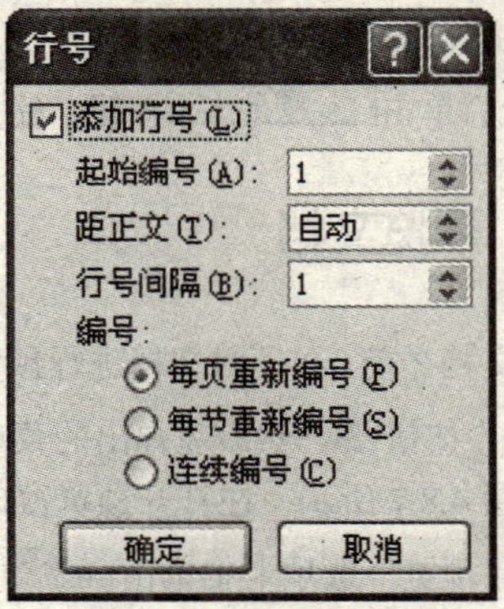

图 4.8.4　“行号”对话框

1）在“起始编号”微调框中设置起始编号；在“距正文”微调框中设置行号与正文之间的距离；在“行号间隔”微调框中设置每几行添加一个行号。

2）“编号”选区中有 ⊙每页重新编号(P)、⊙每节重新编号(S) 和 ⊙连续编号(C) 3 个单选按钮，用户根据需要对其进行设置。

3）单击 确定 按钮，即可看到添加行号的效果。

（6）在 页面设置 对话框中单击 确定 按钮，完成页面版式的设置。

4．设置文档网格

设置文档网格的具体操作步骤如下：

（1）在“页面布局”选项卡中的“页面设置”组中单击“对话框启动器”按钮，弹出 页面设置 对话框，打开 文档网格 选项卡，如图 4.8.5 所示。

（2）在该选项卡中的“文字排列”选区中设置文字排列的方向和栏数。

（3）在“网格”选区中可设置不同的网格类型。

（4）在“字符数”和“行数”选区中分别设置每行的字符数和每页的行数。

（5）在“预览”选区中单击 绘图网格(W)... 按钮，弹出如图 4.8.6 所示的 绘图网格 对话框，在该对话框中设置网格格式，例如选中 在屏幕上显示网格线(L) 复选框，单击 确定 按钮后，即可看到屏幕上显示的网格线。

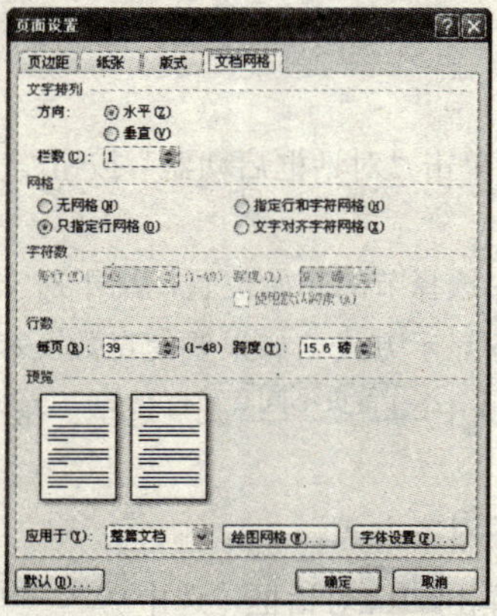

图 4.8.5 “文档网格”选项卡

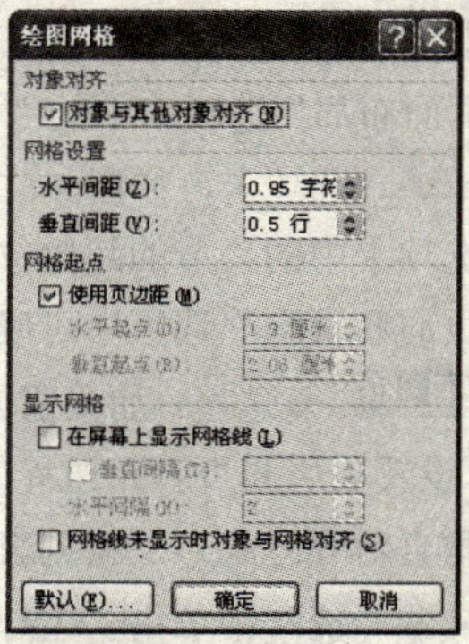

图 4.8.6 “绘图网格”对话框

（6）在“预览”选区中单击 字体设置(F)... 按钮，即可弹出 字体 对话框，在该对话框中可以设置页面中的字体格式。

（7）最后单击 确定 按钮，完成文档网格的设置。

4.8.2 预览文档

在打印文档之前，必须对文档进行预览，查看是否有错误或不足之处，以免造成不可挽回的错误。单击“Office”按钮，然后在弹出的菜单中选择 打印(P) → 打印预览(V) 命令，即可打开文档的预览窗口，如图 4.8.7 所示。在打开预览窗口的同时，打开“打印预览”选项卡。

在“打印预览”选项卡中单击 单页 按钮，在打印预览窗口中只显示一页；单击 双页 按钮，可显示两页；单击 显示比例 按钮，弹出“显示比例”对话框，如图 4.8.8 所示。在该对话框中用户可以设置预览时的显示比例，选中 多页(M): 单选按钮，单击其下方的按钮，即可在弹出的下拉列表中选择预览时的页数。

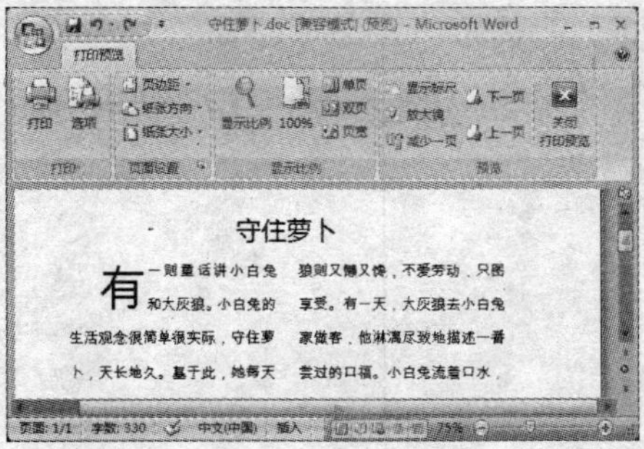

图 4.8.7　文档的预览窗口

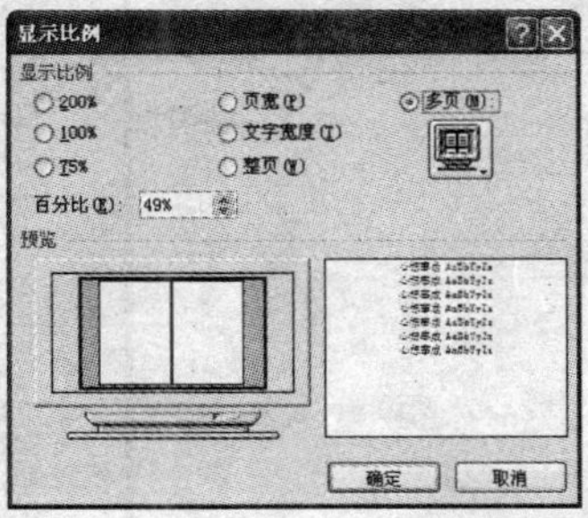

图 4.8.8　“显示比例”对话框

4.8.3　打印文档

在打印文档之前，应该对打印机进行检查和设置，确保计算机已正确连接了打印机，并安装了相应的打印机驱动程序。所有设置检查完毕后，即可开始打印文档。打印文档的具体操作步骤如下：

（1）单击“Office”按钮，选择 打印(P) 命令，或使用键盘快捷键“Ctrl+P”，弹出 打印 对话框，如图 4.8.9 所示。

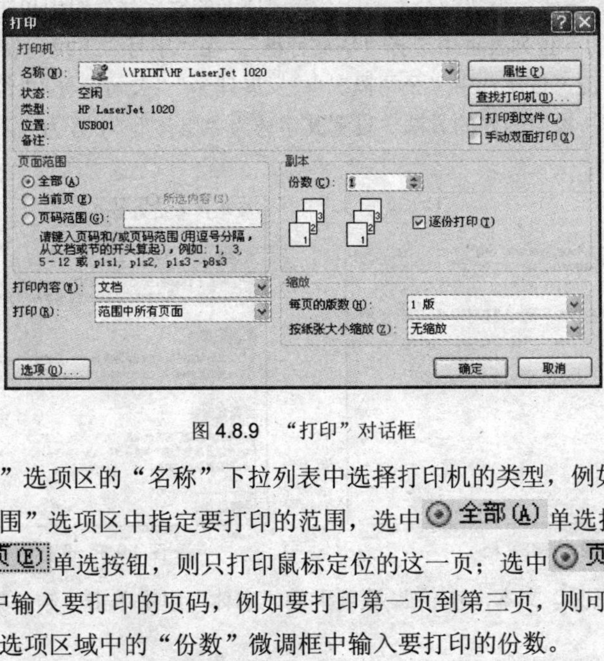

图 4.8.9　“打印”对话框

（2）在“打印机”选项区的“名称”下拉列表中选择打印机的类型，例如 HP LaserJet 1020。

（3）在“页面范围”选项区中指定要打印的范围，选中 全部(A) 单选按钮，则打印打开的全部文档；选中 当前页(E) 单选按钮，则只打印鼠标定位的这一页；选中 页码范围(G): 单选按钮，然后在其后的文本框中输入要打印的页码，例如要打印第一页到第三页，则可以输入“1-3”。

（4）在“副本”选项区域中的“份数”微调框中输入要打印的份数。

（5）所有的设置完成后，单击 确定 按钮可将文档发送到打印机打印出来。

4.9　课堂实战——美化“公司简介”文档

本例将对“公司简介”文档中的文本进行字体格式设置、段落格式设置，添加项目符号和编号、插入表格、插入艺术字、添加页眉等，以美化该文档，效果如图 4.9.1 所示。

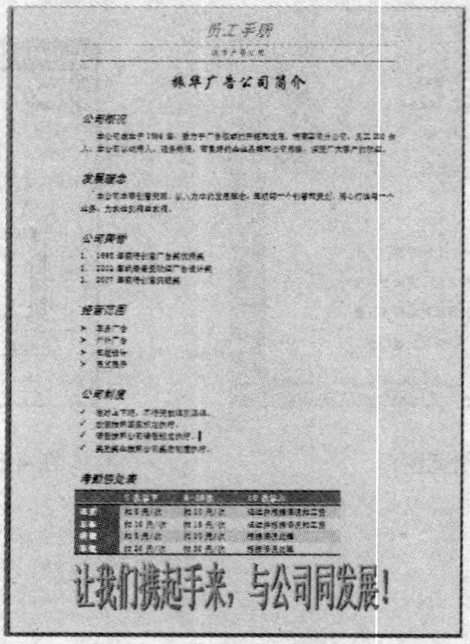

图 4.9.1　效果图

操作步骤

（1）在 Word 2007 中打开“公司简介”文档，如图 4.9.2 所示。

（2）选中标题“振华广告公司简介”，在开始选项卡的“字体”组中单击“字体”下拉列表框右侧的按钮，在弹出的下拉列表框中选择“华文行楷”。在“字号”下拉列表中选择“二号”。

（3）按住“Ctrl”键，依次选中“公司概况”“发展理念”“公司荣誉”“经营范围”“公司制度”和“考勤惩处表”文本。按照同样的方法，设置其字体为“黑体”，字号为“小三”，效果如图 4.9.3 所示。

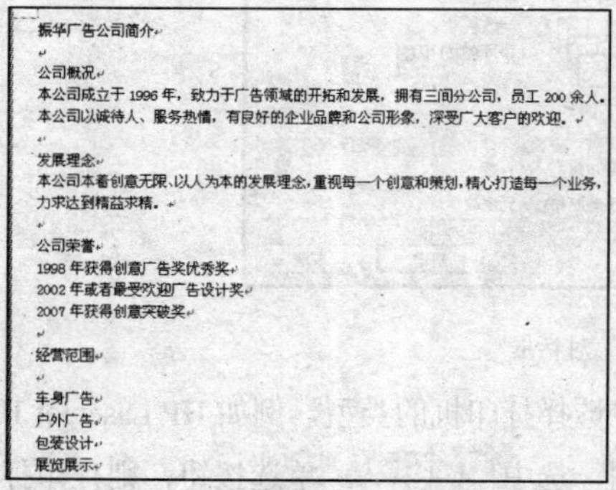

图 4.9.2　打开文档

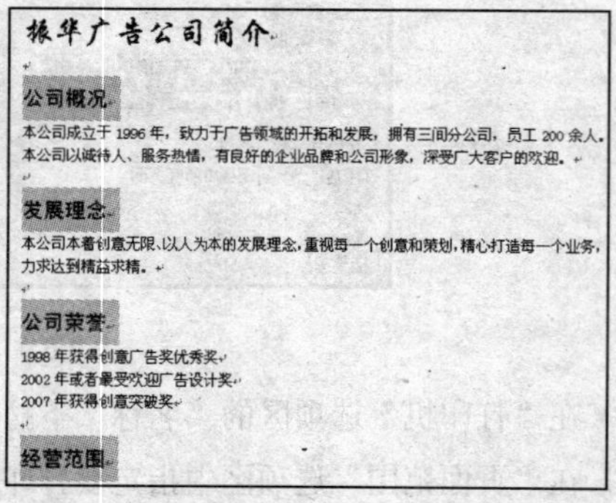

图 4.9.3　设置字体效果

（4）选中“公司概况”文本，在开始选项卡的“字体”组中单击“倾斜”按钮，为其添加倾斜格式。

（5）将光标定位在“公司概况”文本行中，在开始选项卡的“剪贴板”组中双击“格式刷”按钮，当鼠标光标变成形状时，分别点击“发展理念”“公司荣誉”和“经营范围”文本，使其具有相同的格式，如图 4.9.4 所示。

（6）选中标题文本，单击开始选项卡“段落”组中的“居中”按钮，使其居中显示，如图 4.9.5 所示。

（7）选中“公司概况”下的内容，单击开始选项卡“段落”组中的“对话框启动器”按钮，弹出段落对话框。在“特殊格式”下拉列表中选择“首行缩进”“2 字符”。

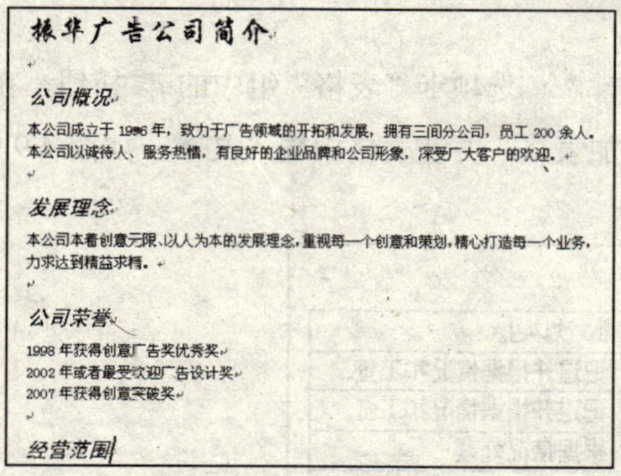

图 4.9.4　设置字形效果

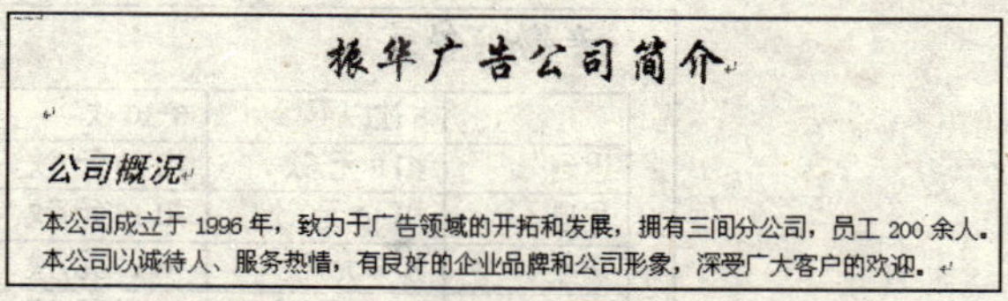

图 4.9.5　设置居中对齐

（8）单击 确定 按钮，可为段落设置首行缩进。按照同样的方法，为“发展理念”下的段落文本设置首行缩进，效果如图 4.9.6 所示。

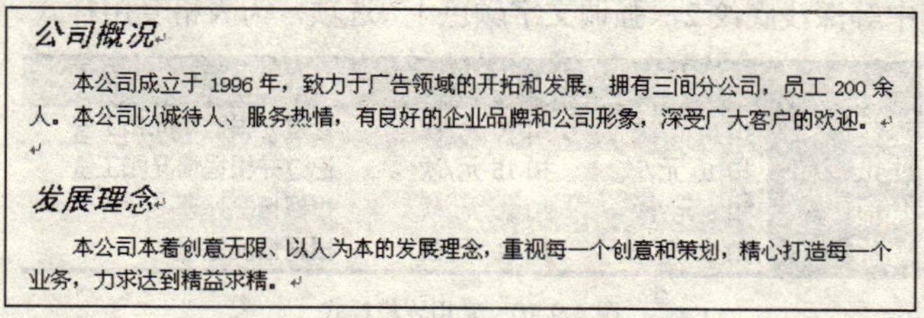

图 4.9.6　首行缩进效果

（9）选择“公司荣誉”下的段落文本，单击 开始 选项卡“段落”组的“编号”按钮，在弹出的下拉列表中选择第二种样式，如图 4.9.7 所示。

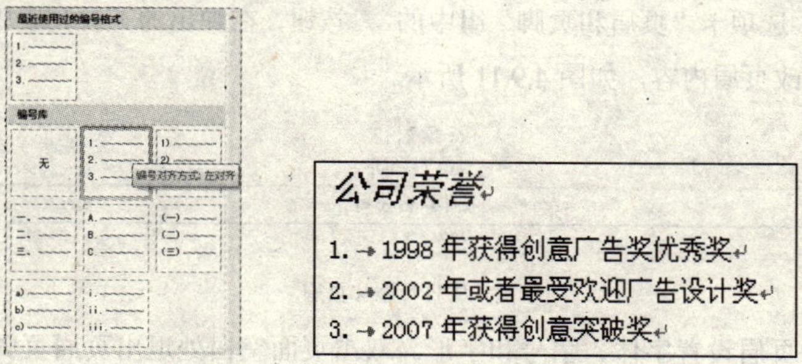

图 4.9.7　设置编号

（10）选择“经营范围”下的段落文本，单击 开始 选项卡“段落”组的“项目符号”按钮，在弹出的下拉列表中选择第二种样式，如图 4.9.8 所示。

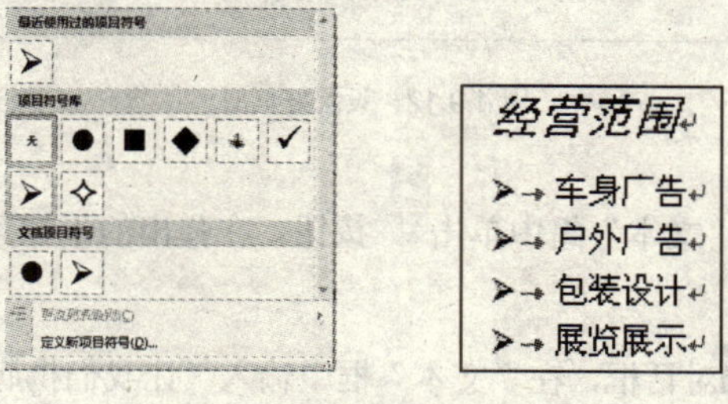

图 4.9.8　设置项目符号

（11）重复步骤（10）的操作，将“公司制度”下的内容文本设置为第六种项目符号样式。

（12）将光标插入点定位到“考勤惩处表”下方，单击插入选项卡“表格”组中的表格按钮，在弹出的列表框中移动鼠标至“4×5 表格”处，单击鼠标添加表格，并在表格中输入文本，如图 4.9.9 所示。

考勤惩处表

	5 次以下	6-10 次	10 次以上
迟到	扣 5 元/次	扣 10 元/次	记过并根据情况扣工资
早退	扣 10 元/次	扣 15 元/次	记过并根据情况扣工资
病假	扣 5 元/次	扣 10 元/次	根据情况处理
事假	扣 20 元/次	扣 30 元/次	根据情况处理

图 4.9.9　插入表格并输入文本

（13）将光标插入点定位到表格中，单击设计选项卡“表样式”组中的“其他”按钮，在弹出的下拉列表中选择“中等深浅底纹 2，强调文字颜色 1”选项，为表格套用样式，如图 4.9.10 所示。

	5 次以下	6-10 次	10 次以上
迟到	扣 5 元/次	扣 10 元/次	记过并根据情况扣工资
早退	扣 10 元/次	扣 15 元/次	记过并根据情况扣工资
病假	扣 5 元/次	扣 10 元/次	根据情况处理
事假	扣 20 元/次	扣 30 元/次	根据情况处理

图 4.9.10　套用表格样式

（14）单击页面布局选项卡“页面背景”组中的页面颜色按钮，在弹出的颜色下拉列表中选择“水绿色，强调文字颜色 5　淡色，80%”选项，给页面添加背景色。

（15）单击插入选项卡“页眉和页脚”组中的页眉按钮，在弹出的下拉列表中选择“传统型”选项，添加页眉，并修改页眉内容，如图 4.9.11 所示。

图 4.9.11　添加页眉

（16）将添加的页眉设置字体、字号和字形。双击页面空白处退出页眉页脚编辑栏，效果如图 4.9.12 所示。

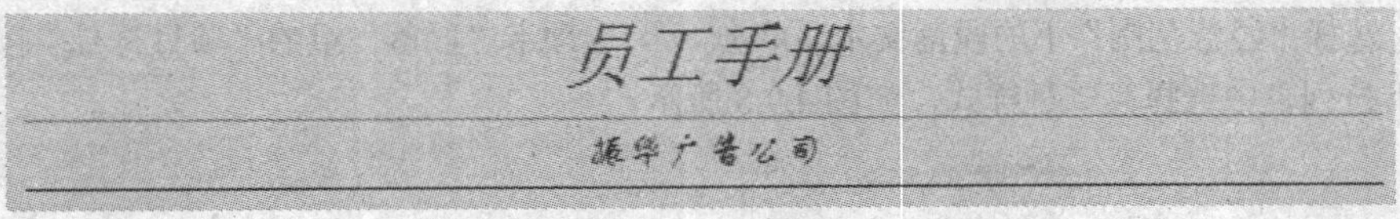

图 4.9.12　设置好页眉

（17）在插入选项卡的“文本”组中单击艺术字按钮，在弹出的下拉菜单中选择“艺术字样式 11”选项。

（18）打开编辑艺术字文字对话框，在“文本”框中输入“让我们携起手来，与公司同发展!”，设置其字体为“宋体”，“字号”为 48，如图 4.9.13 所示。

（19）单击确定按钮即可插入艺术字。在该艺术字上单击鼠标右键，在弹出的快捷菜单中

选择 设置艺术字格式(O)... 命令，弹出设置艺术字格式对话框。选择版式选项卡，单击“浮于文字上方”按钮，如图 4.9.14 所示。

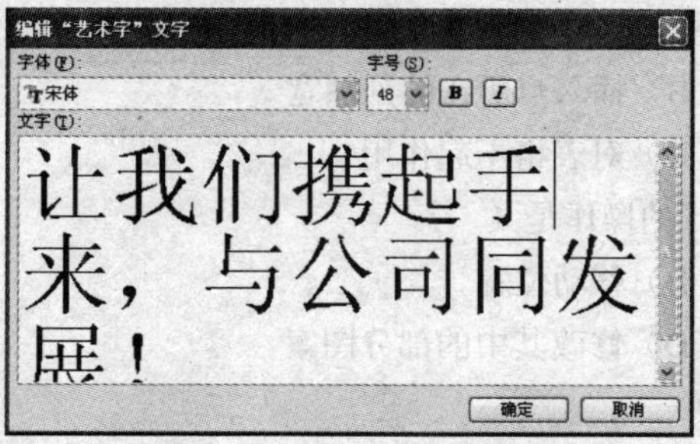

图 4.9.13　“编辑艺术字文字”对话框

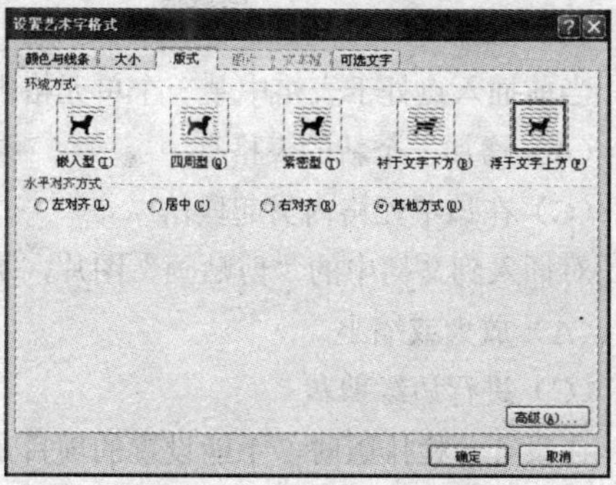

图 4.9.14　设置艺术字格式

（20）将艺术字移至页面合适的位置，最终效果如图 4.9.1 所示。

本 章 小 结

本章主要介绍了文档管理、文本的输入与编辑、文本格式的设置、在文档中插入表格、图文混排、页面设置与打印输出等内容。通过本章的学习，用户可以熟练掌握 Word 2007 的基本操作，并会应用该软件制作出图文并茂的文档。

操 作 练 习

一、填空题

1．在 Word 2007 中，按________快捷键可新建一个文档；按________快捷键可选中整个文档。

2．Word 2007 中的视图方式主要有________、________、________、________和________ 5 种，用户在文档的右下角可以直接单击相应的按钮来进行切换。

3．在功能区用户界面中的“插入”选项卡中，单击________或________按钮可插入特殊符号。

4．段落的对齐方式有________、________、________、________、________等，其中________是系统默认的对齐方式。

5．Word 2007 默认的页面方向为________，默认的纸型为________。

二、选择题

1．在编辑区中录入文字，当前录入的文字将显示在（　）。

（A）鼠标指针位置处　　（B）插入点

（C）文件尾　　（D）段尾

2．要改变段落中除第一行外的其他各行与左边界的距离，可拖动水平标尺中的（　）按钮。

（A）悬挂缩进　　（B）首行缩进

（C）右缩进　　（D）左缩进

3．插入的艺术字在文档中作为（　）来处理。

（A）文字　　（B）数据对象

（C）文本　　（D）图形对象

4．当前插入点处于表格中某一个单元格内，按回车键后，（　）。

（A）增加一个新的表格行　　（B）插入点所在的列加宽

（C）在该单元格内另起段落　　（D）对表格不起作用

5．对插入到文档中的“剪贴画”图片，不能进行的操作是（　）。

（A）放大或缩小　　（B）移动位置

（C）进行边缘剪裁　　（D）修改其中的部分图案

6．在设置分栏排版时，不能设置的项目是（　）。

（A）分栏数　　（B）应用范围

（C）分隔线线型　　（D）栏宽

三、简答题

1．如何自行创建模板？

2．可以通过哪几种方式选择文本？

3．如何设置页面边框和底纹？

四、上机操作题

桂林是世界著名的风景游览城市，有着举世无双的喀斯特地貌。这里的山，平地拔起，千姿百态；漓江的水，蜿蜒曲折，明洁如镜；山多有洞，洞幽景奇；洞中怪石，鬼斧神工，琳琅满目，于是形成了“山青、水秀、洞奇、石美”的桂林“四绝”，而自古就有“桂林山水甲天下”的赞誉。

桂林是一座文化古城。两千多年的历史，使它具有丰厚的文化底蕴。秦始皇统一中国后，设置桂林郡，开凿灵渠，沟通湘江和漓江。桂林从此便成为南通海域，北达中原的重镇。宋代以后，它一直是广西政治、经济、文化的中心，号称“西南会府”，直到新中国建立。在漫长的岁月里，桂林的奇山秀水吸引着无数的文人墨客，使他们写下了许多脍炙人口的诗篇和文章，刻下了两千余件石刻和壁书，历史还在这里留下了许多古迹遗址。

（1）新建一个 Word 文档，并输入上述文字。

（2）设置纸张大小为：大 32 开，方向：纵向，页边距：上边距：2.3 cm，下边距：2 cm，左右边距均为 2.5 cm。装订线位置：左侧、1 cm 的距离。

（3）设置页面“页眉和页脚”项中的“首页不同”。

（4）给文档添加标题：桂林简介。

（5）将标题设置为：小二号、黑体、加粗、居中、加绿色双下画线。

（6）设置正文字体：楷体、小四号、加粗、蓝色。

（7）设置段落首行缩进：两个汉字；第一段与第二段的段间距为 0.5 行；行间距为固定值 12 磅。

（8）将正文第二段加上线型为“细—粗—细”的宽度为 2.25 磅的段落边框，并设置文字的底纹为灰色 20%。

（9）设置第一段首字下沉，下沉行数为：两行；距离正文为 0.4 cm。

（10）设置在页面顶端居左的位置输入页眉，内容为：桂林简介，并设置隶书、四号。

（11）设置在页脚位置插入页数，插入页码居中。

第 5 章　电子表格软件 Excel 2007

Excel 2007 是 Office 2007 办公软件之一，是 Office 2007 中专门用于表格操作的专业处理软件。它以强大的数据处理与分析功能、友好的操作界面、全新的工作环境，赢得了广大用户的青睐。在 Excel 工作簿中可以输入文本、数据、插入图表以及多媒体对象，并且以电子表格的形式进行计算、统计、管理和分析等操作，使用户制作出不同结构和格式的电子表格。

知识要点

- Excel 2007 基础知识
- 工作表的基本操作
- 单元格的基本操作
- 数据的输入与编辑
- 格式化单元格
- 根据要求定制表格
- 计算数据
- 管理数据
- 用图表分析数据
- 打印与输出工作表

5.1　Excel 2007 基础知识

Excel 2007 是一个操作简单、使用方便、功能强大的电子表格软件。Excel 2007 的基本使用方法与 Word 2007 有许多类似的地方，但它的工作界面与 Word 有较大的区别，初学用户快速入门须了解工作簿、工作表、行号与列标、单元格、单元格地址、单元格区域等专有名词的含义和作用。

5.1.1　认识 Excel 2007 界面

Excel 2007 的窗口如图 5.1.1 所示，主要由快速访问工具栏、功能菜单、公式编辑栏、工作区、工作表标签、状态栏等组成。

单元格地址栏：用于显示当前活动单元格的地址。

公式编辑栏：用于编辑各种数学公式，设置插入点后，单击该栏后的“输入”按钮确认公式的输入；单击“取消”按钮取消公式编辑；单击“插入函数”按钮可打开**插入函数**对话框。

工作表标签：用来显示当前工作簿中的工作表名称，名称背景为白色的为当前工作表，背景为灰色的为非当前工作表。

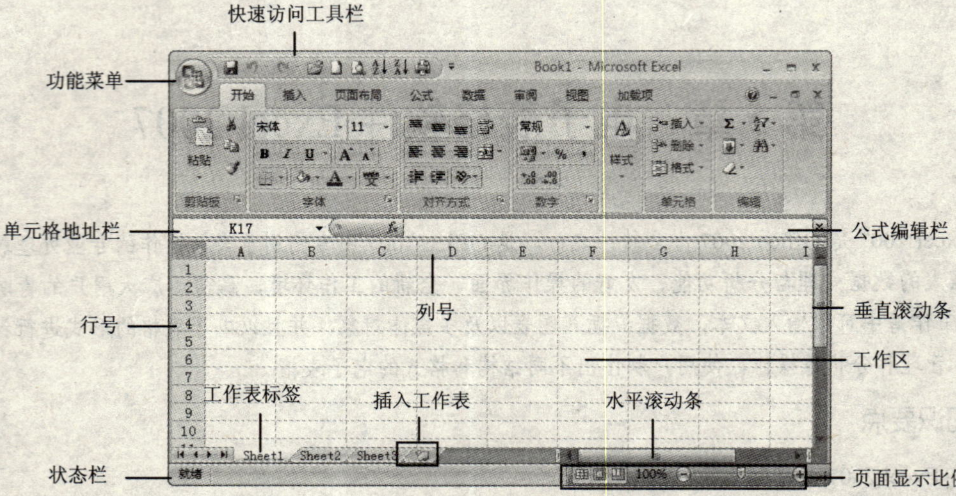

图 5.1.1　Excel 2007 窗口

5.1.2　Excel 2007 相关概念

工作簿、工作表、单元格和单元格区域是 Excel 2007 的基本组成元素，在对工作簿和工作表进行管理和操作之前，首先学习一些相关的基本概念。

1．工作簿

工作簿是一种 Excel 文件，扩展名为 XLSX，一个工作簿文件可以包括若干个工作表。新建的工作簿默认包括 3 个工作表，标签名称依次为 Sheet1，Sheet2 和 Sheet3。

2．工作表

在 Excel 中，用于存储和处理数据的主要文档也称为电子表格。工作表由排列成行或列的单元格组成，存储在工作簿中。每插入一个工作表，系统会自动加一个标签 Sheet X，其后的序号 X 依次递增 1。一个工作簿最多可包括 255 张工作表。

3．单元格

屏幕上一个个长方形格子就是单元格，这是 Excel 的特有组成元素，是构成工作表的基本单位。输入工作表的数据都是存储并显示在单元格中的，由列标号（大写英文字母）和行标号（数字）组合起来赋予每个单元格一个唯一的地址，规定列标号在前，行标号在后，如 A5，B12 等。

4．活动单元格

所谓活动单元格就是指当前光标所指向的单元格。粗线方框围着的单元格就是当前活动的单元格，输入的内容将出现在活动单元格中。

5．单元格区域

单元格区域是单元格的集合，即是由许多个单元格组合而成的一个范围。在数据运算中，引用一个单元格区域是通过区域左上角单元格的坐标与区域右下角单元格的坐标来表示的，中间用冒号作分隔符。例如，A1:F6 所表示的意思是从 A1 到 F6 之间的所有单元格。

5.1.3　工作簿的基本操作

工作簿是用于运算和保存数据的文件，其基本操作主要包括新建、保存、打开以及关闭等。其中打开和关闭工作簿的操作与打开和关闭 Word 文档的操作方法相同，本节将不再赘述。

1．新建工作簿

用户在启动 Excel 2007 的过程中，系统会自动创建一个工作簿，并将其命名为“Book1”，除此之外，用户还可以通过以下 4 种方法新建工作簿。

（1）单击“快速访问”工具栏中的“新建”按钮，即可新建一个空白工作簿。

（2）选择→新建(N)命令。

（3）按快捷键“Ctrl+N”。

（4）根据模板新建工作簿文件。

利用模板新建具有一定格式的工作簿，具体操作步骤如下：

1）单击“Office”按钮，在弹出的菜单栏中选择新建(N)命令，弹出“新建工作簿”对话框，在“模板”列表中选择“已安装的模板”选项，如图 5.1.2 所示。

2）在“已安装的模板”列表框中选择需要的模板，单击创建按钮或者双击模板图标，即可新建一个与模板样式相同的工作簿。

2．保存工作簿

Excel 中的工作簿无论包括多少个工作表，都可将这些工作表一起保存在工作簿中，而保存的文件名就是工作簿名称。用户可以使用以下 4 种方法保存工作簿。

（1）如果是首次保存工作簿，选择→保存(S)命令，会弹出“另存为”对话框，如图 5.1.3 所示。用户可在该对话框中为工作簿输入文件名及保存路径，单击保存(S)按钮即可。

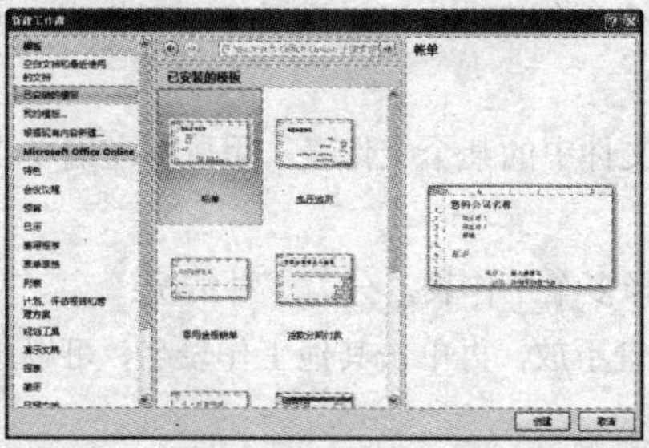

图 5.1.2　“新建工作簿”对话框

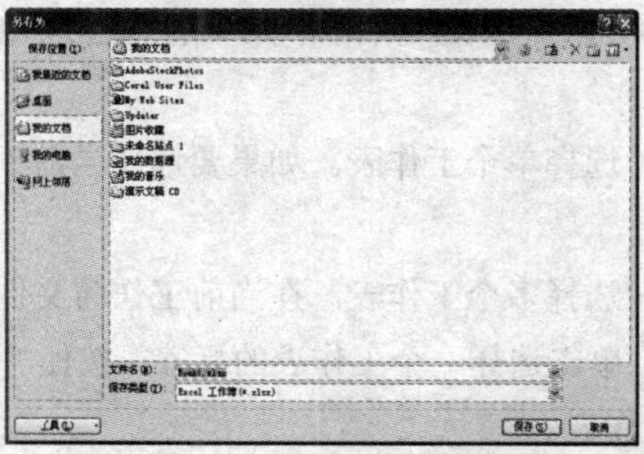

图 5.1.3　“另存为”对话框

（2）如果用户已保存了工作簿，单击“快速访问”工具栏中的“保存”按钮，可保存工作簿中所作的修改。

（3）如果用户要为当前工作簿创建副本，可选择→另存为(A)命令，即可弹出“保存文档副本”下拉菜单，如图 5.1.4 所示。用户可在该菜单中选择合适的命令，以创建特定格式的副本。

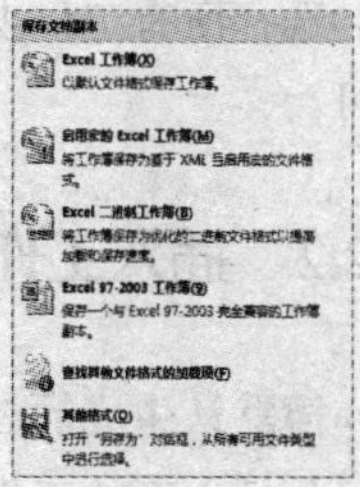

图 5.1.4　“保存文档副本”下拉菜单

除此以外，Excel 2007 具有自动保存功能，用户可以设置保存的时间，具体操作步骤如下：

（1）选择 → Excel 选项(I) 命令，弹出“Excel 选项”对话框，如图 5.1.5 所示。

（2）单击 保存 标签，打开“保存”选项卡，如图 5.1.6 所示。

（3）选中 保存自动恢复信息时间间隔(A) 10 分钟(M) 复选框，设置对工作簿进行自动保存和恢复的时间间隔，如设定为“10 分钟”。

（4）设置完成后，单击 确定 按钮即可。

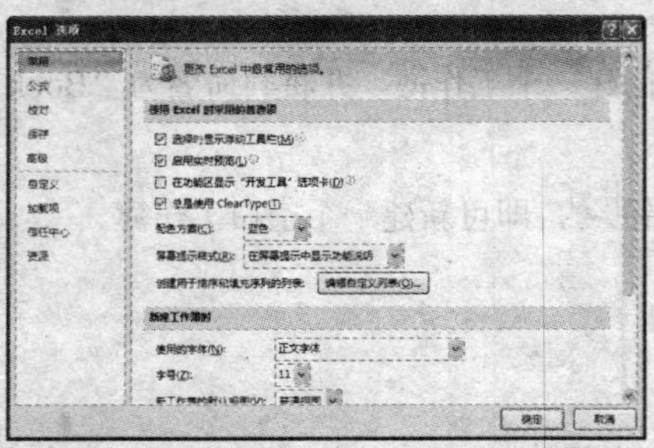

图 5.1.5 “Excel 选项”对话框

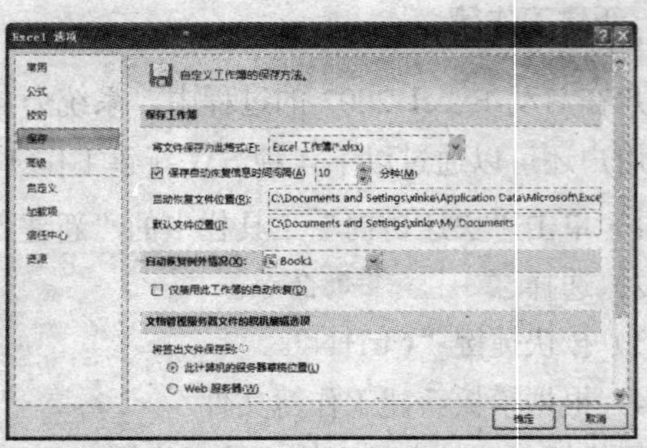

图 5.1.6 “保存”选项卡

5.2 工作表的基本操作

工作表是处理数据的主要场所，默认创建的工作簿中包含 3 个工作表，用户根据需要，可对工作表进行激活、插入、重命名、移动和复制等编辑操作。

5.2.1 激活工作表

一个工作簿通常包含多个相关的工作表，但当前工作表只有一个，如需要对某个工作表进行操作，必须先激活该工作表。根据需要，用户既可以激活单个工作表，也可以激活多个工作表。可采用以下方法：

（1）选择单个工作表。如果要选择当前工作簿文件中的某个工作表，用鼠标左键单击工作表标签即可。

（2）选择多个工作表。在当前工作簿文件中选择多个工作表，分为 3 种情况：

1）单击选择一个工作表的标签，按住“Ctrl”键不放，再单击其他工作表名，可以选择不连续的多个工作表。

2）单击第一个工作表的标签，按住“Shift”键不放，再单击另一个工作表标签，可以选择这两个工作表之间连续的多个工作表。

3）选择所有工作表。用鼠标右键单击工作表标签，在弹出的快捷菜单中选择 选定全部工作表(S) 命令即可。

5.2.2 插入工作表

工作簿默认生成的 3 个工作表有时不能满足用户的实际需要，在编辑工作簿时，可能要增加工作表的数目，插入新的工作表。插入工作表包括插入单个工作表和插入多个工作表两种情况。

1. 插入单个工作表

如果用户要插入单个工作表，可按以下操作步骤进行：

（1）单击工作表标签，确定要插入工作表的位置，例如要在 Sheet2 和 Sheet3 之间插入一个工作表，则单击 Sheet3 标签，在 开始 选项卡的单元格选项组中单击 插入 按钮，从弹出的下拉菜单中选择 插入工作表(S) 命令，即可在 Sheet2 和 Sheet3 之间插入一个工作表，如图 5.2.1 所示。

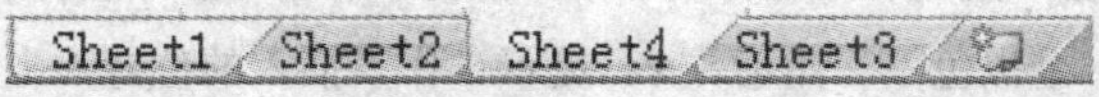

图 5.2.1　插入工作表

（2）在工作表标签中单击鼠标右键，从弹出的快捷菜单中选择 插入(I)... 命令，再从弹出的 插入 对话框中选中 工作表 图标，单击 确定 按钮即可。反复操作，可逐步添加工作表。

2. 插入多个工作表

如果要同时插入多个工作表，可按以下操作步骤进行：

（1）如果要同时添加多个工作表，按住“Shift”键，选定与添加工作表相同数目的工作表标签。

（2）在“开始”选项卡的单元格选项组中单击 插入 按钮，从弹出的下拉菜单中选择 插入工作表(S) 命令，即可同时添加多个工作表。

5.2.3　重命名工作表

Excel 2007 在默认情况下将工作表依次命名为“Sheet1”，“Sheet2”，……这样既不直观又不便于记忆，根据需要用户可为工作表取一个直观而易记的名称，即重命名。用户可以使用以下两种方法进行重命名。

1. 使用鼠标

（1）双击工作表标签，此时标签名呈黑色背景显示，如图 5.2.2 所示。

（2）直接输入新工作表名，如“一月份”字样，如图 5.2.3 所示。

（3）输入完成后按回车键，或单击标签外的任何位置，完成重新命名工作表操作。

图 5.2.2　选中工作表名

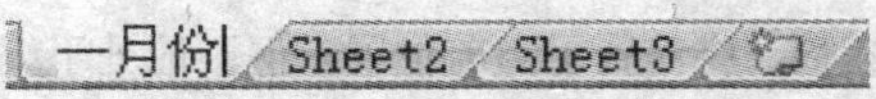

图 5.2.3　重命名工作表

2. 使用菜单项

（1）选中要重命名的工作表标签。

（2）单击鼠标右键，从弹出的快捷菜单中选择 重命名(R) 命令，此时标签名呈黑色背景显示，在标签中输入新的工作表名称即可。

5.2.4　移动或复制工作表

移动工作表是指改变工作表在工作簿中排列的位置，复制工作表则是指增加原工作表的副本。下面介绍 2 种移动或复制工作表的方法。

1．使用鼠标移动或复制工作表

（1）移动工作表。选中要移动的工作表标签，按住鼠标左键并拖动，此时工作表标签上方会出现一个黑色下三角箭头▾，提示工作表插入的位置，当鼠标指针变成□形状，将指针拖动到该黑色下三角箭头处，即可完成工作表的移动操作，如图 5.2.4 所示。

（2）复制工作表。选中要复制的工作表标签，按住“Ctrl”键，然后按住鼠标左键并拖动，此时工作表标签上方会出现一个黑色下三角箭头▾，提示工作表插入的位置，当鼠标指针变成□形状，将指针拖动到该黑色下三角箭头处，即复制工作表。

2．使用菜单项移动或复制工作表

（1）选中要移动或复制的工作表。

（2）单击鼠标右键，从弹出的快捷菜单中选择 移动或复制工作表(M)... 命令，弹出“移动或复制工作表”对话框，如图 5.2.5 所示。

图 5.2.4　使用鼠标移动工作表

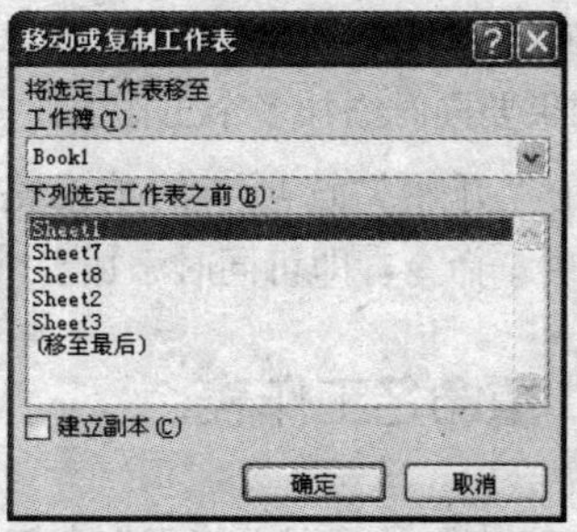

图 5.2.5　“移动或复制工作表”对话框

（3）在“下列选定工作表之前”列表框中选择要移动或复制的位置。如果是移动工作表，在该对话框中取消 □建立副本(C) 复选框的选中。如果要复制工作表，则选中 ☑建立副本(C) 复选框，单击 确定 按钮即可。

5.2.5　删除工作表

如果当前工作簿中有无用的工作表，可对其进行删除，使工作簿的结构更加清晰。单击要删除的工作表标签（将其置于当前位置，但不能处于编辑状态，否则将无法删除），单击鼠标右键，从弹出的快捷菜单中选择 删除(D) 命令，系统弹出提示对话框，如图 5.2.6 所示。如果确定删除就单击 删除 按钮，否则单击 取消 按钮。

图 5.2.6　删除提示对话框

5.2.6　保护工作表

通过设置密码保护工作表，可以防止他人对工作表中的数据、图表项、对话框编辑项、Excel 宏表、图形对象等进行修改，具体操作如下：

（1）在 审阅 选项卡的“更改”选区中单击 保护工作表 按钮，弹出 保护工作表 对话框，如图 5.2.7 所示。

（2）选中 ☑ 保护工作表及锁定的单元格内容(C) 复选框，在“取消工作表保护时使用的密码”文本框中输入保护密码，密码的长度不能超过 255 个字符。

（3）在“允许此工作表的所有用户进行”列表框中，只选择 ☑ 选定未锁定的单元格 复选框，即允许用户对工作表中的未锁定单元格进行修改。

（4）设置完成后，单击 确定 按钮，弹出 确认密码 对话框，在“重新输入密码”文本框中再次输入保护密码进行确认，如图 5.2.8 所示。

（5）单击 确定 按钮，关闭对话框，返回工作表。

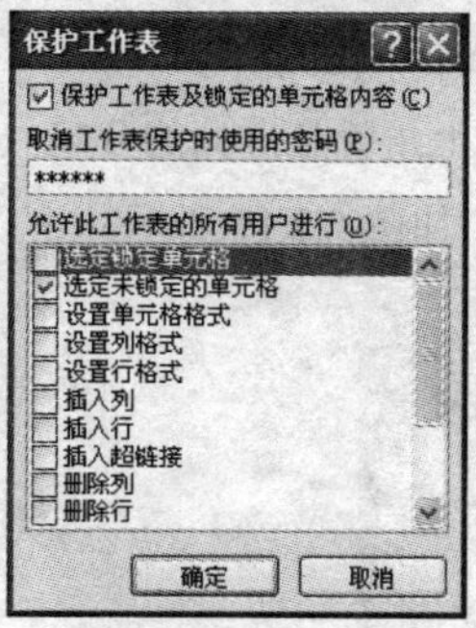

图 5.2.7　“保护工作表”对话框

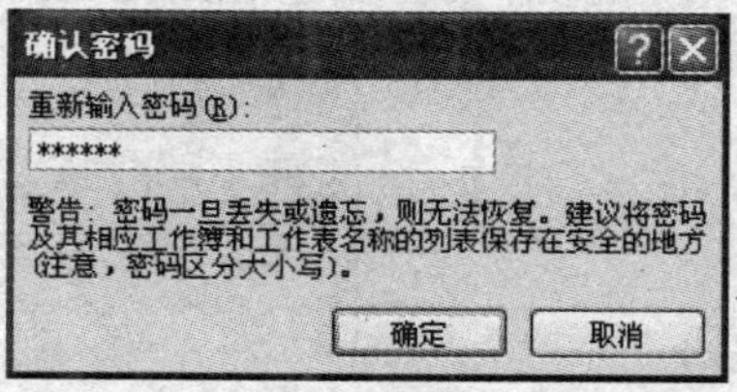

图 5.2.8　“确认密码”对话框

若要取消工作表的保护，可在 审阅 选项卡的“更改”选区中单击 撤消工作表保护 按钮，输入正确的密码后用户就可以重新编辑工作表了。如果密码输入错误，则无法修改工作表。

5.2.7　隐藏或显示工作表

当用户打开的窗口和工作表的数量太多时，屏幕会较乱，为了避免错误的操作，可以将暂时不使用的工作簿和工作表隐藏起来，需要对其操作时，再将它们显示出来。用户可以采用以下 2 种方法隐藏或显示工作表，具体操作如下：

（1）在 视图 选项卡的窗口选项组中单击 隐藏 按钮，即可将当前工作表隐藏，如图 5.2.9 所示。如果要重新显示该工作表，可在 视图 选项卡的窗口选项组中单击 取消隐藏 按钮，即可弹出 取消隐藏 对话框，如图 5.2.10 所示。在该对话框中选择要显示的工作簿，单击 确定 按钮即可。

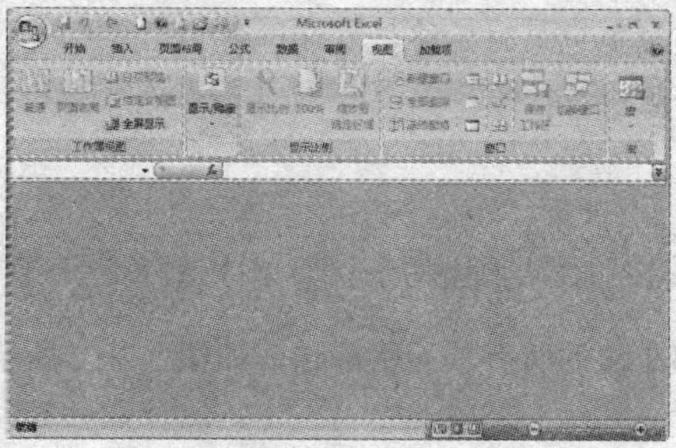

图 5.2.9　隐藏工作表

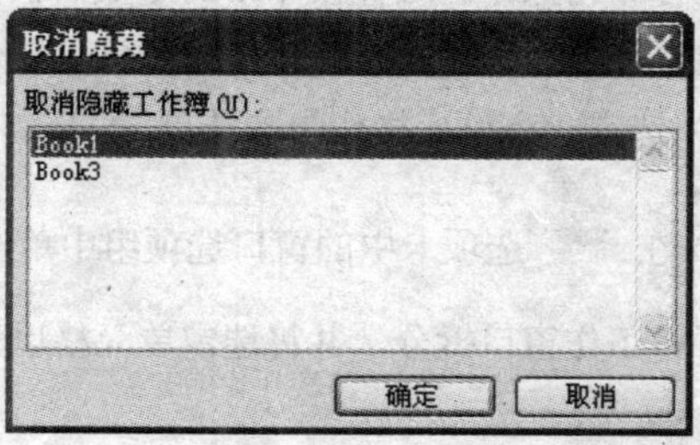

图 5.2.10　“取消隐藏”对话框

（2）在工作表标签上单击鼠标右键，从弹出的快捷菜单中选择隐藏(H)命令，即可将选中的工作表隐藏。如果要重新显示该工作表，可在工作表标签上单击鼠标右键，从弹出的快捷菜单中选择取消隐藏(U)...命令，在弹出的**取消隐藏**对话框中选择显示的工作簿，单击确定按钮即可。

5.2.8　拆分和冻结工作表

Excel 2007 为用户提供了拆分和冻结工作表窗口的功能，有了这些功能可以更加合理地利用屏幕空间。

1．拆分工作表

拆分工作表就是将工作表当前的活动窗口拆分成窗格，在每个被拆分的窗格中都可以通过拖动滚动条来显示或查看工作表的各个部分。拆分工作表窗口的具体操作步骤如下：

（1）选定要拆分的工作表中的某一单元格，该单元格的左上角就是拆分的分隔点。

（2）在视图选项卡的窗口选项组中单击拆分按钮即可，如图 5.2.11 所示。

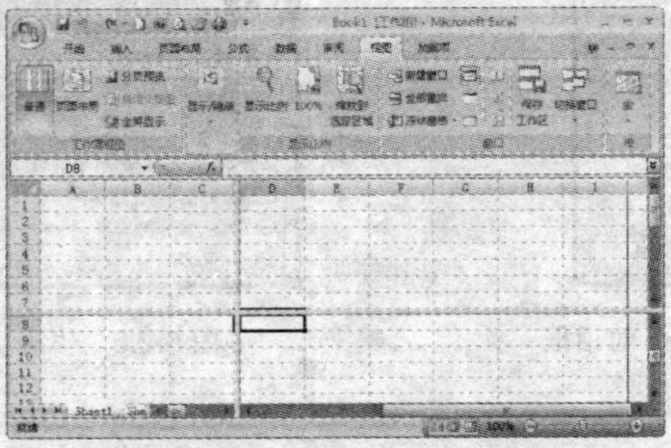

图 5.2.11　拆分工作表窗口

如果要对已经拆分好的窗口进行更改，可将鼠标移动到垂直拆分框或水平拆分框上，按下鼠标左键，拖动鼠标指针到工作表要进行拆分的单元格，释放鼠标即可。

取消拆分有以下 2 种方法：

（1）在视图选项卡的窗口选项组中再次单击拆分按钮，即可取消拆分。

（2）在分隔条的交点处双击鼠标左键，可取消拆分。如果要删除一条分隔条，则在该分隔条上方双击即可。

2．冻结工作表

在 Excel 2007 中提供了“冻结窗格”的能力，可以使需要始终保留在屏幕上的信息不随滚动条移动，冻结的对象可以是一行、一列或者是一个单元格。当然，用户也可以根据需要对工作表中特定的行或列进行冻结操作，这样被冻结的行或列就会在浏览记录时始终显示在屏幕中。

如果要冻结拆分后的窗口，可按照以下操作步骤进行：

（1）选定一个单元格作为冻结点。

（2）在视图选项卡中的窗口选项组中单击冻结窗格按钮，从弹出的下拉菜单中选择**冻结拆分窗格(F)**命令，即可将工作窗口拆分，并将选定单元格以上和左边的所有单元格冻结，如图 5.2.12 所示。

技巧：在被冻结的工作表中，按“Ctrl+Home”快捷键，活动单元格指针将返回到冻结点所在的单元格。

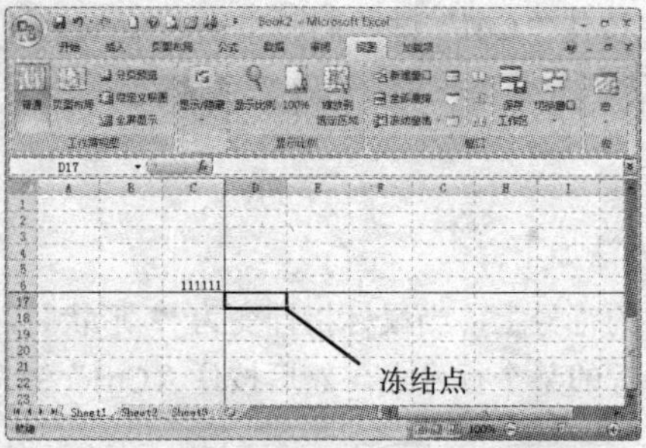

图 5.2.12　冻结拆分窗口

如果要将工作表的首行或首列冻结，可在视图选项卡中的窗口选项组中单击冻结窗格按钮，从弹出的下拉菜单中选择冻结首行(R)或冻结首列(C)命令即可。

如果用户要撤销冻结的窗口，可在视图选项卡中的窗口选项组中单击冻结窗格按钮，从弹出的快捷菜单中选择取消冻结窗格(F)命令即可。

5.3　单元格的基本操作

输入与处理数据都是在单元格中进行的，因此必须掌握单元格的基本操作，包括选择、插入、合并及居中、删除和保护单元格等。

5.3.1　选择单元格

在对某个单元格或多个单元格进行操作前，必须先选择单元格，根据实际情况可进行不同的选择。

1．选取单个单元格

选取单个单元格的常用方法有以下 2 种：

（1）用鼠标直接单击单元格。其方法是当鼠标指针变为✚形状时，单击某单元格，此时该单元格的外侧出现一黑色边框，同时在名称框内显示该单元格的名称，这时即为选定该单元格。

（2）在工作表左上方的名称框内直接输入需要选定的单元格名称，按回车键即可选定该单元格。

2．选取单元格区域

单元格区域是指工作表中的两个或多个单元格。单元格区域中的单元格可以是相邻的，也可以是不相邻的。选取单元格区域的方法有以下 4 种：

（1）单击并选定工作表中矩形区域左上角的一个单元格，然后按住鼠标左键并拖动至工作表右下角的一个单元格中，释放鼠标即可选取一矩形区域。

（2）在按住“Shift”键的同时移动键盘上的方向键，选取开始单元格和最终单元格之间的矩形区域。

（3）在按住“Shift”键的同时用鼠标单击单元格，选取活动单元格和最终单击的单元格之间的矩形区域。

（4）选取一个单元格，在按住“Ctrl”键的同时单击其他单元格，可选取多个不连续的单元格区域。

3．选取行和列

在工作表中选取行和列的方法如下：

（1）将鼠标移至要选定行的行号上，当鼠标指针变为➡形状时，单击鼠标即可选定该行。

（2）将鼠标移至要选定多行的某个行号上，然后按住“Ctrl”键，单击其他需要选定行的行号，即可选取多个不连续的行。

（3）将鼠标移至要选定多行的开始行号上，然后按住鼠标左键并拖动，至适当的位置释放鼠标即可选定多个连续的行。

（4）将鼠标移至要选定列的列标上，当鼠标指针变为⬇形状时，单击鼠标即可选定该列。

（5）将鼠标移至要选定多列的某个列标上，然后按住“Ctrl”键，单击其他需要选定列的列标，即可选取多个不连续的列。

（6）将鼠标移至要选定多列的开始列标上，然后按住鼠标左键并拖动，至适当的位置释放鼠标，即可选定多个连续的列。

4．选取整个工作表

如果要选取整个工作表，可以采用以下 2 种方法：

（1）单击工作表左上角的“全选”按钮。将鼠标移至该按钮时，鼠标指针变为✚形状，此时单击鼠标即可选取整个工作表。

（2）按快捷键“Ctrl+A”可以选取整个工作表。

5.3.2 插入单元格

在对工作表进行输入或编辑的过程中，常常需要在工作表中插入单元格，从而制作完整的工作表。

在 Excel 2007 中，用户可以在选中单元格的上方或左侧插入与选中单元格数量相同的空白单元格，具体操作如下：

（1）在要插入单元格的位置选中一个或多个单元格。

（2）在 开始 选项卡的 单元格 选项组中单击 插入 按钮，在弹出的下拉菜单中选择 插入单元格(I)... 命令，弹出“插入”对话框，如图 5.3.1 所示，用户可在该对话框中选择一种合适的插入方式。

1）选中 ⊙活动单元格右移(I) 单选按钮，可在选中区域插入空白单元格，原来选中的单元格及其右侧的单元格自动右移。

2）选中 ⊙活动单元格下移(D) 单选按钮，可在选中区域插入空白单元格，原来选中的单元格及其下方的单元格自动下移。

3）选中 ⊙整行(R) 单选按钮，可在选中的单元格区域上方插入与选中区域的行数相等的若干行。

4）选中 ⊙整列(C) 单选按钮，可在选中的单元格区域左侧插入与选中区域的列数相等的若干列。

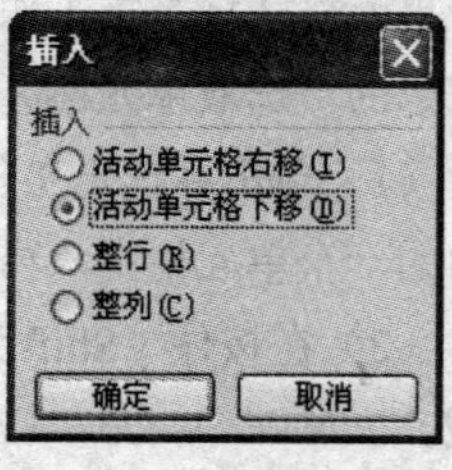

图 5.3.1 “插入”对话框

（3）选择好插入方式后，单击 确定 按钮即可。

5.3.3　合并及居中单元格

合并及居中单元格是将相邻的单元格合并为一个单元格，合并后只保留所选区域左上角单元格中的数据内容，且该内容会在选定的整个区域内居中排列。例如将“D3”与“E3”单元格区域合并为一个单元格并居中显示，具体操作步骤如下：

（1）选定要进行合并的单元格区域。

（2）打开 开始 选项卡，单击“对齐方式”组中的“合并后居中”按钮。

（3）合并及居中单元格区域的效果如图 5.3.2 所示。

图 5.3.2　合并及居中单元格

在合并单元格时，如果选定区域包含多重数值，系统将弹出如图 5.3.3 所示的提示框。如同意则单击 确定 按钮，否则单击 取消 按钮。

图 5.3.3　“Microsoft Office Excel”提示框

5.3.4　删除单元格

删除单元格与插入单元格刚好相反，删除某个单元格后，该单元格会消失，并由其下方或右侧的单元格填补原单元格所在位置，具体操作如下：

（1）选中要删除的单元格或单元格区域。

（2）在 开始 选项卡的“单元格”选项组中单击 删除 按钮，在弹出的下拉菜单中选择 删除单元格(D)... 命令，弹出“删除”对话框，如图 5.3.4 所示，用户可在该对话框中选择一种合适的删除方式。

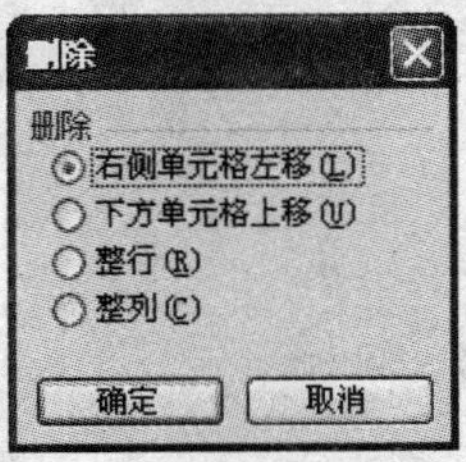

图 5.3.4　“删除”对话框

1）选中 右侧单元格左移(L) 单选按钮，将选中的单元格删除，并将其右侧的单元格向左移动填补空白。

2）选中 下方单元格上移(U) 单选按钮，将选中的单元格删除，并将其下边的单元格向上移动填补空白。

3）选中 整行(R) 单选按钮，将选中单元格所在行删除，并将其下边的行向上移动填补空白。

4）选中 整列(C) 单选按钮，将选中单元格所在列删除，并将其右侧的列向左移动填补空白。

（3）选择一种合适的删除方式，单击 确定 按钮即可。

5.3.5　保护单元格

如果工作表中的某些内容允许其他用户修改，而其他内容不允许更改。这时，需要将不允许更改的单元格或单元格区域保护起来。在 Excel 中保护单元格是与保护工作表同时进行的。将不允许更改的单元格锁定，再设置保护工作表即可禁止其他用户对锁定部分进行操作，达到保护单元格的目的。

默认状态下，所有的单元格都被锁定，如果需要保护单元格，须先取消所有单元格的锁定状态，重新锁定单元格，其方法如下：

（1）选择工作表中的所有单元格。

（2）单击“单元格”工具栏中的 格式 按钮。在弹出的列表的“保护”栏中选择 锁定单元格(L) 选项，取消所有单元格的锁定状态。

（3）如果要锁定某单元格，可选择需锁定的单元格区域，再次单击 格式 按钮即可。

5.4 数据的输入与编辑

使用 Excel 制作工作簿后，就可以将各种类型的数据输入到表格中去了。输入到表格中的数据包括文本和数值等，在工作表中输入数据后，就可以对其进行编辑，比如修改工作表中的数据、查找和替换数据、移动和复制数据以及删除数据等。

5.4.1 数据的输入

创建了 Excel 2007 工作表后，就可以像对 Word 表格操作一样，手动输入内容，如文本、数字、符号和日期等，而且可以利用填充功能快速填充数据。

1. 输入文字

输入的文字可以是数字和非数字字符的组合，系统视为常量。如果输入的文本全部是数字，应先输入单引号作为文字标志。在默认情况下，文字数据自动向左对齐。如果想把输入的数字变成文本格式，可以用改变单元格的格式来设置，具体操作如下：

（1）选定该单元格或单元格区域，在“单元格”选项组中单击 格式 按钮，在弹出的下拉列表中选择 设置单元格格式(E)... 命令，弹出 **设置单元格格式** 对话框，如图 5.4.1 所示。

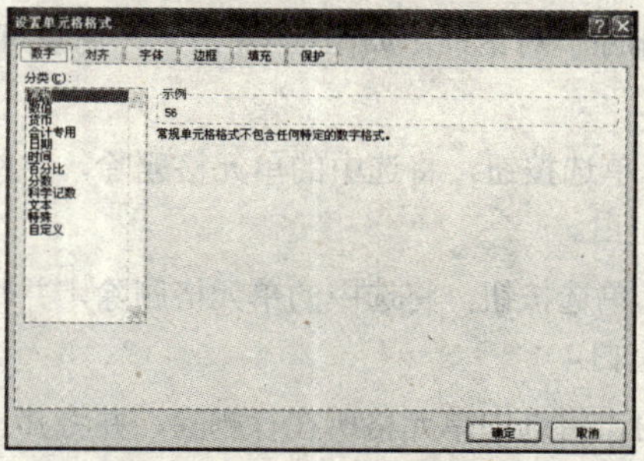

图 5.4.1 “设置单元格格式”对话框

（2）在该对话框中单击选择 数字 选项卡，在“分类”列表框中选择“文本”。

（3）设置完成后，单击 确定 按钮。

2. 输入数值型数据

系统视数值型数据为常量。数字在单元格的默认对齐方式为右对齐。若数据长度超过 11 位，系统将自动转换为科学计数法表示，用户可定义数值型数据的显示格式。数值型数据的格式设置也可以在“设置单元格格式”对话框的“数字”选项卡中进行。

3．输入日期型数据

Excel 输入日期时，默认按“年/月/日”或“年-月-日”的格式。输入时间按“小时：分：秒”的格式。如果在同一单元格中输入日期和时间，在日期和时间之间要用空格分隔。若需要用其他日期和时间格式，可以在“设置单元格格式”对话框的“数字”选项卡的“日期”和“时间”栏中选择。

4．快速输入数据

Excel 具有把一个单元格的数据简捷地复制到多个相邻单元格的功能，能实现数据的快速输入。其操作方法是：选定一个单元格，用鼠标指向选定单元格右下角的“填充柄”，当鼠标光标变为 ＋ 形状时，按住鼠标左键拖动到需要复制的相邻单元格，释放鼠标左键即可。

5.4.2　修改数据

在单元格输入数据时，偶尔会出现输入错误的情况，此时就需要修改。修改既可以在单元格中修改，也可在编辑栏中修改。

修改错误数据分为 2 种情况，即修改整个单元格中的内容和修改单元格中的部分内容，其方法有如下几种：

（1）当整个单元格中的数据均需要修改时，只须选择该单元格，然后重新输入正确的数据，再按“Enter”键即可。

（2）当单元格中的数据只有部分需要修改时，可先选择该单元格，将文本插入点插入到编辑栏中，删除错误数据，然后输入正确的数据，再按“Enter”键即可。

（3）双击单元格也可将文本插入点插入到该单元格中，从而在单元格中修改数据。

5.4.3　查找和替换数据

Excel 2007 的查找和替换功能可快速定位到满足查找条件的单元格，并能方便地将单元格中的数据替换为需要的数据，从而可极大地提高工作效率。查找或替换数据的具体操作步骤如下：

（1）在 开始 选项卡的“编辑”组中单击 查找和选择 按钮，在弹出的菜单中选择 查找(F)... 命令，弹出 查找和替换 对话框，如图 5.4.2 所示。

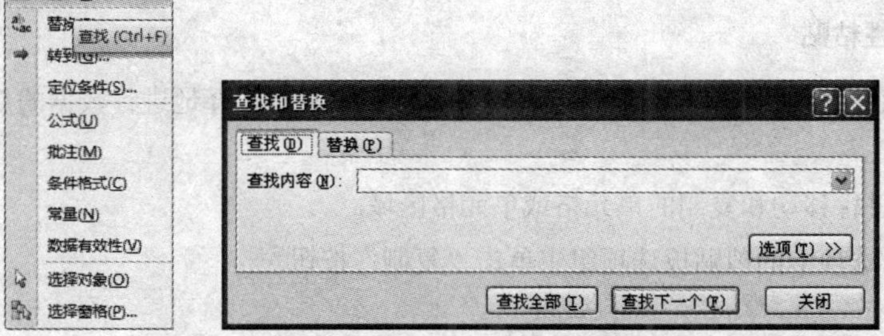

图 5.4.2　“查找和替换”对话框

（2）在“查找内容”下拉列表中输入查找的内容，例如输入“宋新谱”，如图 5.4.3 所示。

（3）单击 查找下一个(F) 按钮，即可查找到符合条件的单元格。

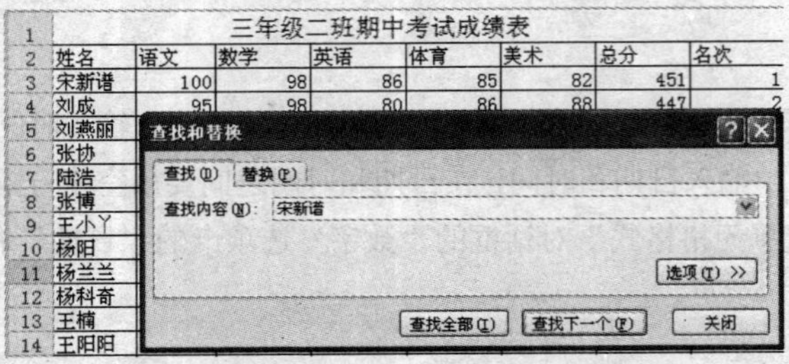

图 5.4.3　查找结果

如果用户要将查找到的值用其他值替换掉，打开 查找和替换 对话框中的 替换(P) 选项卡，单击 替换(R) 按钮即可。

5.4.4　移动和复制数据

移动数据是指将某个单元格中的内容从当前的位置删除并放到另外一个单元格中；而复制数据是指原单元格中的内容不变，只是把该内容复制到另外一个单元格中。如果原来的单元格中含有公式，移动或复制到新位置后，该公式会因为单元格区域的引用变化生成新的计算结果。移动和复制单元格中数据的方法有以下几种：

1．使用菜单命令

使用菜单命令移动和复制单元格中数据的具体操作步骤如下：

（1）选中要进行移动和复制的单元格或单元格区域。

（2）在 开始 选项卡的剪贴板选项组中单击“剪切”按钮或“复制”按钮。

（3）选中要进行粘贴的目标单元格，在“开始”选项卡的剪贴板选项组中单击 按钮，在弹出的下拉菜单中选择 粘贴(P) 命令即可。

2．使用鼠标拖动

使用鼠标拖动移动和复制单元格中数据的具体操作步骤如下：

（1）选中要进行移动和复制的单元格或单元格区域。

（2）单击并拖动鼠标或在按住“Ctrl”键的同时单击并拖动鼠标。

（3）到达目标单元格后释放鼠标左键，即可完成数据的移动或复制。

3．使用选择性粘贴

如果要复制比较复杂的数据，用户可以使用选择性粘贴来有选择地进行数据的复制，具体操作步骤如下：

（1）选中要进行移动和复制的单元格或单元格区域。

（2）在 开始 选项卡的剪贴板选项组中单击“复制”按钮。

（3）选中要进行粘贴的目标单元格，在“开始”选项卡的剪贴板选项组中单击 按钮，在弹出

的下拉菜单中选择 选择性粘贴(V)... 命令，弹出**选择性粘贴**对话框，如图 5.4.4 所示。

（4）在该对话框中设置要粘贴的方式，单击 确定 按钮即可。

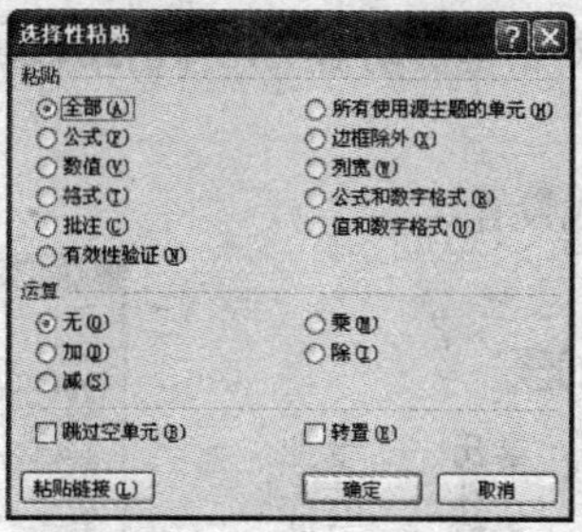

图 5.4.4　“选择性粘贴”对话框

5.4.5　删除数据

当遇到表格中有不需要的数据时可以将其删除。删除数据与删除单元格在 Excel 中是两个完全不同的概念，前者是删除单元格中的数据但保留单元格，而后者是将单元格和其中的数据一并删除。

删除数据的方法如下：

（1）选择需要删除的单元格或单元格区域。

（2）单击“编辑”选项区中的“清除”按钮，在弹出的列表中选择需要的选项。

1）全部清除(A) 选项：选择该选项将清除单元格或单元格区域中的内容和格式。

2）清除格式(F) 选项：选择该选项将清除单元格或单元格区域中内容的格式。

3）清除内容(C) 选项：选择该选项将清除单元格或单元格区域中的内容，但保留单元格格式。

5.5　格式化单元格

编辑完工作表后，为了让工作表更加美观，就需要对工作表进行格式化。格式设置一般包括字体格式、边框底纹、对齐方式等。

5.5.1　设置字体

设置单元格中的字体格式包括单元格中数据字体的字号、字体、颜色、特殊效果等。

1．使用格式工具栏设置

使用格式工具栏设置单元格字体的具体步骤如下：

（1）选择要定义字体格式的单元格中的内容。

（2）打开 开始 选项卡中的“字体”选项组，单击“字体”列表框，在弹出的下拉列表中选择要应用的字体格式。

（3）单击“字号”列表框，选择要应用的字号大小；单击“加粗”按钮 **B**，定义粗体字；单击“倾斜”按钮 *I*，定义斜体字；单击“字体颜色”按钮 A，定义当前选定内容的字体颜色，效果如图 5.5.1 所示。

2．使用对话框设置

（1）选择要定义字体格式的单元格中的内容。

（2）单击“字体”选项组中的对话框启动器，弹出设置单元格格式对话框，如图 5.5.2 所示，在对话框中设置要应用的字体格式。

（3）单击 确定 按钮，完成设置。

A	B	C	D	E	F
员工档案表					
姓名	性别	年龄	民族	学历	专业
吴一凡	女	23	汉	本科	人力资源
李浩然	女	23	汉	专科	文秘
余叶	女	26	汉	本科	金融管理
胡蕊	男	24	汉	本科	新闻
李天松	男	28	汉	专科	市场营销
张志豪	男	27	汉	本科	企业管理
肖海军	男	23	汉	本科	汉语言文学
翟明明	男	24	汉	本科	市场营销

图 5.5.1　设置字体格式效果

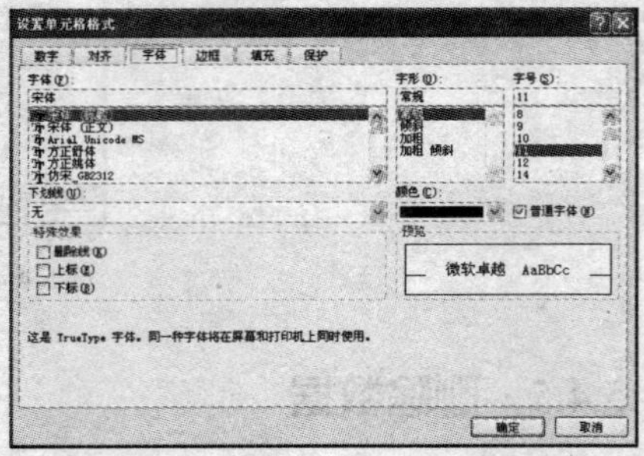

图 5.5.2　“设置单元格格式”对话框

5.5.2　设置对齐方式

为了版面的美观，需要统一某些单元格区域中文字的对齐方式。设置文本的对齐方式可使用“对齐方式”选项组和“设置单元格格式”对话框。

1．使用“对齐方式”选项组

使用“对齐方式”选项组设置单元格文本对齐方式的具体步骤如下：

（1）选择需要设置对齐方式的单元格或单元格区域。

（2）在“对齐方式”选项组中单击相应的按钮可设置对齐方式，如图 5.5.3 所示。

如果需要在单元格中换行，可单击“自动换行”按钮，使单元格中不能完全显示的内容通过多行显示出来，也可按组合键“Alt+Enter”。

2．使用“设置单元格格式”对话框

使用“设置单元格格式”对话框设置文本方式的具体步骤如下：

（1）选择需要设置对齐方式的单元格或单元格区域。

（2）单击“字体”选项组中的按钮，弹出设置单元格格式对话框，打开 对齐 选项卡，如图 5.5.4 所示。

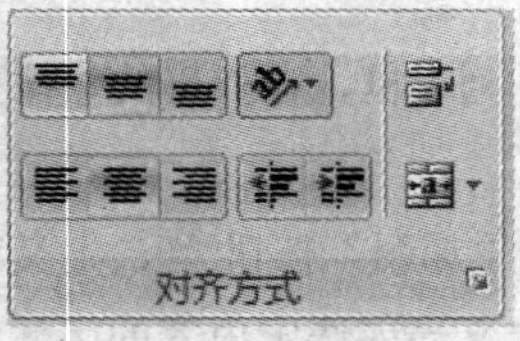

图 5.5.3　“对齐方式”选项组

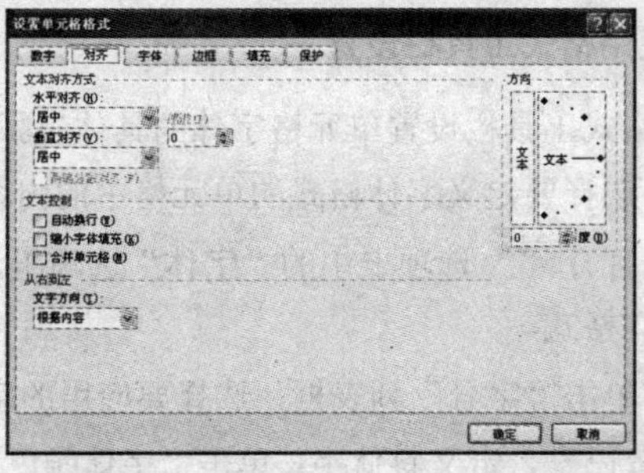

图 5.5.4　在“设置单元格格式”对话框中打开“对齐”选项卡

（3）在“文本对齐方式”栏中，可设置文本在水平和垂直方向的对齐方式。

（4）在“文本控制”栏中，选中 ☑自动换行(W) 复选框可设置单元格中的文本自动换行；选中 ☑合并单元格(M) 复选框可将单元格合并。

（5）在“方向”栏的微调框中输入度数，可设置文字按一定角度旋转。

（6）设置完成后，单击 确定 按钮。

5.5.3　设置边框和底纹

实际上在 Excel 工作区中的单元格与单元格之间并没有分隔线，所以为使制作的工作表能够清晰明了，一般需要设置单元格的边框。具体操作步骤如下：

（1）选中需要添加边框的单元格或单元格区域。

（2）在 开始 选项卡中的“单元格”选区中单击 格式 按钮，在弹出的下拉菜单中选择 设置单元格格式(E)... 命令，弹出“设置单元格格式”对话框。

（3）单击 边框 标签，打开 边框 选项卡，如图 5.5.5 所示。

（4）在“预置”选区中选择相应的选项，设置单元格的内边框和外边框；在“边框”选区中选择相应的单元格应用边框，也可以在“边框”选区的预览框内需要添加边框处单击鼠标；在“线条”选区中选择一种边框；在“颜色”下拉列表中选择一种边框颜色。

（5）单击 确定 按钮，效果如图 5.5.6 所示。

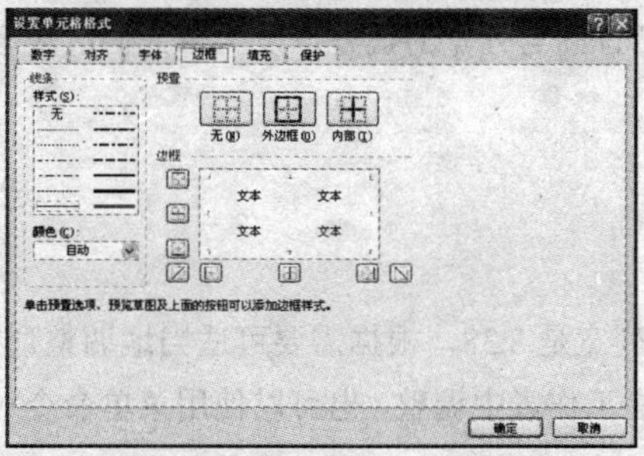

图 5.5.5　在“设置单元格格式”对话框中打开“边框”选项卡

A	B	C	D	E	F
员工档案表					
姓名	性别	年龄	民族	学历	专业
吴一凡	女	23	汉	本科	人力资源
李浩然	女	23	汉	专科	文秘
余叶	女	26	汉	本科	金融管理
胡蕊	男	24	汉	本科	新闻
李天松	男	28	汉	专科	市场营销
张志豪	男	27	汉	本科	企业管理
肖海军	男	23	汉	本科	汉语言文学
翟明明	男	24	汉	本科	市场营销

图 5.5.6　设置边框效果

如果要为单元格区域添加底纹，可单击 填充 标签，打开 填充 选项卡。在“背景色”列表框中选择一种颜色作为工作表底纹，也可在“图案颜色”下拉列表中选择一种图案作为底纹，效果如图 5.5.7 所示。

姓名	性别	年龄	民族	学历	专业
吴一凡	女	23	汉	本科	人力资源
李浩然	女	23	汉	专科	文秘
余叶	女	26	汉	本科	金融管理
胡蕊	男	24	汉	本科	新闻
李天松	男	28	汉	专科	市场营销
张志豪	男	27	汉	本科	企业管理
肖海军	男	23	汉	本科	汉语言文学
翟明明	男	24	汉	本科	市场营销

图 5.5.7　添加底纹效果

5.5.4　添加背景

用户可以给工作表设置背景图案，让工作表具有和 Windows 墙纸一样的效果。具体操作步骤如下：

（1）选中要添加背景图案的工作表。

（2）在页面布局选项卡的“页面设置”选项组中单击背景按钮，弹出“工作表背景”对话框，在“查找范围”下拉列表中选择合适的图案，作为工作表背景图案，如图 5.5.8 所示。

（3）单击插入(S)按钮，效果如图 5.5.9 所示。

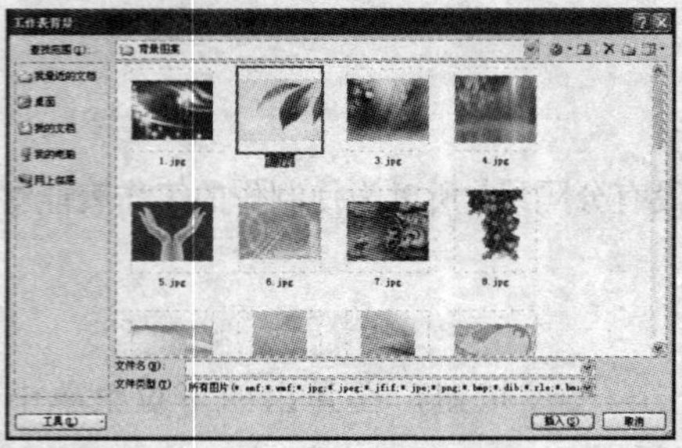

图 5.5.8 “工作表背景”对话框

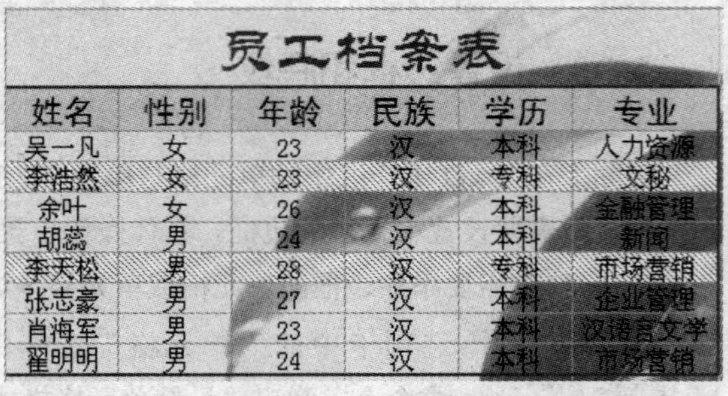

员工档案表

姓名	性别	年龄	民族	学历	专业
吴一凡	女	23	汉	本科	人力资源
李浩然	女	23	汉	专科	文秘
余叶	女	26	汉	本科	金融管理
胡蕊	男	24	汉	本科	新闻
李天松	男	28	汉	专科	市场营销
张志豪	男	27	汉	本科	企业管理
肖海军	男	23	汉	本科	汉语言文学
翟明明	男	24	汉	本科	市场营销

图 5.5.9 背景效果

5.6 根据要求定制表格

通过前面的学习，就可以让单元格变得更美观了，但这样做并不等于整张工作表就会变得很协调，因此还需要对整张工作表的格式进行设置，主要包括行高与列宽的调整以及为单元格区域套用表格格式等。

5.6.1 设置行高和列宽

在 Excel 2007 中，工作表的默认行高是 13.5，列宽是 8.38，根据需要可适当地调整列宽和行高，以充分利用工作表的空间。用户可以使用鼠标直接在工作表中调整，也可以使用菜单命令对行高和列宽作精确的调整。

1. 使用鼠标调整行高和列宽

使用鼠标对行高和列宽进行调整，具体操作步骤如下：

（1）将鼠标移动到要调整的行标题和列标题的边界线上（用行标题的下边界调整该行的高度，用列标题的右边界调整该列的宽度）。

（2）当光标变为✛形状时，按住鼠标左键并拖动到合适的位置即可。在拖动的过程中，将显示当前列或行的尺寸。

技巧：如果要快速地根据单元格中的内容自动调整行高和列宽，可以直接双击列标题的右边界线或行标题的下边界线。

2. 使用菜单命令调整行高和列宽

使用鼠标拖动，只能粗略地调整行高和列宽，如果要精确地对行高和列宽进行调整，需要使用菜单命令和对话框，具体操作步骤如下：

（1）选择要调整的行或列。如果要调整单一的行或列，只须要选中该行或该列中任意一个单元格即可。

（2）在 开始 选项卡的“单元格”组中单击 格式 按钮，弹出其下拉菜单，如图 5.6.1 所示。

（3）在该下拉菜单中选择 行高(H)... 命令，弹出 行高 对话框，如图 5.6.2 所示，用户可在“行高”文本框中输入行高值。

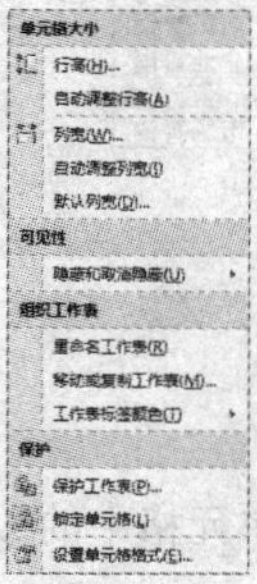

图 5.6.1　下拉菜单

图 5.6.2　“行高”对话框

（4）在该下拉菜单中选择 列宽(W)... 命令，弹出 列宽 对话框，用户可在“列宽”文本框中输入列宽值。

（5）设置好数值后，单击 确定 按钮即可。

技巧：如果要同时调整多行或多列的高度或宽度（连续和不连续的多行或多列都可以），只要在调整之前，按住“Ctrl”键同时选择多行或多列即可。

5.6.2　套用单元格格式

Excel 2007 提供了自动套用格式的功能。对于某些比较特殊的格式，例如会计的会计表格等，不可能逐个设置单元格格式，此时，用户可以通过使用自动套用格式功能来自动地为工作表添加格式。具体操作步骤如下：

（1）选中要自动套用格式的单元格区域。

（2）在 开始 选项卡的“样式”组中单击 套用表格格式 按钮，弹出其下拉菜单，如图 5.6.3 所示。

（3）在该菜单中选择合适的样式，即可弹出如图 5.6.4 所示的“套用表格式”对话框。

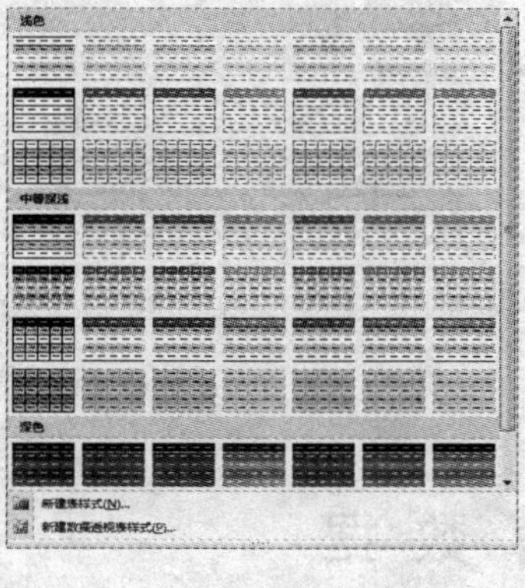

图 5.6.3　自动套用格式下拉菜单

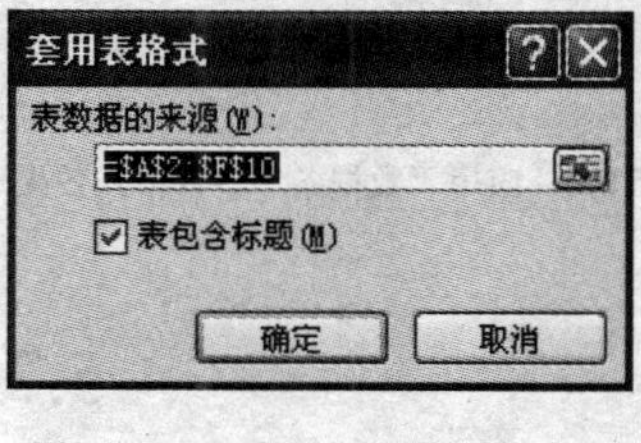

图 5.6.4　“套用表格式”对话框

（4）在该对话框中选中 ☑表包含标题(M) 复选框，单击 确定 按钮，效果如图 5.6.5 所示。

如果用户要自动套用格式中的部分信息格式，可取消 ☐表包含标题(M) 复选框的选中。

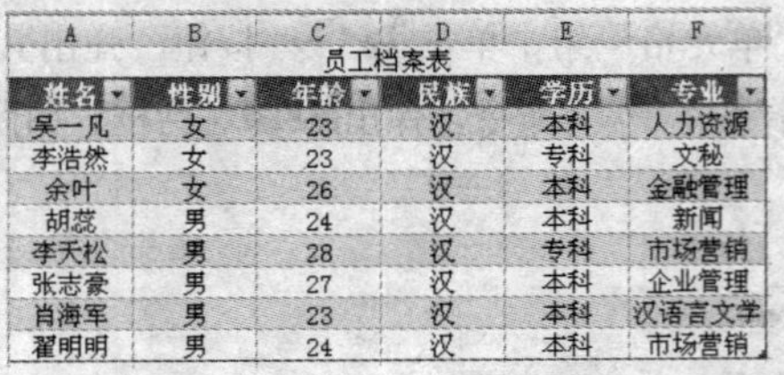

A	B	C	D	E	F
员工档案表					
姓名	性别	年龄	民族	学历	专业
吴一凡	女	23	汉	本科	人力资源
李浩然	女	23	汉	专科	文秘
余叶	女	26	汉	本科	金融管理
胡蕊	男	24	汉	本科	新闻
李天松	男	28	汉	专科	市场营销
张志豪	男	27	汉	本科	企业管理
肖海军	男	23	汉	本科	汉语言文学
翟明明	男	24	汉	本科	市场营销

图 5.6.5　完全套用格式效果图

5.6.3　设置条件格式

设置条件格式是 Excel 2007 的新增功能，它可以根据所选单元格中的数据显示颜色条的长短，或使用用户设置的条件赋予单元格不同的样式以示区别。具体操作步骤如下：

（1）选定要突出显示的单元格区域。

（2）在  选项卡的“样式”组中单击  按钮，弹出其下拉菜单。

（3）在下拉菜单中选择相应的命令，如选择 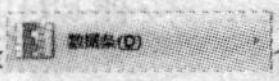 命令，即可看到条件格式的结果及相关提示，如图 5.6.6 所示。

5.6.4　设置单元格样式

Excel 2007 提供的样式为单元格定义了填充色、边框色、字体格式等，这些都保存在“样式”工具栏中，使用这些样式的方法如下：

（1）选择要设置样式的单元格区域。

（2）在 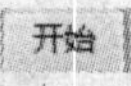 选项卡的“样式”组中单击  按钮，弹出如图 5.6.7 所示的列表框。

（3）单击要应用的单元格样式，即可看到套用单元格样式后的效果。

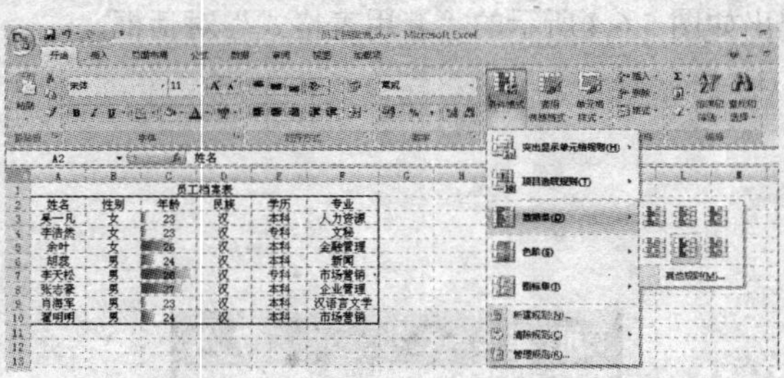

图 5.6.6　应用“数据条”条件格式效果

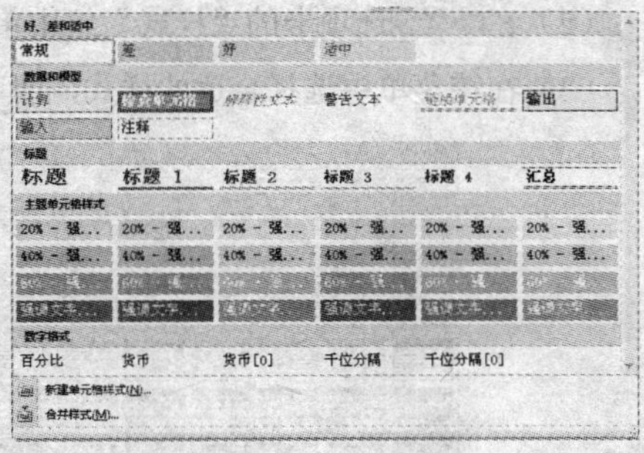

图 5.6.7　样式列表框

5.7　计 算 数 据

Excel 电子表格中除了可以输入数据并对工作表进行编辑之外，更强大的功能在于对数据的处理，这包括通过公式和函数对数据进行复杂的计算。

5.7.1　用公式计算

公式是对工作表中的数值进行分析并执行计算的等式，通过以等号（=）开头，使用它可以对工作表中的数值进行加、减、乘、除等各种运算。

1．输入公式

输入公式的方法与输入文本型数据相同，只是在输入公式之前必须先输入一个等号。等号后面的表达式一般需要引用单元格地址。对于单元格地址，既可手动输入，也可用鼠标单击要引用的单元格，系统就会自动输入相应单元格的地址。

如果要修改输入的公式，也可以像修改数据一样在单元格或编辑栏中进行修改。

2．复制公式

在 Excel 中，对一组数据进行计算后，单元格中将显示公式计算的结果，公式本身则出现在编辑栏中。如果单元格中运用的公式相同，可以使用复制公式的方法自动算出其他单元格的结果。

3．删除公式

删除公式为两种情况：一种是将单元格中的公式与计算出的结果一起删除，另一种是保留计算出的结果而删除公式。

4．相对引用和绝对引用

在使用公式时，通常要引用单元格地址来标识引用的数据所在的单元格或单元格区域，公式的引用分为相对引用和绝对引用。不同的引用方式引出的结果是不一样的。

（1）相对引用。公式中的相对单元格引用（如“A1”）是基于包含公式和单元格引用的单元格的相对位置。如果公式所在单元格的位置改变，引用也随之改变。如果多行或多列地复制或填充公式，引用会自动调整。默认情况下，新公式使用相对引用。

（2）绝对引用。公式中的绝对单元格引用（如“A1”）总是在特定位置引用单元格。如果公式所在单元格的位置改变，绝对引用将保持不变。如果多行或多列地复制或填充公式，绝对引用将不作调整。默认情况下，新公式使用相对引用，用户也可以将它们转换为绝对引用。

5.7.2　函数的使用

为了使数据计算更为简便，Excel 引入了函数，包括统计函数、财务函数、数学与三角函数、逻辑函数和信息函数等。使用函数可以方便地对工作表中的数据进行求和、求平均值等的计算，从而提高了工作效率。

1．常用函数介绍

函数实际上就是系统预先定义好的公式，它由等号、函数和参数三部分组成。函数及其参数可以手动输入，以下列出了几种常用函数的作用。

（1）SUM 函数。用于计算单元格区域中所有数值的和。其参数可以是数值常量，如 SUM(5,4)表示计算 5+4 的和，也可以是单元格的引用或单元格区域的引用，如 SUM(A2,B3)表示将计算 A2 和 B3 单元格中数值的和，而 SUM(A6:E7)表示求 A6:E7 单元格区域内各单元格中数值的和。

（2）AVERAGE 函数。用于计算参数中所有数值的平均值，其参数与 SUM 函数类似。

（3）MAX 函数。用于计算参数中数值的最大值，如 MAX(A1,A2,B2)表示求 A1，A2 和 B2 单元格中的数值的最大值。

（4）MIN 函数。用于求参数中数值的最小值，其使用方法与 MAX 函数相同。

函数由函数名和参数组成，具体格式为：

函数名（参数 1，参数 2，……），其中，函数的参数可以是表达式、单元格地址、区域、区域名称等。如果函数没有参数，也必须加上括号。

2．输入函数

在使用函数时，对于简单的函数可以采用手工输入；对于较复杂的函数，为了避免在输入过程中产生错误，可以通过向导来插入。

下面以“部门公费支出表”中使用求和函数 SUM，计算各部门每月的费用支出总和、全年的费用支出总和为例，其具体操作步骤如下：

（1）打开“部门公费支出表”，单击要插入函数的单元格“B15”，如图 5.7.1 所示。

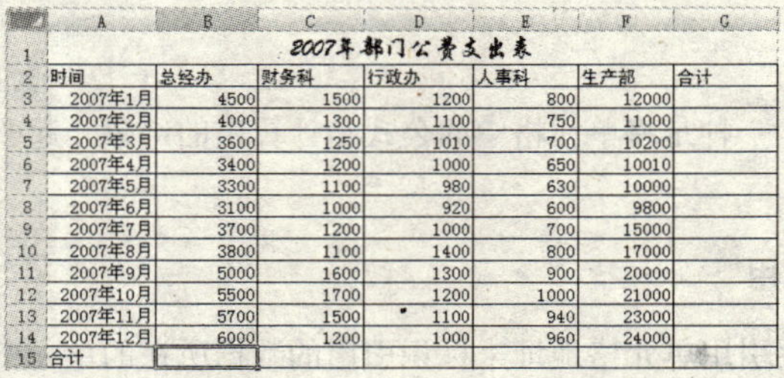

2007年部门公费支出表

时间	总经办	财务科	行政办	人事科	生产部	合计
2007年1月	4500	1500	1200	800	12000	
2007年2月	4000	1300	1100	750	11000	
2007年3月	3600	1250	1010	700	10200	
2007年4月	3400	1200	1000	650	10010	
2007年5月	3300	1100	980	630	10000	
2007年6月	3100	1000	920	600	9800	
2007年7月	3700	1200	1000	700	15000	
2007年8月	3800	1100	1400	800	17000	
2007年9月	5000	1600	1300	900	20000	
2007年10月	5500	1700	1200	1000	21000	
2007年11月	5700	1500	1100	940	23000	
2007年12月	6000	1200	1000	960	24000	
合计						

图 5.7.1　部门公费支出表

（2）打开“公式”选项卡，在“函数库”组中单击 数学和三角函数 下拉按钮，在弹出的下拉列表中选择“SUM”选项。

（3）此时弹出 函数参数 对话框，在“Number1”参数框中输入求和区域“B3:B14”，如图 5.7.2 所示。

（4）单击 确定 按钮，在 B15 单元格中计算出总经办全年费用的总和。

（5）拖动 B15 单元格右下角的控制柄至 F15 单元格处，计算出其他部门全年费用的总和。

（6）重复步骤（1）～（5）的操作，计算各部门每月的费用支出总和，如图 5.7.3 所示。

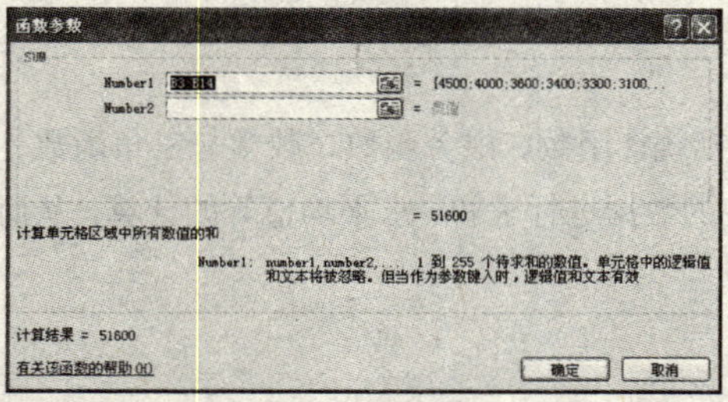

图 5.7.2　“函数参数”对话框

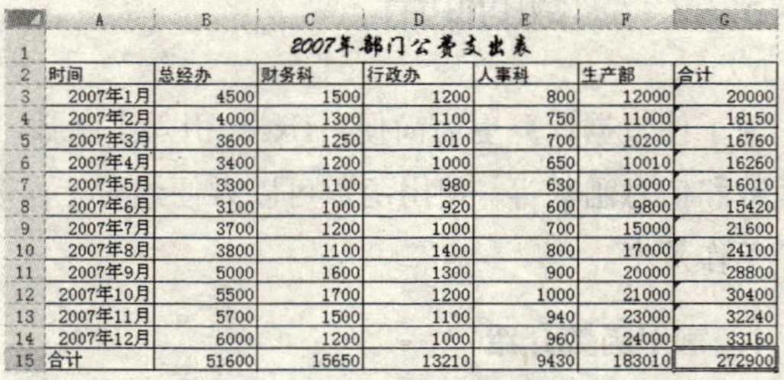

2007年部门公费支出表

时间	总经办	财务科	行政办	人事科	生产部	合计
2007年1月	4500	1500	1200	800	12000	20000
2007年2月	4000	1300	1100	750	11000	18150
2007年3月	3600	1250	1010	700	10200	16760
2007年4月	3400	1200	1000	650	10010	16260
2007年5月	3300	1100	980	630	10000	16010
2007年6月	3100	1000	920	600	9800	15420
2007年7月	3700	1200	1000	700	15000	21600
2007年8月	3800	1100	1400	800	17000	24100
2007年9月	5000	1600	1300	900	20000	28800
2007年10月	5500	1700	1200	1000	21000	30400
2007年11月	5700	1500	1100	940	23000	32240
2007年12月	6000	1200	1000	960	24000	33160
合计	51600	15650	13210	9430	183010	272900

图 5.7.3　计算费用结果

5.8　管 理 数 据

用户通过对工作表中的数据进行排序、筛选和分类汇总等操作，对数据进行有效的管理和分析。

可以对公司的各类情况做到心中有数，有据可依。

5.8.1　数据的排序

通过设置，可以让表格中的数据按照指定的顺序进行排序操作，这样可使排序后的数据一目了然，让用户可以快速地找到自己需要的数据和信息，排序时可以按升序或降序对表格中的数据进行快速排序，也可以设置多个关键字对其进行细致的排序。

1. 以升序或降序快速排序

对所选数据排序可以按升序排序，也可以按降序排序。按升序排序，最小的数据将位于该列的最前端；按降序排序，最大的数据将位于该列的最前端。

下面以“第二学期月考成绩”为例，讲解如何对数据快速排序。

（1）选中 G3 单元格。

（2）单击 数据 选项卡的“排序和筛选”组中的“降序”按钮，可以看到 G3 列中的数据呈现从高到低的顺序排列，如图 5.8.1 所示。

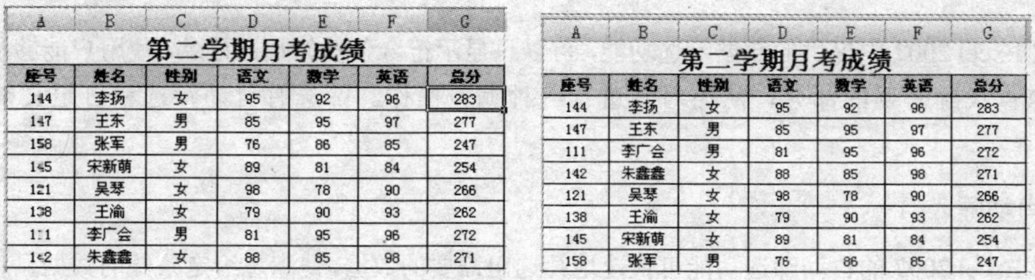

第二学期月考成绩

座号	姓名	性别	语文	数学	英语	总分
144	李扬	女	95	92	96	283
147	王东	男	85	95	97	277
158	张军	男	76	86	85	247
145	宋新萌	女	89	81	84	254
121	吴琴	女	98	78	90	266
138	王瑜	女	79	90	93	262
111	李广会	男	81	95	96	272
142	朱鑫鑫	女	88	85	98	271

第二学期月考成绩

座号	姓名	性别	语文	数学	英语	总分
144	李扬	女	95	92	96	283
147	王东	男	85	95	97	277
111	李广会	男	81	95	96	272
142	朱鑫鑫	女	88	85	98	271
121	吴琴	女	98	78	90	266
138	王瑜	女	79	90	93	262
145	宋新萌	女	89	81	84	254
158	张军	男	76	86	85	247

图 5.8.1　快速排序

2. 设置多个关键字排序

对表格中的数据快速排序后，排序的结果中有时会出现相同的值，可以设置多个关键字对数据进行更细致的排序。

下面以“第一学期月考成绩”为例，讲解如何对数据进行多个关键字排序。

（1）选中 G3 单元格。

（2）单击 数据 选项卡的“排序和筛选”组中的 排序 按钮，弹出 排序 对话框。

（3）在“主要关键字”下拉列表中选择“总分”，在“次序”列表中选择“降序”选项，如图 5.8.2 所示。

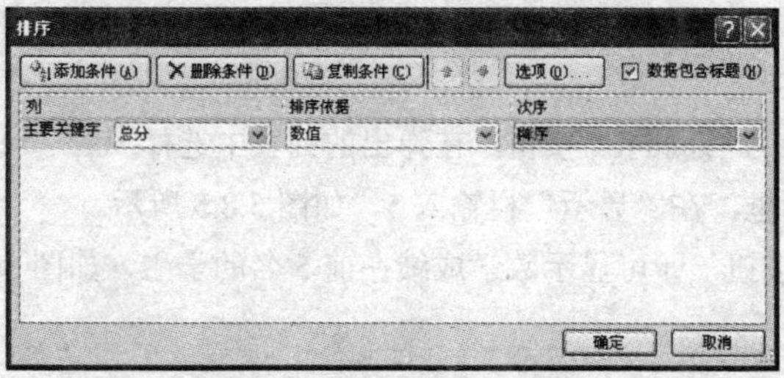

图 5.8.2　“排序”对话框

（4）单击 添加条件(A) 按钮，会在“主要关键字”的下方添加一个“次要关键字”列表，设置条件为“数学”，次序为“降序”。

（5）单击 确定 按钮，完成排序，如图 5.8.3 所示。

第一学期月考成绩

座号	姓名	性别	语文	数学	英语	总分
121	吴琴	女	92	77	90	259
111	李广会	男	98	95	96	289
147	王东	男	86	96	97	279
142	朱鑫鑫	女	92	98	99	289
144	李扬	女	97	93	93	283
138	王渝	女	87	88	93	268
145	宋新萌	女	91	98	84	273
158	张军	男	78	100	85	263

第一学期月考成绩

座号	姓名	性别	语文	数学	英语	总分
142	朱鑫鑫	女	92	98	99	289
111	李广会	男	98	95	96	289
144	李扬	女	97	93	93	283
147	王东	男	86	96	97	279
145	宋新萌	女	91	98	84	273
138	王渝	女	87	88	93	268
158	张军	男	78	100	85	263
121	吴琴	女	92	77	90	259

图 5.8.3　多个关键字排序结果

提示：选择表格中的任意一个有数据的单元格，单击鼠标右键，在弹出的快捷菜单中选择 排序(O) → 自定义排序(U)... 命令，也可以打开 排序 对话框。

5.8.2　数据的筛选

通过 Excel 2007 中提供的数据筛选功能，可以只显示符合条件的数据记录，使用户能够从大量数据中快速查找到需要的部分，从而对其进行各种编辑操作。筛选有自动筛选和自定义筛选两种方式。

1．自动筛选

使用 Excel 2007 的自动筛选功能可快速地筛选出需要的数据，使满足给定条件的数据显示在工作表中。下面以“第一学期月考成绩”为例，讲解如何对数据进行快速筛选。

（1）单击表中的任意一单元格。

（2）单击 数据 选项卡“排序和筛选”组中的 筛选 按钮，可看到每列旁边有一个下三角按钮▼，如图 5.8.4 所示。

第一学期月考成绩

座号	姓名	性别	语文	数学	英语	总分
142	朱鑫鑫	女	92	98	99	289
111	李广会	男	98	95	96	289
144	李扬	女	97	93	93	283
147	王东	男	86	96	97	279
145	宋新萌	女	91	98	84	273
138	王渝	女	87	88	93	268
158	张军	男	78	100	85	263
121	吴琴	女	92	77	90	259

图 5.8.4　显示筛选按钮

（3）单击“数学”字段右侧的▼按钮，在弹出的列表中选择 数字筛选(F) → 10 个最大的值(T)... 命令，弹出 自动筛选前 10 个 对话框，在“显示”栏输入 5，如图 5.8.5 所示。

（4）单击 确定 按钮，即可显示数学成绩在前 5 名的学生，如图 5.8.6 所示。

2．自定义筛选

Excel 2007 的自定义筛选功能可以自定义筛选条件，能够进行更复杂、更具体的筛选，在筛选数据时具有更大的灵活性。

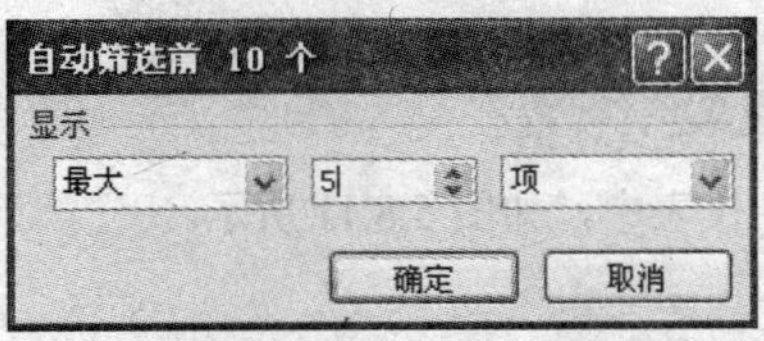

图 5.8.5　设置自动筛选条件

座号	姓名	性别	语文	数学	英语	总分
第一学期月考成绩						
142	朱鑫鑫	女	92	98	99	289
111	李广会	男	98	95	96	289
147	王东	男	86	96	97	279
145	宋新萌	女	91	98	84	273
158	张军	男	78	100	85	263

图 5.8.6　自动筛选结果

（1）单击表中的任意一单元格。

（2）单击 数据 选项卡“排序和筛选”组中的 筛选 按钮。

（3）单击“数学”字段右侧的▼按钮，在弹出的列表中选择 数字筛选(F) → 自定义筛选(F)... 命令，弹出 自定义自动筛选方式 对话框。在“显示行”右侧的数值框中输入“98”，如图 5.8.7 所示。

（4）单击 确定 按钮，即可看到筛选出的数学成绩在 98 分以上的学生，如图 5.8.8 所示。

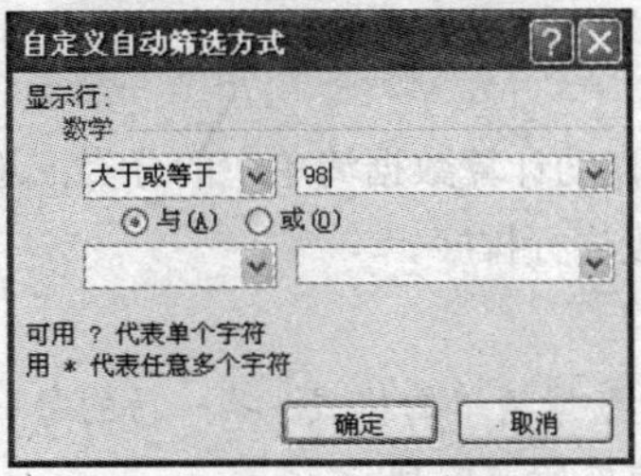

图 5.8.7　制定筛选的条件

座号	姓名	性别	语文	数学	英语	总分
第一学期月考成绩						
142	朱鑫鑫	女	92	98	99	289
145	宋新萌	女	91	98	84	273
158	张军	男	78	100	85	263

图 5.8.8　筛选结果

3. 高级筛选

如果要通过复杂的条件来筛选单元格区域，就要使用高级筛选命令。高级筛选的操作步骤如下：

（1）在可用做条件区域的区域上方或下方插入至少 3 个空白行。条件区域必须具有列标签，确保在条件值与区域之间至少留有一个空白行。

（2）在列标签下面的行中键入所要匹配的条件，如图 5.8.9 所示。

（3）单击 数据 选项卡“排序和筛选”组中的 高级 按钮，弹出 高级筛选 对话框，如图 5.8.10 所示。

座号	姓名	性别	语文	数学	英语	总分
第一学期月考成绩						
142	朱鑫鑫	女	92	98	99	289
111	李广会	男	98	95	96	289
144	李扬	女	97	93	93	283
147	王东	男	86	96	97	279
145	宋新萌	女	91	98	84	273
138	王渝	女	87	88	93	268
158	张军	男	78	100	85	263
121	吴琴	女	92	77	90	259
	语文	数学	英语			
	>90	>93	>92			

图 5.8.9　在空白行中输入筛选条件

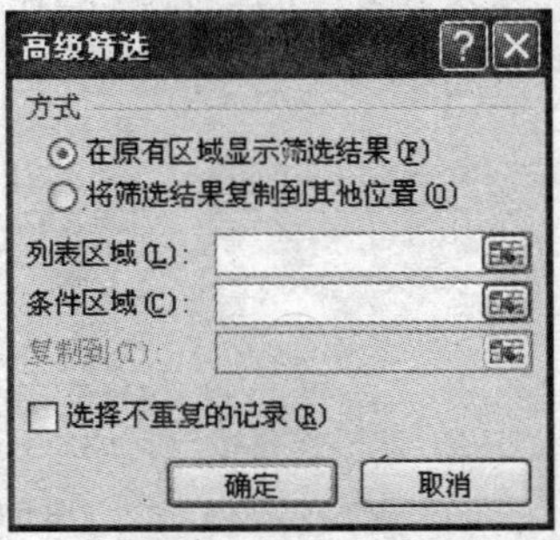

图 5.8.10　“高级筛选”对话框

（4）在“方式”组中选择筛选结果显示的位置。如果选中 在原有区域显示筛选结果(F) 单选按钮，结果将在原数据清单位置显示；如果选中 将筛选结果复制到其他位置(O) 单选按钮，并在“复制到”文本框中选定要复制到的区域，筛选后的结果将显示在其他区域，其结果与原工作表并存。

（5）在“列表区域”文本框中输入要筛选的区域，也可以用鼠标直接在工作表中选定。在“条件区域”文本框中输入筛选条件的区域。

（6）如果要筛选重复的记录，则选中☑选择不重复的记录(R)复选框。

（7）单击确定按钮，筛选后的结果将显示在工作表中，如图 5.8.11 所示。

A	B	C	D	E	F	G
第一学期月考成绩						
座号	姓名	性别	语文	数学	英语	总分
142	朱鑫鑫	女	92	98	99	289
111	李广会	男	98	95	96	289
	语文	数学	英语			
	>90	>93	>92			

图 5.8.11 筛选结果

5.8.3 分类汇总

分类汇总是分析数据库中数据的一个有力工具，它可以自动计算数据清单中的分类汇总和总计算。如果要插入分类汇总，就必须先对要分类汇总的数据字段进行排序。

注意：在插入分类汇总前要确保分类汇总的数据为数据清单的格式：第一行的每一列都有标志，并且同一列中应包含相似的数据，在数据清单中不应有空行或空列。

下面以“1 季度业务考评表”为例，讲解分类汇总的具体操作。

（1）选定要分类汇总的工作表中的任意单元格，如图 5.8.12 所示。

（2）在数据选项卡的“排序和筛选”选项区中单击排序...按钮，弹出**排序**对话框，按“字体颜色”为依据排序“综合考评”列字段。

（3）单击确定按钮，完成排序。

（4）在数据选项卡的“排序和筛选”选项区中单击分类汇总按钮，弹出**分类汇总**对话框。

（5）在“分类字段”下拉列表中选择“综合考评”，在“汇总方式”下拉列表中选择“求和”，在“选定汇总项”列中选中“1 月考评”、“2 月考评”和“3 月考评”复选框，如图 5.8.13 所示。

A	B	C	D	E
1季度业务考评表				
姓名	1月考评	2月考评	3月考评	综合考评
夏艳丽	68分	79分	82分	优秀
王冬娜	47分	33分	50分	良好
刘锐	45分	51分	57分	良好
刘真	70分	71分	77分	优秀
郑嘉路	73分	80分	81分	优秀
杨凯	60分	47分	42分	良好
李梅	58分	55分	49分	良好
王浩东	63分	67分	61分	良好

图 5.8.12 选定任意单元格

（6）单击确定按钮应用设置，如图 5.8.14 所示。

为数据清单添加自动分类汇总时，Excel 自动将数据清单分级显示（在工作表左侧出现分级显示符号1 2 3），以便用户根据需要查看其结构。例如，只显示分类汇总和总计的汇总，可单击行数值旁的分级显示符号中的符号2，或者单击+和-符号来显示或隐藏单个分类汇总的明细数据行。

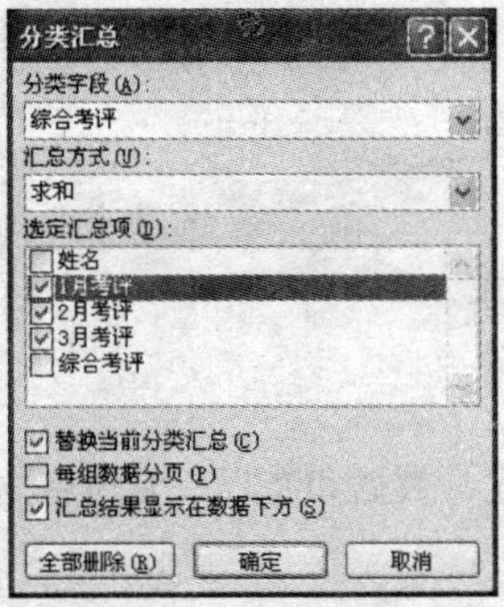

图 5.8.13　设置分类汇总

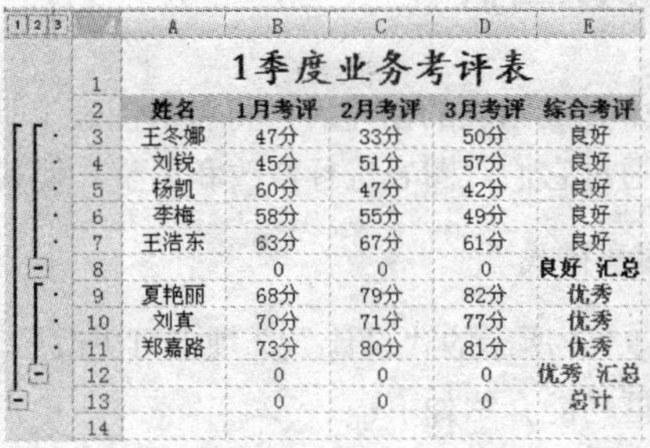

	A	B	C	D	E
1	1季度业务考评表				
2	姓名	1月考评	2月考评	3月考评	综合考评
3	王冬娜	47分	33分	50分	良好
4	刘锐	45分	51分	57分	良好
5	杨凯	60分	47分	42分	良好
6	李梅	58分	55分	49分	良好
7	王浩东	63分	67分	61分	良好
8		0	0	0	良好 汇总
9	夏艳丽	68分	79分	82分	优秀
10	刘真	70分	71分	77分	优秀
11	郑嘉路	73分	80分	81分	优秀
12		0	0	0	优秀 汇总
13		0	0	0	总计
14					

图 5.8.14　分类汇总后的表格

5.9　用图表分析数据

在表格中创建图表，将数据以图形的形式表示可以使表格中各类数据之间的关系更加直观。通过创建的图表，用户可清楚地了解各个数据的具体情况，方便对数据进行分析。

5.9.1　创建图表

在 Excel 中使用图表，必须先创建相应的图表。在 Excel 2007 中可以根据工作表数据方便地创建各种类型的图表。下面以“第二学期月考成绩”为例讲解如何根据工作表中的数据创建图表。

（1）打开“第二学期月考成绩”，并选定用于创建图表的数据，如图 5.9.1 所示。

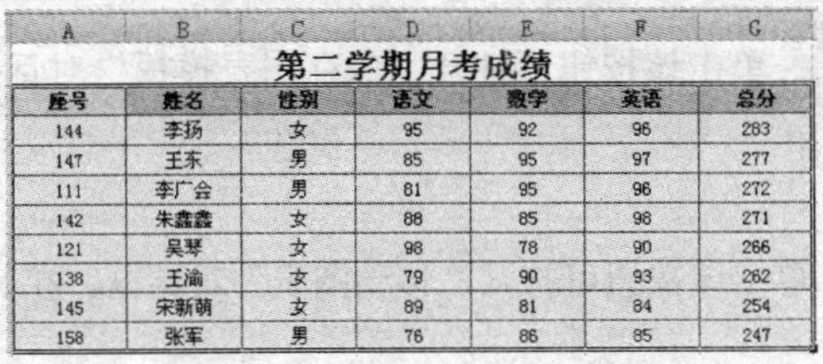

第二学期月考成绩

座号	姓名	性别	语文	数学	英语	总分
144	李扬	女	95	92	96	283
147	王东	男	85	95	97	277
111	李广合	男	81	95	96	272
142	朱鑫鑫	女	88	85	98	271
121	吴琴	女	98	78	90	266
138	王渝	女	79	90	93	262
145	宋新萌	女	89	81	84	254
158	张军	男	76	86	85	247

图 5.9.1　选定数据区

（2）打开 插入 选项卡，单击“图表”组中的“对话框启动器”按钮，弹出 插入图表 对话框，如图 5.9.2 所示。

（3）在对话框中选择图表的类型后，单击 确定 按钮，效果如图 5.9.3 所示。

图 5.9.2　“插入图表”对话框

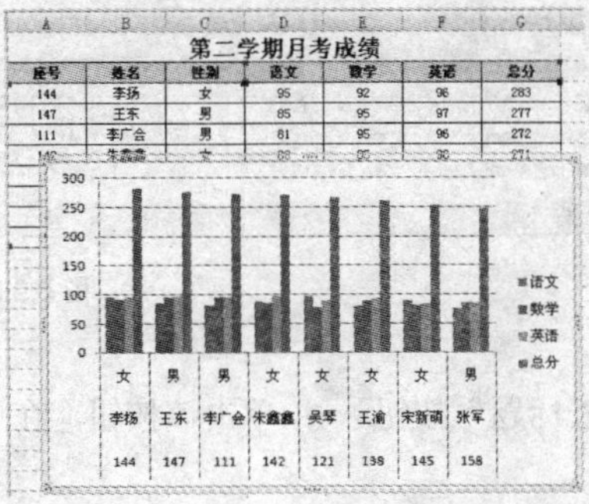

图 5.9.3　创建图表效果

5.9.2 修改图表

在工作表中完成图表的创建后，将激活图表工具 设计 、 布局 和 格式 选项卡，如果对创建的图表不满意，可通过它们对图表进行修改和调整，使其达到要求。

1. 修改图表样式

使用如图 5.9.4 所示的“设计”选项卡可更改图表的样式、数据和布局。它所包含的工具栏中主要按钮和列表框功能介绍如下：

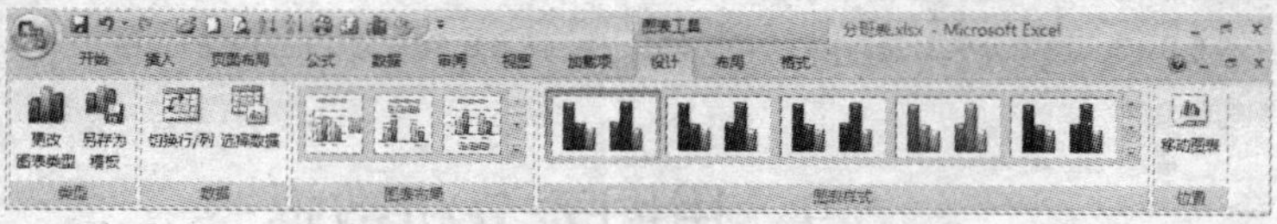

图 5.9.4 “设计”选项卡

“选择数据”按钮：单击该按钮，可打开 Excel 表格重新选择图表中的数据源。

“切换行/列”按钮：单击该按钮，可交换坐标轴上的数据。

“图表布局”列表框：在该列表框中可选择图表中标题、图例和数字标签在文档中的布局方式。

“图表样式”列表框：在该列表框中可选择图表中组件的颜色和样式。

“更改图表类型”按钮：单击该按钮可打开“更改图表类型”对话框，重新选择图表样式。

“另存为模板”按钮：单击该按钮可打开“保存图表模板”对话框，将设计后的图表样式保存到计算机中，方便以后调用。

“移动图表”按钮：单击该按钮可打开“移动图表”对话框，在其中选择图表移动目标位置，然后单击 确定 按钮。

2. 修改图表布局

在“布局”选项卡中可对图表的各组件样式和在图表框中的分布进行定义，如图 5.9.5 所示。它所包含的工具栏中主要按钮和列表框功能介绍如下：

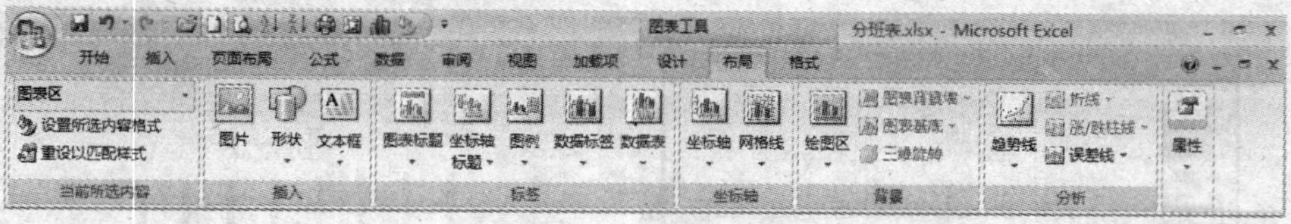

图 5.9.5 “布局”选项卡

“图表标题”按钮：单击该按钮，在下拉列表中可选择图表标题在图表框中的放置位置。

“图例”按钮：单击该按钮，在弹出的列表中可选择图例在图表框中的放置位置。

"数据标签"按钮：单击该按钮，在下拉列表中可选择图表的数据标签在图表框中的放置位置。

"当前所选内容"组：在下拉列表框中选择选项将选择相应的组件，单击设置所选内容格式按钮，在打开的对话框中可对组件的填充色、边框样式和阴影等进行设置。

3．设置图表格式

使用如图 5.9.6 所示的"格式"选项卡，不仅能像在"布局"选项卡中一样设置当前选择的图表组件样式，还可以对图表组件中的文字样式进行设置。它所包含的功能区中主要按钮和列表框功能介绍如下：

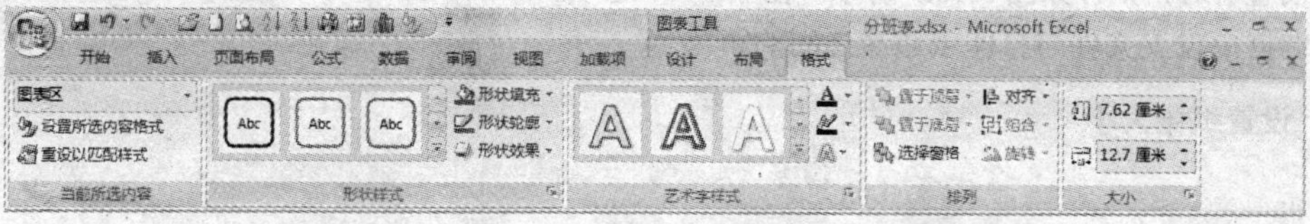

图 5.9.6　"格式"选项卡

"形状样式"列表框：选择图表组件，在该列表框中选择样式，可快速对该组件应用填充色、边框和文字颜色。

"形状填充"按钮形状填充：选择图表组件，单击该按钮，在下拉列表中可选择图表组件的填充色。

"形状轮廓"按钮形状轮廓：选择图表组件，单击该按钮，在下拉列表中可选择图表组件的边框颜色和样式。

"形状效果"按钮形状效果：选择图表组件，单击该按钮，在下拉列表中可选择图表组件的特殊效果，如阴影、发光等。

"艺术字样式"列表框：选择图表组件，在该列表框中选择样式，可快速对该组件中的文字应用艺术字样式。

"文本填充"按钮：选择图表组件，单击该按钮，在下拉列表中可选择图表组件文字的填充色。

"文本轮廓"按钮：选择图表组件，单击该按钮，在下拉列表中可选择图表组件文字的边框色。

"文本效果"按钮：选择图表组件，单击该按钮，在下拉列表中可选择图表组件文字的特殊效果，如阴影、映像和发光等。

5.10　打印与输出工作表

事实上，当用户在计算机上编辑好工作表后，就要将其打印出来。但是，不同行业用户需要的报告样式是不同的，每个用户都会有自己的特殊要求。为了方便用户，Excel 通过页面设置、打印预览等命令提供了许多用来设置或调整打印效果的功能。

5.10.1 页面设置

打开 页面布局 选项卡，在“页面设置”组中单击相应的按钮对页面进行设置，如图 5.10.1 所示。

1．设置页边距

图 5.10.1 “页面设置”组

在“页面设置”组中单击 页边距 按钮，弹出其下拉列表，如图 5.10.2 所示，该列表提供了普通、宽、窄 3 种页边距供用户选择。用户也可以选择 自定义边距(A)... 命令，弹出“页面设置”对话框，如图 5.10.3 所示，在 页边距 选项卡中的“上”“下”“左”“右”“页眉”和“页脚”微调框中设置文件与打印纸边缘之间的距离。

2．设置纸张大小

在“页面设置”组中单击 纸张大小 按钮，弹出其下拉列表，如图 5.10.4 所示。用户在该列表中可以选择自己所需要的纸张大小，或者选择 其他纸张大小(M)... 命令，弹出“页面设置”对话框，在 页面 选项卡的“纸张大小”列表中选择用户所需的纸张大小。

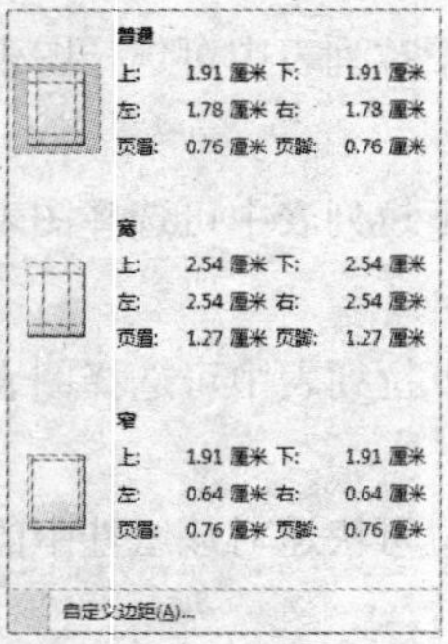

图 5.10.2 “页边距”下拉列表

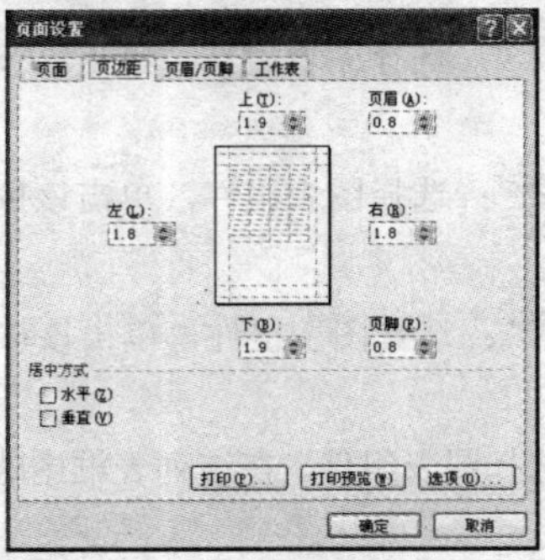

图 5.10.3 “页面设置”对话框

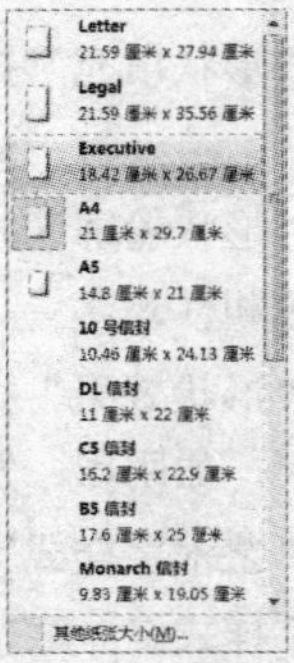

图 5.10.4 “纸张大小”下拉列表

3．设置打印区域

如果只打印部分工作表，须单击该工作表，选择要打印的数据区域，单击 打印区域 按钮，在弹出的下拉列表中选择 设置打印区域(S) 命令。

5.10.2 打印预览

打印预览可显示工作表打印出来的真正效果，使用打印预览可以清楚地看出页面设置是否合理。

1．打开“打印预览”窗口

打开“打印预览”窗口有以下 3 种方法：

（1）单击“Office”按钮，在弹出的菜单中选择 打印(P) → 打印预览(V) 命令。

（2）按快捷键“Ctrl+F2”。

（3）单击快速访问工具栏中的“打印预览”按钮，在“打印预览”窗口中显示的是打印内容的缩略图，和打印出来的效果相同。

2．“打印预览”窗口中按钮的功能

“打印预览”窗口中提供了以下功能按钮：

按钮：打印当前所选的文件；按钮：可对页面进行设置；按钮：可以调整文件的显示比例；按钮：关闭“打印预览”窗口，返回到原来的视图。

5.10.3　打印输出

对预览效果满意后，可对工作表进行打印，其具体操作步骤如下：

（1）单击“Office”按钮，在弹出的菜单中选择命令，弹出**打印内容**对话框，如图 5.10.5 所示。

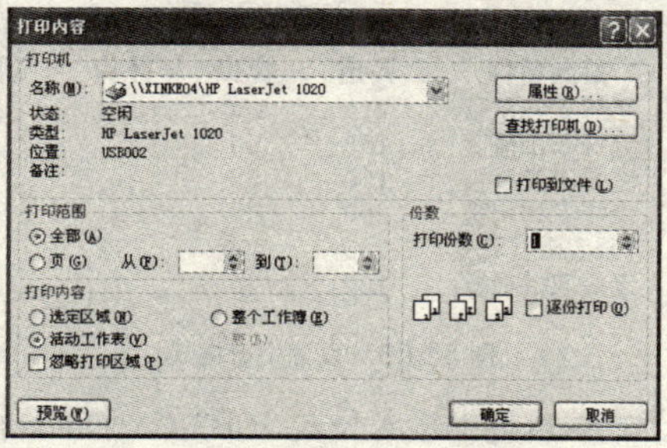

图 5.10.5　“打印内容”对话框

（2）在该对话框中选择打印机的名称、打印范围、打印内容、打印份数等选项。

（3）设置完毕，单击确定按钮，打印机按要求自动完成打印任务。

5.11　课堂实战——制作“12 月销售表”

本例制作“12 月销售表”，主要用到设置字符格式、公式的运用、单元格格式设置、插入并编辑图表等操作，最终效果如图 5.11.1 所示。

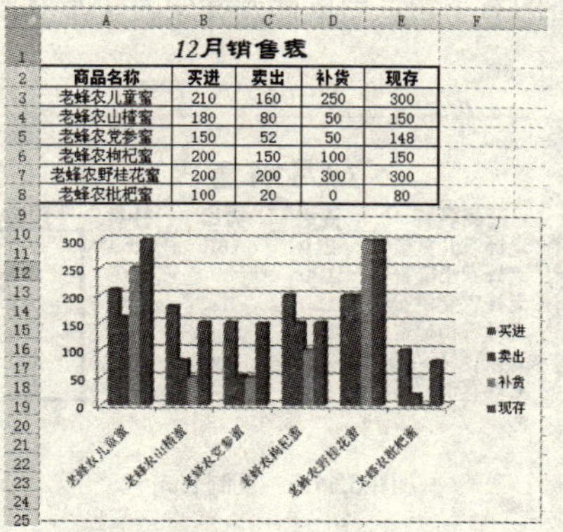

图 5.11.1　效果图

（1）启动 Excel 2007，新建一个工作簿，并将工作表命名为“12 月销售表”。

（2）在工作表的相应单元格中输入如图 5.11.2 所示的文本。

	A	B	C	D	E
1	12月销售表				
2	商品名称	买进	卖出	补货	现存
3	老蜂农儿童蜜	210	160	250	
4	老蜂农山楂蜜	180	80	50	
5	老蜂农党参蜜	150	52	50	
6	老蜂农枸杞蜜	200	150	100	
7	老蜂农野桂花蜜	200	200	300	
8	老蜂农枇杷蜜	100	20	0	

图 5.11.2　输入文本

（3）选中 A1～E1 单元格，单击 开始 选项卡“对齐方式”组中的“合并后居中”按钮，使标题居中；在“字体”组中设置其字体为“华文隶书”，字号为“20”。

（4）按照同样的方法，设置 A2:E2 单元格的字体为“黑体”，字号为“12”。

（5）选中 A2～E8 单元格，单击“对齐方式”组中的“居中”按钮，效果如图 5.11.3 所示。

	A	B	C	D	E
1	12月销售表				
2	商品名称	买进	卖出	补货	现存
3	老蜂农儿童蜜	210	160	250	
4	老蜂农山楂蜜	180	80	50	
5	老蜂农党参蜜	150	52	50	
6	老蜂农枸杞蜜	200	150	100	
7	老蜂农野桂花蜜	200	200	300	
8	老蜂农枇杷蜜	100	20	0	

图 5.11.3　设置字符格式

（6）选中 E3 单元格，在公式编辑栏中输入公式“=B3-C3+D3”，按回车键得到儿童蜜的现存量，如图 5.11.4 所示。

E3　fx　=B3-C3+D3

	A	B	C	D	E
1	12月销售表				
2	商品名称	买进	卖出	补货	现存
3	老蜂农儿童蜜	210	160	250	300
4	老蜂农山楂蜜	180	80	50	
5	老蜂农党参蜜	150	52	50	
6	老蜂农枸杞蜜	200	150	100	
7	老蜂农野桂花蜜	200	200	300	
8	老蜂农枇杷蜜	100	20	0	

图 5.11.4　输入公式

（7）将鼠标放在 E3 单元格的右下角，当鼠标光标变为＋形状时，拖动鼠标至 E8 单元格中，效果如图 5.11.5 所示。

	A	B	C	D	E
1	12月销售表				
2	商品名称	买进	卖出	补货	现存
3	老蜂农儿童蜜	210	160	250	300
4	老蜂农山楂蜜	180	80	50	150
5	老蜂农党参蜜	150	52	50	148
6	老蜂农枸杞蜜	200	150	100	150
7	老蜂农野桂花蜜	200	200	300	300
8	老蜂农枇杷蜜	100	20	0	80
9					

图 5.11.5　复制公式

（8）选中 A2～E8 单元格，单击鼠标右键，在弹出的快捷菜单中选择 设置单元格格式(F)... 命令，弹出**设置单元格格式**对话框。选择**边框**选项卡，在“线条样式”列表中选择一种较粗的线，然后单击“外边框”按钮；同样，选择一种细线作为内边框，如图 5.11.6 所示。

（9）单击**确定**按钮，效果如图 5.11.7 所示。

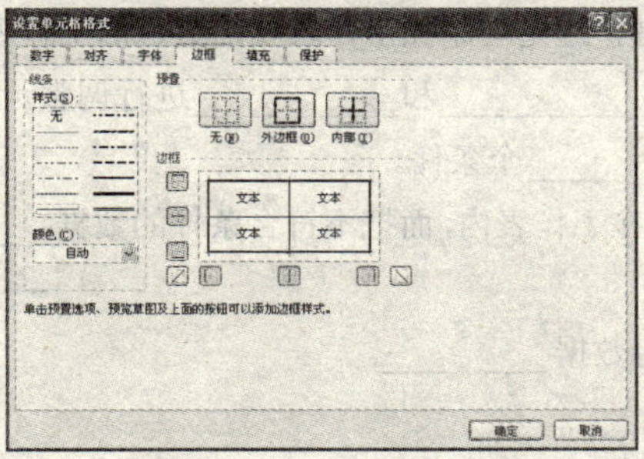

图 5.11.6　设置表格边框

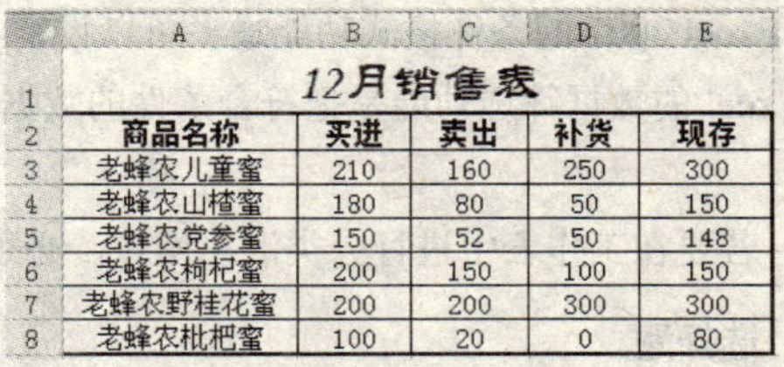

	A	B	C	D	E
1	12月销售表				
2	商品名称	买进	卖出	补货	现存
3	老蜂农儿童蜜	210	160	250	300
4	老蜂农山楂蜜	180	80	50	150
5	老蜂农党参蜜	150	52	50	148
6	老蜂农枸杞蜜	200	150	100	150
7	老蜂农野桂花蜜	200	200	300	300
8	老蜂农枇杷蜜	100	20	0	80

图 5.11.7　添加边框效果

（10）选中 A2～E8 单元格，单击**插入**选项卡“图表”组中的**柱形图**按钮，在弹出的下拉列表中选择“三维簇状柱形图”选项，效果如图 5.11.8 所示。

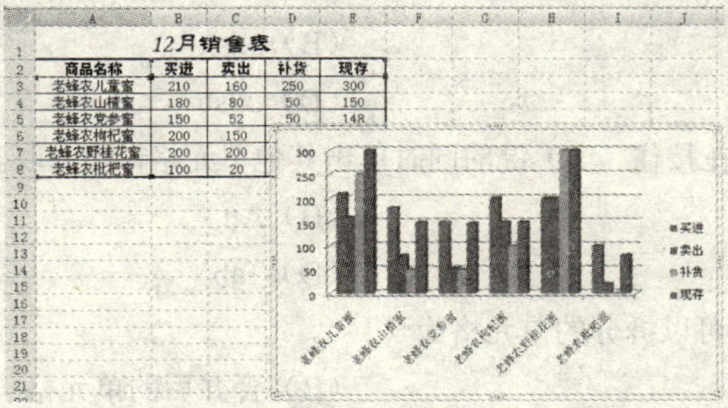

图 5.11.8　插入图表

（11）将柱形图移至合适的位置，最终效果如图 5.11.1 所示。

本 章 小 结

本章主要介绍了 Excel 2007 的基础知识、工作表的基本操作、单元格的基本操作、数据的输入与编辑、格式化单元格、根据要求定制表格、计算数据、管理数据、用图表分析数据等内容。通过本章学习，可使读者熟练掌握 Excel 2007 中工作表、单元格、公式和函数以及图表的使用，进而使用 Excel 2007 创建各种表格。

操 作 练 习

一、填空题

1．新建的工作簿默认包含 3 个工作表，标签依次为________，________和________。

2．默认状态下，一个工作簿包括________张工作表。

3．工作表是由行和列构成的，每张工作表包括________列和________行，行与列的交叉处为一个________。

4．双击要重命名的工作表标签，输入新的工作表名称后按________键可以重命名工作表。

5．________是工作簿的核心，也是工作表的基本组成单位。

6．如果要同时添加多张工作表，按住________键，选定与添加工作表相同数目的工作表标签。

7．如果用户要设置单元格的行高和列宽，可使用__________和__________进行调整。

8．Excel 2007 的条件格式功能最多可以设置__________个条件。

9. Excel 的数据筛选功能是把符合条件的数据显示在工作表内，而把不符合条件的数据________起来。

10．若要在工作表中进行分类汇总操作，必须先将数据________。

二、选择题

1．在 Excel 2007 中，默认工作簿的文件名是（　）。

（A）Sheet1　　（B）Book1

（C）Excel1　　（D）Xls1

2．在 Excel 2007 中保存的工作簿文件名后缀是（　）。

（A）.xls　　（B）.xlsx

（C）.docx　　（D）.xlsb

3．选取一个单元格，在按住（　）键的同时单击其他单元格，可选取多个不连续的单元格区域。

（A）Ctrl　　（B）Alt

（C）Shift　　（D）Tab

4．在 Excel 2007 中，可以拆分的单元格为（　）。

（A）任意单元格　　（B）合并后的单元格

（C）拆分后的单元格　　（D）合并居中的单元格

5．在下列选项中，不是用来设置文本字形的按钮是（　）。

（A）．“格式刷”按钮　　（B）“加粗”按钮

（C）“倾斜”按钮　　（D）“下画线”按钮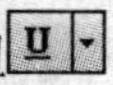

6．关于表格格式设置，下列说法不正确的是（　）。

（A）使用自动套用格式功能可以很快地制作出精美的表格

（B）使用“边框和底纹”对话框设置边框时，先单击选择边框线，然后再设置“线型”“颜色”“宽度”等属性

（C）可以为工作表添加图片背景，但如果为表格设置了底纹，则看不到图片背景

（D）使用条件格式可以对数据进行筛选，将符合条件的数据突出显示

7．筛选数据的目的是为了（　）。

（A）排序数据　　（B）汇总数据

（C）显示符合条件的数据　　（D）分类数据

8．在“显示比例”选项区中单击（　）按钮，可在放大显示和全页显示之间进行切换。

（A）．

（B）

（C）

（D）

9．如果要设置纸张大小，可以在（　）选项卡中进行设置。

（A）设置页面　　（B）设置页边距

（C）设置页眉和页脚　　　　　　　　　　（D）设置工作表

三、简答题

1．如何创建一个工作簿？

2．简述工作簿、工作表与单元格的关系。

3．如何移动和复制单元格中的数据？

4．如何调整工作表的行高和列宽？

5．如何使用自动套用格式？

6．如何在工作表中添加边框和背景？

四、上机操作题

1．制作一张课程表，要求：

（1）序列填充数据：星期一、星期二、星期三……。

（2）调整各个单元格的行高与列宽。

（3）为表格套用样式。

2．制作一份工资表，主要练习输入文本、数字、设置数字、对齐格式等方面的知识，效果如题图 5.1 所示。

	A	B	C	D	E
1	新明广告公司员工工资表				
2	结算日期:2008年8月1日				
3	姓名	职位	基本工资	加班工资	应发工资
4	刘小明	设计师	￥3,000	￥600	
5	高月	设计师	￥3,000	￥500	
6	张丽娜	文秘	￥1,500	￥200	
7	吴颖颖	前台接待	￥1,000	￥200	
8	邓燕	业务员	￥1,500	￥300	
9	张芳芳	业务员	￥1,500	￥350	
10	刘丽艳	业务员	￥1,500	￥400	

题图　5.1

要求：（1）合并居中 A1:E1 单元格，并设置字体为“华文行楷”、字号为“18 磅”、字体颜色为“深蓝”。

（2）合并居中 A2:E2 单元格，输入结算日期，设置字符对齐方式为“左对齐”，并调整行高。

（3）将表头所在的单元格设置为居中对齐，将“基本工资”“加班工资”列中的数字格式设置为货币形式。

（4）将工资表设置边框和底纹效果。

3．如题图 5.2 所示是四年级学生的成绩表（只给出了部分工作表数据），如果想按照学生成绩分成两个班，第 1，4，5，8 名分到一班，第 2，3，6，7 名分到二班，请使用 Excel 提供的排序和筛选功能来完成。

姓名	语文	数学	英语	体育	美术	总分	名次
刘成	95	98	80	86	88	447	1
杨阳	89	95	87	82	88	441	2
王楠	86	100	84	83	87	440	3
王鹏辉	78	85	90	79	95	427	4
张英杰	82	91	82	89	80	424	5
宋晓宇	89	98	70	82	79	418	6
高月梅	96	83	75	87	76	417	7
周新明	76	82	91	81	85	415	8
平均分	86.38	91.50	82.38	83.63	84.75		

题图　5.2

第 6 章　演示文稿制作软件 PowerPoint 2007

PowerPoint 是 Office 办公自动化套件的重要组成部分，是用于制作演示文稿的工具软件。使用它可以制作各种各样的幻灯片，并能将电子表格、图表、图形、文件等信息插入到 PowerPoint 演示文稿中。

知识要点

- ⊙ PowerPoint 2007 基础知识
- ⊙ 制作与设置幻灯片
- ⊙ 丰富幻灯片的内容
- ⊙ 美化幻灯片
- ⊙ 幻灯片放映
- ⊙ 打印与发布演示文稿

6.1　PowerPoint 2007 基础知识

PowerPoint 2007 是一种操作简便，专门用于制作演示文稿的应用程序，它所制作的演示文稿广泛应用于报告会和课堂等各种场所。

6.1.1　PowerPoint 2007 的工作窗口

启动 PowerPoint 2007 后，将进入其工作窗口，该工作窗口与 Office 2007 办公自动化套件中的 Word，Excel 等类似，如图 6.1.1 所示。

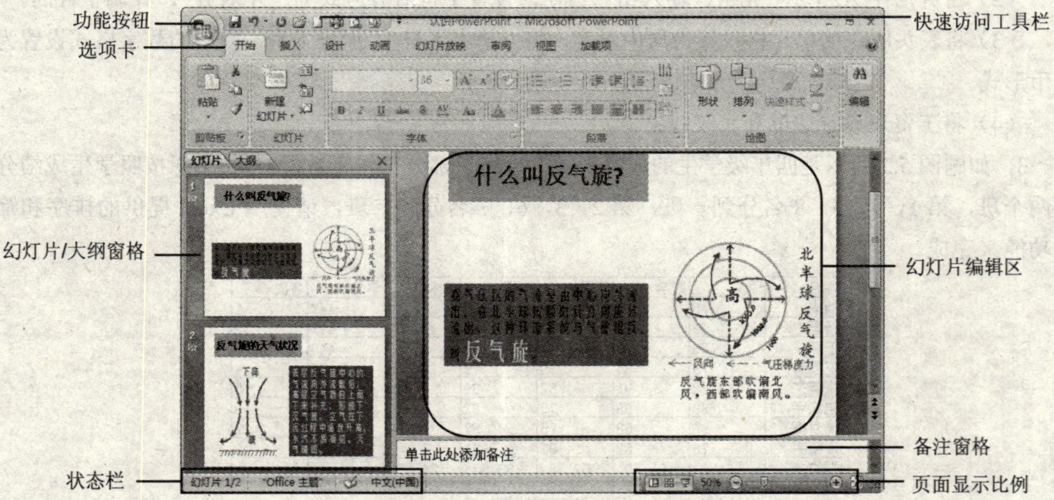

图 6.1.1　PowerPoint 2007 的工作窗口

1．幻灯片编辑区

幻灯片编辑区用于显示和编辑幻灯片，并可以直观地看到幻灯片的外观效果，是整个演示文稿的核心。在幻灯片编辑区中可以编辑文本，添加图形、动画或声音等文件。

2．幻灯片/大纲窗格

幻灯片/大纲窗格用于显示演示文稿的幻灯片数量、位置及结构，单击不同的选项卡标签，即可在幻灯片和大纲窗格之间切换。

3．备注窗格

备注窗格用于添加幻灯片的说明信息，如提供幻灯片展示内容的背景、细节等，使放映者能够更好地掌握和了解幻灯片展示的内容。

6.1.2　PowerPoint 2007 的视图方式

PowerPoint 2007 提供了普通视图、幻灯片浏览视图、备注页视图和幻灯片放映视图 4 种视图方式，以满足用户不同的创作需求，单击视图切换按钮即可切换到相应的视图方式下。

1．普通视图

普通视图是 PowerPoint 2007 默认的视图方式，可用于撰写或设计演示文稿，主要用于调整幻灯片的总体结构，或编辑单张幻灯片中的内容等。单击 PowerPoint 2007 工作窗口右下角的“普通视图”按钮，即可进入普通视图中。

2．幻灯片浏览视图

幻灯片浏览视图在幻灯片浏览视图中以缩略图的形式显示演示文稿中的多张幻灯片。在该视图方式下，可以整体上浏览所有的幻灯片效果，并且可以方便地进行幻灯片的复制、移动、删除等操作。单击 PowerPoint 2007 工作窗口右下角的“幻灯片浏览”按钮，即可进入幻灯片浏览视图中。

3．备注页视图

在备注页视图中可以为幻灯片创建备注。演讲者在演讲时，常常需要一份演讲稿，一边放映幻灯片，一边讲解，用户可以把演讲稿或与幻灯片相关的资料写在备注中，以免另外打印演讲稿。创建备注有 2 种方法，即在普通视图下的“备注区”中进行创建和在备注页视图模式中进行创建。在“视图”选项卡的“演示文稿视图”选项区中单击备注页按钮，即可切换到备注页视图。

4．幻灯片放映视图

幻灯片放映视图占据整个电脑屏幕，在该视图方式下，用户可以浏览每张幻灯片的动画效果及切换效果，如果不满意，可按“Esc”键退出幻灯片放映并进行修改。单击“幻灯片放映”按钮，即可进入幻灯片放映视图中。

6.2　制作与设置幻灯片

PowerPoint 建立的文件一般称为演示文稿，演示文稿由一系列幻灯片组成，演示文稿与幻灯片的关系如同 Excel 中工作簿与工作表的关系。

根据不同的方法创建的演示文稿中包含的幻灯片数量也不同，当其中的幻灯片数量不能满足实际需要的时候，可增加幻灯片的数量，并且可以组织与编辑幻灯片。

6.2.1 新建幻灯片

在 PowerPoint 2007 中创建演示文稿有几种方式，如创建空白演示文稿、根据设计模板新建演示文稿、根据内容提示向导新建演示文稿等方式。

1．新建空白演示文稿

新建空白演示文稿的具体操作步骤如下：

（1）单击“Office”按钮，在弹出的菜单中选择 新建(N) 命令，弹出 新建演示文稿 对话框，如图 6.2.1 所示。

（2）在该对话框中选择“空白演示文稿”选项，单击 创建 按钮，即可创建一个空白演示文稿，如图 6.2.2 所示。

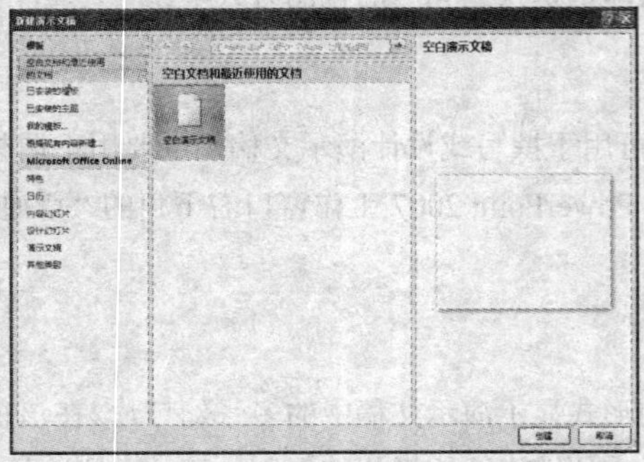

图 6.2.1 “新建演示文稿”对话框

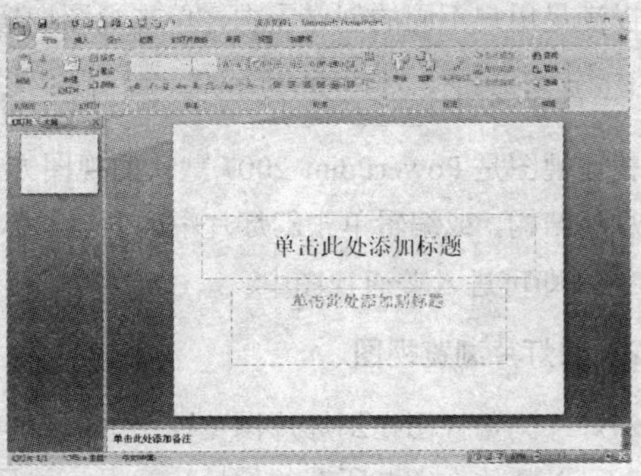

图 6.2.2 创建空白演示文稿

提示：启动 PowerPoint 2007 后会自动新建一个空白演示文稿，其默认的文件名为“演示文稿 1”。在工作界面中按“Ctrl+N”组合键也可新建一个空白演示文稿。

2．根据设计模板创建演示文稿

设计模板是指已经设计好的幻灯片样式和风格，包括幻灯片的背景图案、文字结构、色彩配置等内容。中文 PowerPoint 2007 为用户提供了许多美观的设计模板，使用户能够创建出风格统一的演示文稿。

根据设计模板创建演示文稿的具体操作步骤如下：

（1）单击“Office”按钮，在弹出的菜单中选择 新建(N) 命令，弹出 新建演示文稿 对话框。

（2）在该对话框中的“模板”列表框中单击 已安装的模板 按钮，在“已安装的模板”预览框中显示模板的外观，如图 6.2.3 所示。

（3）在该对话框中选择用户所需的模板，单击 创建 按钮即可根据模板新建演示文稿。

3．根据现有内容创建演示文稿

根据现有内容创建演示文稿的具体操作步骤如下：

（1）单击“Office”按钮，在弹出的菜单中选择 新建(N) 命令，弹出 新建演示文稿 对话框。

（2）在该对话框中的“模板”列表框中单击 根据现有内容新建... 按钮，弹出 根据现有演示文稿新建 对话框，如图 6.2.4 所示。

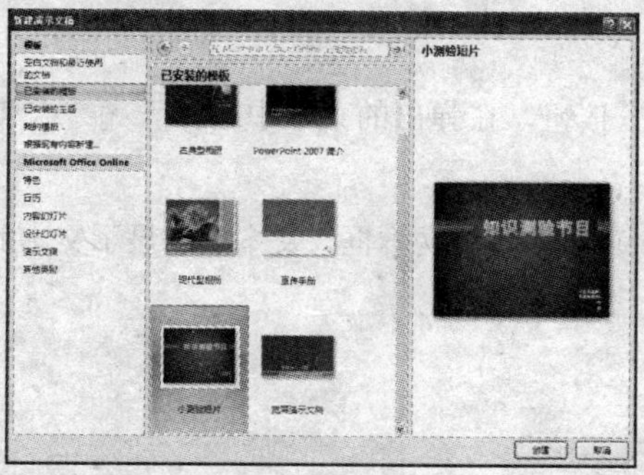

图 6.2.3　“已安装的模板”预览框

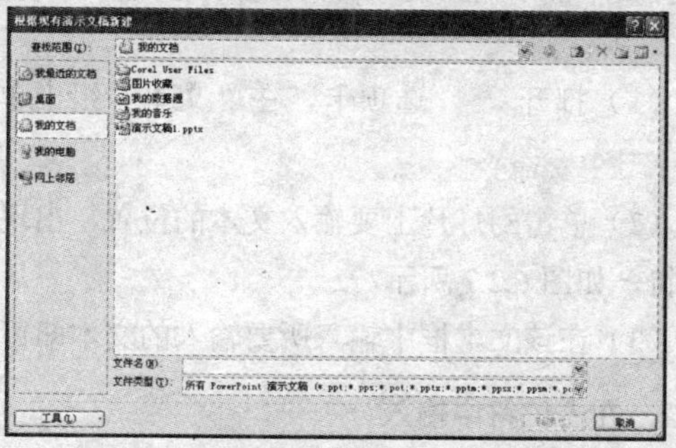

图 6.2.4　“根据现有演示文稿新建”对话框

（3）在该对话框中选择现有的演示文稿文件，单击 新建(C) 按钮，即可根据现有内容创建新的演示文稿。

6.2.2　选择幻灯片版式

在幻灯片编辑窗格中显示的幻灯片为当前幻灯片，用户可根据需要选择不同的版式，并在相应的占位符中输入文本或插入图片等对象。

选择幻灯片版式的具体操作步骤如下：

（1）启动 PowerPoint 2007，打开 开始 选项卡。

（2）在“幻灯片”组中，单击 版式 按钮，弹出幻灯片版式列表，如图 6.2.5 所示。

（3）在列表中选择用户所需的版式，例如选择“标题和内容”版式，效果如图 6.2.6 所示。

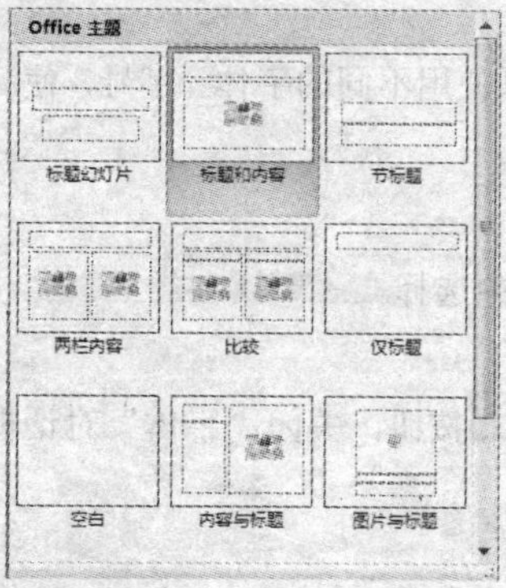

图 6.2.5　幻灯片版式列表

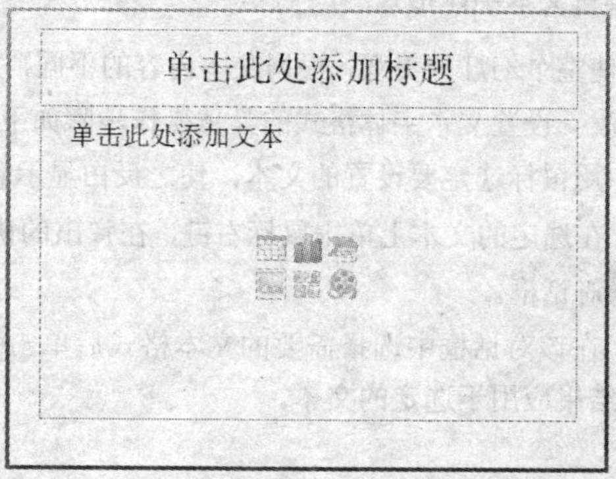

图 6.2.6　“标题和内容”版式

6.2.3　输入与设置文本

在 PowerPoint 2007 中，占位符有两种，分别为文本占位符与项目占位符。文本占位符用于输入文本内容，它是一种带有虚线或影线标记的边框；项目占位符用于容纳图片、图表、图示、表格和媒体剪辑等媒体对象。在幻灯片占位符中输入文本内容有两种方法：一种是在幻灯片编辑区中输入，另一种是在大纲窗格中输入。

1．在文本框中输入

在文本框中输入文本的具体操作步骤如下：

（1）打开 插入 选项卡，在“文本”组中单击 文本框 按钮，在弹出的菜单中选择 横排文本框(H) 或 垂直文本框(V) 命令。

（2）单击幻灯片上要输入文本的位置，出现一个可供输入的文本框。文本框中显示文本的输入提示符，如图 6.2.7 所示。

（3）在该文本框中输入所要输入的文本即可。

2．在占位符中输入

用鼠标单击占位符，占位符中即出现输入光标，此时直接在占位符中输入文本内容，如图 6.2.8 所示。输入完成后，单击占位符外的任意位置，可使占位符的边框消失。

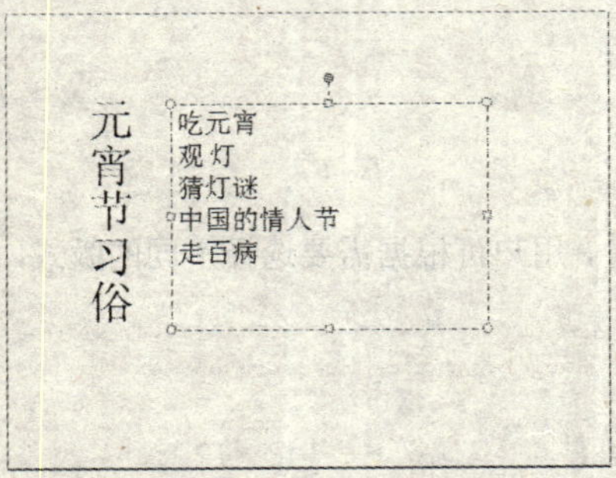

图 6.2.7　显示文本的输入提示符

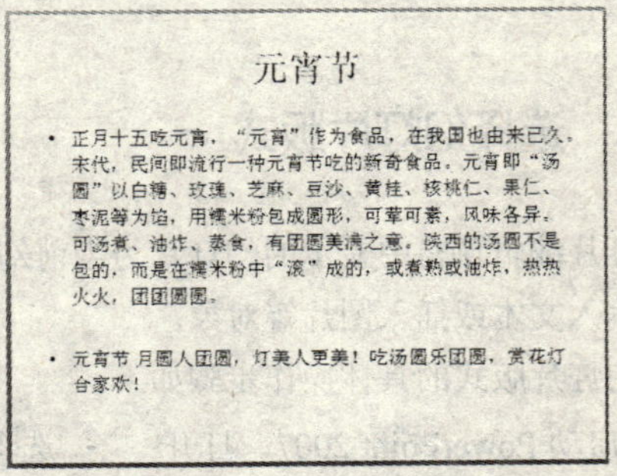

图 6.2.8　在占位符中输入文本

3．设置文本字体格式

为了使整个幻灯片美观，根据文本内容的不同，用户可以使用不同的字体、字号，使演示文稿变得生动活泼。设置文本字体格式的具体操作步骤如下：

（1）用鼠标选定要设置的文本，使之反白显示。

（2）在选定的文本上单击鼠标右键，在弹出的快捷菜单中选择 A 字体(F)... 命令，弹出 字体 对话框。

（3）在该对话框中选择需要的文本格式后单击 确定 按钮，关闭“字体”对话框，并将已设定好的结果应用于选定的文本。

6.2.4　编辑幻灯片

编辑幻灯片包括在演示文稿中添加、移动、复制以及删除幻灯片等，下面将分别进行介绍。

1．选择幻灯片

选择幻灯片包括选择单张幻灯片和选择多张幻灯片 2 种，下面分别加以介绍。

（1）选择单张幻灯片。选择单张幻灯片的方法很简单，单击幻灯片浏览视图中任意一张幻灯片的缩略图即可选中该幻灯片。被选中的幻灯片边框线条将被加粗，此时用户可以对幻灯片进行编辑。

（2）选择多张幻灯片。选择多张幻灯片的方法很多，下面介绍 4 种选择多张幻灯片的方法。

1）在普通视图的“大纲”窗格中选中一张幻灯片，然后按住“Shift”键，再按键盘中的“↑”或“↓”方向键，可以选中相邻的多张幻灯片。

2）在普通视图的“大纲”窗格中选中一张幻灯片，然后按住“Shift”键，再单击另一张幻灯片，可以同时选中两张幻灯片之间的所有幻灯片。

3）在普通视图的“大纲”窗格中选中一张幻灯片，然后按住“Ctrl”键，再单击其他幻灯片，可以同时选中不连续的多张幻灯片。

4）在“幻灯片浏览视图”方式下，选中第一张幻灯片，然后按住“Shift”键，再选中最后一张幻灯片，即可选中所有的幻灯片。

2．插入幻灯片

在修改和管理演示文稿的过程中，常常要插入幻灯片，插入幻灯片操作可以在“幻灯片”窗格或“幻灯片浏览”视图中进行。

在“幻灯片”窗格中插入新幻灯片的具体操作步骤如下：

（1）打开视图选项卡，单击“演示文稿视图”组中的按钮，切换到普通视图模式。

（2）在“幻灯片”窗格中，选定要插入新幻灯片的位置，如果要在一张幻灯片的后面插入新的幻灯片，则选中该幻灯片，单击鼠标右键，从弹出的快捷菜单中选择新建幻灯片(N)命令，插入新幻灯片。

在“幻灯片浏览”视图中插入新幻灯片的操作步骤与在幻灯片窗格中插入的具体操作步骤相似，在此不再赘述。

3．复制和移动幻灯片

复制和移动幻灯片的具体操作步骤如下：

（1）选中一张或多张幻灯片。

（2）打开开始选项卡，在“剪贴板”组中单击“复制”按钮，或按快捷键“Ctrl+C”，将幻灯片复制到剪贴板中；如果要移动幻灯片，单击“剪切”按钮，或者按快捷键“Ctrl+X”，将幻灯片移动到剪贴板中。

（3）单击要插入幻灯片的位置，单击按钮，或按快捷键“Ctrl+V”，粘贴幻灯片，即可完成幻灯片的复制或者移动操作。

提示：在普通视图和幻灯片浏览视图中，也可以用鼠标拖动的方式来复制和移动幻灯片。如果想在移动的过程中复制该幻灯片，则选中该幻灯片后按住“Ctrl”键并拖动鼠标；如果只是移动幻灯片，则在选中幻灯片后直接拖动鼠标即可。

4．删除幻灯片

如果要在大纲窗格或浏览视图中删除某张幻灯片，其具体操作步骤如下：

（1）在大纲窗格或浏览视图中选中要删除的幻灯片。

（2）打开开始选项卡，单击“剪贴板”组中的“剪切”按钮或者按“Delete”键，删除幻灯片。

6.3 丰富幻灯片的内容

PowerPoint 的主要功能是制作集文字、图形、图像、声音、视频于一身的演示文稿。因此，用户可以在幻灯片中插入图片及多媒体文件。

6.3.1 插入图片

图片是幻灯片中不可缺少的组成元素，它可以形象、生动地表达作者的意图。在 PowerPoint 中不仅可以插入剪贴画，还可以插入来自文件的图片。

1. 插入剪贴画

在幻灯片中插入剪贴画的具体操作步骤如下：

（1）打开要插入剪贴画的幻灯片。

（2）单击 插入 选项卡“插图”组中的 剪贴画 按钮，打开“剪贴画”任务窗格，如图 6.3.1 所示。

（3）在“搜索文字”文本框中输入要搜索图片的关键字，例如输入“家庭用品”，单击 搜索 按钮，系统自动搜索所需的图片，如图 6.3.2 所示。

图 6.3.1 “剪贴画”任务窗格

图 6.3.2 搜索到的相关图片

（4）如果列表框中的剪贴画不能满足用户的需求，可单击 管理剪辑... 超链接，打开 剪辑管理器 窗口，如图 6.3.3 所示。

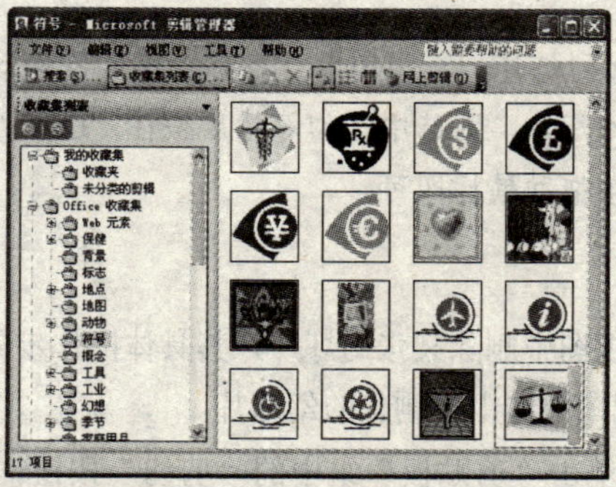

图 6.3.3 “剪辑管理器”窗口

（5）在“Office 收藏集”中选择要插入的剪贴画，单击鼠标右键，从弹出的快捷菜单中选择 复制(C) 命令，返回到幻灯片窗格中，在要插入剪贴画的位置单击鼠标右键，从弹出的快捷菜单中选择 粘贴(P) 命令，即可将剪贴画插入到幻灯片中。

2. 插入来自文件的图片

插入来自文件的图片，其具体操作步骤如下：

（1）打开要插入图片的幻灯片。

（2）单击“插图”组中的 图片 按钮，弹出 插入图片 对话框，如图 6.3.4 所示。

（3）在该对话框中选择要插入的图片，单击 插入(S) 按钮，返回 PowerPoint 工作界面，即可看到插入图片后的幻灯片效果，如图 6.3.5 所示。

图 6.3.4　“插入图片”对话框

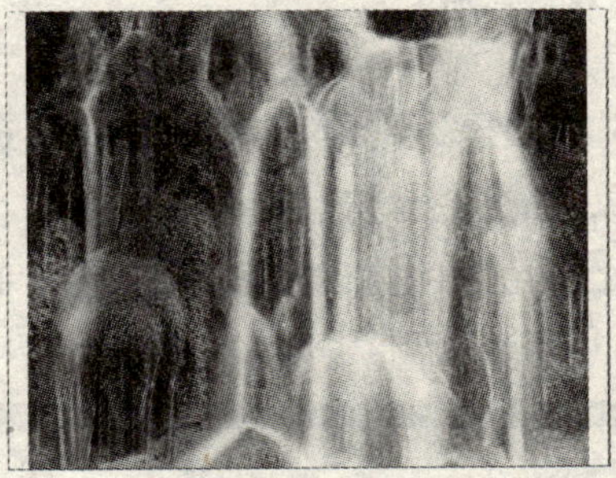

图 6.3.5　插入图片效果

6.3.2　插入表格和图表

为了使幻灯片中的内容更加简单明了，用户还可以在幻灯片中插入表格和图表。

1. 插入表格

在幻灯片中插入表格是一些企业制作产品推广提案或者策划方案时经常使用的一种数据表达方法。在幻灯片中插入表格的具体操作如下：

（1）选择需要插入表格的幻灯片。

（2）在 插入 选项卡中单击“表格”组中的 表格 按钮，在弹出的下拉列表中选择相应的选项，如图 6.3.6 所示。

技巧：单击项目占位符中的 表格 按钮，在 插入表格 对话框中输入行数和列数，再单击 确定 按钮也可在幻灯片中插入表格。

（3）在幻灯片中可生成相应的表格，在其中输入数据后，效果如图 6.3.7 所示。

提示：选择表格后，在功能区将出现表格工具的“设计”选项卡和“布局”选项卡，在其中可对表格样式、边框、行和列、单元格大小、对齐方式、表格尺寸及排列等进行具体的设置。

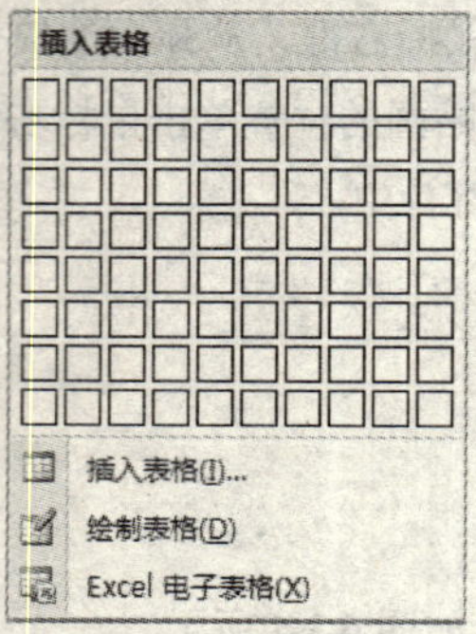

图 6.3.6　表格下拉列表

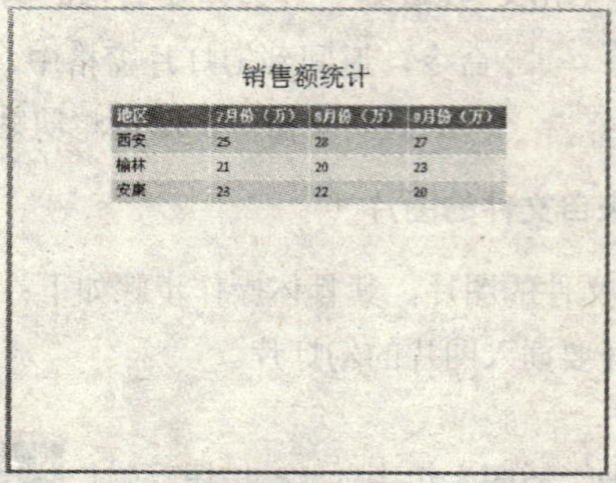

地区	7月份（万）	8月份（万）	9月份（万）
西安	25	28	27
榆林	21	20	23
安康	23	22	20

图 6.3.7　应用表格示例

2．插入图表

在幻灯片中插入图表是一些企业制作投标书时经常使用的一种数据表达方法。在幻灯片中插入图表的具体操作如下：

（1）选择需要插入图表的幻灯片，在插入选项卡的“插图”组中单击图表按钮，弹出**插入图表**对话框，如图 6.3.8 所示。

（2）在其中选择需要的图表类型，单击确定按钮将自动打开 Excel 程序进行数据的输入，在其中的相应单元格中输入需要的数据可生成相应的图表，如图 6.3.9 所示。

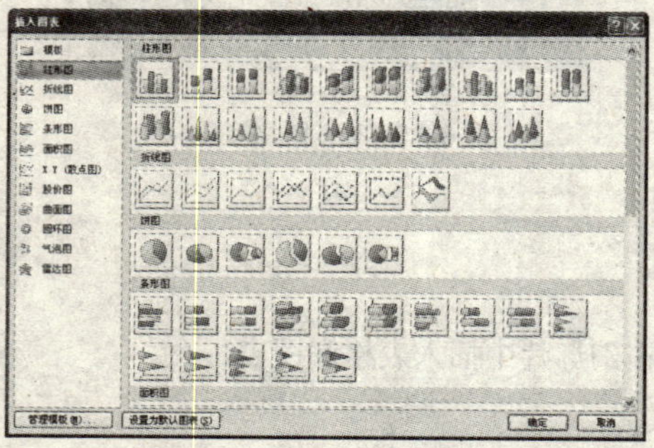

图 6.3.8　“插入图表”对话框

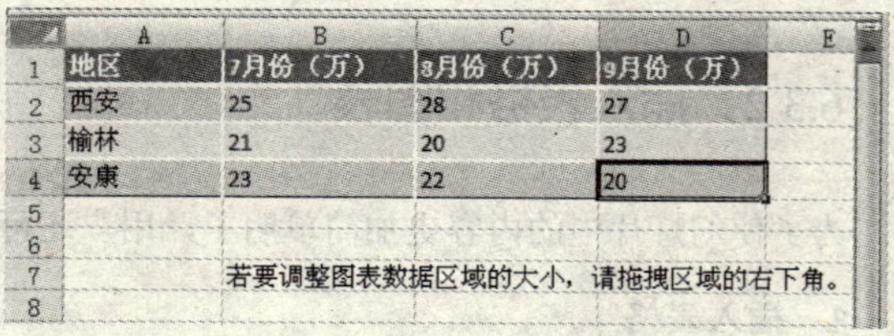

	A	B	C	D	E
1	地区	7月份（万）	8月份（万）	9月份（万）	
2	西安	25	28	27	
3	榆林	21	20	23	
4	安康	23	22	20	
5					
6					
7		若要调整图表数据区域的大小，请拖拽区域的右下角。			
8					

图 6.3.9　应用图表示例

（3）关闭数据表后自动在幻灯片中插入图表。

提示：选择图表后，在功能区将出现图表工具的“设计”“布局”和“格式”选项卡，在其中可对图表的样式、类型、颜色、标签、背景等进行具体设置。

6.3.3　插入艺术字

在幻灯片中插入艺术字，可让幻灯片更加精美。插入艺术字的方法如下：

（1）选中要插入艺术字的幻灯片，切换到插入选项卡，单击“文本”选项组中的艺术字按钮。

（2）在弹出的下拉列表中选择要插入的艺术字样式，如图 6.3.10 所示。

（3）这时弹出艺术字文本框，删除文本框内的占位符，然后输入文字内容，如图 6.3.11 所示。

（4）输入完毕后，用鼠标单击其他位置确认即可。

图 6.3.10　艺术字样式列表

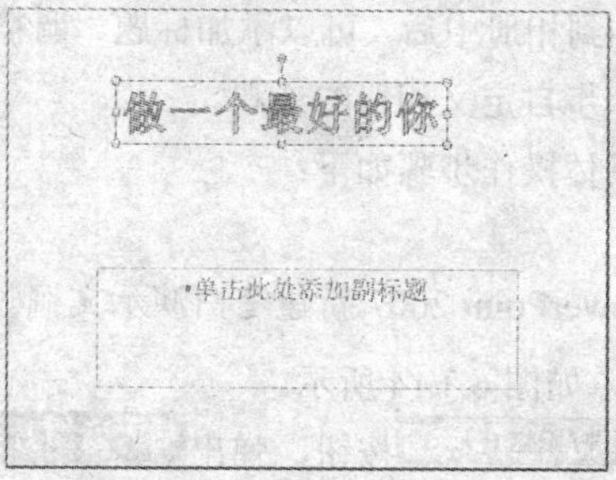

图 6.3.11　插入艺术字

提示：插入艺术字后，选项卡菜单栏中即可出现“绘图工具/格式”选项卡，通过该选项卡可对艺术字进行编辑。

6.3.4　插入多媒体文件

在 PowerPoint 2007 中，可供插入的媒体文件类型分别为剪辑管理器中的影片、文件中的影片、剪辑管理器中的声音、文件中的声音等，下面以插入剪辑管理器中的声音为例进行介绍。

在幻灯片中插入剪辑管理器中的声音，其具体操作步骤如下：

（1）打开要插入声音的幻灯片。

（2）打开“插入”选项卡，单击“媒体剪辑”组中的 影片 按钮，在弹出的菜单中选择 文件中的影片(F)... 命令，弹出 插入影片 对话框，如图 6.3.12 所示。

（3）选择要插入的影片文件，单击 确定 按钮，弹出如图 6.3.13 所示的提示框。

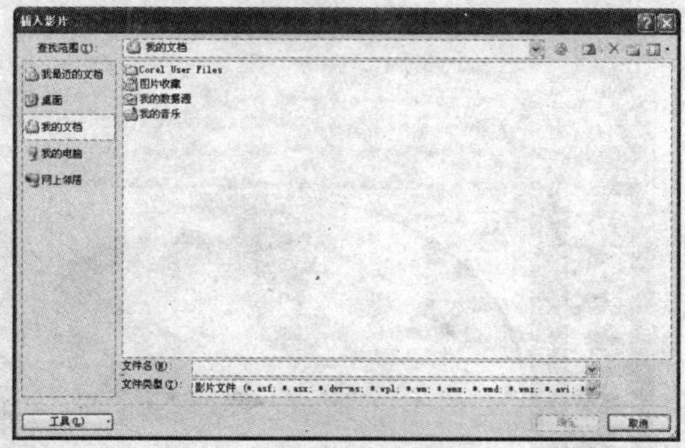

图 6.3.12　“插入影片”对话框

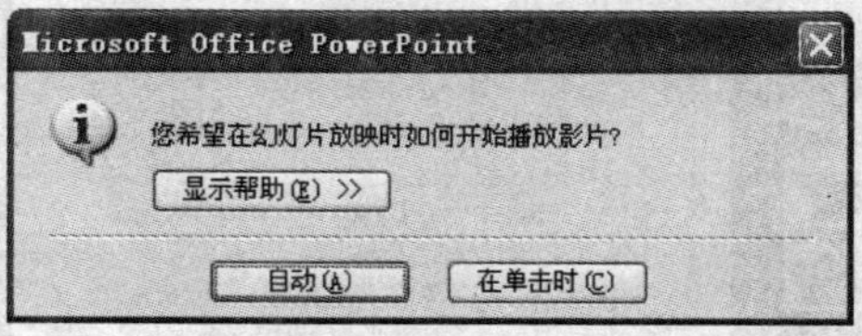

图 6.3.13　提示框

（4）如果要在幻灯片中自动播放声音，单击 自动(A) 按钮；如果要在单击鼠标时才播放声音，则单击 在单击时(C) 按钮。

6.3.5　创建相册

PowerPoint 2007 相册是可以创建用来显示个人或公司照片的演示文稿，还可以设置引人注目的幻灯片切换方式、彩色背景以及主题、特定版式等。

可以通过从硬盘、扫描仪或数码相机向 PowerPoint 2007 演示文稿中添加用户喜爱的图片来创建相册。将图片添加到相册中后，可以添加标题、调整顺序和版式、在图片周围添加相框，甚至可以应用主题，以便进一步自定义相册的外观。

创建相册的具体操作步骤如下：

（1）打开 PowerPoint 2007 新建空白演示文稿。在“插入”选项卡的“插图”组中单击 按钮，弹出相册对话框，如图 6.3.14 所示。

（2）单击文件/磁盘(F)...按钮，弹出插入新图片对话框，再单击“查找范围”下拉列表选择图片位置，最后单击选择需要的图片，如图 6.3.15 所示。

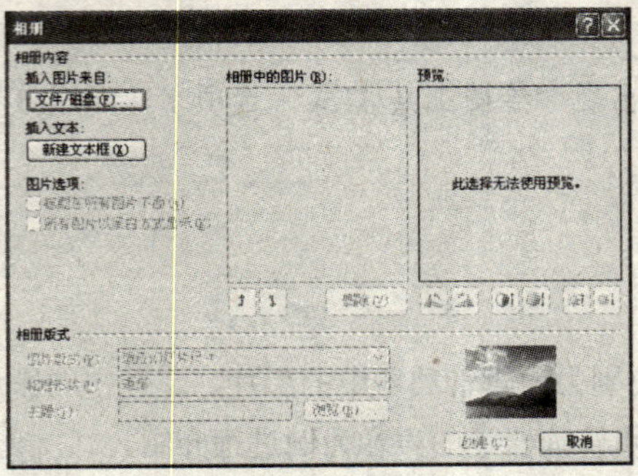

图 6.3.14 “相册”对话框

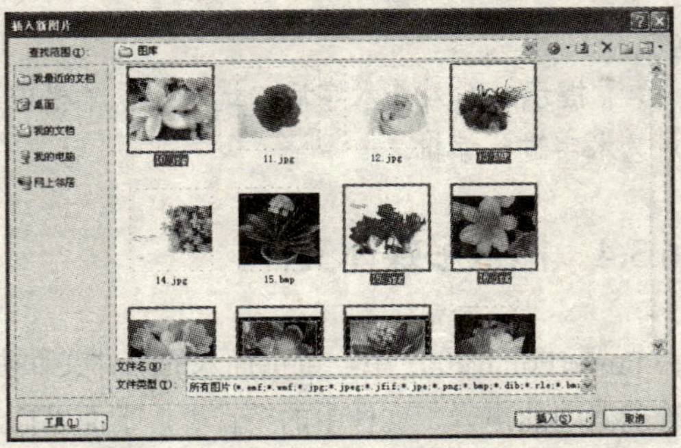

图 6.3.15 “插入新图片”对话框

（3）单击插入(S)按钮，返回到相册对话框，单击创建(C)按钮，创建后的相册如图 6.3.16 所示。

（4）选中第二张幻灯片中的图片，在格式选项卡的“图片样式”组中单击“其他”按钮，在弹出的下拉列表中选择图片样式为图片添加相框，同样为其他幻灯片中的图片进行处理，效果如图 6.3.17 所示。

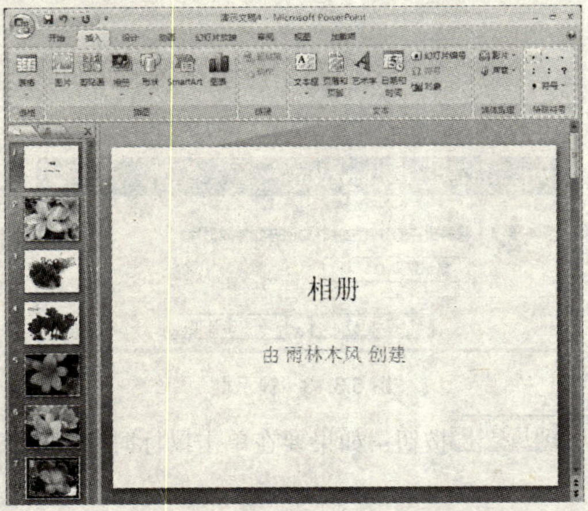

图 6.3.16 创建的相册

图 6.3.17 添加相框

6.3.6 插入超链接

在幻灯片中还可以插入超链接，如可以链接到网页、新建的网页、电子邮件地址等。为幻灯片中的对象插入超链接的具体操作步骤如下：

（1）选中幻灯片中要创建超链接的文本或图形对象。

（2）在“插入”选项卡中的“链接”选项区中单击按钮，弹出插入超链接对话框，如图 6.3.18 所示。

（3）在链接到:选项区中选择链接的类型。选择“原有文件或网页”选项，可将系统中已创建的文件或网页设置链接地址，并可在“查找范围”区域中选择要链接的选项。选择“本文档中的位置”选项，可在当前演示文稿中选择某张幻灯片作为链接地址，如图 6.3.19 所示。

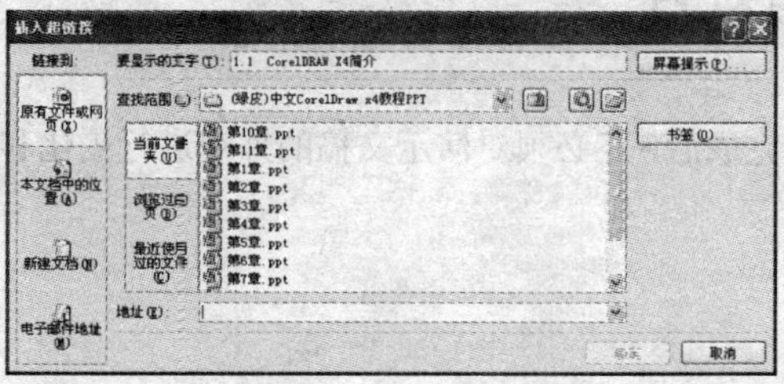

图 6.3.18　“插入超链接”对话框

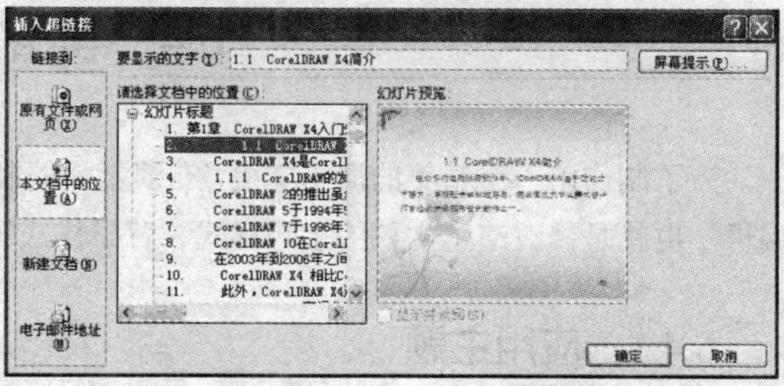

图 6.3.19　选择文档中的位置作为链接地址

（4）选择“新建文档”选项，此时的对话框如图 6.3.20 所示。用户可在“新建文档名称”文本框中输入文档名称；单击更改(C)...按钮，可对文档的存放路径进行编辑；在何时编辑:选项区中可设置编辑的时间。设置完成后，单击确定按钮即可。

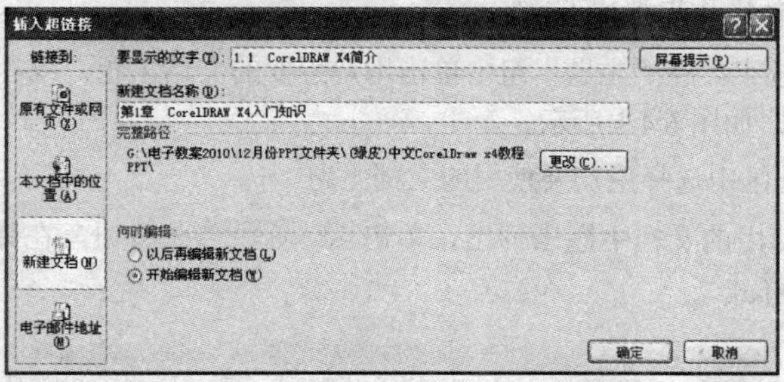

图 6.3.20　选择新建文档作为链接地址

（5）选择“电子邮件地址”选项，此时的对话框如图 6.3.21 所示，用户可在该对话框中输入电子邮件地址以及主题，单击确定按钮后，即可将该电子邮件地址作为链接地址。

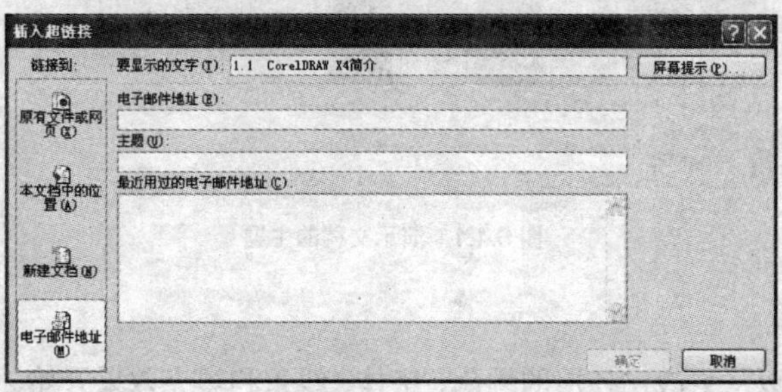

图 6.3.21　选择电子邮件地址作为链接地址

（6）将链接选项设置好后，单击确定按钮即可。如图 6.3.22 所示为在图片中插入超链接时的演示效果。

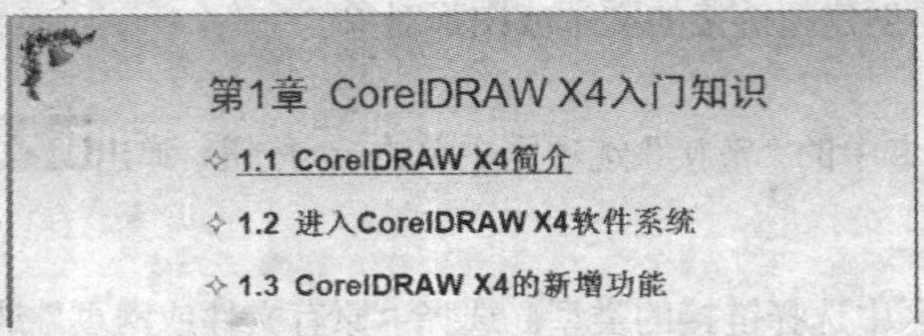

图 6.3.22 插入的超链接

6.4 美化幻灯片

为了制作出一个精美的演示文稿，在演示文稿制作完成后，还必须对演示文稿的外观进行美化和编辑，也就是修改演示文稿的主题样式、背景样式等。

6.4.1 应用主题

主题是一组统一的设计元素，使用颜色、字体和图形设置文档的外观。通过应用主题样式可以快速而轻松地设置整个文档的格式，并赋予它专业和时尚的外观。

1. 应用文档主题

应用文档主题的具体操作步骤如下：

（1）打开 设计 选项卡，在“主题”组中单击用户想要的文档主题，或者单击“更多”按钮查看所有可用的文档主题，如图 6.4.1 所示。

（2）在“内置”选区中选择用户要使用的文档主题。

（3）如果用户要使用的文档主题未列出，单击 浏览主题(M)... 按钮，在弹出的 选择主题或主题文档 对话框中选择所需的主题样式。

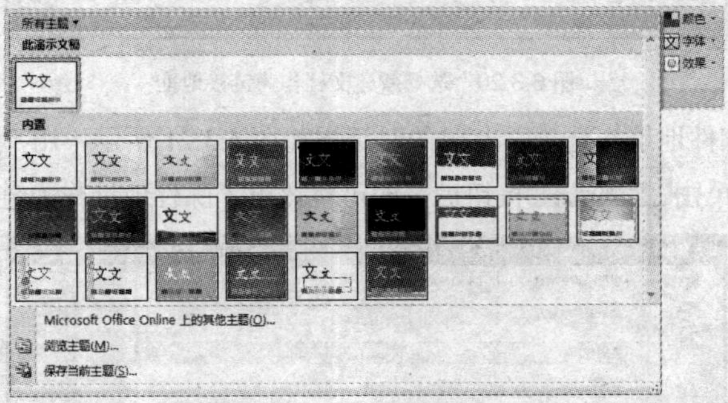

图 6.4.1 演示文稿的主题

2. 自定义文档主题

自定义文档主题可以从更改已使用的颜色、字体、线条和填充效果开始。对一个或多个主题组件所做的更改将立即影响活动文档中已经应用的样式。如果要将这些更改应用到新文档，用户可以将它们另存为自定义文档主题。自定义主题颜色的具体操作步骤如下：

（1）打开 设计 选项卡，单击“主题”组中的 颜色 按钮，弹出“颜色”下拉列表框，如图 6.4.2

所示。

（2）选择 新建主题颜色(C)... 命令，弹出 新建主题颜色 对话框，如图 6.4.3 所示。

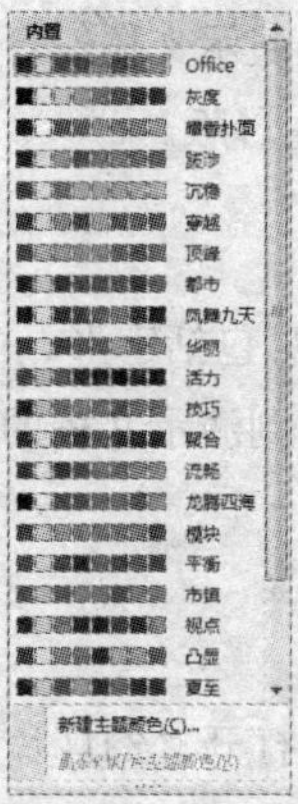

图 6.4.2　“颜色”下拉列表

图 6.4.3　“新建主题颜色”对话框

（3）在“主题颜色”选区中单击要更改的主题颜色元素对应的按钮。

（4）如果要更改所有的主题颜色元素，可重复步骤（3）的操作，在“名称”文本框中为新的主题颜色输入一个适当的名称。

（5）单击 保存(S) 按钮，保存自定义的主题颜色。

6.4.2　设置背景

要使幻灯片的效果更加精美，可以更改幻灯片、备注及讲义的背景颜色。PowerPoint 应用程序默认幻灯片背景为白色，可利用“背景”对话框设置背景颜色，其具体操作步骤如下：

（1）打开要设置背景的幻灯片。

（2）打开 设计 选项卡，单击“主题”组中的 背景样式 按钮，在弹出的如图 6.4.4 所示的“背景样式”下拉列表中选择幻灯片背景的样式。

（3）在该下拉列表中选择 设置背景格式(B)... 命令，弹出 设置背景格式 对话框，如图 6.4.5 所示。

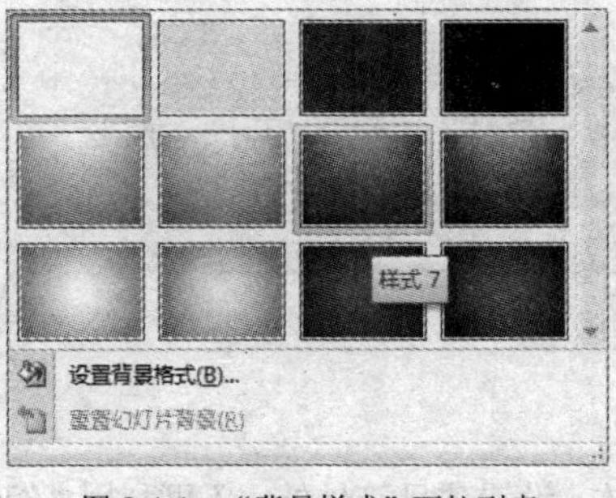

图 6.4.4　“背景样式”下拉列表

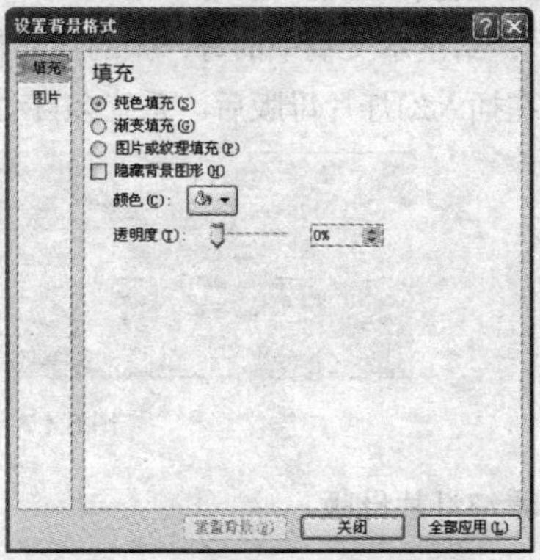

图 6.4.5　“设置背景格式”对话框

（4）在该对话框中设置幻灯片背景格式，单击 全部应用(L) 按钮，可将设置的背景格式应用于演示文稿的所有幻灯片中，设置完成后，单击 关闭 按钮关闭该对话框。

6.4.3 制作母版

所谓幻灯片母版，就是一张特殊的幻灯片，在其中可以定义整个演示文稿幻灯片的格式，设置演示文稿的外观。母版分为 3 种，分别为幻灯片母版、讲义母版和备注母版。

1．插入幻灯片母版

幻灯片母版是最常用的母版，其中存储了模板信息，这些模板信息包括字形、占位符大小和位置、背景设计和配色方案。它可以对演示文稿进行全面更改，并将其应用到演示文稿的所有幻灯片中。插入幻灯片母版的具体操作步骤如下：

（1）打开一个要插入幻灯片母版的演示文稿。

（2）打开 视图 选项卡，在“演示文稿视图”组中单击 幻灯片母版 按钮，打开“幻灯片母版”视图，如图 6.4.6 所示。

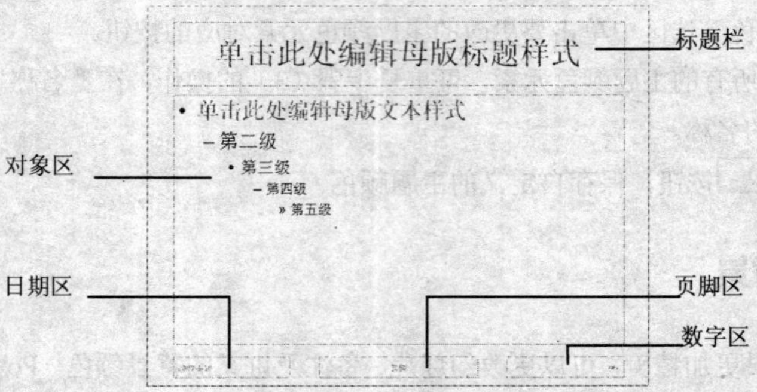

图 6.4.6　幻灯片母版

幻灯片母版中各部分的功能如下：

标题栏：设置演示文稿中所有幻灯片标题文字的格式、位置和大小。

对象区：设置幻灯片所有对象的文字格式、位置和大小，以及项目符号的风格。

日期区：为演示文稿中的每一张幻灯片自动添加日期，并决定日期的位置、文字的大小和字体。

页脚区：给演示文稿中的每一张幻灯片添加页脚，并决定页脚文字的位置、大小和字体。

数字区：给演示文稿中的每一张幻灯片自动添加序号，并决定序号的位置、文字的大小和字体。

（3）在插入幻灯片母版后，系统会自动打开“幻灯片母版”选项卡，如图 6.4.7 所示。

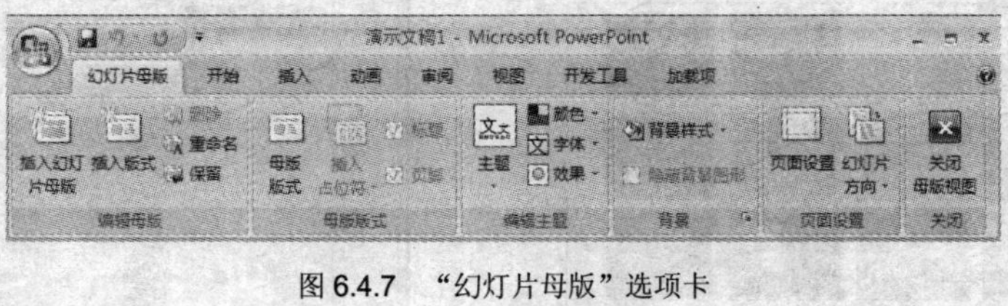

图 6.4.7　“幻灯片母版”选项卡

2．编辑幻灯片母版

除了可在幻灯片母版视图中编辑文本的大小、字体，设置项目符号外，还可利用“幻灯片母版视图”工具栏实现幻灯片母版的插入、重命名和删除等操作。

（1）插入新幻灯片母版：如果要插入一个新幻灯片母版，可在 幻灯片母版 选项卡的“编辑母版”

组中单击按钮，这时自动插入一个新的幻灯片母版。

（2）插入版式：如果要在幻灯片母版中添加自定义版式，可在幻灯片母版选项卡的“编辑母版”组中单击按钮，则自动插入幻灯片母版版式。

（3）重命名母版：如果要更改幻灯片母版的名称，可在幻灯片母版选项卡的“编辑母版”组中单击重命名按钮，弹出**重命名母版**对话框，如图 6.4.8 所示。在该对话框的“母版名称”文本框中输入要命名的名称，单击重命名(R)按钮即可。

图 6.4.8　“重命名母版”对话框

（4）删除母版：在幻灯片母版选项卡的“编辑母版”组中单击删除按钮，即可删除母版。

6.4.4　添加页眉与页脚

在 PowerPoint 2007 中还可以为幻灯片添加页眉与页脚，使幻灯片的内容更加充实、规范。添加页眉与页脚的方法如下：

（1）在演示文稿中的插入选项卡的“文本”选区中单击按钮，弹出**页眉和页脚**对话框，如图 6.4.9 所示。

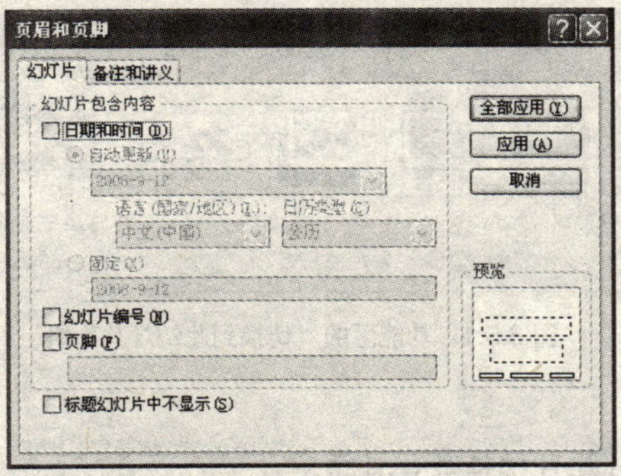

图 6.4.9　“页眉和页脚”对话框

（2）在该对话框中可设置在页眉和页脚位置需要显示的内容，单击全部应用(Y)按钮应用到整个演示文稿，单击应用(A)按钮则只应用到当前幻灯片。

“页眉和页脚”对话框中的各复选框的功能介绍如下：

（1）☑日期和时间(D)复选框：选中该复选框将显示日期和时间，并激活下方的选项，可以选择自动更新日期和时间或是显示固定的某一日期和时间。

（2）☑幻灯片编号(N)复选框：选中该复选框，显示出幻灯片编号。

（3）☑页脚(F)复选框：选中该复选框可在其下方的文本框中输入需要在页脚显示的文字。

（4）☑标题幻灯片中不显示(S)复选框：选中该复选框，标题页中将不显示页眉和页脚。

6.5 幻灯片放映

制作幻灯片的最终目的就是将其放映出来，设置好幻灯片的切换方式与动画效果之后，就可放映幻灯片了。根据幻灯片放映场合的不同，还须设置其放映方式；为了达到更佳的演示效果，在放映前还可以进行排练计时。

6.5.1 幻灯片的动画设置

幻灯片动画效果设置不仅包括切换幻灯片，还包括设置一张幻灯片中各个对象的播放顺序和每个对象的动画效果。

1. 幻灯片切换效果

切换幻灯片是指在幻灯片放映过程中，幻灯片进入屏幕、离开屏幕、强调内容时的一种显示效果。设置它的具体操作如下：

（1）在除幻灯片放映视图外的任意视图模式中，选择须添加切换效果的幻灯片。

（2）打开 动画 选项卡，在“切换到此幻灯片”组的“切换方案”下拉列表框内选择需要的切换效果。

（3）在“切换声音”下拉列表框中可设置切换时的声音。

（4）在“切换速度”下拉列表框中可选择一种切换速度，如“慢速”“中速”或“快速”。

（5）在“换片方式”组中选中 ☑ 单击鼠标时 复选框，表示在放映幻灯片时，可以单击鼠标切换幻灯片，如图 6.5.1 所示。

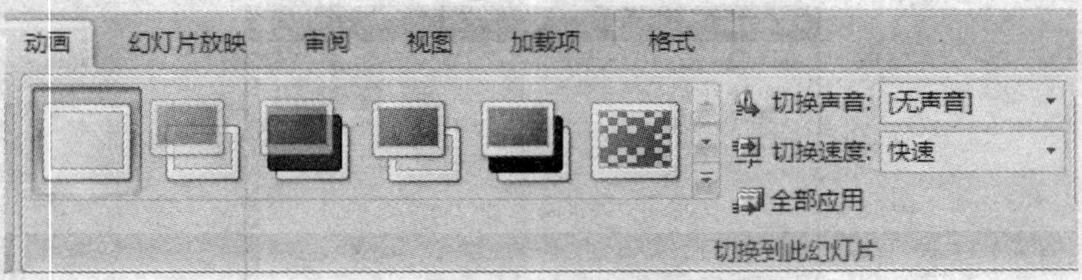

图 6.5.1 功能区的“切换到此幻灯片”组

技巧：若想使幻灯片自动播放，可选中 ☑ 在此之后自动设置动画效果: 00:00 复选框，并在其后的数值框中输入幻灯片切换的间隔时间即可。

（6）设置完成后，单击 全部应用 按钮可将设置的效果直接应用于所有幻灯片中。

2. 自定义动画效果

切换效果应用于幻灯片之间，而动画效果则是应用于幻灯片。使用 PowerPoint 2007 自带的动画方案设置动画的操作步骤如下：

（1）在“大纲视图”或“幻灯片视图”模式下，选择要添加动画效果的幻灯片。

（2）打开 动画 选项卡，在“动画”组中的“动画”下拉列表 无动画 中选择需要的动画效果；单击 自定义动画 按钮，打开“自定义动画”任务窗格，如图 6.5.2 所示。

（3）在该任务窗格中单击 添加效果 按钮，在“添加效果”下拉列表中选择需要的动画效果，

例如选择 进入(E) → 其他效果(M)... 命令，弹出 添加进入效果 对话框，如图 6.5.3 所示。

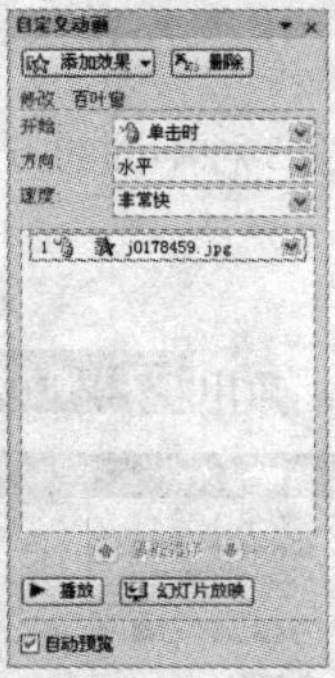

图 6.5.2　“自定义动画”任务窗格

图 6.5.3　“添加进入效果”对话框

提示：“添加效果”列表包含了 4 种设置，各种设置的含义分别如下：

1）进入。用于设置在幻灯片放映时文本及对象进入放映界面的动画效果，如百叶窗、飞入或菱形等效果。

2）强调。用于在放映过程中对需要强调的部分设置动画效果，如放大或缩小等。

3）退出。用于设置放映幻灯片时相关内容退出放映界面时的动画效果，如百叶窗、飞出或菱形等效果。

4）动作路径。用于指定放映相关内容时所通过的轨迹，如向下、向上或对象线向上等。设置后将在幻灯片编辑区中以红色箭头显示其路径的起始方向。

（4）修改某一动画效果，可在动画列表框中将其选中，此时 添加效果 按钮将变成 更改 按钮，单击该按钮，在弹出的下拉列表中重新选择所需的动画效果进行修改；如想删除已添加的某个动画效果，则可单击 删除 按钮将其删除。

（5）“修改”组的“开始”下拉列表框用于设置选择对象的动画效果的开始时间。其中有“单击时”（单击鼠标启动动画）、“之前”（与上一项目同时启动动画）或“之后”（当上一项目的动画结束时启动动画）3 个选项，如图 6.5.4 所示。

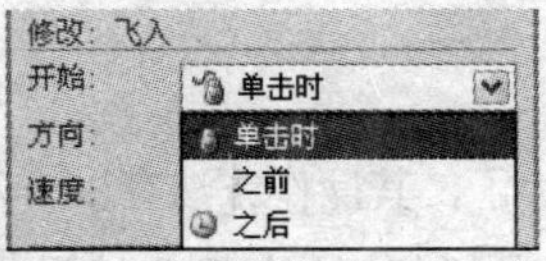

图 6.5.4　开始效果

技巧：若须设置一个无须单击就可启动的效果，则可将此项目移到动画列表框的顶部，并在“开始”下拉列表框中选择“之前”选项。

（6）“方向”下拉列表框一般用于设置某一对象进入屏幕的方向。

（7）“速度”下拉列表框用于设置选择对象动画效果的速度。

（8）设置完成后同样可以单击窗格下部的 播放 按钮或 幻灯片放映 按钮进行设置。

技巧：若想在自定义动画的同时预览到设置的动画效果，只须选中“自定义动画”窗格底部的 自动预览 复选框。

6.5.2 设置放映方式

在 PowerPoint 2007 中，依据工作性质的不同，允许用户使用 3 种不同的方式放映幻灯片。要为演示文稿选择一种放映方式，可以按以下操作步骤进行。

（1）打开 幻灯片放映 选项卡，在“设置”组中单击 设置幻灯片放映 按钮，弹出 设置放映方式 对话框，如图 6.5.5 所示。

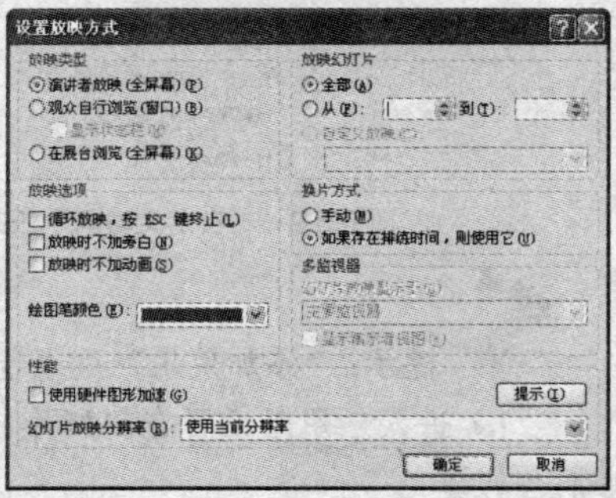

图 6.5.5 “设置放映方式”对话框

（2）在该对话框的“放映类型”选区中显示了放映幻灯片的 3 种不同方式。

1）◉演讲者放映（全屏幕）(P)：这是一种最常用的放映方式，可以将演示文稿全屏幕显示。在这种放映方式下，既可以用人工方式放映，也可以用自动方式放映。

2）◉观众自行浏览（窗口）(B)：这是一种小规模的放映方式，在这种放映方式下，演示文稿出现在小型窗口内，并提供了在放映时移动、编辑、复制和打印幻灯片的命令。在此方式中，可以使用滚动条从一张幻灯片移到另一张幻灯片，同时打开其他程序。

3）◉在展台浏览（全屏幕）(K)：这是一种简单的放映方式。选择该方式，可以在无人管理的情况下自动运行演示文稿。在这种方式下除了可以使用超链接和动作按钮外，大多数控制按钮都为不可用状态（包括右键快捷菜单选项和放映导航工具）。

（3）在对话框的“放映选项”选区中，若选中 ☑循环放映，按 ESC 键终止(L) 复选框，则在放映过程中，当最后一张幻灯片放映结束后，会自动转到第一张幻灯片进行播放；若选中 ☑放映时不加旁白(N) 复选框，则在播放幻灯片的过程中不播放任何旁白；若选中 ☑放映时不加动画(S) 复选框，则在播放幻灯片的过程中，原来设定的动画效果将不起作用。

（4）当所有设置完成之后，单击 确定 按钮即可将所有的设置应用到演示文稿中。

6.5.3 放映幻灯片

设置好放映方式后即可放映幻灯片了，其操作方法有以下几种：

（1）单击 PowerPoint 窗口左下角的“幻灯片放映”按钮。

（2）在 幻灯片放映 选项卡中单击 从头开始 或 从当前幻灯片开始 按钮。

（3）按快捷键“F5”。

6.5.4 排练计时

排练计时就是利用预演的方式，让系统将每张幻灯片在放映时所使用的时间记录下来，并累加从开始到结束的总时间数，然后应用于以后的放映中。用户也可以在“幻灯片切换”任务窗格中更改时间值。排练幻灯片放映时间的具体操作步骤如下：

（1）打开要应用排练计时的演示文稿。

（2）在幻灯片放映选项卡的“设置”选项区中选中☑使用排练计时复选框，单击排练计时按钮，进入幻灯片的放映状态，并打开“预演”工具栏，该工具栏会自动显示放映的总时间和当前幻灯片的放映时间，如图 6.5.6 所示。

（3）单击工具栏中的“下一项”按钮，或者在放映区域单击鼠标，可排练下一张幻灯片或下一项幻灯片动画效果的时间。

（4）单击工具栏中的“暂停”按钮，可以暂停排练计时。再次单击该按钮，可继续排练计时。

（5）单击工具栏中的“重复”按钮，可以重新为当前幻灯片录制排练时间。

（6）如果要结束排练计时，则可以按“Esc”键，并弹出询问框，询问用户是否保留新的幻灯片排练时间。

（7）单击是(Y)按钮关闭询问框，并自动切换到幻灯片浏览视图模式下，如图 6.5.7 所示。每张幻灯片的左下角均会显示出排练时间。

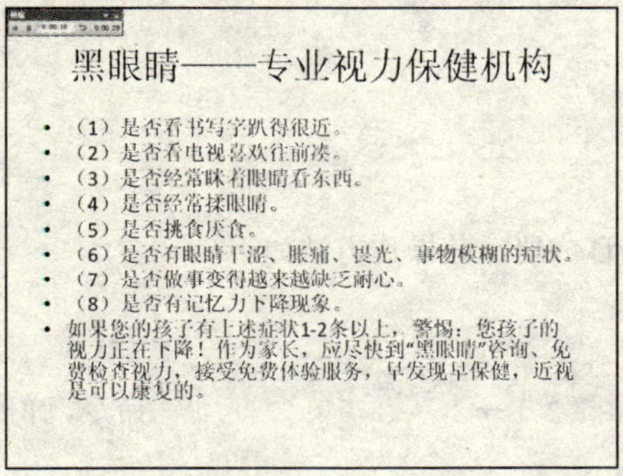

图 6.5.6　排练计时的幻灯片放映状态

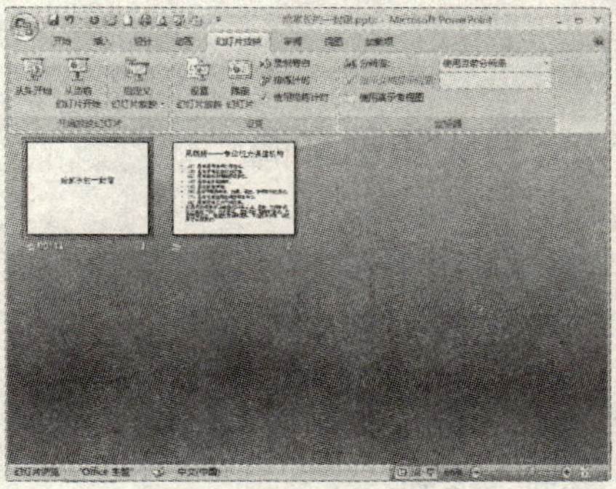

图 6.5.7　幻灯片浏览视图

6.6　打印与发布演示文稿

在 PowerPoint 中可以以彩色、灰度或黑白 3 种方式打印整个演示文稿中的幻灯片、大纲、备注和观众讲义，也可打印特定的幻灯片、讲义、备注页或大纲页，与 Word 一样在打印之前还要进行页面设置和打印预览操作。

6.6.1　页面设置

打开要进行页面设置的演示文稿，在“设计”选项卡的“页面设置”组中单击页面设置按钮，弹出页面设置对话框，如图 6.6.1 所示。

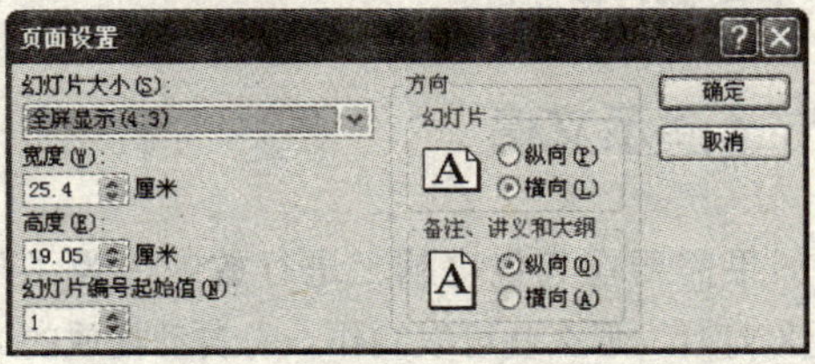

图 6.6.1　“页面设置”对话框

（1）设置幻灯片的大小。在该对话框的“幻灯片大小”下拉列表中选择幻灯片的大小，包括“在屏幕上显示”“投影机”“横幅”等选项，也可以在“宽度”和“高度”微调框中根据需要自定义幻灯片的大小。

（2）设置幻灯片编号的起始值。用户可以在“幻灯片编号起始值”微调框中设置幻灯片编号的起始值，它决定了幻灯片的起始编号，该编号出现在幻灯片上和 PowerPoint 2007 窗口底部的幻灯片编号器上，幻灯片编号起始值可以是任意数值。

（3）设置幻灯片方向。在“页面设置”对话框右边的“方向”设置区域有两种幻灯片的方向设置，一种用于幻灯片，另一种用于备注、讲义和演示文稿大纲。用户可以根据需要分别设置它们的方向，默认情况下，幻灯片的方向为纵向(P)；备注、讲义和大纲的方向为横向(L)。

如果要预览打印效果，可单击“Office”按钮，在弹出的菜单中选择打印(P)→打印预览(V)命令即可。

6.6.2 打印演示文稿

通过打印机可以将制作好的演示文稿打印出来装订成册，其操作方法如下：

（1）选中需要打印的演示文稿。

（2）单击“Office”按钮，在弹出的菜单中选择打印(P)→打印(P)命令，弹出打印对话框，如图 6.6.2 所示。

图 6.6.2 “打印”对话框

（3）在该对话框中可设置打印机的名称、打印范围、打印内容以及打印的份数。

（4）设置完成后单击 确定 按钮即可。

6.6.3 发布 PowerPoint 演示文稿

演示文稿制作好以后，如果需要在其他电脑上进行放映，为了防止因其他电脑上没有安装 PowerPoint 软件而不能播放此幻灯片，那么就可以制作一份自动播放的幻灯片。可以采用刻录 CD 数据光盘方式，或将演示文稿发布为可独立于 PowerPoint 播放的数据包幻灯片。用户可以将演示文稿打包到文件夹或者打包成 CD。

1．打包到文件夹

要将演示文稿打包到文件夹，其具体操作步骤如下：

（1）首先打开要打包的演示文稿。

（2）选择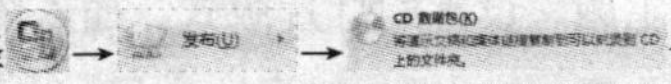命令，弹出如图 6.6.3 所示的“打包成 CD”对话框。

（3）在该对话框中单击 复制到文件夹(F)... 按钮，弹出如图 6.6.4 所示的“复制到文件夹”对话框。在该对话框中的“位置”文本框中输入打包演示文稿的详细路径。

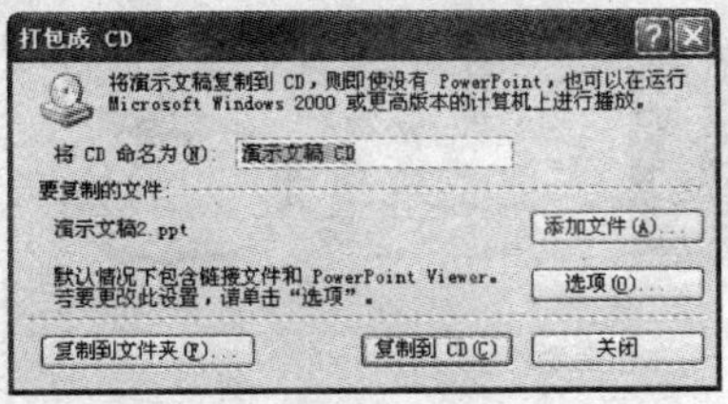

图 6.6.3　“打包成 CD”对话框

图 6.6.4　“复制到文件夹”对话框

（4）单击 确定 按钮，即可开始打包。

2．打包成 CD

打包成 CD 是 PowerPoint 2007 的新增功能，演示文稿除了可以打包到文件夹外，还可以采用此方法打包成 CD。其具体操作步骤如下：

（1）打开要进行打包的演示文稿。

（2）将 CD 插入到 CD 驱动器。

（3）选择命令，弹出“打包成 CD”对话框，如图 6.6.3 所示。在该对话框中的“将 CD 命名为”文本框中输入名称。

（4）单击 复制到 CD(C) 按钮，即可开始打包。

如果用户在计算机上没有安装录制设备，如刻录机，则不能完成将演示文稿打包成 CD 的操作。

3．还原打包文件

打包后的演示文稿文件类型并没有改变，只是在文件夹中包含了 PowerPoint 播放器及所需库文件。如果要运行打包的演示文稿，其具体操作步骤如下：

（1）在“我的电脑”或 CD 驱动器中，打开打包文件所在的文件夹，如图 6.6.5 所示。

图 6.6.5　打开打包文件所在的文件夹

（2）双击批处理文件图标 play.bat，可启动 PowerPoint Viewer 应用程序，并播放打包的所有演示文稿。

6.7 课堂实战——制作“中国传统节日”幻灯片

本例制作“中国传统节日”幻灯片，主要运用应用主题、设置幻灯片版式、插入图片、添加幻灯片、设置动画效果等操作，最终效果如图 6.7.1 所示。

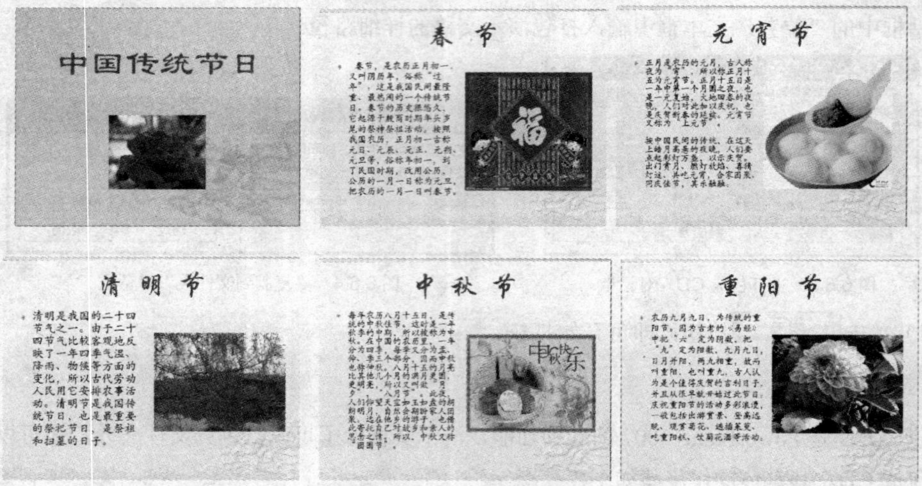

图 6.7.1 效果图

操作步骤

（1）启动 PowerPoint 2007，新建一个空白演示文稿。

（2）打开 设计 选项卡，在“主题”组中单击“其他”按钮，在弹出的下拉列表中选择“龙腾四海”选项，效果如图 6.7.2 所示。

（3）在“标题”文本框中输入“中国传统节日”文本，设置其字体为“隶书”、字号为“88”，字体颜色为“红色”，删除副标题占位符。

（4）在 插入 选项卡中的“插图”选项区中单击 图片 按钮，在弹出的 插入图片 对话框中选择一幅图片插入到幻灯片中，效果如图 6.7.3 所示。

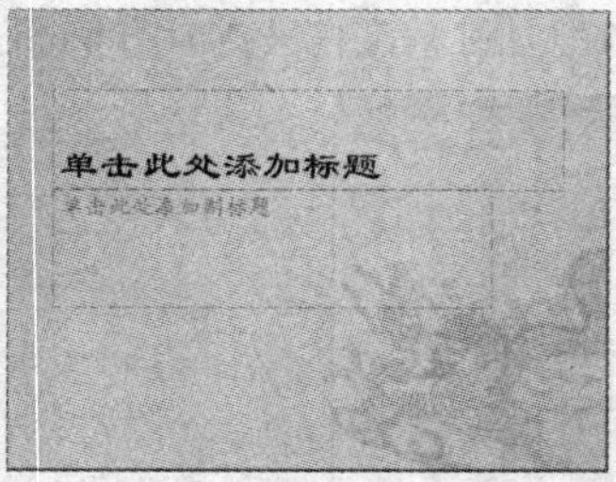

图 6.7.2 应用主题

图 6.7.3 插入图片

（5）按下“Ctrl+M”键，插入一张新幻灯片。

（6）单击 开始 选项卡“幻灯片”组中的 版式 按钮，在弹出的下拉列表中选择“两栏内容”版式，如图 6.7.4 所示。

（7）在“标题”文本框和左侧的文本框中输入相应的文本，并设置字体、字号。在右侧的文本框中单击“插入来自文件的图片”按钮，弹出插入图片对话框。在“查找范围”下拉列表中选择需要的图片，单击插入(S)按钮，效果如图 6.7.5 所示。

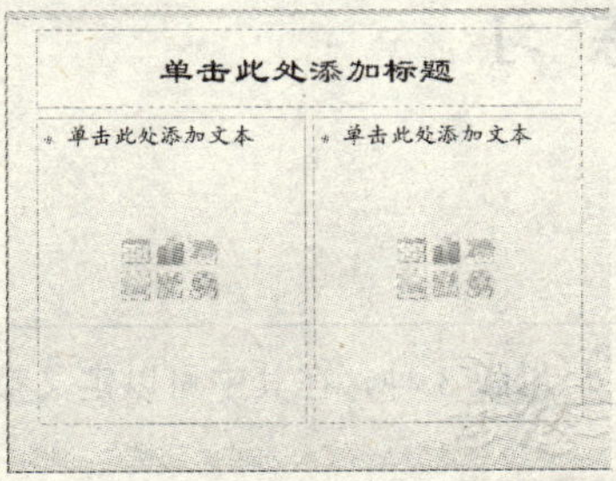

图 6.7.4　设置幻灯片版式

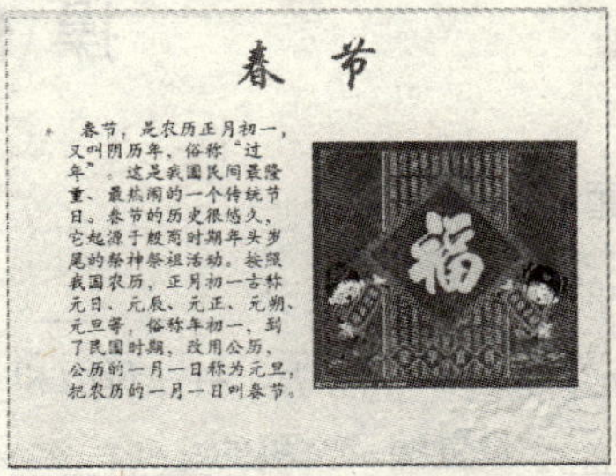

图 6.7.5　插入文本和图片

（8）按照同样的方法，依次制作 3～6 张幻灯片。切换到幻灯片浏览视图，可看到制作的幻灯片效果，如图 6.7.6 所示。

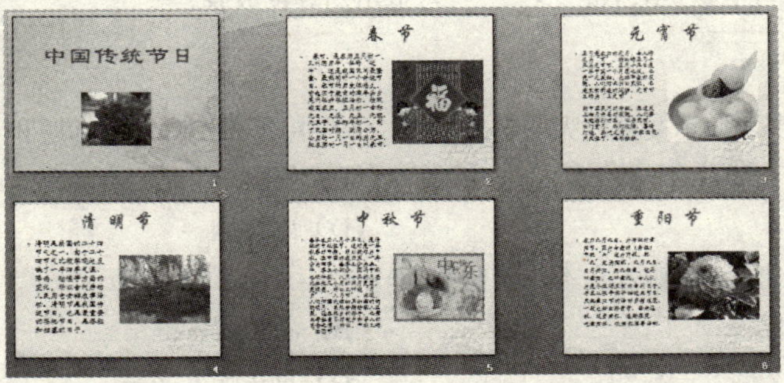

图 6.7.6　幻灯片制作完成

（9）打开动画选项卡，单击“切换到此幻灯片”组中的“其他”按钮，在弹出的下拉列表中选择“顺时针回旋，8 根轮辐”效果。在“换片方式”栏选中☑在此之后自动设置动画效果: 00:00复选框，设置速度为“中速”，单击全部应用按钮。

（10）单击“幻灯片放映”按钮，可以看到放映的效果，如图 6.7.7 所示。

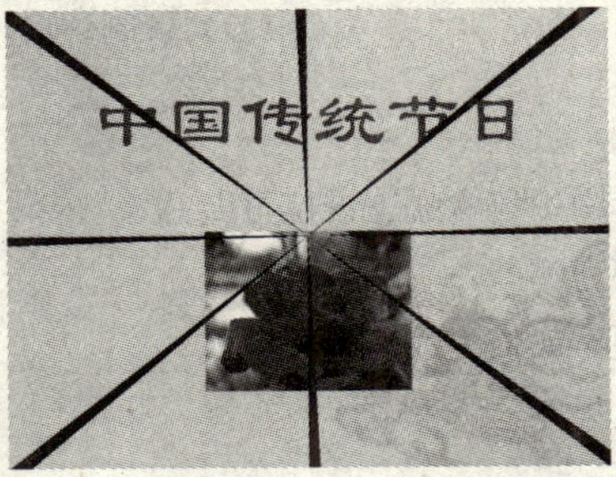

图 6.7.7　应用动画效果

至此，整个幻灯片制作完成，效果如图 6.7.1 所示。

本 章 小 结

本章主要讲述了制作与设置幻灯片、丰富幻灯片的内容、美化幻灯片以及幻灯片放映等内容，通过本章的学习，读者能够制作出生动活泼、富有感染力的演示文稿。

操 作 练 习

一、填空题

1．幻灯片的视图方式主要有__________、__________、__________和__________。

2．母版分为_________母版、备注母版和_________母版 3 种，在其中可以定义整个演示文稿幻灯片的_________，设置演示文稿的_________。

3．放映幻灯片时，可按_________快捷键。

4．在幻灯片浏览视图中，可在选择了第一张幻灯片后，按住_________键的同时，单击最后一张幻灯片以选择多张连续的幻灯片。

5．在放映幻灯片的过程中，按_________可退出幻灯片放映。

二、选择题

1．在大纲视图中，演示文稿以大纲形式显示，大纲由每张幻灯片的标题和（　）组成。

（A）段落　　（B）提纲

（C）中心内容　　（D）副标题

2．如果在空白幻灯片中输入文本，就要（　）。

（A）添加占位符　　（B）添加文本框

（C）添加图文框　　（D）直接输入文字

3．要更改所有幻灯片上的标题和文本的格式与类型，应（　）。

（A）更改幻灯片的设计模板　　（B）更改幻灯片的母版

（C）更改幻灯片的幻灯片版式　　（D）逐一更改每张幻灯片的文本格式与类型

4．下列（　）在 PowerPoint 2007 的“声音”列表中不能设置。

（A）文件中的声音　　（B）录制声音

（C）播放 CD 乐曲　　（D）录制旁白

三、问答题

1．什么是幻灯片占位符？母版中包含哪些占位符？

2．放映幻灯片的操作方法都有哪些？

3．如何更改当前幻灯片主题？如何更改幻灯片版式？

4．如何设计幻灯片的动画效果？

四、上机操作题

1．新建一张幻灯片，模板的应用名为“古瓶荷花”。为该幻灯片的标题文本添加动画效果，设置动画效果为“强调”选项中的“彩色波纹”效果。

2．制作一个期末学习总结演示文稿，要求：第一页作为目录，说明这学期所学课程，表现形式自拟；后面的内容通过超级链接形式来表现，要求至少 10 个页面，每一页的内容就是课程相关的复习内容，但表现方式不能完全一样。

第 7 章　计算机网络与 Internet 的应用

计算机网络是计算机技术与通信技术相结合的产物，它在当今社会中得到越来越广泛的应用，同时在计算机领域中也占据着越来越重要的地位。局域网能高速传输数据，广泛用于办公自动化领域，用来提高办公效率。Internet 是当今世界上最大的广域网，是国际性的计算机互联网络，通过 Internet 可以实现全球范围内的信息交流与资源共享。

知识要点

- 计算机网络概述
- 局域网
- Internet 概述
- 使用 IE 浏览器
- 搜索与下载网络资源
- 收发电子邮件
- 网上聊天
- 电子商务

7.1 计算机网络概述

计算机网络是利用外围通信设备和线路将不同地理位置、功能独立的多台计算机互相连接起来，实现各台计算机之间信息的互相交换，从而实现计算机资源的共享。

7.1.1 计算机网络的概念

计算机网络是指分布在不同地理位置上的具有独立功能的多个计算机系统，通过通信设备和通信线路相互连接起来，在网络软件的管理下实现数据传输和资源共享的系统。它综合应用了几乎所有的现代信息处理技术、计算机技术、通信技术的研究成果，把分散在广泛领域中的许多信息处理系统连接在一起，组成一个规模更大、功能更强、可靠性更高的信息综合处理系统。

7.1.2 计算机网络的分类

按照网络覆盖地理范围的大小，将计算机网络分为局域网、城域网和广域网。

局域网（Local Area Network，LAN）是覆盖地理范围较小的通信网络。它常利用电缆线将个人计算机和办公设备相互连接起来，以实现用户之间相互通信、共享资源及访问其他网络和远程主机。

城域网（Metropolitan Area Network，MAN），可以覆盖相距不远的几栋办公楼，也可以覆盖一个城市；既可以是专用网，也可以是公用网，所采用的技术基本上与局域网相似。城域网既可以支持数据和语音传输，也可以与有线电视相连。

广域网（Wide Area Network，WAN）是覆盖地理范围广阔的数据通信网络。它利用电话线、高速电缆、光缆和微波天线等将远距离的计算机相互连接起来以实现数据传输，是一种跨越地区及国家的遍布全球的计算机网络。

按照网络拓扑结构来分，可以将其分为总线型、星型、环型、树型和混合型等。其中总线型、星型、环型是比较常见的拓扑结构，如图 7.1.1 和图 7.1.2 所示的分别为总线型网络和星型网络。

按照网络的传输介质划分，可分为双绞线网、光纤网、无线网等。

按网络数据传输速率划分，可分为宽带网和窄带网。

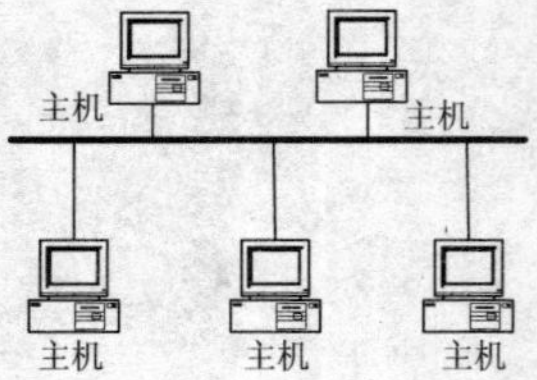

图 7.1.1　总线型网络

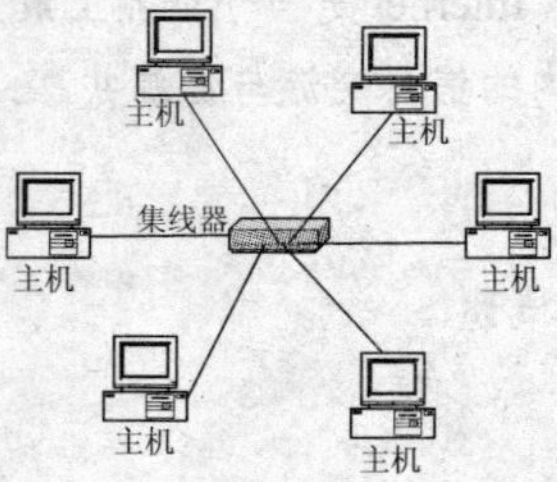

图 7.1.2　星型网络

7.1.3　计算机网络的功能

计算机网络系统具有多种功能，其中最主要的是资源共享和快速远程通信。

（1）资源共享。共享计算机系统的资源是建立计算机网络的最初目的。系统资源包括硬件、软件和数据。资源共享使分散资源的利用率大大提高，避免了重复投资，降低了使用成本。

（2）快速远程通信功能。计算机网络的发展使得地理位置相隔遥远的计算机用户也可以方便地进行远程通信，这种通信方式是电话、传真或信件等现有通信方式的新的补充，典型的例子就是电子邮件（E-mail）。远程通信可以使分布在不同地区的计算机通过网络及时、高速地传递各种信息。

（3）提高系统的可靠性和可用性。当网络系统中的某一计算机负担过重时，可以通过网络将任务传送到另一台计算机中进行处理，使网络中的计算机负担均衡，提高了计算机的利用效率。此外，还可以让网络中的多台计算机共同处理同一个任务，当某一台计算机出现故障时，其他计算机可以继续处理该任务，从而提高了系统的可靠性。

（4）集中管理和分布处理。计算机网络具有资源共享功能，使得在一台或多台计算机上管理其他计算机上的资源成为可能。例如，在飞机订票系统中，航空公司通过计算机网络管理分布于各地的计算机，统筹安排机票的分配、预订等工作。

（5）综合信息服务。当今的信息社会，商业、金融、文化、教育、新闻等各行各业每时每刻都在产生并且处理大量的信息，计算机网络能支持文字、图片、数字、语音等各种信息的收集、传输和加工工作，已成为社会公共信息处理的基础设施。综合信息服务就是通过网络为各行各业提供各种及时、准确、详尽的信息。

7.1.4　计算机网络的基本组成

计算机网络包括了计算机硬件、软件、网络体系结构以及通信技术等。

计算机网络是由若干个计算机（服务器、客户机）及各种通信设备通过高速通信线路连接组成。

（1）服务器。服务器是一台高性能的计算机，用于网络管理、运行应用程序、处理各个网络工作站的信息请求等，并连接一些外部设备。服务器为网络提供共享资源，根据其作用的不同分为文件服务器、应用程序服务器、通信服务器和数据库服务器等。

（2）客户机。客户机也称工作站，连入网络中由服务器进行管理和提供服务的计算机都属于客户机，其性能一般低于服务器。客户机是网络用户直接处理信息和事务的计算机。

（3）网络适配器。网络适配器也称网卡，用于将用户计算机与网络相连接。

（4）网络电缆。网络电缆用于网络设备之间的通信连接，常用的网络电缆有双绞线、细同轴电缆、粗同轴电缆、光纤等。

（5）网络操作系统。网络操作系统是用于管理网络的软件。常用的网络操作系统有 UNIX 系统、PC UNIX 系统、Novell Net Ware、Windows NT、Apple Macintosh 等。

UNIX 因其有强大的通信和管理功能以及可靠的安全性等特点，占领了大型系统市场。

Windows NT 则利用它的价格优势、友好的用户界面、简易的操作方式和丰富的软件等特性，在小型系统市场竞争中脱颖而出。由于 Windows NT 有较好的扩展性、优良的兼容性，易于管理和维护，通常小型网络系统平台均选用它。

（6）协议。协议是网络设备之间进行互相通信的语言和规范。

（7）客户软件和服务软件。客户机上使用的应用软件统称为客户软件，它用于应用和获取网络上的共享资源。用在服务器上的服务软件则使网络用户可以获取这种服务。

7.1.5　连接网络

启动 Windows 后桌面有两个与网络有关的图标，“网上邻居”和“Internet Exporer”浏览器图标，用鼠标左键双击图标可以进入不同的网络。

（1）“网上邻居”图标：双击打开“网上邻居”图标，会出现与其相连的附近的计算机的名称。打开它们，可以复制这些计算机上共享的文件和其他信息。

（2）“Internet Explorer”图标：双击打开“Internet Explorer”图标，可以连上 Internet，可以跟世界各地的计算机进行联系和资源共享。

7.2　局　域　网

局域网技术是当前计算机网络技术领域中非常重要的一个分支，局域网作为一种重要的基础网络，在企业、机关、学校等各单位和部门都得到广泛的应用。局域网还是建立互联网络的基础网络。

7.2.1　局域网的特点

局域网的特点有以下几个方面：

（1）较小的地理范围。局域网一般用于内部联网，如办公室、机关、工厂、学校等，其地域范围没有严格的定义，但一般的距离为 0.1～25 km。

（2）面向的用户比较集中。局域网一般为一个单位所建，在单位内部控制和使用，服务于本单位所有用户，其网络易于建立、维护和扩展，可靠性高，价格低廉。

（3）使用多种传输介质。局域网的传输介质可根据自己的实际情况，选用价格低廉的双绞线、同轴电缆或比较昂贵的光纤以及无线局域网。

（4）高传输速率和低误码率。现在局域网的传输速率一般为 10～100 Mb/s，最高的可以达到 1 000 Mb/s，其误码率在 10^{-8}～10^{-11} 之间。

7.2.2 局域网的分类

计算机网络分类的方法很多，局域网具有其自身的特点，下面介绍局域网的分类。

1．按照网络转换方式分类

按照网络转换方式的不同，局域网可分为共享介质局域网和交换局域网。

共享介质局域网中的各个节点共用传输介质，数据以广播方式在网内传输。如果网中有 *n* 个节点，每个节点可分配到 1/*n* 总带宽。传统的以太网、令牌环网都是典型的共享介质局域网。

交换局域网以交换机为核心部件。每个交换机有多个端口，并有识别端口地址的功能，可在多个端口之间并行传输数据，从而提高了数据传输率。交换式以太网是最常见的一种交换局域网。

2．按照介质访问控制方法分类

按照介质访问控制方法的不同，局域网可分为以太网和令牌环网，它们都属于共享介质局域网。以太网采用的介质访问控制方法是 CSMA/CD，通过“监听”和“重传”来解决冲突；令牌环网则是通过“截获令牌”获得数据发送权的方法来避免冲突。

3．按照网络资源管理方式分类

按照网络资源管理方式的不同，局域网可分为对等式局域网和非对等式局域网。

对等式局域网中所有的节点地位平等，并拥有绝对自主权。任何两个节点之间都可以直接通信和共享资源。非对等式网络中各节点的地位不同，有些节点是服务器，有些节点是工作站，服务器以集中控制的方式管理网络资源，并为工作站提供服务。目前流行的“服务器/客户机”网络应用模型就是一种非对等式网络。

4．按照网络传输技术分类

按照网络传输技术，局域网可分为基带局域网和宽带局域网。

基带局域网采用数字信号的基带传输技术，基带信号占据了传输线路的整个频率范围，信号传输具有双向传输的特点。宽带局域网采用模拟信号的频带信号传输技术，通过频分多路复用技术，每个子频道可以传输一路模拟信号，一条信道可同时传输多路模拟信号，信号传输是单向的。

7.2.3 局域网的通信协议

用以实现网络协议功能的软件是协议软件。协议软件的种类非常多，不同体系结构的网络系统都有支持自身系统的协议软件，体系结构中不同层次上有不同的协议软件。对某一协议软件来说，由协议软件的功能决定将其划分到网络体系结构中的某一层。所以同一协议软件在不同体系结构中所隶属的层次不一定相同。

1．IPX/SPX

IPX/SPX（Internetwork Packet Exchange/Sequences Packet Exchange，网际包交换/顺序包交换）是

Novell 公司为了适应网络发展而开发的通信协议，它的体积比较大，但它在复杂环境下有很强的适应能力，同时具有“路由”功能，能实现多网段间的跨网段通信。当用户接入的是 NetWare 服务器时，IPX/SPX 及其兼容协议应是最好的选择。在 Windows 环境中一般不用它，特别是在 NT 网络和 Windows 9x 对等网中无法直接用 IPX/SPX 进行通信。

2．TCP/IP 协议

TCP/IP（Transmission Control Protocol/Internet Protocol，传输控制协议/因特网互联协议，又叫网络通讯协议）是 Internet 最基本的协议、Internet 国际互联网络的基础，简单地说，就是由网络层的 IP 协议和传输层的 TCP 协议组成的。TCP/IP 定义了电子设备（比如计算机）如何连入因特网，以及数据如何在它们之间传输的标准。TCP/IP 是一个四层的分层体系结构。高层为传输控制协议，它负责聚集信息或把文件拆分成更小的包。低层是网际协议，它处理每个包的地址部分，使这些包正确地到达目的地。

3．NetBEUI 协议

NetBEUI 协议用于 Net BEUI 网、LanMan 网、Windows for Workgroups 以及 Windows NT 网。NetBEUI 即 NetBIOS Enhanced UserInterface（网络基本输入输出系统扩展用户接口）的缩写，该协议主要为小型局域网（约 20～200 台工作站）设计。微软公司从 20 世纪 80 年代中期一直在自己的联网产品中支持该协议。该协议强有力的流控制功能、调谐参数和强大的错误检测能力，非常适合为它规定的任务类型。NetBEUI 的潜在问题是无法路由寻径（routable）：即不能从一个局域网经路由器（router）到另一个局域网。对无须跨经路由器与大型主机通信的小型局域网，安装 NetBEUI 协议就足够了。但是如果要与别的局域网进行通信，就必须安装 TCP/IP 或 IPX/SPX 协议。

7.2.4　局域网的组成

微机局域网（或环局域网）包括网络硬件和网络软件两大部分。

1．网络硬件

组建局域网所需的网络硬件主要有服务器、网络工作站、网络适配器（网卡）、集线器（HUB）及其传输介质等。

（1）服务器（Server）。服务器是以集中方式管理局域网中的共享资源，为网络工作站提供服务的高性能、高配置计算机。常用的有文件、打印和异步通信 3 种服务器。

（2）网络工作站。网络工作站是为本地用户访问本地资源和网络资源而提供服务的配置较低的微型机。工作站分为带盘和无盘两种类型。

（3）网络适配器。网络适配器俗称网卡，是构成网络的基本部件。它是一块插件板，插在计算机主板的扩展槽中，通过网卡上的接口与网络的电缆系统连接，从而将服务器、工作站连接到传输介质上进行电信号匹配，实现数据传输。

网卡有多种类型，选择网卡时应从计算机总线的类型、传输介质的类型、组网的拓扑结构、节点之间的距离及其网段的最大长度等几个方面来考虑。

（4）路由器（Router）：路由器是连接因特网中各局域网、广域网的设备，是互联网络的枢纽、“交通警察”。它会根据信道的情况自动选择和设定路由，以最佳路径，按前后顺序发送信号的设备。目前，路由器已经广泛应用于各行各业，各种不同档次的产品已经成为实现各种骨干网内部连接、骨干网间互联和骨干网与互联网互联互通业务的主力军。

（5）传输介质。传输介质也称为通信介质或媒体，在网络中充当数据传输的通道。传输介质决定了局域网的数据传输率、网段的最大长度、传输的可靠性及网卡的复杂性。局域网的传输介质主要是双绞线、同轴电缆和光纤。

2．网络软件

组建局域网的基础是网络硬件，网络的使用和维护则要依赖于网络软件，在局域网上使用的网络软件主要是网络操作系统、网络数据库管理系统和网络应用软件。

（1）网络操作系统。在局域网硬件提供数据传输能力的基础上，为网络用户管理共享资源，提供网络服务功能的局域网系统软件被定义为局域网操作系统。局域网操作系统主要由服务器操作系统、网络服务软件、工作站软件及其网络环境软件 4 部分组成。

（2）网络数据库管理系统。网络数据库管理系统是一种可以将网上的各种形式的数据组织起来，科学、高效地进行存储、处理、传输和使用的系统软件，可把它作为网上的编程工具。

（3）网络应用软件。网络应用软件是指软件开发者根据网络用户的需要，用开发工具开发出来各种应用软件。例如常见的在局域网环境中使用的 Office 办公套件、收银台收款软件等。

7.3　Internet　概　述

Internet 的音译名为“因特网”，人们也常称其为“互联网”或者是“国际互联网”。Internet 是目前世界上最大的信息网络，有人把它称为“网络中的网络”，但它不是一个具体的网络，是众多网络互相通过一定的协议（TCP/IP 协议）连接而成的一个网络集合。

7.3.1　Internet 的服务

Internet 之所以得到广泛的应用，是因为它提供了大量的服务，如万维网（WWW）服务、电子邮件（E-mail）服务、电子公告板（BBS）服务、文件传输（FTP）服务、新闻组（Usenet）服务、远程登录（Telnet）服务、信息查询工具（Gopher）等。这些服务为人们之间的信息交流带来了极大的便利。

下面对 Internet 提供的服务项目做以介绍。

（1）万维网（WWW）。万维网是全世界性的互联网的多媒体子网，是 Internet 上发展最快的一部分，也是最受欢迎的一种信息服务形式。万维网站点地址前都有“http//”字样，它遵循超文本传输协议（HTTP），通过超文本及超媒体技术将 Internet 上的信息集合起来，使用户可以通过“超级链接”快速访问。即使用户对网络不熟悉，也可以使用 WWW 浏览器（如 Internet Explorer）漫游 Internet，从中获取信息。

（2）电子邮件（E-mail）。E-mail 的使用很普及，是由于它可以使用户在任何时间、地点撰写、收发邮件、读取邮件、回复及转发邮件等。用户可以通过 Internet Explorer 中的电子邮件收发器 Outlook Express 来收发电子邮件。

（3）远程登录（Telnet）。远程登录作为 Internet 上最早的一种服务，使用户使用的个人计算机成为某一台远程计算机的虚拟终端，用户所有的操作都要通过远程主机处理后才反馈给用户。

（4）文件传输（FTP）。使用文件传输这种服务可以将一台计算机上的文件传送到另外一台计算机上。FTP 可以传输各种类型的文件。

7.3.2　Internet 的接入方式

目前，接入 Internet 的方式有 ISDN 上网、ADSL 宽带上网、DDN 专线、卫星接入、光纤接入、无线接入、cable modem 接入等多种方式，这里简单介绍以下 3 种。

1. ISDN 上网

ISDN 就是综合业务数字网，它采用数字传输和数字交换技术，将电话、传真、数据、图像等多种业务综合在一个统一的数字网络中进行传输和处理。可以同时使用多个终端，并且传输信号质量好，线路可靠性高，速度也较快（可达到 128 KB/s），用户可以使用 ISDN 提供的两个 B 信道同时上网和打电话。使用这种方式上网的费用比普通拨号上网要贵一些。

2. ADSL 宽带上网

ADSL 就是非对称数字用户专线技术，是一种非常受用户欢迎的 Internet 连接方式。是一种能够通过普通电话线提供宽带数据业务的技术，也是目前发展速度极快的一种接入技术。接入时需要加入一块网卡，接入后自动建立与 Internet 的专线连接，不需要拨号，不需要交市话费，成为继 Modem、ISDN 之后的又一种全新的高效接入方式。

3. Cable-Modem

线缆调制解调器(Cable-Modem)是近几年开始试用的一种超高速 Modem，它利用现成的有线电视（CATV）网进行数据传输，已是比较成熟的一种技术。随着有线电视网的发展壮大和人们生活质量的不断提高，通过 Cable Modem 利用有线电视网访问 Internet 已成为越来越受人们关注的一种高速接入方式。

7.4　使用 IE 浏览器

在上网浏览网页之前，必须学会使用浏览器。目前，使用最广泛的浏览器是 Internet Explorer，简称 IE 浏览器，它是 Windows XP 操作系统自带的网页浏览工具。

7.4.1　认识 IE 浏览器窗口

接入 Internet 后，选择 开始 → 程序(P) → Internet Explorer 命令，即可启动 IE 浏览器。IE 浏览器的窗口包括标题栏、菜单栏、工具栏、地址栏、链接栏、浏览窗口和状态栏，如图 7.4.1 所示。

（1）标题栏。标题栏位于界面的顶端，显示当前访问页面的标题。

（2）菜单栏。菜单栏位于标题栏的下方，使用菜单栏中的命令可以实现浏览器的所有功能。

（3）工具栏。工具栏位于菜单栏的下方，包括一些常用操作的工具按钮，IE 浏览器中常用的工具按钮及其功能与 Office 软件中的有所不同。

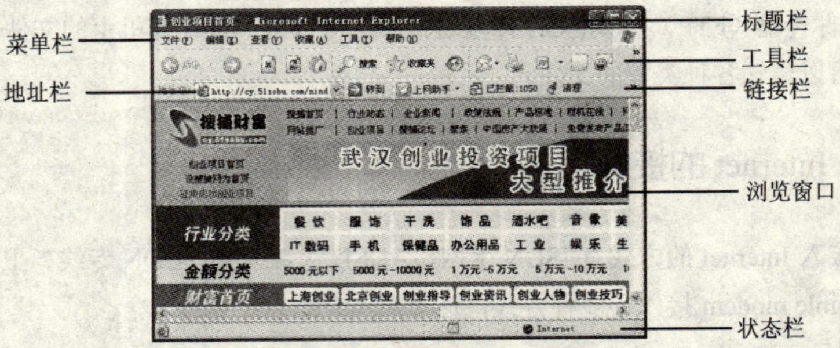

图 7.4.1　IE 浏览器窗口

（4）地址栏。地址栏位于工具栏的下方，显示当前访问页面的地址，可在此输入要访问的页面地址以访问该网页。

（5）链接栏。链接栏位于地址栏的右侧，使用链接栏的快速链接，可达到快速访问指定网页的目的。

（6）浏览窗口。浏览窗口位于地址栏和状态栏之间的区域，浏览窗口中显示了当前网页的内容，单击网页中的超链接又可以打开链接的网页。

（7）状态栏。状态栏位于 IE 浏览器窗口的最底部，显示与 Internet 站点连接的状态。

7.4.2　浏览网页

启动 IE 浏览器以后，即可通过 IE 浏览器浏览网页，下面介绍几种浏览网页的方法。

1．直接输入地址

在 Internet 中网页都有一个固定的地址，称为网址。启动 IE 浏览器，将光标定位到地址栏，输入需要浏览的网页地址，如 http://www.6621.com/，单击“转到”按钮，稍等片刻，IE 浏览器便可打开整个网页。

2．通过工具栏浏览网页

通过工具栏中的功能按钮，可快速浏览网页，提高上网效率。

（1）“后退”按钮：单击该按钮，即可返回至刚才浏览过的网页。若单击该按钮旁边的下拉按钮，可在弹出的下拉列表中选择想要返回的网址，如图 7.4.2 所示。

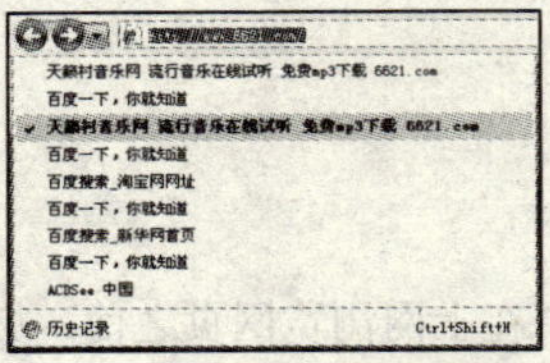

图 7.4.2　通过工具栏浏览网页

（2）“前进”按钮：单击该按钮，可返回到后退前的网页，若该按钮显示为灰色状态，则说明已经是最后一页，不能再向前翻页了。

（3）“刷新”按钮：单击该按钮，可更新当前网页中的数据。

（4）“主页”按钮：单击该按钮，可进入 IE 浏览器的主页。

（5）按钮：单击该按钮，可打开 IE 默认的搜索引擎的网页。

（6）地址(D) 图标：用户可以在地址栏中输入要访问网页的地址。单击其右侧的下拉按钮，弹出下拉列表，该列表中列出了最近访问过的网址，用户可选择一个链接，打开该网页。

（7）按钮：如果用户在地址栏中输入了网址，单击该按钮，即可跳转到相应的网页中。

3．使用超链接浏览网页

链接到网站后，会看到文字和图片，其中有的字符串会显示不同的颜色，还会加下画线，这些都是可以再打开新页面的特别字符串，称为超链接。当鼠标指针移动到超链接上时，指针会由图标变成一个做点击状的右手形状，同时状态栏上还会显示链接网址，单击这些文字或图片，即可打开超链接网页。

4. 使用历史记录浏览网页

在 IE 浏览器中浏览过的网页都会被保存在历史记录中，使用历史记录浏览网页，首先须单击工具栏中的“历史”按钮，此时在 IE 窗口中出现历史记录栏。

单击历史记录栏中任意一天的记录图标，将在该图标下方显示当日访问过的所有网站地址。从显示的历史记录中单击任意一个网站地址，IE 浏览器窗口将迅速链接到该站点。

历史记录栏有许多种查看方式，单击历史记录栏中的 查看(V) 按钮，在下拉列表中可以选择按日期、站点、访问次数和今天的访问顺序 4 种方式排列并显示近期访问过的网站地址。

5. 脱机浏览

脱机浏览网页不仅可以提高上网效率，而且还可以节省时间和上网费用。设置 IE 浏览器进入脱机工作状态的具体操作步骤如下：

（1）启动 IE 浏览器。

（2）选择 文件(F) → 脱机工作(W) 命令。

进入脱机工作后，IE 浏览器将始终以脱机方式启动，直到再次选择 文件(F) → ✔脱机工作(W) 命令。

7.4.3　使用 IE 收藏夹

IE 浏览器提供了收藏夹功能，在浏览网页时，将喜欢或者实用的网页添加到收藏夹中，可免去每次都输入网址的麻烦，并能快速地打开需要浏览的网页。

收藏网址的具体操作步骤如下：

（1）打开需要收藏的网页，然后选择 收藏夹(A) → 添加到收藏夹(A)... 命令，弹出 添加收藏 对话框，在“名称”框中接受默认名称或重新命名，如图 7.4.3 所示。

（2）单击 添加(A) 按钮，可将该网页的地址添加到收藏夹中。若需要对该网站进行分类，可单击 新建文件夹(E) 按钮。

将网页成功添加到收藏夹后，选择 收藏夹(A) 菜单命令，在弹出的下拉列表中单击所收藏的网页名，即可打开网页，如图 7.4.4 所示。

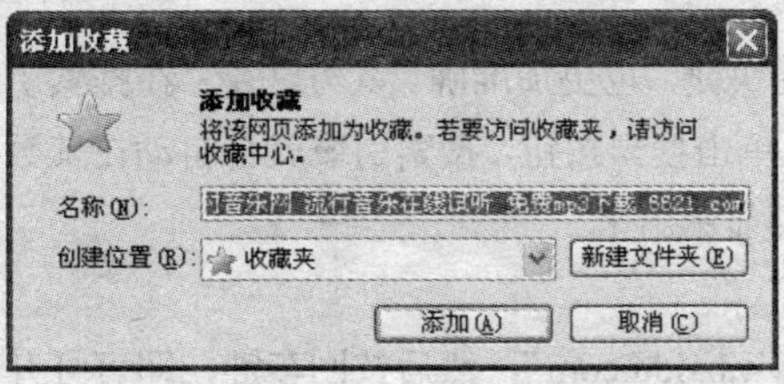

图 7.4.3　“添加收藏”对话框

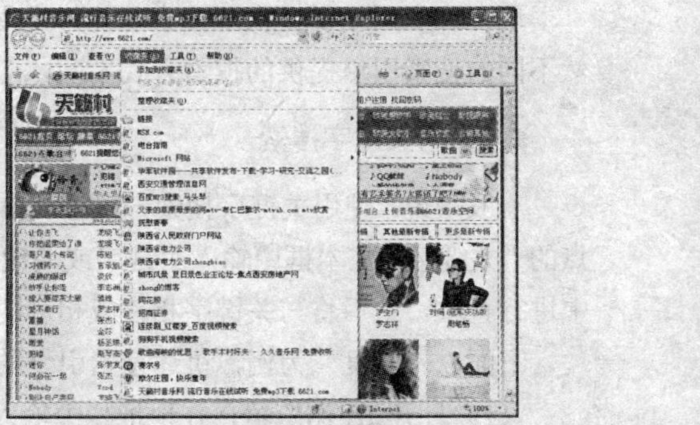

图 7.4.4　打开收藏的网页

7.4.4 保存网页

用户也可以将一些比较有价值的网页保存在自己的计算机中，以便于在不连网的情况下也可以浏览该网页。保存网页的具体操作步骤如下：

（1）打开需要保存的网页。

（2）选择 文件(F) → 另存为(A)... 命令，弹出 保存网页 对话框，如图 7.4.5 所示。

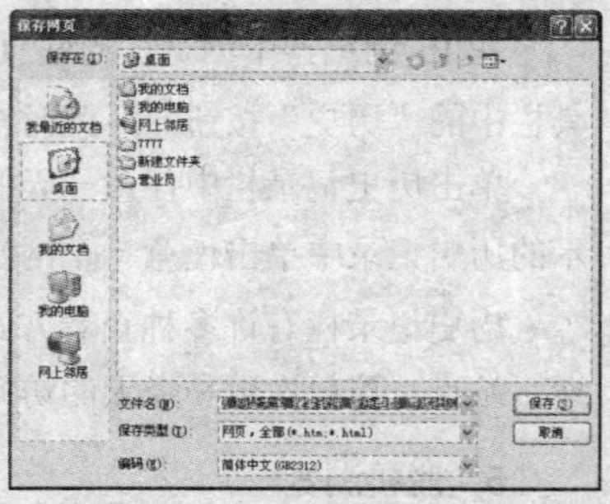

图 7.4.5 “保存网页”对话框

（3）在该对话框中的“保存在”下拉列表中选择网页保存的位置；在“文件名”文本框中输入网页的名称，也可以使用默认的网页标题名称；在“保存类型”下拉列表中选择网页保存类型；在“编码”下拉列表中选择网页编码。

（4）设置完成后，单击 保存(S) 按钮，即可保存网页。

提示：用户还可以保存网页中的文字和图片。

（1）保存网页中的文字就是对文字进行复制操作，然后将文字粘贴到记事本、写字板或 Word 等文字处理软件的文档中，最后再将文档保存起来，此处不再列举。

（2）保存网页中图片的方法是：在图片上单击鼠标右键，然后在弹出的快捷菜单中选择 图片另存为(S)... 命令，然后在打开的 保存图片 对话框中设置图片在电脑中的保存位置。

7.5 搜索与下载网络资源

Internet 是一个庞大的信息资源库，用户可以在其中寻找有用的资料，并将其保存到本地计算机中，供自己学习和工作使用。

7.5.1 搜索资源

搜索引擎（Search Engine）是一种帮助用户在 Internet 中查找信息资源的工具，它能以一种特殊的方式对 Internet 中的信息进行解释、处理、提取和组织等工作，并为用户提供检索功能，从而达到搜索信息的目的。

现在许多网站都提供了搜索功能，常用的搜索引擎有 Google、百度、雅虎、搜狐、新浪等。虽然不同的搜索引擎提供的搜索方式不同，但一般都提供如下两种搜索方式：

1. 使用关键字搜索

一般来说，使用关键字搜索方式查找信息更加方便快捷，也更加准确。其方法是：在搜索引擎站点的“关键字”文本框中输入关键字或关键字组合后，单击搜索按钮，搜索引擎就会自动在其数据库中进行查找，最后将与关键字相符或相近的网站资料都显示出来。

下面以“百度”为例，讲述搜索引擎的使用方法。

（1）打开 IE 浏览器，在地址栏中输入“http://www.baidu.com”，然后按回车键，即可打开百度首页，在“搜索框”中输入关键词，如“老虎”，如图 7.5.1 所示。

（2）单击百度一下按钮，即可搜索到与关键词“老虎”相关的网络信息，如图 7.5.2 所示。

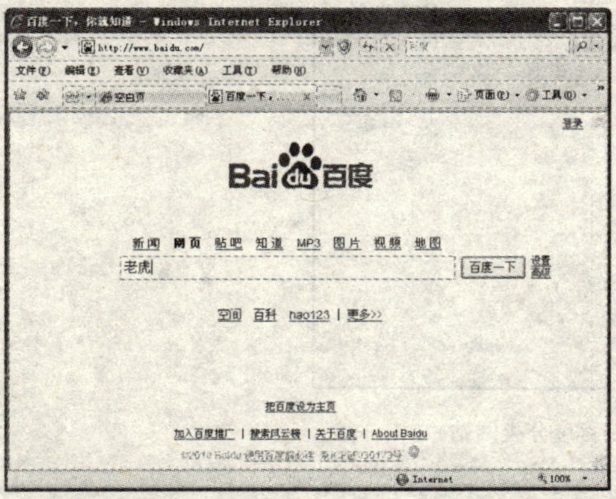

图 7.5.1　在“百度”主页中输入关键词

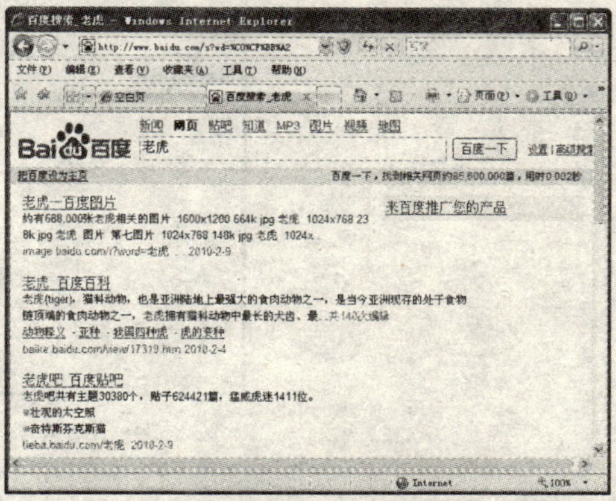

图 7.5.2　搜索到的“老虎”信息

（3）单击需要浏览的链接，即可进入相关页面进行浏览，如图 7.5.3 所示。

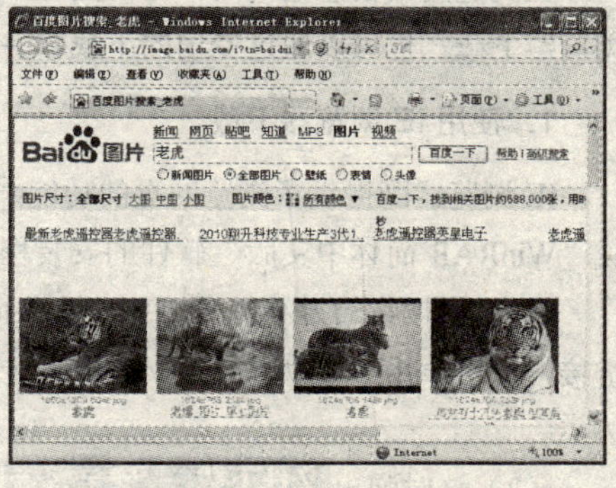

图 7.5.3　打开相关浏览页面

技巧：在百度的搜索引擎首页中有“新闻”“网页”“贴吧”“知道”“MP3”“图片”等搜索类型，默认打开的是“网页”搜索类型，单击任何一个类型的链接，就可以进入相应的搜索页面。

2．使用分类搜索

在某些大型网站的首页中一般将各种信息分为多个大类，每个大类下面又设有多个更细的分类，用户只须依次单击所需的分类超链接便可层层深入地查找想要的信息。

单击百度首页中的更多>>超链接，在打开的窗口中单击网站超链接，网页会自动跳转到网站分类搜索页面。左侧是网站分类，右侧是一些比较知名的网站的名单，另外还提供了一系列的查询功能，如图 7.5.4 所示。

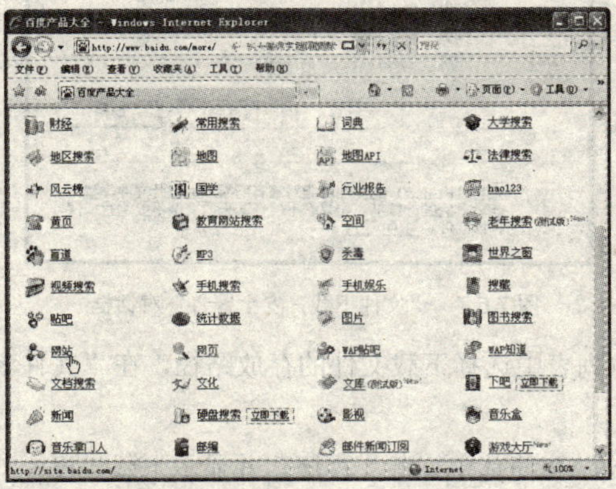

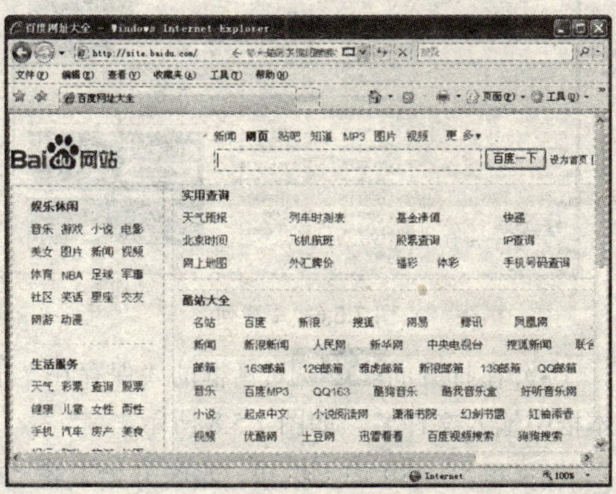

图 7.5.4　分类搜索

假如要搜索彩票信息，就可以在左侧的分类目录中单击彩票超链接（见图 7.5.4），打开彩票分类网站目录页后，单击所需的网站，即可打开其主页，如图 7.5.5 所示。

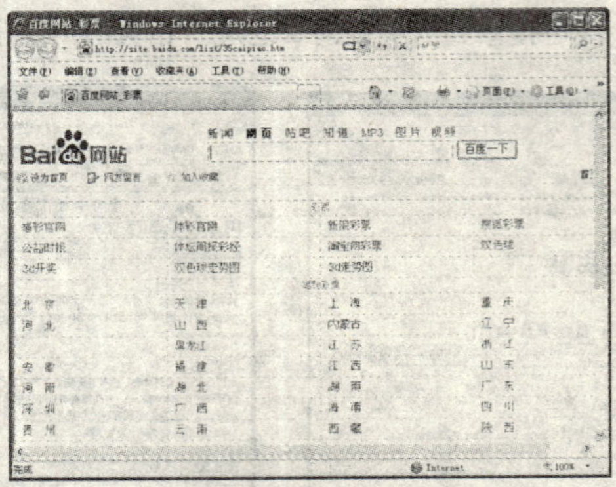

图 7.5.5　打开百度分类网站

7.5.2　下载网络资源

在浏览网络信息的同时，还可随意下载需要的网络资源。下载资源的方式很多，既可以使用 IE 浏览器下载，也可以通过专门的下载软件进行下载，如迅雷、FlashGet 等。

1．使用 IE 浏览器下载

IE 浏览器既提供了浏览网页的功能，也提供了直接下载网络资源的功能。下面通过 IE 浏览器下载“WinRAR 简体中文版”软件的安装程序，具体操作步骤如下：

（1）用搜索的方法打开“WinRAR 简体中文版”程序下载的网页，使用鼠标右键单击该下载超链接，这里单击 陕西冠群电信下载 链接，在弹出的快捷菜单中选择 目标另存为(A)... 命令，如图 7.5.6 所示。

（2）这时弹出 文件下载 － 安全警告 对话框（见图 7.5.7），单击 保存(S) 按钮。

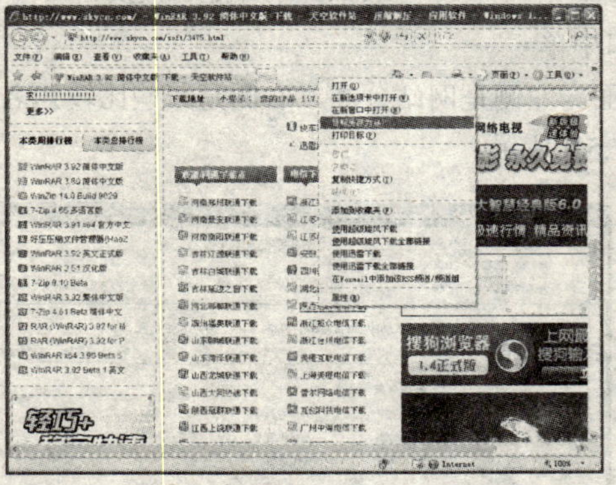

图 7.5.6　下载列表

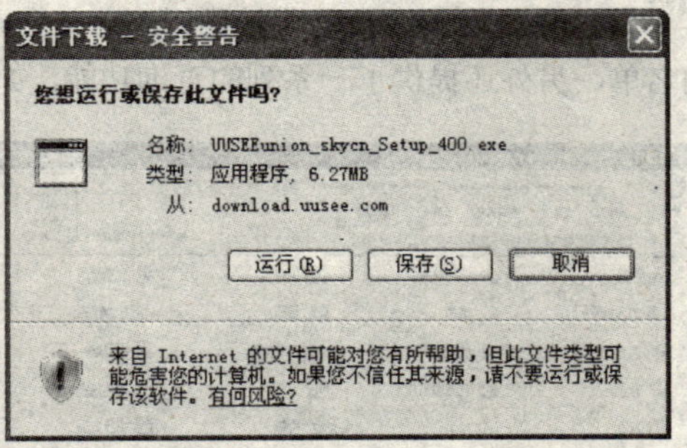

图 7.5.7　“文件下载 - 安全警告”对话框

（3）在打开的 另存为 对话框的“保存在”下拉列表中选择下载文件的存放路径，在“文件名”文本框中输入文件名，如图 7.5.8 所示。

（4）单击 保存(S) 按钮，系统开始下载“WinRAR 简体中文版”程序，并显示下载进度，如图 7.5.9 所示。

提示： 若选中 ☑下载完成后关闭此对话框(C) 复选框，则文件下载完毕后，将不弹出“下载完毕”对话框，并自动关闭“文件下载”对话框。

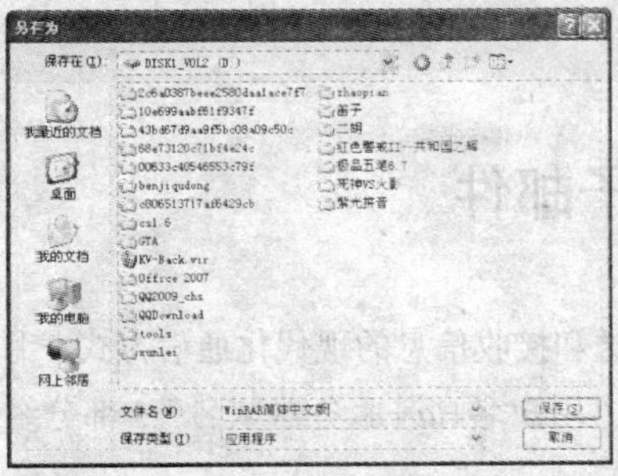

图 7.5.8　“另存为”对话框

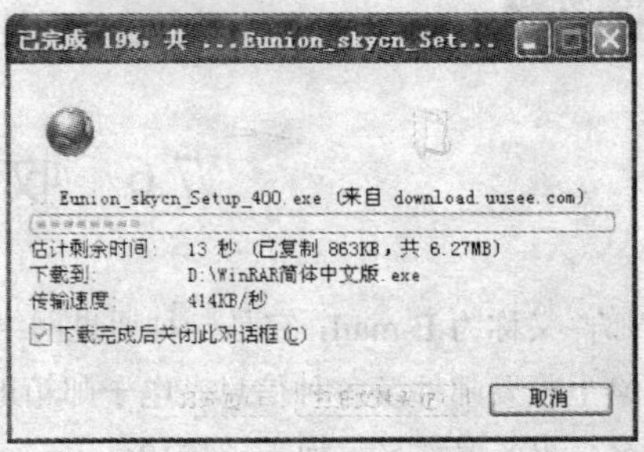

图 7.5.9　显示下载进度

2．使用迅雷下载

迅雷是一款新型的基于多资源超线程技术的下载软件，通过该软件可同时从服务器、镜像和节点下载网络资源，从而提高了下载速度，节省宝贵的时间。

用迅雷下载“WinRAR 简体中文版”安装程序的具体操作步骤如下：

（1）启动迅雷下载软件，用搜索的方法打开提供“WinRAR 简体中文版”程序下载的网页，单击其中一个下载超链接，这里单击 迅雷用户专用下载 超链接，如图 7.5.10 所示。

（2）在打开的 建立新的下载任务 对话框中，为下载文件选择保存路径，然后在“另存名称”文本框中修改下载文件的名称，如图 7.5.11 所示。

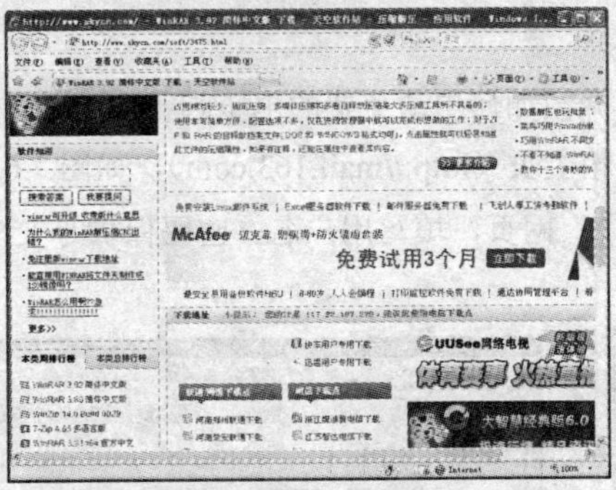

图 7.5.10　打开需要的下载网页

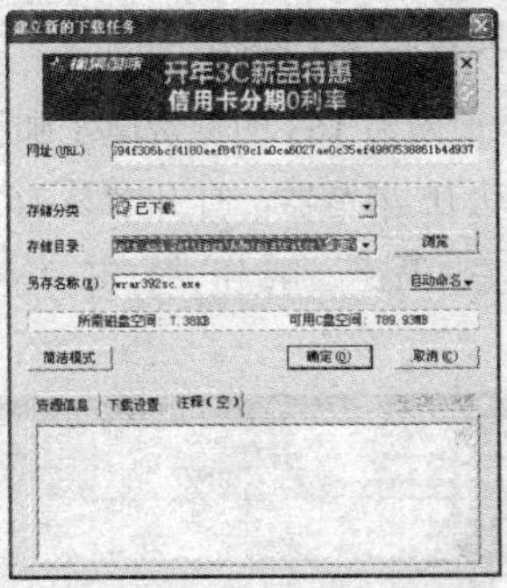

图 7.5.11　“建立新的下载任务”对话框

（3）单击 确定(O) 按钮即可进行下载，并显示下载进度，如图 7.5.12 所示。

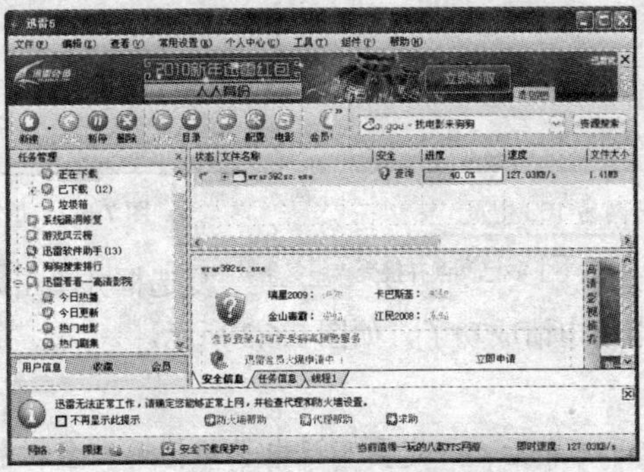

图 7.5.12　使用迅雷下载程序

提示： 启动迅雷下载软件后，屏幕的右上角将出现一个支持拖动链接地址的悬浮窗口。悬浮窗口的使用方法很简单，将网页中的下载链接拖到悬浮窗口中，迅雷即可自动弹出建立新的下载任务对话框，并引导用户进行下载。

7.6 收发电子邮件

电子邮件又称为 E-mail，它是一种通过网络实现传送和接收信息的现代化通信方式，用户可以使用它在网络上收发邮件及各种信息。电子邮箱地址是由“用户名+@+服务器域名”3 部分组成。格式为：用户名@服务器域名，如 zww@126.com。

用户可以直接登录电子邮箱，在线收发电子邮件，也可以使用 Outlook Express 收发电子邮件，下面将分别介绍这两种方式收发电子邮件的方法。

7.6.1 在线收发电子邮件

收发电子邮件之前，必须先申请一个电子邮箱，用户可以使用以下两种方法进行申请。

（1）通过申请域名空间获得邮箱。

（2）通过网站申请收费邮箱或免费邮箱。

当免费电子邮箱申请成功后，就可以使用该电子邮箱进行邮件的收发工作。

1. 申请免费的电子邮箱

下面以申请网易 163 的免费电子邮箱为例，介绍如何申请免费的电子邮箱。

（1）启动 IE 浏览器，打开网易 163 免费邮箱主页（http://mail.163.com），如图 7.6.1 所示。

（2）单击 注 册 按钮，打开“注册新用户”网页，填写用户名、密码保护等安全信息，如图 7.6.2 所示。

图 7.6.1 打开网易 163 主页

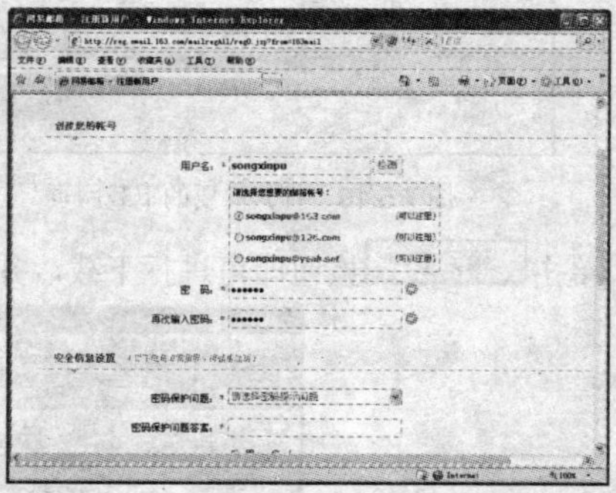

图 7.6.2 填写用户信息

（3）填完用户信息后，选中 ☑ 我已阅读并接受“服务条款”复选框并单击 创建帐号 按钮，即可看到注册成功的消息。至此，免费邮箱便申请成功了，如图 7.6.3 所示。

提示： 成功申请电子邮箱后，一定要牢记电子邮箱用户名和密码，以便在使用时能够成功登录。

2. 登录电子邮箱

成功申请电子邮箱后，还需要登录才能进行邮件的收发。下面就以之前申请的电子邮箱为例介绍如何登录。

（1）打开网易 163 免费邮箱主页，分别在“用户名”和“密码”文本框内输入正确的用户名和密码，如图 7.6.4 所示。

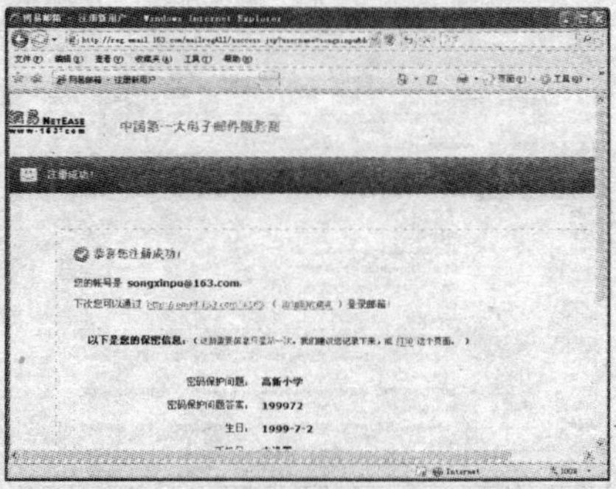

图 7.6.3　注册成功

图 7.6.4　登录电子邮箱

（2）单击 登 录 按钮，或者直接按“Enter”键即可成功登录。

3．编辑与发送电子邮件

成功登录电子邮箱后，就可以编辑和发送电子邮件了，具体操作步骤如下：

（1）登录到邮箱界面后单击管理页面左侧的 写 信 按钮，进入写信界面。

（2）在“收件人”文本框中输入收件人的电子邮箱地址，在“主题”文本框中输入邮件的主题，然后在下方的正文栏中输入邮件的内容，如图 7.6.5 所示。

（3）输入完成后，单击 发 送 按钮，即可将该邮件发送到收件人的电子邮箱中。

4．在邮件中添加附件

若要发送文档、图片、音乐和视频等资料，可通过附件的方式发送给收件人。下面以发送图片为例，介绍如何在邮件中添加附件。

（1）在撰写邮件的过程中，单击添加附件链接。

（2）弹出“选择文件”对话框，选择要作为附件的图片，如图 7.6.6 所示。

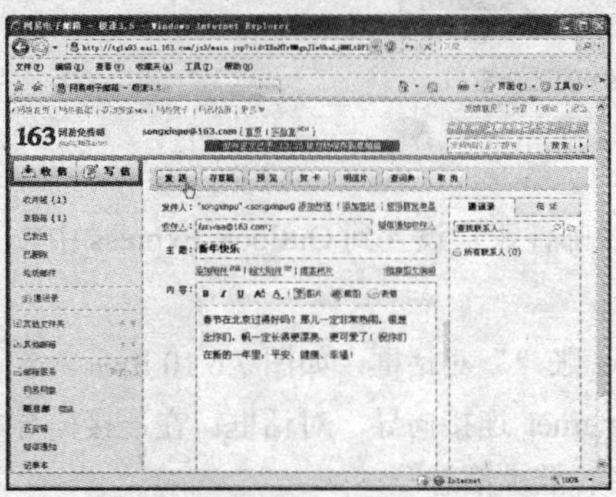

图 7.6.5　编辑并发送邮件

图 7.6.6　添加附件

（3）单击 打开(O) 按钮返回到写信界面，单击 发 送 按钮，即可向对方发送图片。

5．接收并回复电子邮件

了解了怎样发送电子邮件，下面将介绍怎样接收并回复对方发送的电子邮件。

（1）登录到邮箱界面后单击管理页面左侧的 收 信 按钮或单击“收件箱”链接，进入到收信界面，如图 7.6.7 所示。

（2）单击需要阅读的邮件主题，在接下来的页面中即可阅读该邮件的内容。

（3）阅读完邮件后，单击 回复 按钮，即可进入写信界面中对该邮件进行回复，如图 7.6.8 所示。

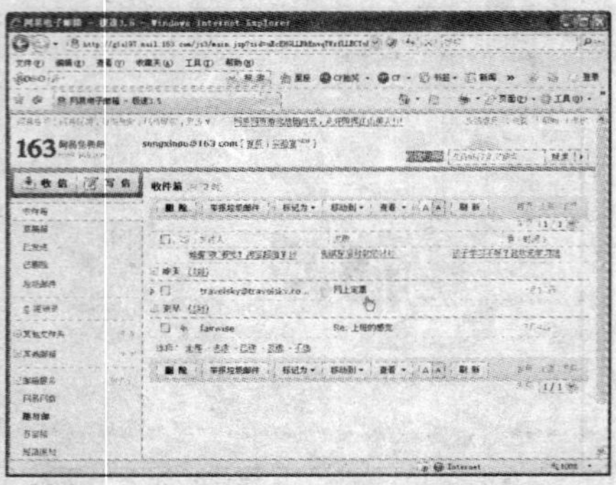

图 7.6.7　接收电子邮件

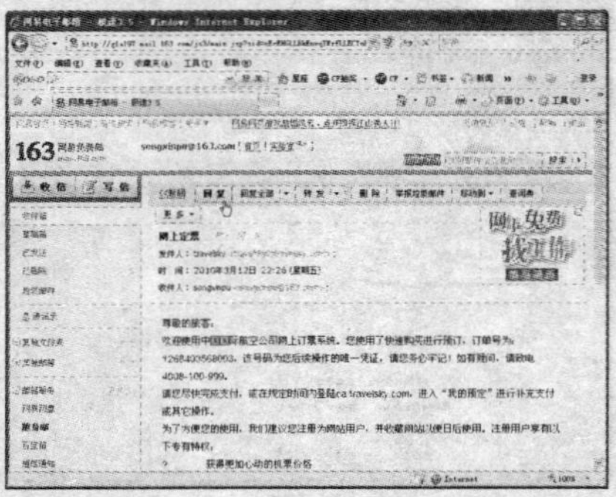

图 7.6.8　回复邮件

7.6.2　使用 Outlook Express 收发电子邮件

Outlook Express 是 Windows XP 自带的一个电子邮件收发与管理程序，适合于拥有多个电子邮箱的用户使用。选择 开始 → 所有程序(P) → Outlook Express 命令，即可启动 Outlook Express，并打开其工作窗口，如图 7.6.9 所示。

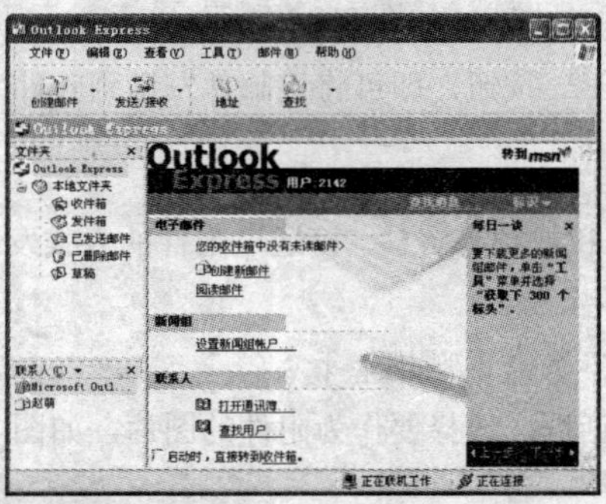

图 7.6.9　Outlook Express 的工作窗口

1. 设置账户

在使用 Outlook Express 之前，必须先将网上申请的邮件账户设置到 Outlook Express 中，具体操作步骤如下：

（1）选择 工具(T) → 帐户(A)... 命令，弹出“Internet 账户”对话框，如图 7.6.10 所示。

（2）选择 添加(A) → 邮件(M)... 命令，进入“Internet 连接向导”对话框。在连接向导中依次输入用户的姓名、所申请的电子邮箱地址、服务器域名和登录信息等。

（3）输入完所有信息后，新添加的邮件账户即可显示在“Internet 账户”对话框中，如图 7.6.11 所示。

（4）单击 关闭 按钮，即可返回至 Outlook Express 操作界面。

2. 收发电子邮件

创建好账户后，就可以使用 Outlook Express 收发电子邮件，具体操作步骤如下：

（1）单击 按钮，打开创建新邮件窗口。

（2）在“发件人”下拉列表中选择设置的邮件账户，在“收件人”文本框中输入收件人的电子邮箱地址，在“邮件主题”文本框中输入邮件的主题，在邮件内容区域输入邮件的正文。

（3）输入完成后，单击 按钮即可发送邮件。

（4）接收电子邮件时，单击 按钮，Outlook Express 开始接收所有邮件账户的邮件，接收完后，即在收件箱中显示收到的新邮件数量。用户可将收件箱文件夹打开，查看和阅读收到的电子邮件。

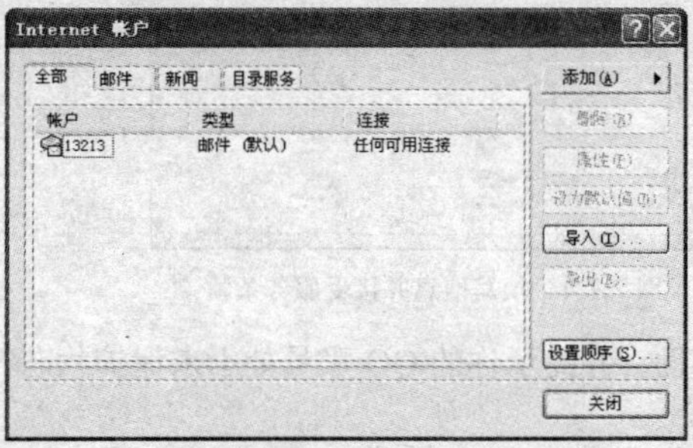

图 7.6.10　“Internet 账户”对话框

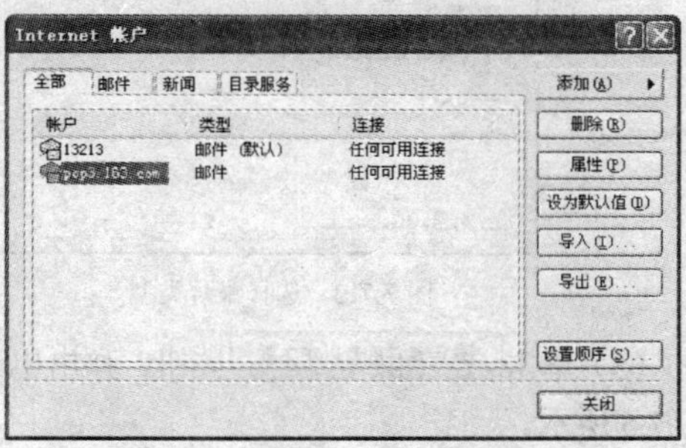

图 7.6.11　新建的邮件账户

7.7　网 上 聊 天

网上聊天是用户通过网络进行信息交流的重要方式。目前，国内使用得最广泛的聊天软件是腾讯 QQ（简称 QQ），它是由深圳腾讯公司开发的即时通信软件。登录腾讯公司的网站 http://www.qq.com 可以免费下载此软件。

7.7.1　申请与登录 QQ

使用 QQ 聊天前，还必须申请 QQ 账号。QQ 账号分为免费账号和付费账号两种，下面以申请免费 QQ 账号为例，介绍如何申请 QQ 账号。

1．申请账号

（1）安装好 QQ 聊天软件后，双击桌面中的“腾讯 QQ”图标，打开“登录 QQ”对话框，并单击注册新帐号超链接，如图 7.7.1 所示。

（2）打开申请QQ帐号网页，单击“网页免费申请”超链接或立即申请按钮，如图 7.7.2 所示。

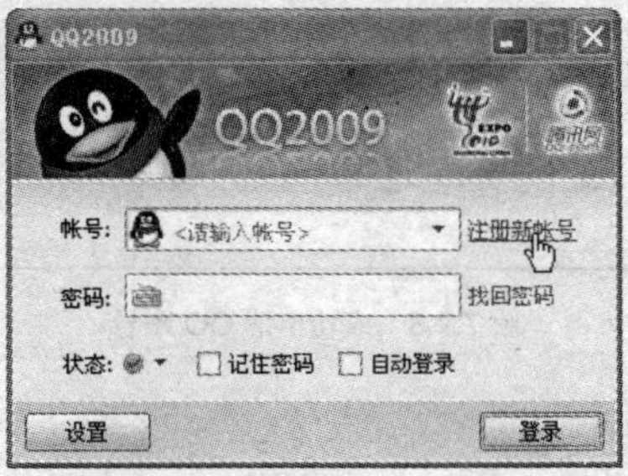

图 7.7.1　“登录 QQ”对话框

图 7.7.2　“申请 QQ 账号”网页

（3）打开如图 7.7.3 所示申请免费账号的网页，从中选择要申请的账号类型，在这里选择“QQ

号码”。

（4）接着打开填写基本信息的网页，输入基本信息（昵称、年龄、密码等），并选择所在的地区（国家、省份和城市），在“验证码”文本框中输入“验证图片”上的字符，如图 7.7.4 所示。

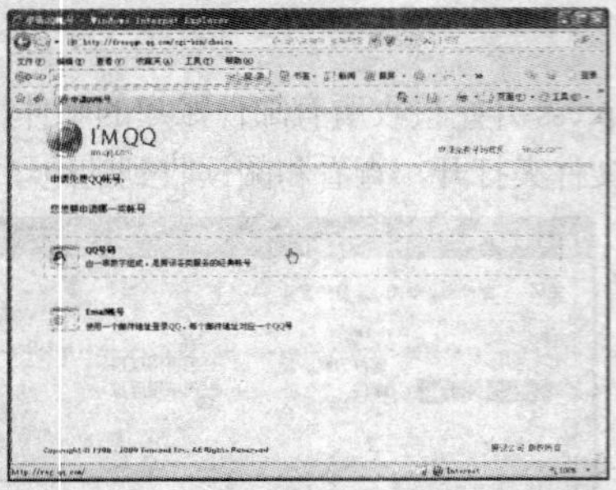

图 7.7.3　选择账号类型

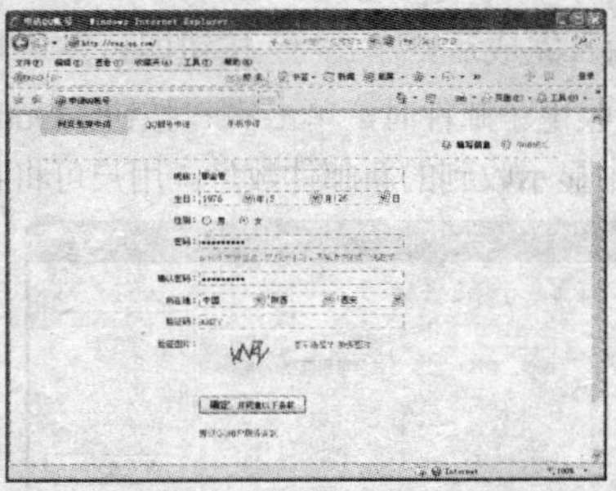

图 7.7.4　填写信息并接受服务条款

（5）单击 确定 并同意以下条款 按钮，弹出申请成功界面，并提示你的 QQ 账号处于未保护状态，如图 7.7.5 所示。

（6）为防止他人盗取你的 QQ 账号，可单击 立即获取保护 按钮，打开验证密码保护信息的网页，在相应的文本框中正确填写设置的密码保护问题的答案，如图 7.7.6 所示。

图 7.7.5　处于未保护状态的 QQ 账号

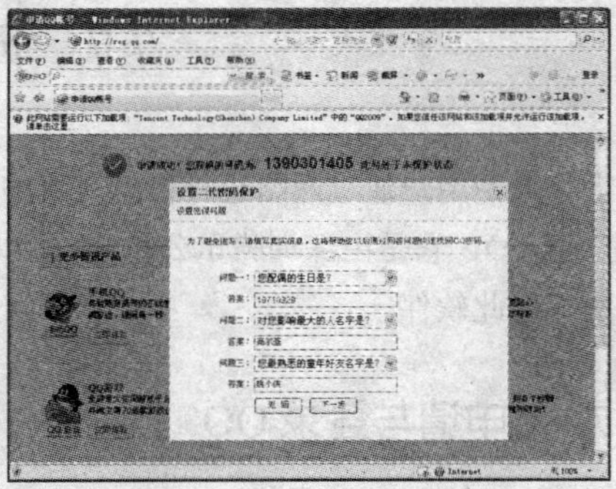

图 7.7.6　设置密码保护信息

（7）单击 下一步 按钮，弹出 QQ 账号已成功设置了第二代密码保护的信息，如图 7.7.7 所示。

（8）单击 完 成 按钮，弹出如图 7.7.8 所示的申请成功并已设置第二代密码保护的界面。

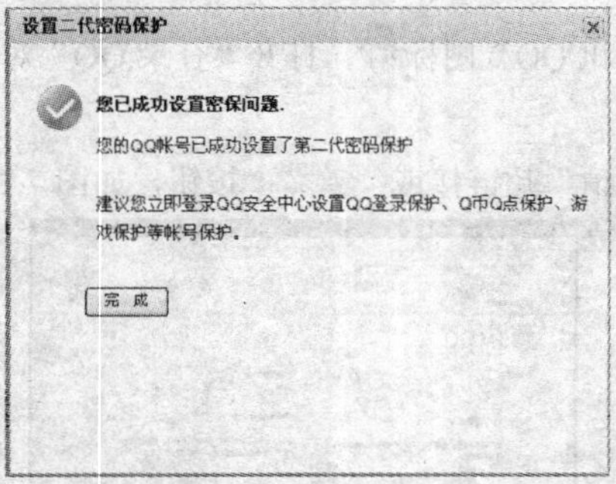

图 7.7.7　成功设置密码保护

图 7.7.8　成功申请 QQ 账号

2．登录 QQ

成功申请 QQ 账号后，就可以进行登录了。

（1）双击桌面上的 QQ 快捷方式，在“账号”下拉列表框中输入已申请的 QQ 账号，在“密码”

栏中输入密码，如图 7.7.9 所示。

（2）单击 登录 按钮，稍等片刻后将打开 QQ 的操作界面，如图 7.7.10 所示。

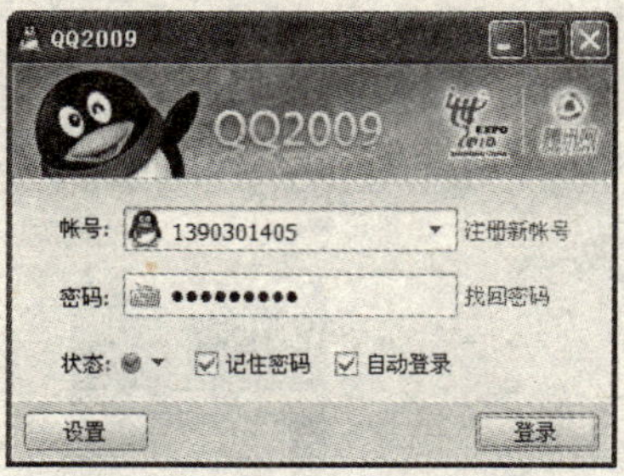

图 7.7.9　登录 QQ

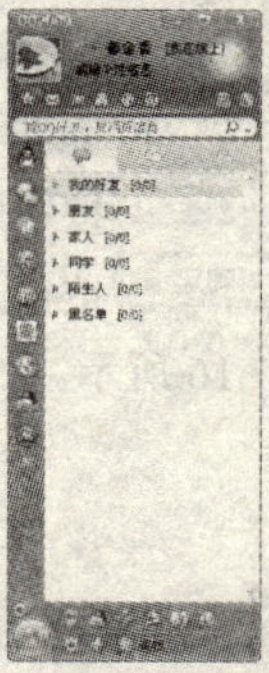

图 7.7.10　登录成功

7.7.2　添加好友

初次登录 QQ，在“我的好友”栏中默认添加了自己为好友，单击 我的好友 [0/0] 栏即可展开该栏。如果需要进行聊天，必须先添加其他的 QQ 好友。添加好友有两种途径：一种是随意查找；另一种是添加已知的 QQ 账号。下面以添加已知的 QQ 账号为好友为例进行讲解。

（1）在打开的 QQ 工作界面的下侧单击 查找 按钮，弹出如图 7.7.11 所示的 查找联系人/群/企业 对话框，选中 精确查找 单选按钮，在“账号”文本框中输入已知的 QQ 账号。

（2）单击 查找 按钮，在打开对话框列表中显示查找到的用户，单击选择它，如图 7.7.12 所示。

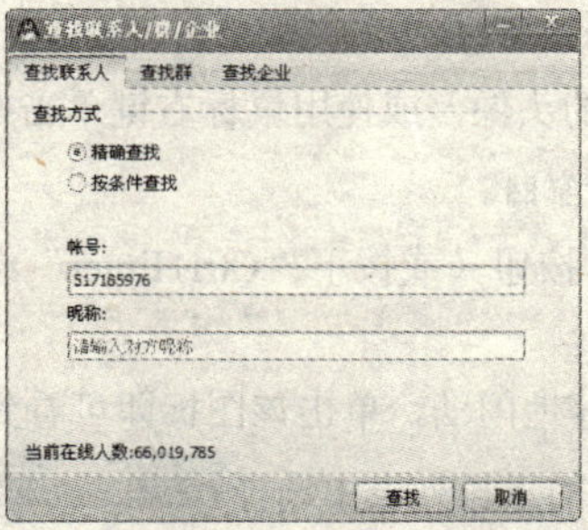

图 7.7.11　“查找联系人/群/企业”对话框

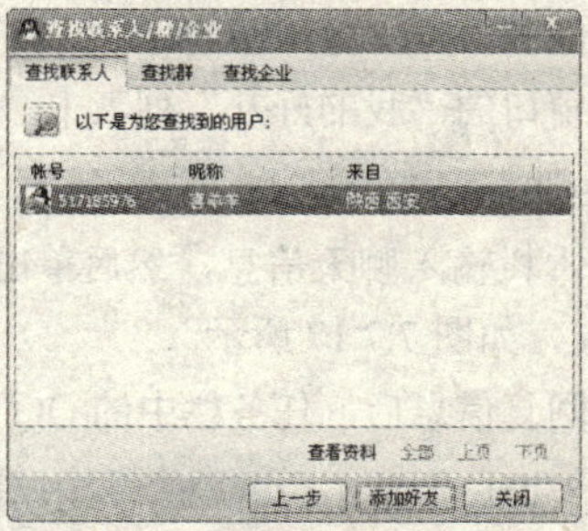

图 7.7.12　选择要添加的好友

（3）单击 添加好友 按钮，在 身份验证 对话框的“验证码”文本框中输入验证码，如图 7.7.13 所示。

（4）单击 确定 按钮，返回到 添加好友 对话框中，在“请输入验证信息”文本框中输入你的个人信息，在“分组”下拉列表中选择“我的好友”，如图 7.7.14 所示。

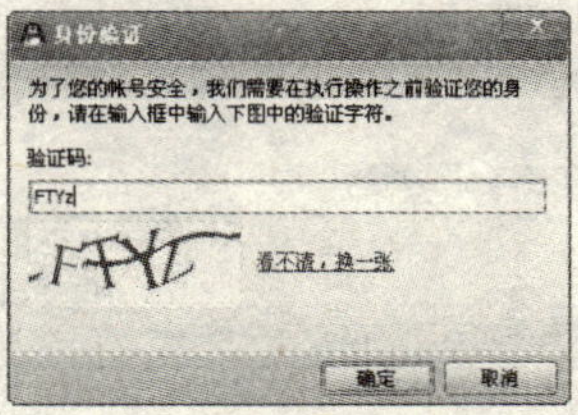

图 7.7.13　身份验证

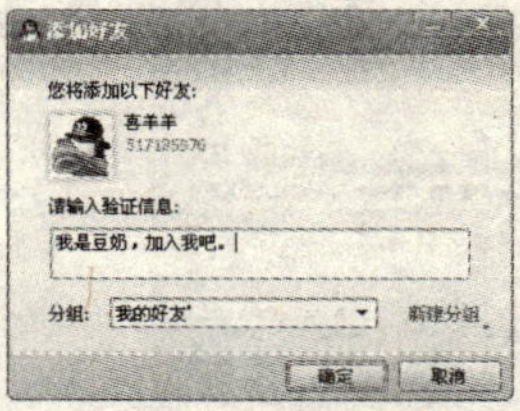

图 7.7.14　添加好友

注意：如果对方未设置好友验证功能，就不会打开如图 7.7.14 所示的对话框，并且可以直接将对方添加为好友。对方收到信息后，在 QQ 工作界面或者通知区域中双击闪烁的图标即可打开“查找/添加好友”对话框。

（5）单击 确定 按钮即可将对方加为好友，如图 7.7.15 所示。

（6）单击 确定 按钮返回到 QQ 工作界面的“我的好友”栏，即可看到添加的好友头像图标和昵称，如图 7.7.16 所示。

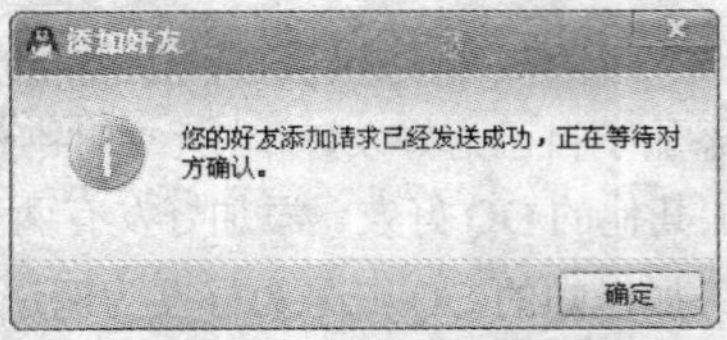

图 7.7.15　成功添加好友

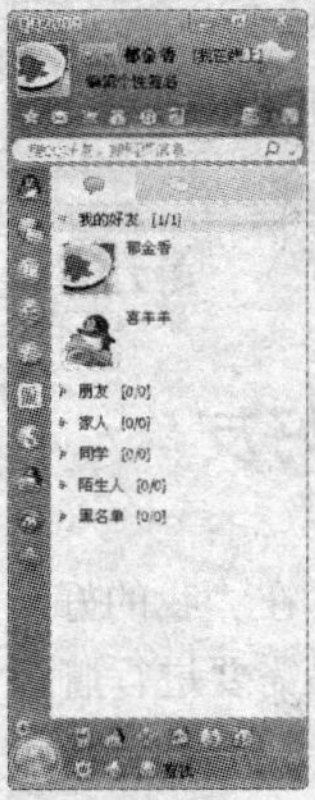

图 7.7.16　查看添加的好友

7.7.3　使用 QQ 聊天

成功添加好友后，就可以和好友聊天了，具体方法如下：

（1）在主窗口的“我的好友”列表中，双击好友的头像，或使用鼠标右键单击好友头像，在弹出的快捷菜单中选择 发送即时消息 命令，打开聊天窗口。

（2）在文本栏输入聊天信息，然后单击 发送(S) 按钮（或按下“Ctrl+Enter”组合键）即可将信息发送给好友，如图 7.7.17 所示。

（3）好友回复信息后，任务栏中的 QQ 图标会不停地闪动，单击该图标即可看到信息。

（4）在聊天窗口中单击 消息记录 按钮，在弹出的下拉列表中选择 显示消息记录 选项，在右侧窗口中会显示出所有的聊天记录，如图 7.7.18 所示。

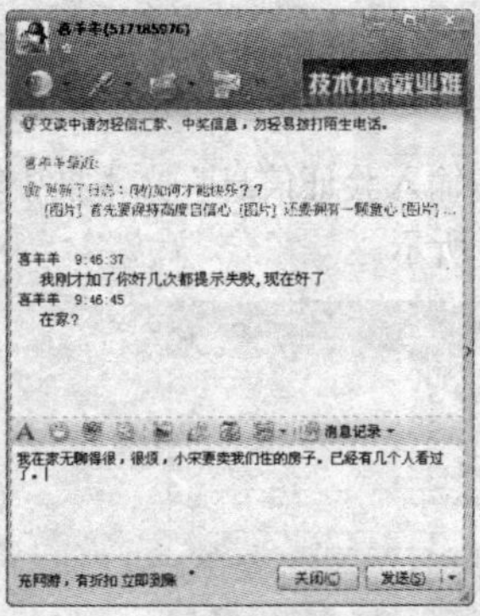

图 7.7.17　输入聊天内容

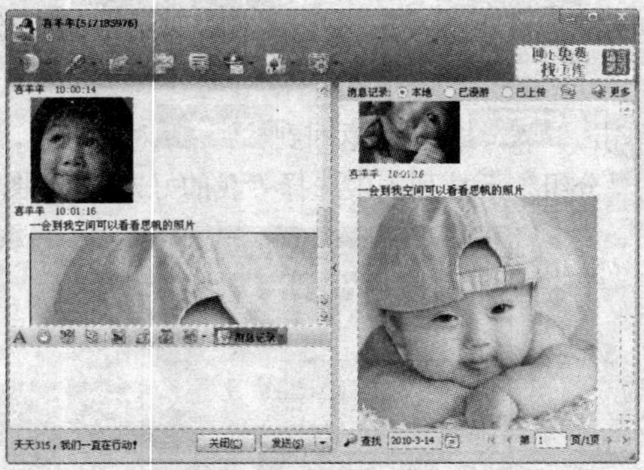

图 7.7.18　查看聊天记录

提示： 在聊天时单击"视频"按钮，在有摄像头的情况下可邀请好友进行视频聊天，这样不仅可以听到对方的声音，还可以看到对方；单击"文件传输"按钮，可以和好友进行文件传输；单击"表情"按钮，在弹出的"表情"列表框中选择表情，然后单击 发送 按钮即可将其发送给对方；若要发送图片，可以单击"截图"按钮，弹出截图图标和截图提示框，根据截图提示框中的要求进行操作即可。

7.7.4　使用 QQ 收发文件

通过 QQ，用户不但可以与朋友进行实时交流，还可以收发文件。

1．发送文件

（1）单击聊天窗口中的"传送文件"按钮，在弹出的**打开**对话框中选择需要传送的文件。

（2）单击"打开"按钮，即可向好友发送文件传输请求，并等待对方接收文件，如图 7.7.19 所示。

提示： 复制某个要传送的文件，然后在聊天窗口的文本栏中执行粘贴操作，QQ 将自动向好友发送文件传输请求。

（3）好友确认接收文件后，QQ 开始向对方传送文件，且窗口右侧的"发送文件"栏将显示文件的传送进度。

（4）文件发送完毕后，消息框中将提示文件已经发送完毕，如图 7.7.20 所示，此时，关闭聊天窗口即可。

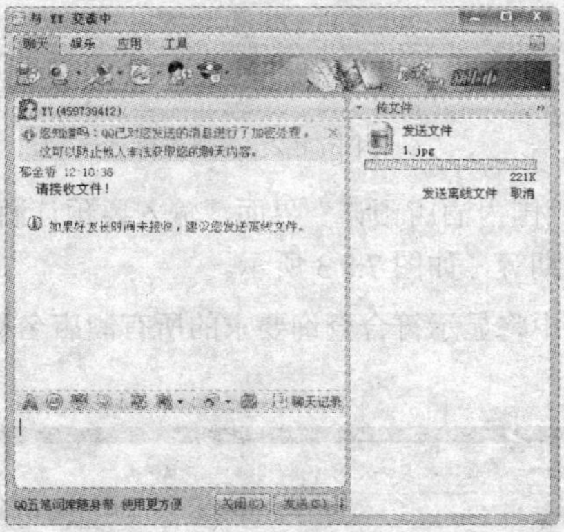

图 7.7.19　向好友发送文件

图 7.7.20　文件发送完毕

2．接收文件

（1）当好友给自己传送文件时，会自动弹出聊天窗口，单击"另存为"链接，弹出**另存为**对话框，在该对话框中为文件选择保存路径。

（2）单击 保存(S) 按钮，即可开始接收文件，且窗口右侧的"发送文件"栏将显示文件的接收进度。

（3）文件接收完毕后，消息框中将提示文件已保存。

7.8 电子商务

电子商务（Electronic Commerce，简写为 EC）就是利用简单、快捷、低成本的电子通信方式，使买卖双方不用会面就可以进行各种商贸活动。由于电子商务可以通过多种电子通信方式来完成，所以通过打电话或发传真的方式来与客户进行商贸活动，也可以称作电子商务。

7.8.1 网上预订

随着网络技术的迅速发展，网上商务已成为一种时尚。通过网络，用户足不出户就可以预订机票、酒店等。

下面以在 e 龙旅行网预订酒店为例，介绍网上预订酒店的方法。

（1）打开 e 龙旅行网首页，单击注册超链接进行会员注册，弹出“注册新用户”界面，要求用户填写基本信息，如图 7.8.1 所示。

（2）填写完成后，单击同意条款并注册按钮，弹出注册成功界面，如图 7.8.2 所示。

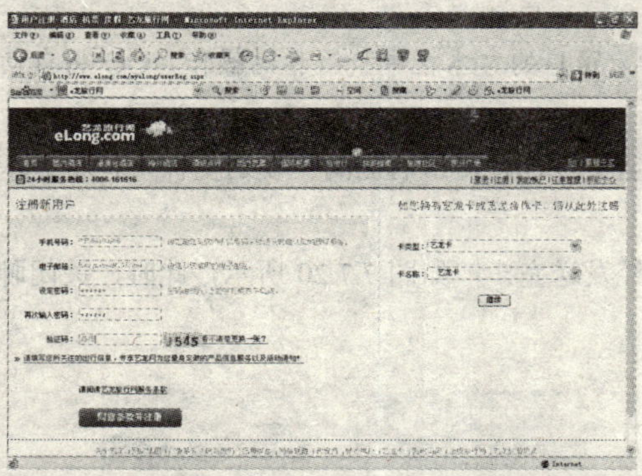

图 7.8.1 填写基本信息

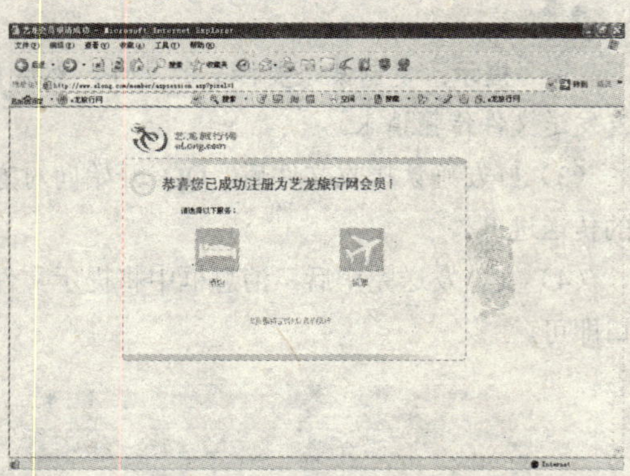

图 7.8.2 注册成功

（3）在服务项目中单击“酒店”按钮，弹出“国内酒店预订”界面，输入要预订酒店的相关信息，如酒店或宾馆所在的城市、入住日期、退房日期等，如图 7.8.3 所示。

（4）单击搜索按钮，在接下来打开的网页中将显示符合查询要求的所有酒店名称、位置、价格等信息，如图 7.8.4 所示。

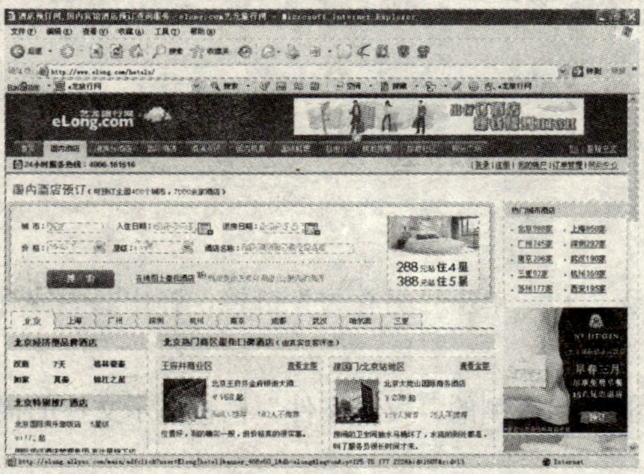

图 7.8.3 “国内酒店预订”界面

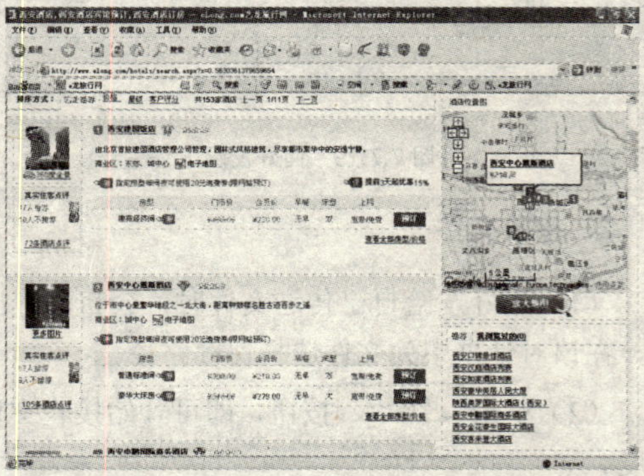

图 7.8.4 显示所有符合要求的酒店

（5）单击某个酒店后的预订按钮，打开“填写预订单”网页，再次填写你的有关信息，如房间数、入住人姓名、联系人姓名、电话等，如图 7.8.5 所示。

（6）单击接受网上预订须知，提交订单按钮，打开“核对订单信息”网页，确认信息无误后，单击确认并提交按钮即可，如图 7.8.6 所示。

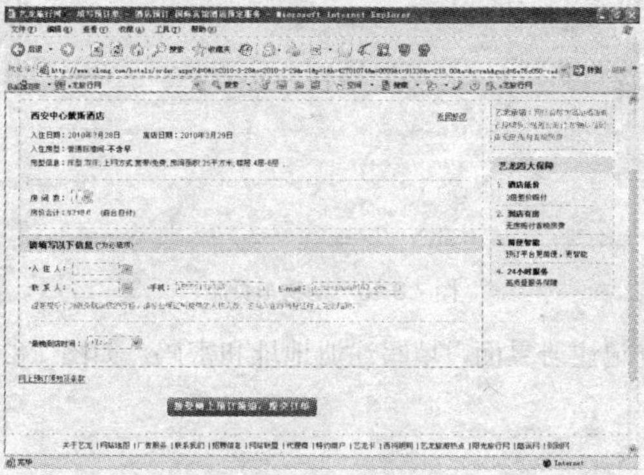

图 7.8.5　确认预订的酒店

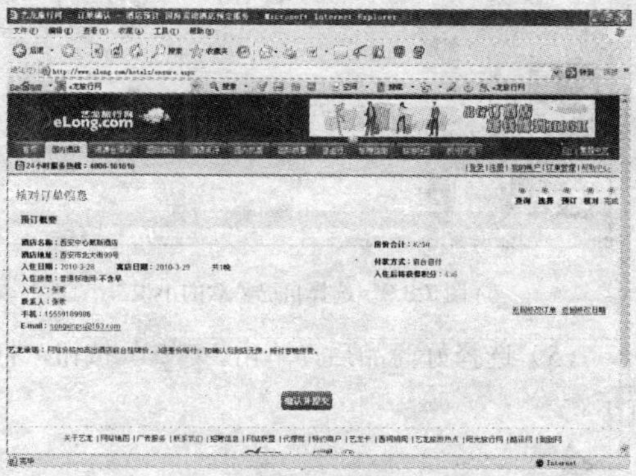

图 7.8.6　确认并提交订单

7.8.2　网上购物

网上买东西作为一种新兴的购物方式，有其独特的优势，用户可以坐在家里挑选自己喜爱的商品，而不用特意跑到商场或者书店里去，并且挑选好了之后网站还负责送货上门，节省了宝贵时间。

我们将以在当当网（home.dangdang.com）上购买一套图书为例来介绍如何网上购物。具体操作步骤如下：

（1）打开当当网主页，在左侧商品分类列表中，选择商品类别，这里单击“图书”列表中的小说超链接，如图 7.8.7 所示。

（2）在打开的图书商品分类浏览列表中，选择喜欢的图书类型，这里单击职场（257）超链接，如图 7.8.8 所示。

图 7.8.7　选择图书类别

图 7.8.8　选择小说类别

（3）选择自己喜欢的小说，这里单击“《杜拉拉升职记》纪念套装”超链接，如图 7.8.9 所示。

（4）单击购买按钮，在打开的购物车页面中列举了挑选的商品，如果还想选择其他商品，可以单击其他商品后面的购买按钮，如图 7.8.10 所示。

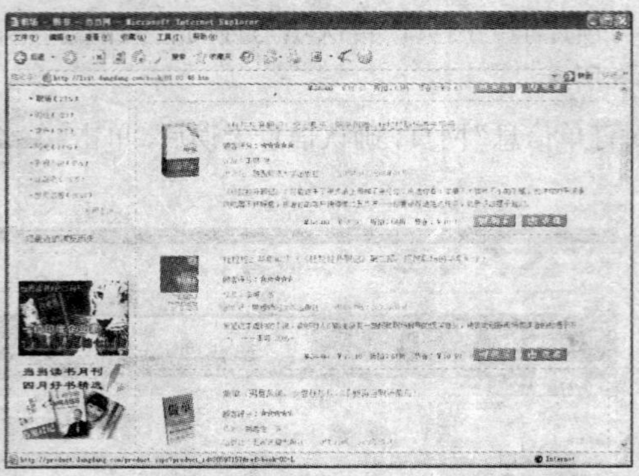

图 7.8.9　选择自己喜欢的小说

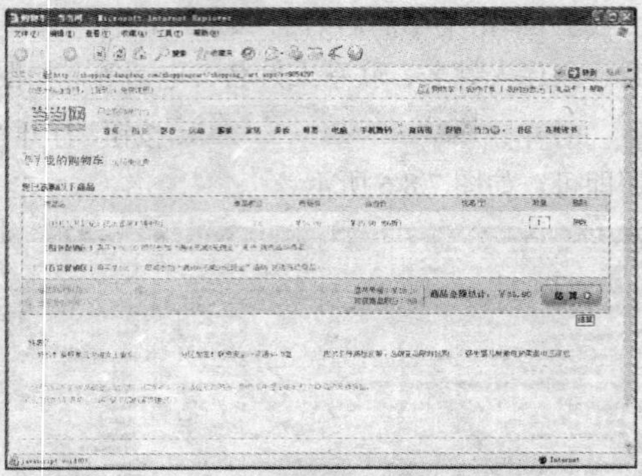

图 7.8.10　购物车页面

（5）选择好商品后，单击 结算 按钮，打开登记注册界面，填写注册地址和密码，如图 7.8.11 所示。

提示：如果是第一次上当当网，则单击 快速注册新用户 按钮，可打开如图 7.8.12 所示的快速注册页面，提示输入 E-mail 地址、密码和验证码，单击 注 册 按钮即可。

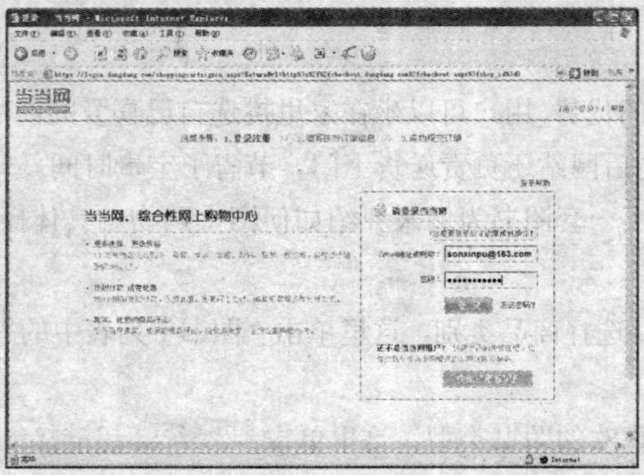

图 7.8.11　登记注册

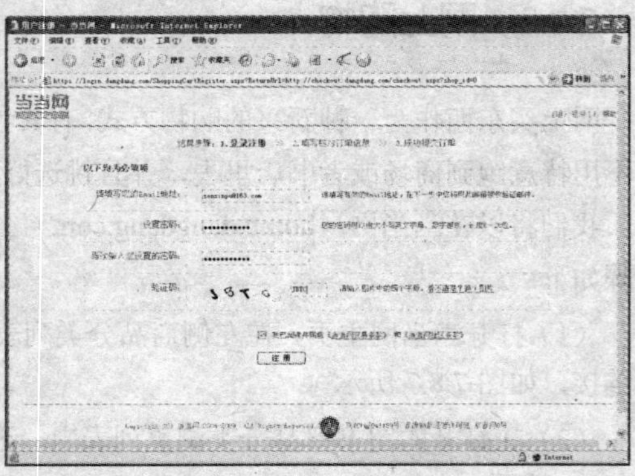

图 7.8.12　快速注册

（6）单击 登 录 按钮，打开填写核对订单信息页面，要求填写收货人姓名、地址和电话等信息，如图 7.8.13 所示。

（7）填写完成后，单击 确认收货人信息 按钮，打开如图 7.8.14 所示的页面，要求用户选择送货方式。不同的送货方式运费收取标准是不一样的，这里选择 ◉ 普通快递送货上门（支持货到付款）方式。

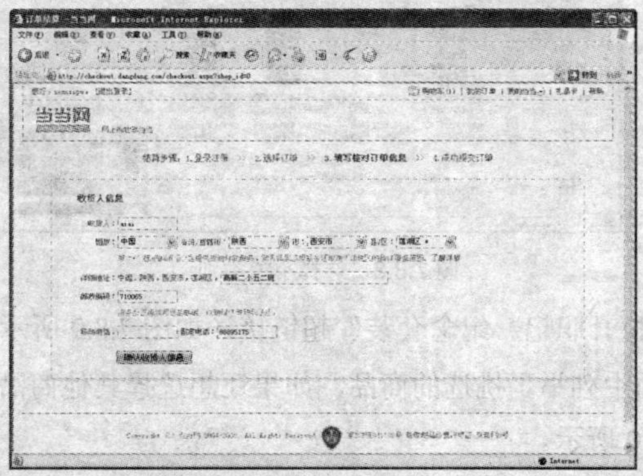

图 7.8.13　填写收货人信息

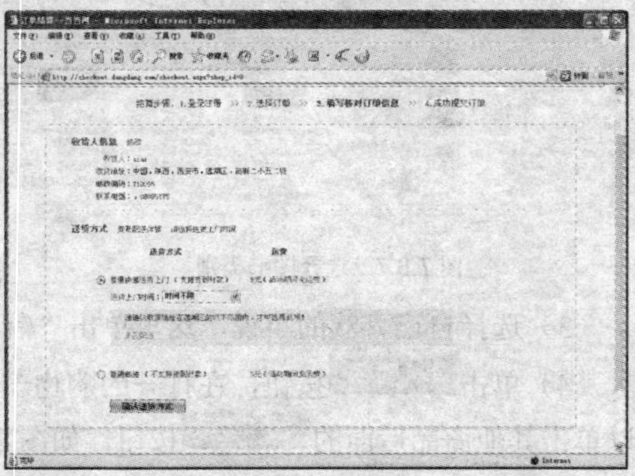

图 7.8.14　选择送货方式

（8）单击 确认送货方式 按钮，打开付款方式页面，这里选择 ◉ 货到付款 方式，如图 7.8.15 所示。其中，“网上支付”指通过银行卡网上支付；“货到付款”指收到货后支付；“邮局汇款”指通过邮局汇款支付；“银行转账”指通过银行向当当网指定账户汇款支付。

（9）单击 确认付款方式 按钮，打开订单结算页面，如果有需要更改的地方，单击右侧的 修改 按钮进行修改，如图 7.8.16 所示。

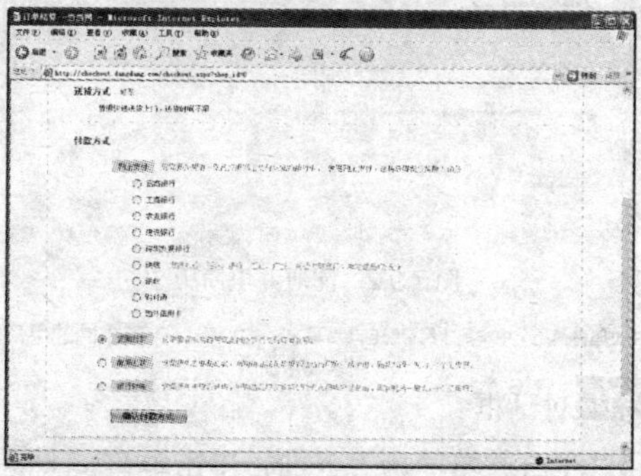

图 7.8.15　选择付款方式

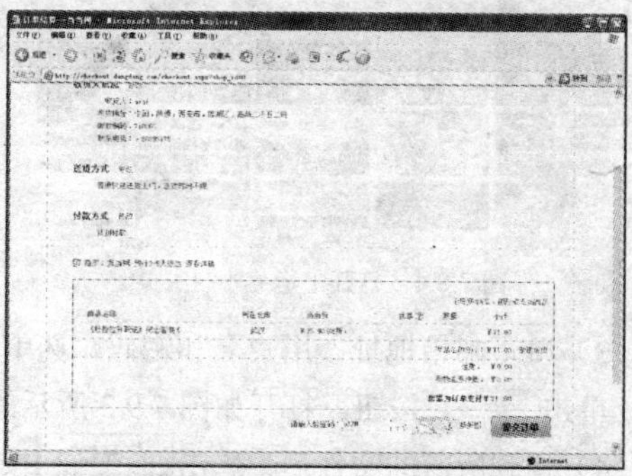

图 7.8.16　订单结算页面

（10）核对订单后，单击 提交订单 按钮将订单提交，务必记住订单号。订单提交成功，就可以等待送货人员送货上门了，如图 7.8.17 所示。

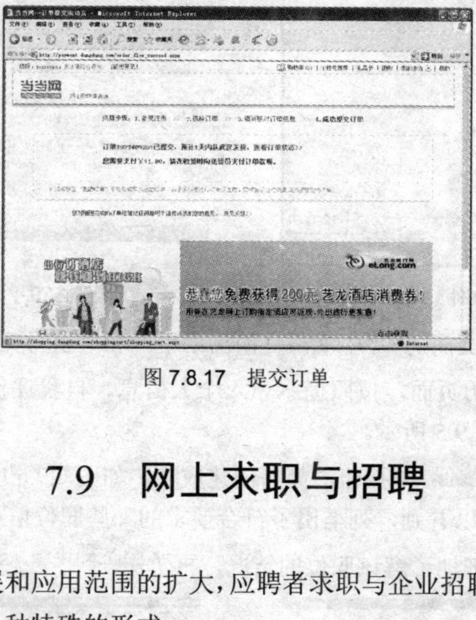

图 7.8.17　提交订单

7.9　网上求职与招聘

随着网络技术的飞速发展和应用范围的扩大，应聘者求职与企业招聘人才的方式也发生了巨大的变化，网上求职或招聘就是一种特殊的形式。

在 Internet 上，用人单位发布招聘信息，而应聘者也通过 Internet 了解到这些信息，并向用人单位发送个人资料与职位申请，当通过用人单位的审查后，应聘者即可直接前往接受单位面试或笔试等考试，这就是网上求职与招聘带来的方便与快捷。很多网站都提供了求职招聘服务，在求职的个人和招聘的单位之间起着纽带的作用，这些网站大都对企业收费，对个人免费。

7.9.1　注册并创建简历

（1）在 IE 浏览器中打开招聘网站的主页，如中华英才网（www.chinahr.com），如图 7.9.1 所示。

（2）在“个人用户登录”栏中单击注册账户超链接，弹出“注册并填简历”页面，如图 7.9.2 所示。

图 7.9.1　打开中华英才网主页

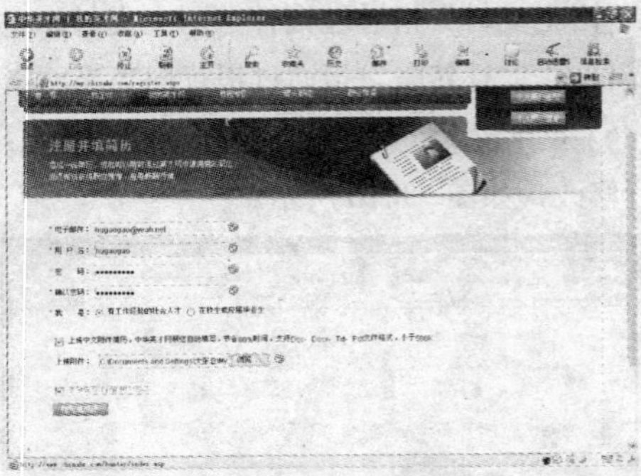

图 7.9.2　注册并填简历

（3）填写邮箱地址、用户名和密码，选中☑上传中文附件简历，中华英才网帮您自动填写和☑我接受英才网的用户协议复选框，单击浏览...按钮，打开如图 7.9.3 所示的选择文件对话框。

（4）找到所需的文件后，单击打开(O)按钮返回“注册并填简历”界面，单击注册填简历按钮，打开如图 7.9.4 所示的我的简历列表页面。

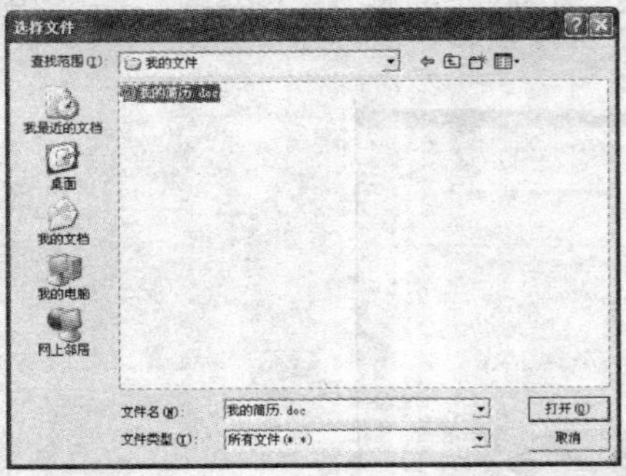

图 7.9.3　“选择文件”对话框

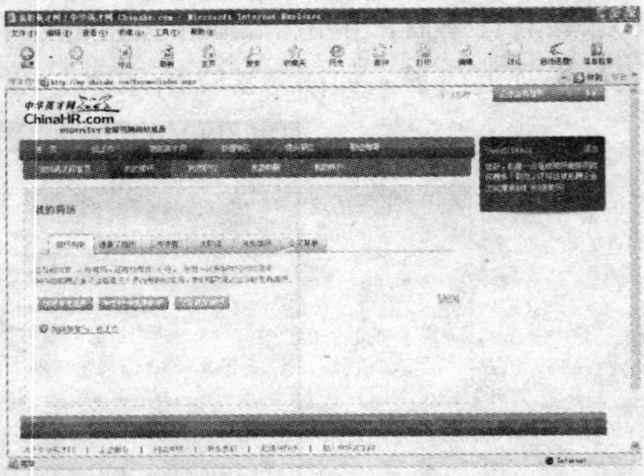

图 7.9.4　我的简历界面

（5）此页面有“填写中文简历”“中文附件简历助手”和“填写英文简历”3 个选项，这里单击填写中文简历按钮，打开填简历页面，按照提示填入个人信息、自我评价、职业情况、求职意向、工作经验和教育背景等，如图 7.9.5 所示。

（6）填写完成后，单击保存简历按钮，简历创建成功，如图 7.9.6 所示。

（7）从上面的页面中可以看到，列举出了符合要求的一些职位信息。选中某条信息，通过单击浏览所选职位按钮，可以更详细地了解该职位的情况，再单击立即申请超链接，即可申请该职位。

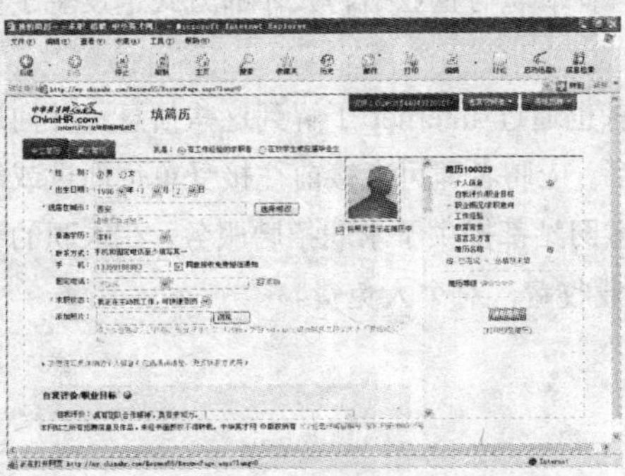

图 7.9.5　填写简历

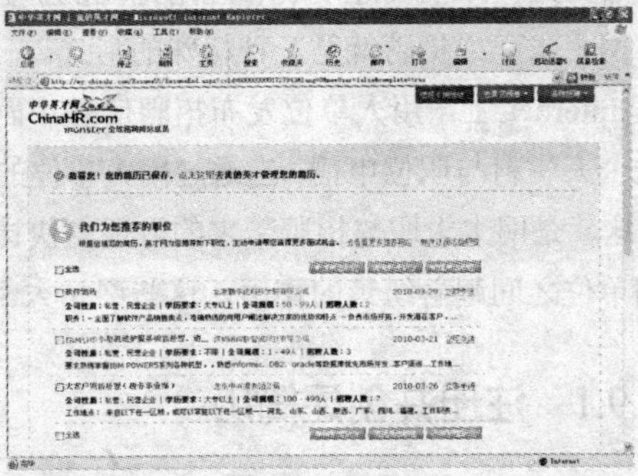

图 7.9.6　简历创建成功

7.9.2　检索对口工作和投递简历

（1）在主页中单击 找工作 选项卡，打开搜索职位页面，如图 7.9.7 所示。

（2）单击职位类别选择框右侧的下拉按钮，在弹出的下拉列表中选择职位类别，然后选择职位（至多选择 5 项），完毕单击 确定 按钮，如图 7.9.8 所示。

图 7.9.7　打开搜索职位页面

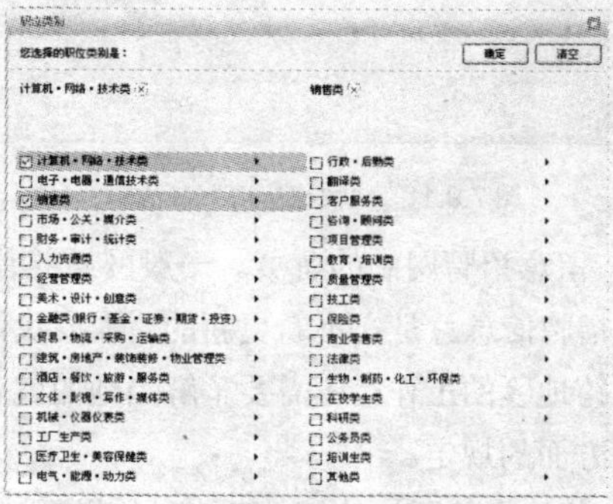

图 7.9.8　选择职位

（3）选择工作地点和行业类别。为缩小搜索范围，可在“关键词”文本框中输入一个与工作有关的关键词，如图 7.9.9 所示。

（4）单击 立即搜索 按钮，即可搜索到符合条件的职位列表，如图 7.9.10 所示，单击职位名称或公司名称可以看到更加详细的信息。

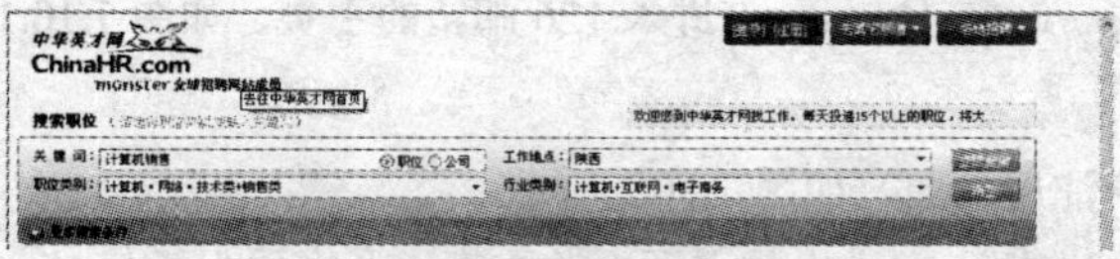

图 7.9.9　选择工作地点和行业类别

图 7.9.10　符合条件的职位列表

（5）选中自己满意的公司和职位后，单击其后面的 快速申请 按钮，打开如图 7.9.11 所示的“快速申请”对话框，询问用户是否投递这份简历。

（6）选中 强烈推荐您勾选此项，15天内申请职位不再询问，直接投递。 复选框，单击 确 定 按钮，简历投递完成，申请职位成功，如图 7.9.12 所示。单击 关闭，继续申请职位 按钮继续申请职位。如果应聘公司想要通知面试，会根据提供的联系方式联络。

7.9.3　网上找工作的技巧

要想成功地通过 Internet 找到好工作，有以下几个方面的意见可供参考。

（1）明确自己的工作目标。网上求职最忌盲目，首先明确自己的求职目标，要从事哪一行业的工作，要在哪个地方工作等，以便做到有的放矢。

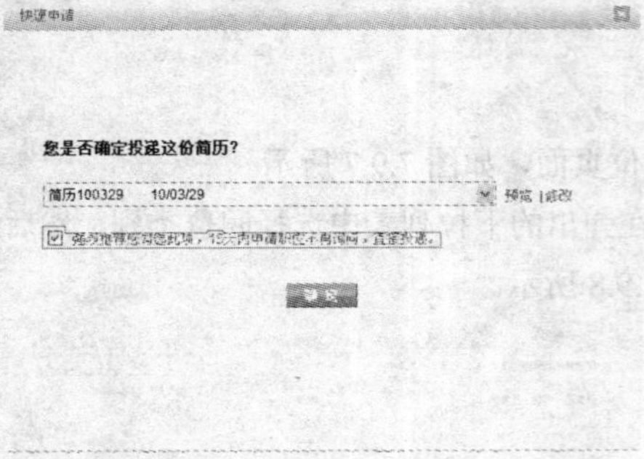

图 7.9.11 “快速申请”对话框

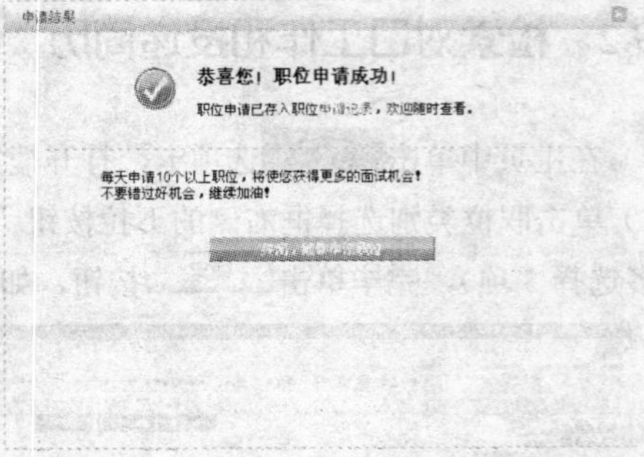

图 7.9.12 “职位申请成功”界面

（2）留意招聘网站的首页。一般网站的首页中包含了极大的信息量，如最新的招聘信息和政策信息等。招聘信息总是在不断更新的，需要我们时常关注。另外，不同地区的人事政策也不同，如果要找一份跨地区的工作，还需要了解当地的就业政策，如对于户口迁移、养老保险、应届大中专毕业生就业等方面的规定。

（3）订阅招聘网站的邮件杂志。如果网站上有可订阅的最新职位信息邮件，请不要错过。这样，求职者只须打开自己的邮箱就能得到最新信息了。

（4）及时联系。招聘岗位的空缺往往是暂时的，如发现条件符合的岗位就要及时与用人单位联系，寄发自己的简历，以免错失良机。

7.10 课堂实战——申请免费邮箱、撰写并发送邮件

本例主要练习在 IE 浏览器中申请免费邮箱、撰写并发送邮件的方法。

操作步骤

（1）打开浏览器，在地址栏中输入网址 http://www.126.com，进入 126 邮箱的主页，如图 7.10.1 所示。

（2）单击 注册3G免费邮箱 按钮，即可进入用户注册页面，如图 7.10.2 所示。

（3）在该页面中输入用户名，单击 下一步 按钮，在弹出的页面中输入密码及密码保护信息。注册完成后，单击 点击此处直接登录 按钮，即可登录到刚申请的邮箱中。

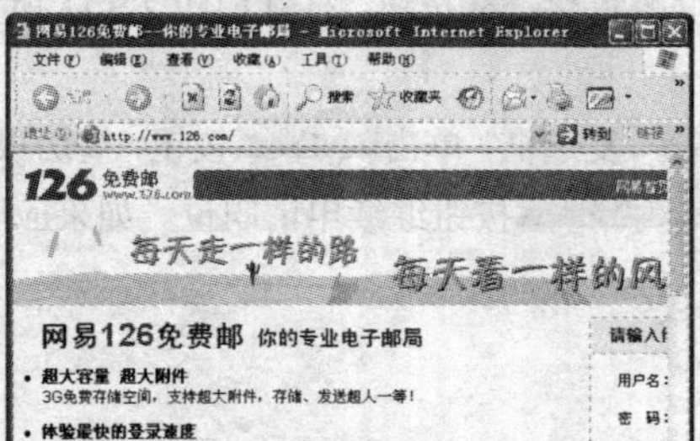

图 7.10.1 126 邮箱的主页

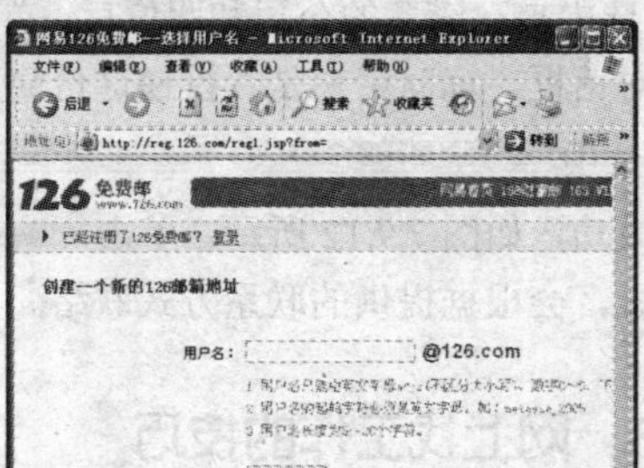

图 7.10.2 用户注册页面

（4）单击 写信 按钮，即可进入写信页面，如图 7.10.3 所示。用户可在该页面中输入相关的内容，如图 7.10.4 所示，单击 发 送 按钮，即可发送邮件。

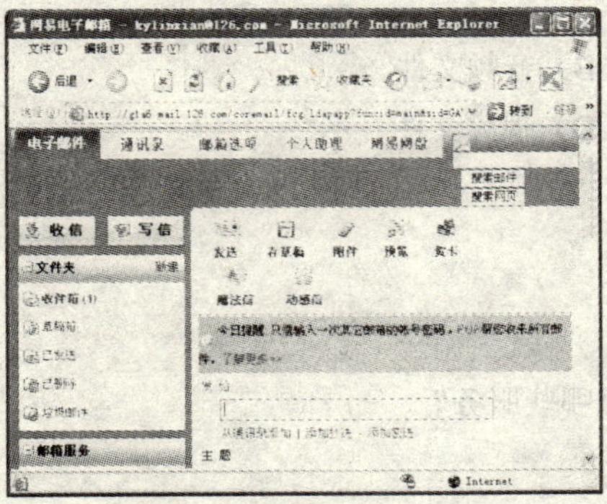

图 7.10.3　写信页面

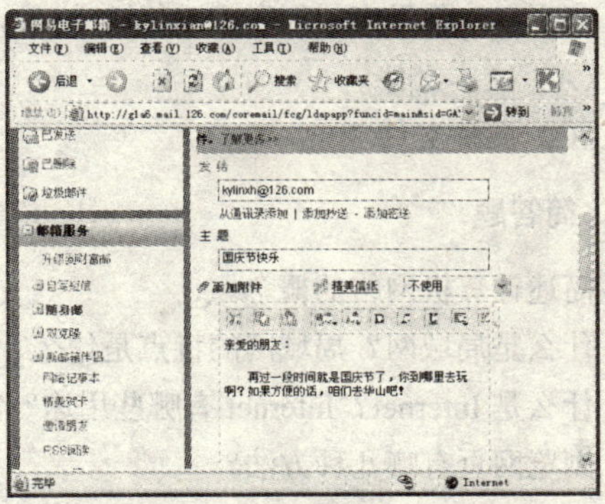

图 7.10.4　输入邮件的内容

本 章 小 结

本章主要介绍了计算机网络概述、局域网、Internet 概述、使用 IE 浏览器、搜索与下载网络资源、收发电子邮件、网上聊天等内容。通过本章的学习，可使读者学会 IE 浏览器的使用、电子邮件的收发以及电子商务在实际工作中的应用等操作，实现真正的无纸办公。

操 作 练 习

一、填空题

1．计算机网络常用的拓扑结构有________、________和________3 种。

2．__________是 Internet 上的最重要的信息服务方式，它为世界各地的 Internet 用户提供了一种极为快速、经济和简单的通信方法。

3．在浏览器的地址栏中输入网址后，按________键可以进入该网站。

4．目前，世界上规模最大的搜索引擎是________。

5．与普通邮件相比，电子邮件具有________、________、________和________特点。

6．电子邮箱地址由 3 部分组成，即________。

二、选择题

1．为了满足广大用户信息检索的需求，由专业网站提供的搜索工具，称为（　）。

（A）网络导航　　（B）搜索引擎
（C）检索工具　　（D）推（Push）技术

2．ADSL 接入 Internet 的方式主要有（　）。

（A）专线接入　　（B）无线接入
（C）Modem 接入　　（D）虚拟拨号

3．电子邮件系统不具有的功能是（　）。

（A）撰写邮件　　（B）接收邮件
（C）发送邮件　　（D）自动删除

4．利用 QQ 聊天应用程序可以传送（　）。

（A）文本文件　　（B）音频文件

（C）图片文件　　（D）视频文件

三、简答题

1．简述计算机网络的概念。

2．什么是局域网？局域网的特点是什么？

3．什么是 Internet？Internet 有哪些用途？它提供哪些服务？

4．浏览网页有哪几种方法？

5．如何在网站中申请免费的电子邮箱？

四、上机操作题

1．通过搜索引擎搜索所在城市的房屋租赁网站，然后进入网站搜索房屋出租信息。

2．在“中华英才网”网站为所在公司申请一个用户，进行执照审核后，根据公司需要招聘相关人才。

3．在新浪商城（http://mail.sina.com.cn）注册会员，搜索感兴趣的商品并购买。

第 8 章　计算机常用工具软件

在日常工作中，除了需要使用 Microsoft Office 系列软件外，还需要使用到常用的工具软件，如看图工具、抓图工具、压缩解压软件等。本章将介绍一些常用工具软件的使用方法。

知识要点

- 图像浏览软件 ACDSee
- 压缩软件 WinRAR
- 刻录软件 Nero
- 暴风影音

8.1　图像浏览软件 ACDSee

ACDSee 是目前非常流行的数字图像浏览及处理软件，其广泛应用于图片的获取、管理、浏览和优化等方面，支持多达 50 种常用的多媒体格式。它不仅能够快速、高质量地显示图片，还可以处理如 Mpeg 之类的视频文件。

8.1.1　ACDSee 10 窗口界面

安装 ACDSee 10 之后，选择 开始 → 所有程序(P) → ACD Systems → ACDSee 10 命令，即可打开 ACDSee 10 工作窗口，如图 8.1.1 所示。

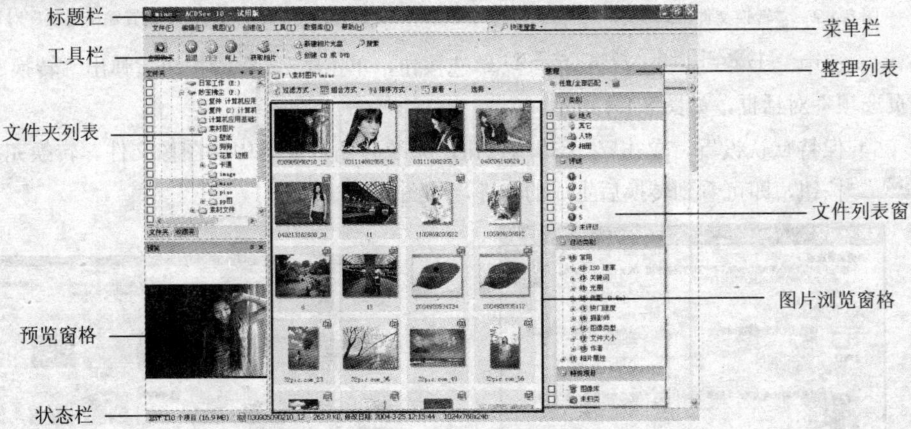

图 8.1.1　ACDSee 10 工作界面

ACDSee 10 的工作窗口与 Windows 其他应用软件的工作窗口基本相同，下面只介绍该软件工作窗口中新增部分的功能。

（1）文件夹列表。用户可在文件夹窗口中找到要打开的图片。

（2）图片浏览窗格。图片浏览窗格中显示用户当前打开的文件夹中的图片。

（3）预览窗格。当用户在图片浏览窗格中选择一幅图片后，将在预览窗格中显示该图片的缩略图。

8.1.2 ACDSee 浏览器

ACDSee 浏览器的操作非常方便，用户可在资源管理器窗口中用鼠标右键单击要浏览的图片，从弹出的快捷菜单中选择 用 ACDSee 打开 命令，即可打开 ACDSee 浏览该图片。

1. 转换文件格式

ACDSee 不仅可以识别多种格式的图片，还可以将一幅图片在不同的格式之间互相转换。下面将一幅 JPEG 格式的图片转换为 GIF 格式，操作步骤如下：

（1）在 ACDSee 主窗口中选择要转换的 JPEG 格式的图片。

（2）选择 工具(T) → 转换文件格式(V)... Ctrl+F 命令，弹出“转换文件格式-选择一个格式”对话框，如图 8.1.2 所示。

（3）在“格式”选项卡中选择“GIF”选项，单击 下一步(N) > 按钮，弹出“转换文件格式-设置输出选项”对话框，如图 8.1.3 所示。

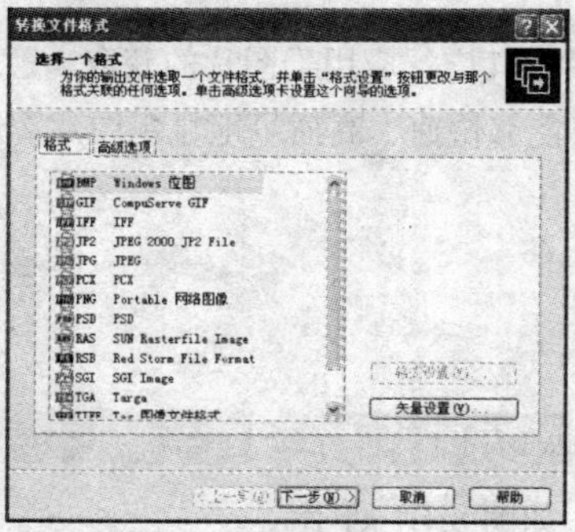

图 8.1.2 “转换文件格式-选择一个格式”对话框

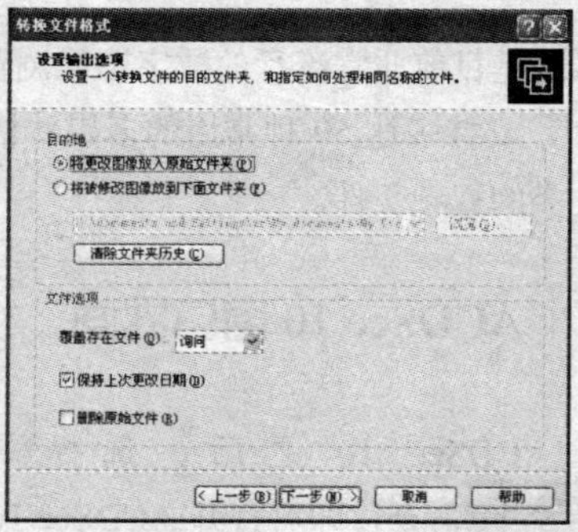

图 8.1.3 “转换文件格式-设置输出选项”对话框

（4）选中 将更改图像放入原始文件夹(P) 单选按钮，单击 下一步(N) > 按钮，弹出“转换文件格式-设置多页选项”对话框，如图 8.1.4 所示。

（5）保持默认设置，单击 开始转换 按钮，系统开始转换选中的图像文件。转换完成后，单击 完成 按钮，即可看到转换后生成的文件，如图 8.1.5 所示。

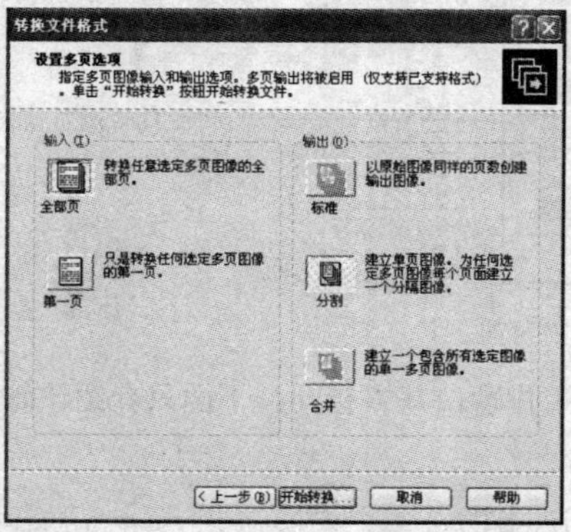

图 8.1.4 “转换文件格式-设置多页选项”对话框

图 8.1.5 转换格式后的图片

2．编辑图片

使用 ACDSee 可以进行一些常规的编辑操作，如缩放、剪切、旋转等，还可以对图片的清晰度、颜色及亮度等进行调整，具体操作步骤如下：

（1）在 ACDSee 主窗口中选择要编辑的图片。

（2）单击 编辑图像 按钮右侧的下拉按钮，在弹出的下拉菜单中选择 编辑模式 命令，即可打开图片编辑器，如图 8.1.6 所示。

图 8.1.6　图片编辑器

（3）当用户单击不同的工具按钮，程序会弹出相应的编辑界面，其中给出了相关的参数设置和预览窗口，用户可通过设置合适的参数对图片进行编辑调整。

8.2　压缩软件 WinRAR

WinRAR 是目前最常用的压缩软件，可以将电脑中的文件数据转换成压缩的格式保存起来，在需要时重新解压出来再编辑使用。

8.2.1　WinRAR 主界面

在成功安装 WinRAR 之后，选择 开始 → 所有程序(P) → WinRAR → WinRAR 命令，即可打开“WinRAR”主界面（见图 8.2.1）。“WinRAR”主界面主要由标题栏、菜单栏、工具栏、目录栏、文件区和状态栏组成。

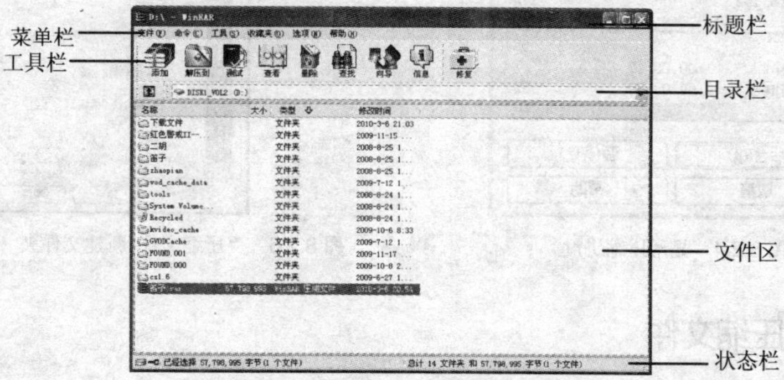

图 8.2.1　“WinRAR”主界面

8.2.2 压缩文件

使用 WinRAR 压缩文件的具体操作步骤如下：

（1）在“WinRAR”主界面中的目录栏中选择要压缩的文件夹，单击工具栏中的添加按钮，弹出压缩文件名和参数对话框，如图 8.2.2 所示。

（2）在该对话框中的“压缩文件名”下拉列表中输入压缩文件的名称，或者单击浏览(B)...按钮，在弹出的查找压缩文件对话框中选择要压缩的文件，如图 8.2.3 所示。

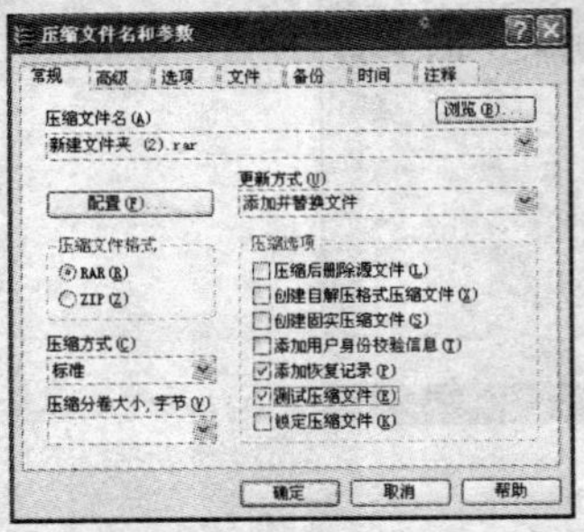

图 8.2.2 “压缩文件名和参数”对话框

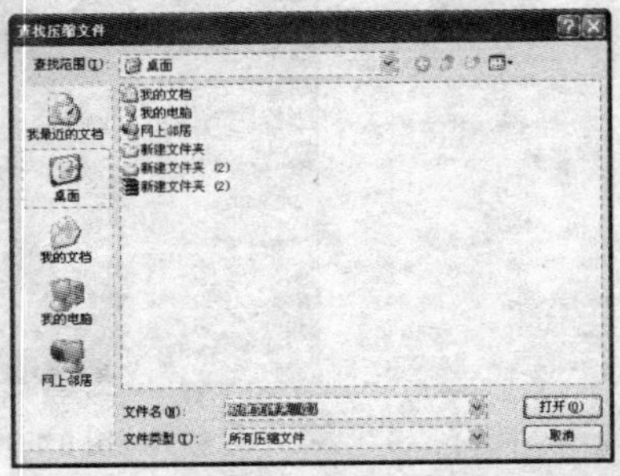

图 8.2.3 “查找压缩文件”对话框

（3）在压缩文件名和参数对话框中的“更新方式”下拉列表中选择更新方式；在“压缩文件格式”选区中选中 RAR(R) 单选按钮；在“压缩选项”选项组中选中 添加恢复记录(P) 和 测试压缩文件(E) 复选框；在“压缩方式”下拉列表中选择压缩文件的速度。

（4）设置完成后，单击确定按钮，弹出压缩进度条对话框，显示文件夹压缩的进度，如图 8.2.4 所示。

（5）文件压缩完之后，在“WinRAR”窗口的文件列表中将以新创建的压缩文件作为当前选定的文件。单击工具栏中的信息按钮，在弹出的如图 8.2.5 所示的压缩文件 新建文件夹 (2).rar 对话框中可查看压缩文件的信息。

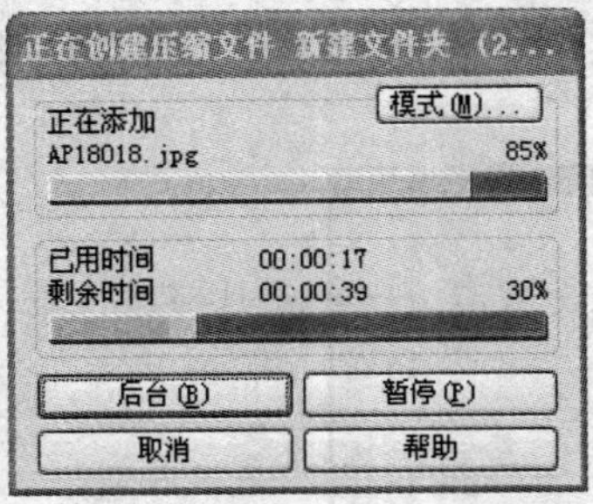

图 8.2.4 显示压缩进度

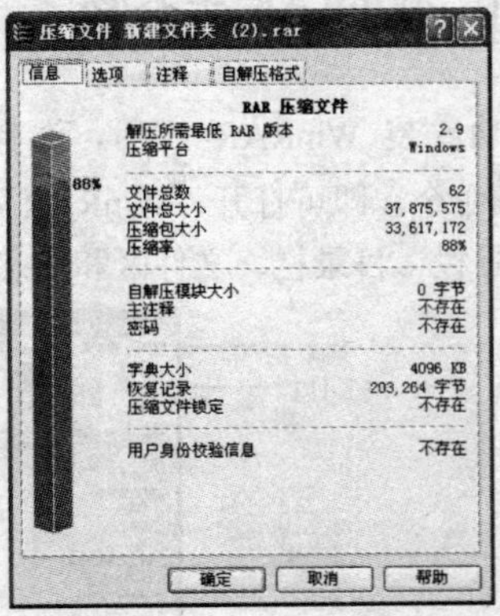

图 8.2.5 “压缩文件 新建文件夹（2）.rar”对话框

8.2.3 解压缩文件

用户经常要对压缩文件进行解压缩操作，解压缩文件是压缩文件的逆操作。解压缩文件的具体操作步骤如下：

（1）在“WinRAR”窗口的目录栏中选择要解压缩的文件，单击工具栏中的解压到按钮，弹出解压路径和选项对话框，如图 8.2.6 所示。

（2）在该对话框中的“目标路径”下拉列表中选择解压文件的路径；在“更新方式”选区中选中解压并替换文件(R)单选按钮；在“覆盖方式”选区中选中跳过已经存在的文件(S)单选按钮；在“杂项”选区中选中在资源管理器中显示文件(X)复选框。

（3）设置完成后，单击确定按钮，开始解压缩文件，并显示解压缩进度，如图 8.2.7 所示。

（4）解压缩操作完成后，打开存放解压缩文件的文件夹，在该文件夹中将添加解压缩文件。

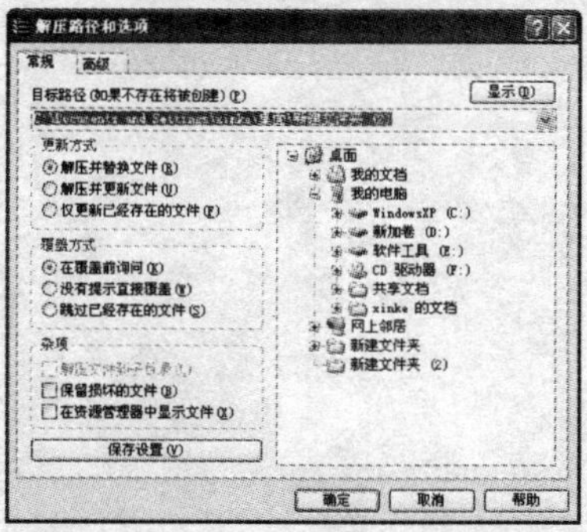

图 8.2.6　“解压路径和选项”对话框

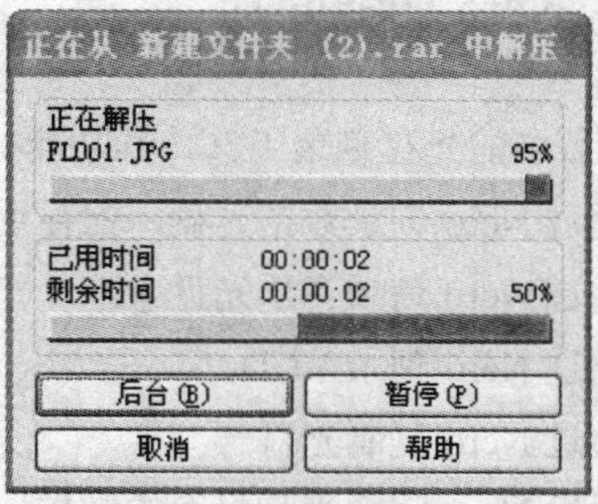

图 8.2.7　显示解压缩进度

8.3　刻录软件 Nero

刻录软件 Nero 是由德国 Ahead 公司开发的，其功能十分强大，能完成大部分刻录工作，而且操作简单，应用比较广泛。

8.3.1　Nero 的主界面

完成 Nero 的安装后，双击桌面上的 Nero 快捷方式图标，打开 Nero 主界面，该界面由 6 个菜单按钮和 4 个工具按钮组成，如图 8.3.1 所示。

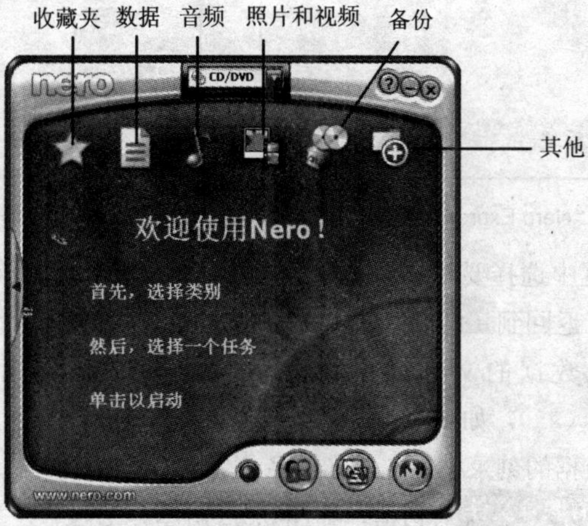

图 8.3.1　Nero 主界面

“收藏夹”按钮：快速便捷地访问用户收藏的项目。

“数据”按钮：创建数据光盘来存储用户的文件及文件夹，或添加文件到现有的数据光盘。

“音频”按钮：制作各种普通的音乐光盘、MP3 光盘、WMA 光盘和其他光盘。

“照片和视频”按钮：捕捉数字照片和视频，并创建用户自己的电影或幻灯片。

“备份”按钮：复制整个光盘、备份单个文件甚至整个磁盘驱动器。

“其他”按钮：使用该菜单下的工具来控制驱动器速度，制作光盘标签，擦除光盘，或实现许多其他功能。

8.3.2 Nero 功能简介

Nero 是著名的光盘刻录工具，其功能如下：

（1）通过 Nero 刻录数据光盘，保存重要的文件。

（2）通过 Nero 刻录音乐光盘。

（3）通过 Nero 刻录 VCD。

（4）通过 Nero 复制光盘。

（5）通过 Nero 完成光盘封面的制作。

8.3.3 使用 Nero 刻录数据光盘

使用 Nero 刻录数据光盘的具体操作步骤如下：

（1）双击桌面上 Nero 的快捷方式图标，启动 Nero 应用程序。

（2）选择→[创建数据光盘]命令，打开[Nero Express]窗口（一），如图 8.3.2 所示。

（3）在该窗口中单击[添加(A)...]按钮，弹出[添加文件和文件夹]窗口，如图 8.3.3 所示。

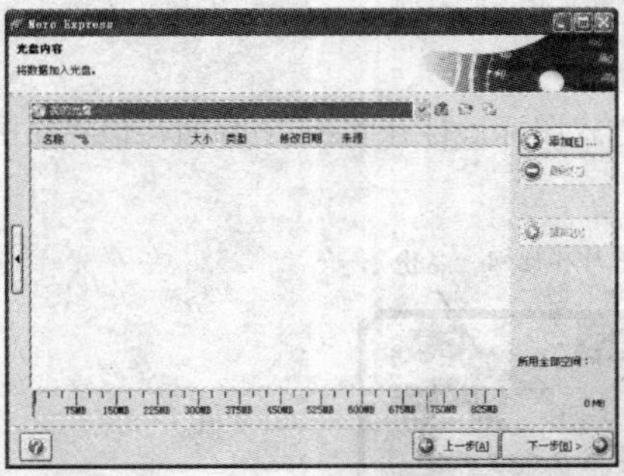

图 8.3.2 “Nero Express”窗口（一）

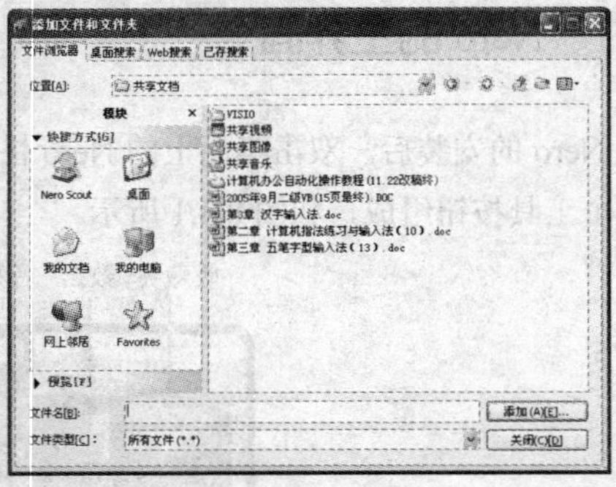

图 8.3.3 “添加文件和文件夹”窗口

（4）在该对话框中选择要刻录的文件，单击[添加(A)[E]...]按钮，完成刻录数据的添加，单击[关闭(C)[D]]按钮，返回到[Nero Express]窗口（一）中。

（5）查看刻录数据的文件大小是否符合刻录要求，然后单击[下一步[H]>]按钮，打开[Nero Express]窗口（二），如图 8.3.4 所示。

（6）选择刻录数据的刻录机，在“光盘名称”文本框中输入刻录文件的名称，单击[刻录[A]]按钮，系统自动弹出[保存映像文件]对话框，如图 8.3.5 所示。

（7）在该对话框中选择保存映像文件的位置，单击[保存(S)]按钮，即可开始刻录文件。刻录完成后，在弹出的 Nero Express 提示框中单击 确定 按钮，打开 Nero Express 窗口（三），如图 8.3.6 所示。

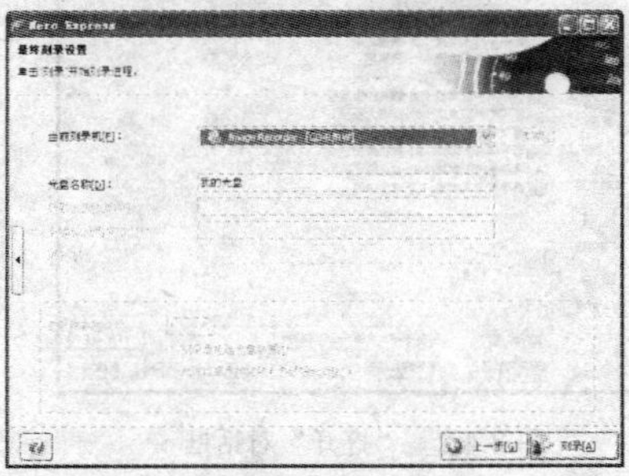

图 8.3.4　“Nero Express”窗口（二）

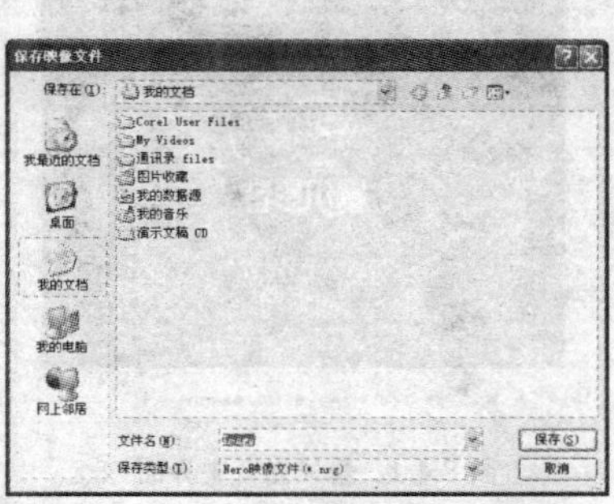

图 8.3.5　“保存映像文件”对话框

（8）在该窗口中单击 下一步(A) > 按钮，打开 Nero Express 窗口（四），如图 8.3.7 所示。

（9）关闭该对话框，完成数据的刻录。

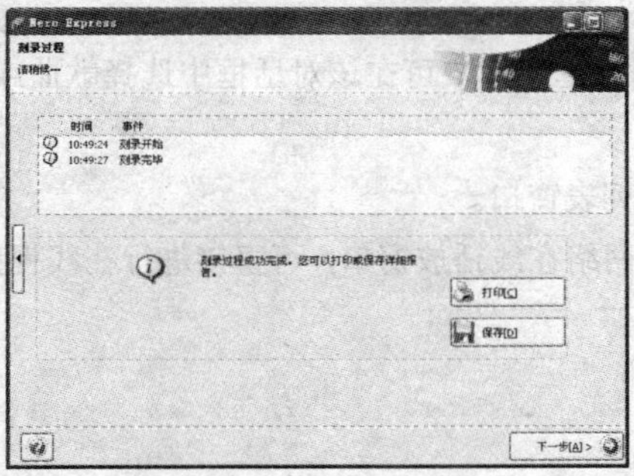

图 8.3.6　“Nero Express”窗口（三）

图 8.3.7　“Nero Express”窗口（四）

8.4　暴 风 影 音

暴风影音 2009 是一款支持高清格式最多，播放效果最好的专业高清播放软件。很多因为 CPU 配置较低而不能观赏真正的“高清”影片的用户通过暴风影音 2009 将能真正的享受到高清的魅力。

8.4.1　暴风影音主界面

暴风影音软件是一款优秀的免费软件，在安装前先从网上进行下载。在成功安装暴风影音之后，选择 开始 → 所有程序(P) → 暴风影音 命令，即可打开“暴风影音”主界面，如图 8.4.1 所示。

暴风影音主界面中各组成元素的功能如下：

（1）“上一个”按钮。单击该按钮可播放当前正在播放视频的上一个视频。

（2）“播放”按钮。单击该按钮即可播放“播放列表”中的视频文件。若“播放列表”中无任何视频文件，则弹出 打开 对话框，如图 8.4.2 所示。用户可在该对话框中选择视频文件，并将其添加到当前播放列表中进行播放。

（3）“暂停”按钮。单击该按钮可暂停当前正在播放的视频文件。

（4）“停止”按钮。单击该按钮可停止当前正在播放的视频文件。

图 8.4.1　暴风影音主界面

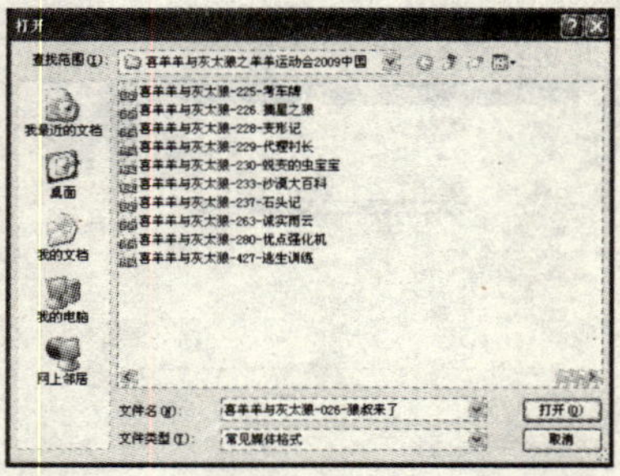

图 8.4.2　“打开”对话框

（5）“下一个”按钮。单击该按钮可播放当前正在播放视频文件的下一个视频文件。

（6）声音调节杆。单击并拖动滑动条上的滑块可以调节音量大小。

（7）播放进度调节杆。单击并拖动滑动条上的滑块可以调节当前正在播放视频文件的进度。

（8）“打开”按钮。单击该按钮可弹出打开对话框，用户可在该对话框中选择歌曲或视频文件，并将其添加到当前播放列表中进行播放。

（9）“播放列表”按钮。单击该按钮打开播放列表窗口。

（10）“暴风盒子”按钮影视。单击该按钮打开网络在线播放窗口，可直接进行在线视频播放。

8.4.2　使用暴风影音播放视频

使用暴风影音播放视频文件，具体操作步骤如下：

（1）在暴风影音主界面中单击“打开”按钮，弹出打开对话框。

（2）在该对话框中选择要播放的视频文件，单击打开(O)按钮，即可开始播放视频文件，如图 8.4.3 所示。

图 8.4.3　播放视频文件

8.5　翻译软件——金山词霸

谷歌金山词霸合作版采用了国内领先的 Smart 查词引擎，完善智能取词识别功能。另外，特别设计的用户词典，可由用户自行添加金山词霸词库中没有收录的中英文单词。

8.5.1　查词词典

目前，金山词霸提供简体中文、英文和日文三种语言的单词查询。

1．基本查询

（1）打开金山词霸的主界面，在文本框中输入要查询的单词或词组，即可在显示栏显示出简短的翻译（如输入“电脑”），如图 8.5.1 所示。

（2）单击 查词 按钮，可在显示栏中显示所查询单词或词组的详细解释，如图 8.5.2 所示。

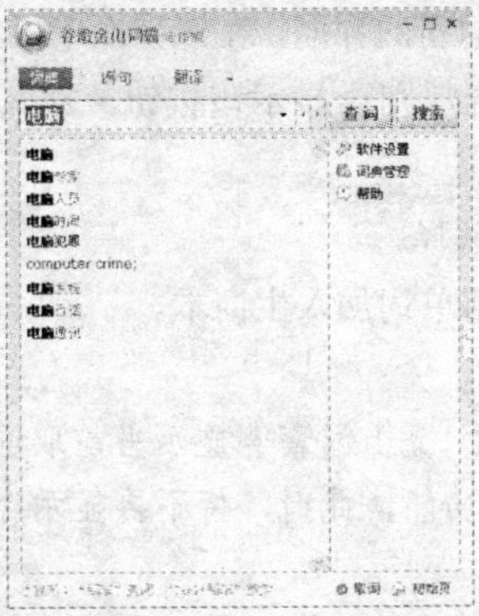

图 8.5.1　输入中文查英文

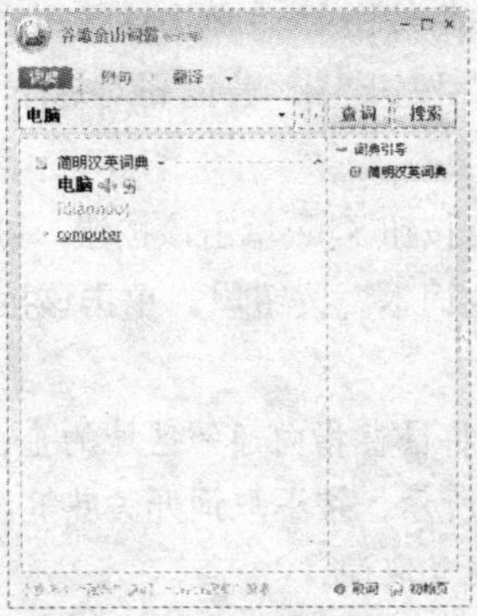

图 8.5.2　显示详细解释

提示：如果对该解释不满意，或者在词霸中查不到输入的单词或词组，可单击 搜索 按钮，词霸即可连接到爱词霸在线词典，帮助用户查找需要的信息。

2．模糊查询

词霸的模糊查询功能一直被用户忽略，其实这是一个很强大的功能。当用户忘记单词的完整拼写时，金山词霸的模糊听音查词功能，可为用户提供拼写建议，同时还全面支持“*”“？”等通配符查询。

（1）当用户忘记一个单词中的某一个字母时，可以用“？”来代替，如输入“com?uter”，此时，显示栏中会列出所有符合条件的单词，如图 8.5.3 所示。

（2）如果仅记起单词的开头或结尾的几个字母，那么可以用“*”代替，如输入“*uter”，此时，在显示栏中将会列出所有符合条件的单词，如图 8.5.4 所示。

图 8.5.3　使用通配符“？”查询

图 8.5.4　使用通配符“*”查询

8.5.2 屏幕取词

金山词霸的屏幕取词功能，可翻译屏幕上任意位置的单词或词组，即中英文、中日文互译。

1. 即指即译

将鼠标移至需要翻译的单词上，即可显示一个浮动窗口，该窗口中列出了所查单词的音标、翻译等多项有用内容，可帮助用户快速学习、理解该单词，如图 8.5.5 所示。

窗口最上方有 4 个按钮，作用分别介绍如下：

（1）“查词典”按钮。单击该按钮，可打开金山词霸的界面，在该界面中可看到更多的解释。

（2）“朗读”按钮。若词霸对这个单词可以发音，则会显示该按钮，对其单击便可朗读该单词。

（3）“复制”按钮。单击该按钮，可复制单词的解释。

（4）“加入生词本”按钮。单击该按钮，可将当前单词加入生词本。

提示：将鼠标指向通知区域的金山词霸图标，金山词霸会显示当前取词模式和取词开关热键，如图 8.5.6 所示。按下取词开关热键，可暂停取词功能，此时，将不再显示浮动窗口；若再次按下热键，则可恢复取词。

2. 取词模式

（1）打开金山词霸的主界面，单击“主菜单”按钮，在弹出的下拉列表中选择 设置(S) → 软件设置(S) 命令，或单击屏幕右侧的 软件设置 按钮，弹出 软件设置 对话框。

（2）选择“屏幕取词”选项卡，在“取词模式”下拉列表中选择取词的模式，如图 8.5.7 所示。单击 确定 按钮即可。

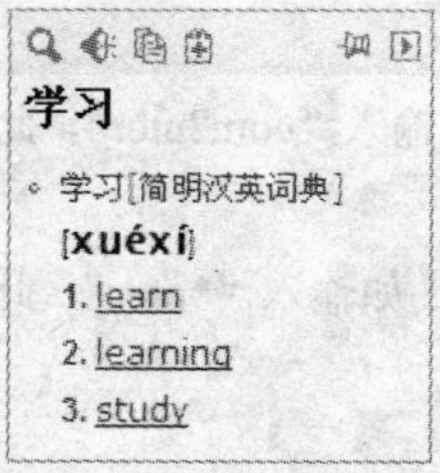

图 8.5.5 即指即译

图 8.5.6 屏幕取词开关

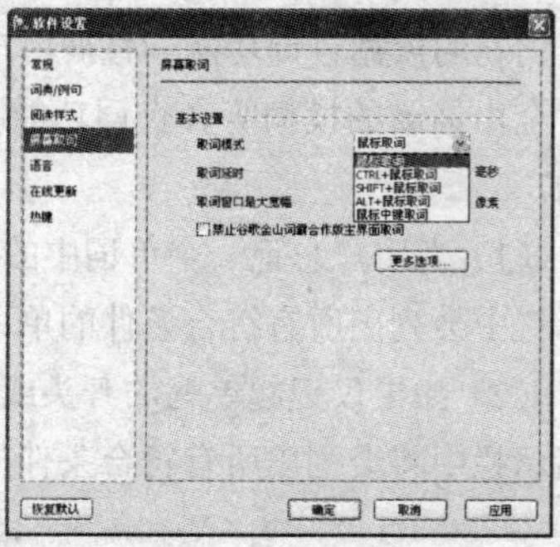

图 8.5.7 设置屏幕取词

8.6 课堂实战——使用 WinRAR 压缩文件

将“精品文档”文件夹使用 WinRAR 进行压缩，效果如图 8.6.1 所示。

操作步骤

（1）选中要压缩的“精品文档”文件夹，单击鼠标右键，在弹出的快捷菜单中选择添加到压缩文件(A)...命令。

图 8.6.1　效果图

（2）弹出压缩文件名和参数对话框，在“压缩文件名”文本框内输入压缩文件的名称，在“更新方式”下拉列表中选择更新方式，在“压缩文件格式”选项组中选择 RAR(R) 单选按钮，在“压缩方式”下拉列表中选择“标准”项，如图 8.6.2 所示。

（3）设置完毕后，单击 确定 按钮，即可开始进行压缩，在弹出的对话框中显示文件夹压缩的进度，如图 8.6.3 所示。

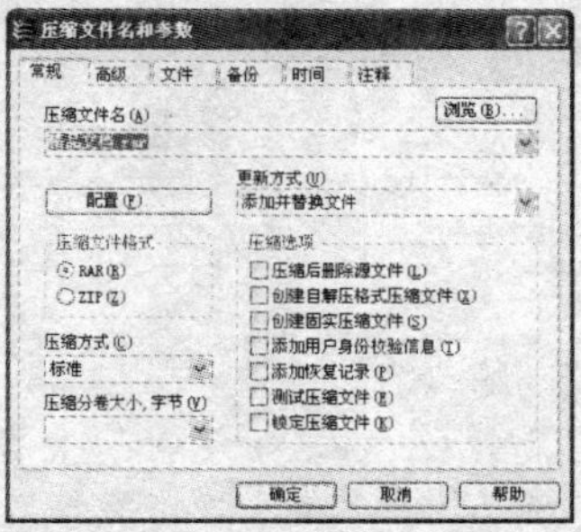

图 8.6.2　“压缩文件名和参数”对话框

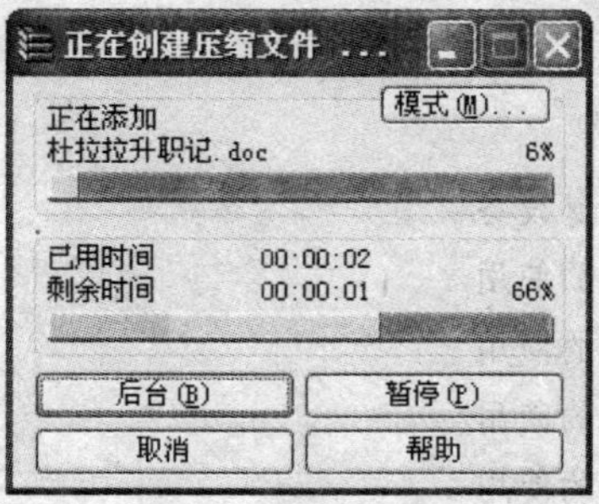

图 8.6.3　压缩文件进度

（4）压缩后的压缩文件，如图 8.6.1 所示。

本 章 小 结

本章主要介绍了图像浏览软件、压缩与解压缩软件、视频播放软件以及刻录软件。通过本章的学习，读者应了解各种常用工具软件的功能，并且掌握其使用方法。

操 作 练 习

一、填空题

1．__________是目前最常使用的压缩软件，可以将电脑中的文件数据转换成紧凑的格式保存起来，在需要时可重新解压出来再使用。

2．ACDSee 是流行的图片浏览工具，利用 ACDSee 可以__________、__________和__________。

二、简答题

1．简述 WinRAR 软件对文件压缩和解压缩的过程。

2．在暴风影音中，如何跳过电视剧每集开头的序幕，直接进入正题观看？

三、上机操作题

1．使用压缩软件 WinRAR 将多个文件或文件夹进行压缩和解压缩操作。

2．在“我的电脑”或“资源管理器”中，查找“MP3 歌曲”压缩文件，对其进行解压，解压后的文件夹命名为“MP3”。

3．用刻录软件 Nero 制作视频光盘。

第 9 章　常用办公设备

在科技发展的今天，数字办公设备已经普遍应用于现代办公，如常用的存储设备有 U 盘、移动硬盘、光盘等，常用办公自动化设备有打印机、传真机、扫描仪、数码相机等，本章将主要讲述它们的使用与维护。

知识要点

- 常用存储设备
- 打印机的使用
- 复印机的使用
- 传真机的使用
- 扫描仪的使用

9.1　常用存储设备

利用存储设备可以将一些重要的文件保存起来，常用的存储设备有 U 盘、移动硬盘、光盘等。下面将进行简单地介绍。

9.1.1　U 盘

U 盘是一种新型的移动存储设备，也称为闪盘或闪存，如图 9.1.1 所示，可用于存储任何数据文件或在各计算机之间方便地进行文件传输。它采用闪存存储介质（Flash Memory）和通用串行总线（USB）接口，只要将 U 盘与计算机的 USB 接口相连，就会在“我的电脑”窗口中出现一个新的盘符，用户可以像使用硬盘一样对 U 盘里的文件进行读、写、复制等操作。

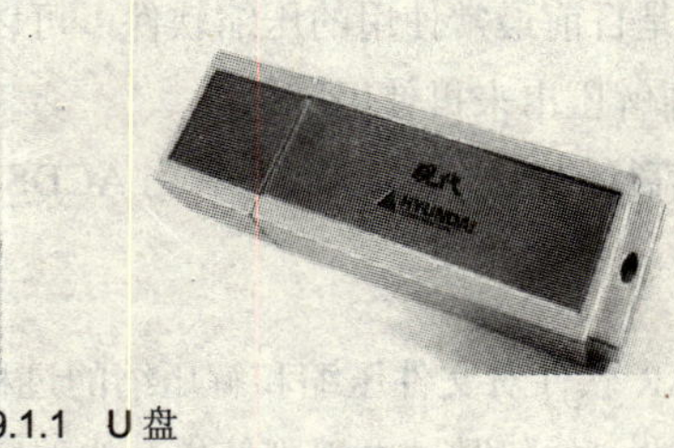

图 9.1.1　U 盘

1．U 盘的特点

U 盘具有存储容量大、存储速度快、工作时不需要物理驱动器也不需要外接电源、支持热插拔、轻巧精致、抗震防潮、耐高/低温、携带方便、使用简单的优点。它有效地克服了软盘容量小、硬盘携带不方便的缺点，并结合它们的优点，实现了无驱动存储，为广大计算机用户提供了一种理想的移动存储解决方案。

2．U 盘使用注意事项

用户在使用 U 盘时应注意以下几点：

（1）在退出 U 盘的操作时，系统有时会提示：“现在无法停止‘通用卷’设备，请稍候再停止该设备”。一般出现这种情况是由于 U 盘中有文件或应用程序处于打开状态，这时只需要将所有与 U 盘有关的程序和窗口关闭即可。另一种原因是 U 盘正在与电脑内存进行数据交换操作，也就是说文件还没有完全传输完，遇到这种情况就需要等待数据处理完毕后再进行退出 U 盘的操作。

（2）在公共电脑上使用 U 盘时，如果只需要将 U 盘中的资料拷贝到电脑中或只需要打开 U 盘中的文件，那么最好将 U 盘上的只读锁打开，这样就可以有效地阻止病毒的感染了。

（3）U 盘在频繁使用后插头会磨损，造成与电脑接触不良。当 U 盘插到电脑上而系统没有反应时，可以尝试将 U 盘插到其他的 USB 接口中。另外要注意，一些兼容机有时会因为连线或者是机箱本身设计问题导致前置 USB 接口不起作用，这时可以将 U 盘连接到机箱后主板自带的 USB 接口。

9.1.2　移动硬盘

虽然 U 盘具有体积小、安全性高等诸多优点，但由于其使用成本较高的闪存芯片作为存储媒体，因此只适用于少量数据的存储，对于用户存储容量越来越大的需求显得力不从心。移动硬盘很好地解决了这个问题，它在兼顾便携性的同时又满足了大容量数据移动存储的要求，并以体积小，传输速度快，具有抗震功能，稳定性、安全性较好成为移动存储的首选，如图 9.1.2 所示。

图 9.1.2　移动硬盘

移动硬盘的结构较为简单，其核心部件实际上就是一个笔记本硬盘和一个硬盘盒，笔记本硬盘充当存储载体，而硬盘盒既是驱动器，又是安装、保护硬盘的外壳。

注意：新购买的移动硬盘要先经过分区后才可以使用，分区可以通过 Fdisk 命令来完成。另外，移动硬盘如果要进行热插拔操作，也必须确定设备不在工作状态，否则可能会造成数据丢失。

9.2　打印机的使用

打印机是计算机重要的输出设备，用于将用户在电脑上的文本、图形、网页等文档输出为纸张文件，是日常办公最常用的设备之一。

9.2.1　打印机的分类

打印机是一种常用的输出设备，一般 PC 机系统都配备了打印机，如图 9.2.1 所示。目前，常用的打印机有针式打印机、喷墨打印机和激光打印机 3 种。

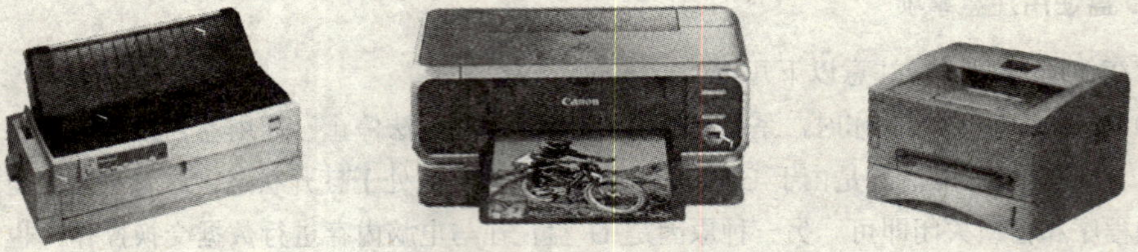

针式打印机　　喷墨打印机　　激光打印机

图 9.2.1　打印机

1．针式打印机

针式打印机主要由打印机芯、控制电路和电源 3 大部件构成，其优点是打印速度较快、价格低廉；缺点是维修费用高、打印时噪声大、打印质量不高。

2．喷墨打印机

喷墨打印机与针式打印机相比，其结构简单，打印效果较好，噪声小，价格也不高，已成为当前办公室打印机的主流。现在大多数喷墨打印机还可以进行彩色打印。

3．激光打印机

激光打印机是近来发展较快的一种输出设备。它具有打印精度高、速度快、噪声低等优点，将成为今后打印机的主流产品。由于价格较高，大多数用于办公。

9.2.2　打印文档

用户在完成当前文档的编辑后，就可以对文档进行打印操作。

1．正常打印文档

选择 文件(F) → 打印(P)... Ctrl+P 命令，弹出 打印 对话框。在该对话框中对打印文档的参数进行设置，单击 确定 按钮，即可开始打印文档。

2．暂停打印任务

如果在打印过程中出现某些意外情况，有时需要将打印任务暂停，待问题解决后再恢复打印。在打印窗口中选中将要暂停的打印文档，单击鼠标右键，从弹出的快捷菜单中选择 暂停(A) 命令即可。如果需要恢复被暂停的打印文档，单击鼠标右键，从弹出的快捷菜单中选择 继续(E) 命令即可。

3．清除打印文档

如果用户在刚刚发送某个文档到打印机后，就想要取消打印，在 Windows XP 中可通过清除打印文档来取消打印。在打印窗口中选中将要取消的打印文档，单击鼠标右键，从弹出的快捷菜单中选择 取消(C) 命令，弹出 打印机 对话框，在该对话框中单击 是(Y) 按钮，即可取消该文档的打印。

9.2.3　打印机的日常保养和维护

打印机作为一种比较精密的设备，平时的保养和维护工作显得非常重要。尤其是打印机工作时，需要不断地执行进纸、出纸操作，而纸张不可避免地会带进灰尘、碎屑，这些都有可能对打印机造成损害。为了延长打印机的使用寿命，保证高质量的打印效果，就要对其进行有效的日常保养和维护。

1．针式打印机的保养和维护

针式打印机的工作原理是通过打印针击打色带来完成打印，因此保证打印针的安全就很重要。针式打印机在日常保养和维护中应注意以下事项：

（1）装纸时一定要平稳端正，如果在打印时进纸歪斜就会形成折皱，轻则浪费纸张，重则造成断针。

（2）打印不同厚度的纸张时，要调整纸张厚度调节杆使打印头与胶辊的距离与纸张相适应。

（3）打印连续的打印纸时，要将打印纸两边的纸孔与送纸器的齿轮装好，并且将打印纸放在合适的位置以免卡纸。

（4）长时间不使用打印机时，将色带盒（架）从打印机中取下，放在密封的地方，以免色带上的墨水蒸发影响色带寿命。

（5）更换色带时，一定要将色带理顺，不要让色带在色带盒中扭曲，否则会造成色带无法转动甚至损坏打印针。

2．喷墨打印机的保养和维护

喷墨打印机因其打印效果好、噪声低而成为目前普及率最高的打印机类型。对于喷墨打印机的日常保养和维护，一般要注意以下事项：

（1）在打印时必须关闭打印机前盖，以防止灰尘或其他硬物进入打印机内阻碍打印机头的运动而引起故障。

（2）墨盒未使用完时，最好不要将其从打印机上取下，以免造成墨水浪费或打印机对墨水的计量失误。

（3）确保使用环境的清洁，以免灰尘过多导致字车导轴润滑不好，使打印头的运动在打印过程中受阻，从而引起打印位置不准确或撞击机械框架造成死机。

（4）打印时把托纸架完全拉开，否则打印纸的后半段下垂，不能顺利进入打印机，有时会造成卡纸现象，还会使打印头空走，既浪费墨又会使墨水滴在打印机内部，给打印机造成损害。

（5）通过打印机开关来关闭打印机，以便让打印头回到初始位置。

（6）如果同时打开两个墨盒，应把暂时不使用的墨盒放入墨盒匣里，以免喷头堵塞。

（7）更换墨盒时一定要按照正确的步骤进行，应在打印机电源开机的状态下进行。

（8）墨盒在长期不使用时，应放在室温条件下，并且避免日光直射。

（9）打印时如果输出不太清晰、有条纹或其他缺陷，可以用打印机的自动清洗功能清洗打印头。如果连续清洗几次之后打印效果仍不满意，表明可能墨水已经用完，需要更换墨盒。

（10）喷墨打印机的墨水有使用温度的限制，只有在规定的温度范围内（一般为 5～35℃）才可以发挥墨水的最佳性能。温度过低墨水可能会冻结，而温度过高则影响墨水的化学性能。

3．激光打印机的保养和维护

一般激光打印机在使用一段时间之后，由于空气中的灰尘与碎屑的侵蚀，有可能会损坏打印机，不能保证正常的打印效果，所以要养成定期清洁的好习惯。清洁激光打印机的具体操作步骤如下：

（1）断开打印机电源。

（2）用清水打湿干净的布条，将布条拧至微湿，用来清洁打印机内部。

（3）用毛刷或光滑的干布清洁打印机内部，擦去打印机内部的灰尘和碎屑。

注意：清洁打印机时，如果衣服上沾染了炭粉，可用干布将其擦掉，然后用冷水冲洗，切记不要用热水，因为热水会使炭粉固定在布料的织物纤维里。

9.3 复印机的使用

复印机是现代办公必不可少的设备，如图 9.3.1 所示。在文件数量过多时，如果使用打印机打印，成本过高。另外，有的文件是无法通过打印机进行打印的，而扫描的成本价格高，所以选择复印机进行复印是比较明智的。

9.3.1 复印机的分类

复印技术是伴随着科学技术的发展而产生的一门新技术。自从 20 世纪 50 年代美国施乐公司推出第一台商用复印机以来，复印机经历了 50 多年的发展，复印技术日趋完善，复印机的种类也越来越多。

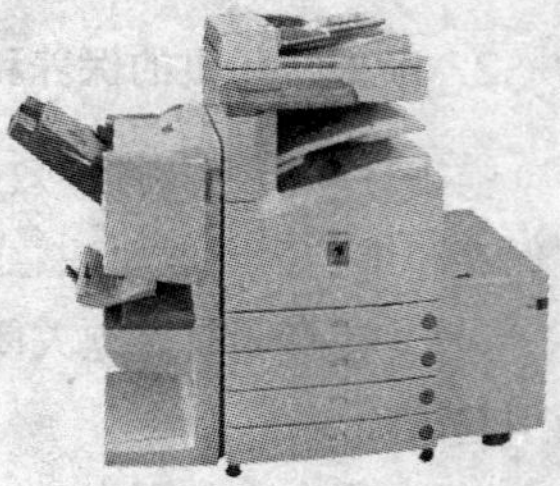

图 9.3.1 复印机

（1）按复印机显影方式来分，可分为单组份和双组份复印机。大部分复印机都是单组份复印机。

（2）按复印机复印的颜色来分，可分为单色、多色和彩色复印机。

（3）按复印机尺寸来分，可分为普及型复印机、手提式复印机及大工程图纸复印机。

（4）按复印机使用纸型来分，可分为特殊纸复印机和普通纸复印机。特殊纸一般指可感光的感光纸。普通纸是指普遍使用的复印纸。

（5）按成像处理方式来分，可分为数字式复印机和模拟式复印机。第一部数字式复印机于 1991 年由日本佳能公司推出。目前，市面上的复印机大多为模拟式复印机。

9.3.2 复印机的使用方法

将复印机的电源线插好后，打开复印机电源开关，稍等片刻等待复印机预热（大约 20 秒钟左右），把文件放到玻璃稿台，在侧纸盘或下纸盘中放入复印纸，当复印键变为绿色时按下“复印”键，即可开始复印。

如果要缩小或者放大文件，将文件放到玻璃稿台后，调动缩小或放大键，将百分比设置为要缩放的比例，按下“复印”键，即可实现缩小或放大复印。

关于复印机的使用方法可参看随机附带的说明书，以便更好地应用复印机复印文件。

9.3.3 复印机的日常保养和维护

复印机是聚集了光学、机械、电路等高科技的精密产品，定期的清扫、整理、加油、调整是确保复印机正常运行的关键。必要的保养和维护可以提高复印机的工作质量，延长使用寿命，节约维修费用。

在复印机的运行过程中，它的光学系统、机械系统、电路系统，除了正常的磨损外，还受到来自复印机内部和外部的灰尘等杂物的侵害，造成复印品质变差和运行故障。保养和维护主要是对复印机的光学、显影、充电、转印、分离、消电电极定影、转送等部件和色粉回收等系统进行清洁或进行局部调整。通常，光学系统中的杂物会造成复印件底灰较重，出现黑色斑点；机械系统中的杂物会造成卡纸，复印件出现污迹等问题。因此，在日常工作中，我们要注意复印机的清洁保养和维护。通常，用户可以做以下工作：

（1）盖板的清洁。由于接触各种原稿和被手扶摸，会使洁白的塑料衬里或传送带变黑，造成复印件的边角出现黑色污迹。用棉纱布蘸些洗涤剂反复擦拭，然后用清水擦拭，再擦干即可。注意：不要用酒精、乙醚等有机溶剂擦拭。

（2）稿台玻璃的清洁。由于稿台玻璃容易受到稿件和手的沾污，同时也容易被划伤，所以应定期清洁保养才能保证良好的复印效果。在工作中要避免用手直接接触稿台玻璃，如有装订，应将原稿上的大头针、曲别针、订书钉等拆掉，并放在指定位置。涂改后的原件一定要等到涂改液干了以后再复印。清洁稿台玻璃时，应避免用有机溶剂擦拭。因为稿台玻璃上涂有透光涂层和导电涂层，这些涂层不溶于水，而溶于有机物质。

（3）电路系统。电路系统因长时间在高压下工作，吸附了大量的粉尘，可能造成电子元件间的电阻率降低，引起电流击穿电子元件，烧毁线路板。以下部分的清洁工作应由专业技术人员进行：光学系统的清洁、机械系统的清洁、进纸系统的清洁、出纸系统的清洁。

（4）清除废旧墨筒。小心地清除废旧墨筒，以防墨粉充斥在空气中被人体吸入。

9.4　传真机的使用

传真机是一种机电一体化的现代办公设备，它在日常办公事务中发挥着非常重要的作用，成为许多公司传递信息的重要工具，如图 9.4.1 所示。

9.4.1　传真机的类型

传真机从功能上大致可分为低档型、中档型、中高档型和高档型 4 类。

（1）低档型。必须使用热敏纸，只具有简单的收发功能，不能自动切纸，也没有录音功能。

（2）中档型。与低档型一样，也必须使用热敏纸，带有液晶显示（中/英文），而且能够自动切纸、进纸，允许无纸接收，支持呼叫转移、电话录音和来电显示，并带有外置式电脑接口。

图 9.4.1　传真机

（3）中高档型。可以使用像喷墨打印机用纸和热转印纸的普通纸，带有液晶显示，能够自动进纸，允许无纸接收，支持来电显示、呼叫转移和电话录音，并带有内/外置式电脑接口。

（4）高档型。可以使用像激光打印机用纸这样的普通纸，具有多合一功能，带有电脑接口。

9.4.2　发送与接收传真

发送传真的具体操作步骤如下：

（1）将原稿按规定放置于传真机进纸口处，然后提起电话机拨打对方传真机的电话号码。

（2）听到对方准备好接收传真的信号后，按下传真机上的“启动”按钮或“开始”按钮，即可开始发送传真。

接收传真的具体操作步骤如下：

（1）听到传真机上的电话铃响后，提起电话机。

（2）如果对方要求发送传真，按下传真机上的“启动”按钮或“开始”按钮，即可接收传真。

9.4.3 传真机的日常保养和维护

传真机在使用过程中，也应该经常进行保养和维护。要经常进行擦拭，保持传真机的整洁干净。在平时的使用中，应该养成良好的操作习惯，以延长传真机的使用寿命，保证传真机高质量地收发传真。传真机的日常保养和维护主要有以下几点：

（1）不要频繁地打开或关闭传真机。每次打开或关闭传真机都会使传真机内的电子元件发生冷、热变化，而频繁的冷热变化容易导致传真机内元器件提前老化，每次开机的冲击电流也会缩短传真机的使用寿命。长期保持传真机处于通电状态是最好的方法。

（2）使用标准的传真纸。劣质的传真纸光洁度不够，使用时可能会对热敏头和输纸辊造成磨损。

（3）不宜在高温、强磁或强腐蚀气体环境中使用传真机。高温、强腐蚀性气体不但会影响传真机记录的印字质量，而且会对电子线路造成不良影响或损坏。强磁场不仅会干扰通话，还有可能使传送的图像失真。

（4）不要传送带有装订针、大头针之类硬物的图文资料，以及墨迹或胶水未干的稿件。因为这些硬物容易划伤扫描玻璃或其他设备，引起传真机的故障；稿件上的墨迹或胶水未干时，容易弄脏扫描玻璃，造成传真机发送传真质量下降。

（5）不宜在雷雨天使用传真机。下雨天打雷时容易通过电话线损坏传真机，因此在雷雨天不使用传真机时，除了关掉电源外，还应该将电话线插头拔掉。

9.5 扫描仪的使用

扫描仪作为影像输入最快捷、方便、廉价的输入设备，一直是数码影像输入的首选设备。它能够将图像、文字等各种文档输入到计算机中，在办公自动化领域以及广告设计、装饰设计、婚纱摄影、形象设计、服装设计等艺术设计行业已得到广泛的应用。

9.5.1 扫描仪的种类

按工作原理的不同可分为以 CCD 为核心的平板式扫描仪（见图 9.5.1）、手持式扫描仪（见图 9.5.2）和以光电倍增管为核心的滚筒式扫描仪。

按扫描图像幅面的大小可分为小幅面的手持式扫描仪、中等幅面的台式扫描仪和大幅面的工程图扫描仪。

按用途可分为适用于各种图稿输入的通用型扫描仪和专门用于特殊图像输入的专用型扫描仪，如条码头读入机、卡片阅读机等。

图 9.5.1　平板式扫描仪

图 9.5.2　手持式扫描仪

9.5.2　扫描的技巧

不少用户购买扫描仪后，在扫描图像时发现结果并不是很理想，怀疑是不是扫描仪的问题。其实这和我们在扫描时的技巧有一定的关系，下面介绍一下扫描图像时的一些技巧。

1．扫描前的准备工作

在使用扫描仪扫描图像前，最好先打开扫描仪 5～10 分钟，使机器内的灯管达到均匀发光状态，这样可以确保光线均匀照到稿件每一处。除此之外，在扫描前应该仔细检查一下玻璃上方是否有污渍，若有一定要用软布擦拭干净，以免影响扫描效果。

2．注意开机顺序

如果把扫描仪连接在 Windows 2000/XP 系统下使用，此时必须注意开机顺序。正确的开机顺序是先打开扫描仪的电源，然后再启动计算机。

3．使用预扫描命令

有些用户为了节约扫描时间，通常忽略预扫描步骤。其实使用预扫描命令是有好处的：一是可以通过预扫描确定扫描区域，减轻扫描后对图像的处理操作；二是可通过观察预扫描后的图像，大致可以看到图像的色彩、效果等，如果不满意可对扫描参数重新进行设定，调整后再进行扫描。

4．确定扫描方式

使用扫描仪可以扫描图像、文字以及照片等，不同的扫描对象有其不同的扫描方式。打开扫描仪的驱动界面，发现程序提供了 3 种扫描选项，分别为“黑白”“灰度”“照片”。

（1）“黑白”方式适用于白纸黑字的原稿，扫描仪会用 0 和 1 来表示黑与白两种像素，这样会节省磁盘空间。

（2）“灰度”适用于既有图片又有文字的图文混排稿样，此种扫描模式兼顾文字和具有多个灰度等级的图片。

（3）“照片”适用于扫描彩色照片，利用红绿蓝 3 个通道进行多等级的采样和存储。

在扫描前，一定要先根据被扫描的对象，选择一种合适的扫描方式，才可能获得较好的扫描效果。

5．设置扫描参数

扫描仪在预扫描图像时，都是按照系统默认的扫描参数值进行扫描的，对于不同的扫描对象以及不同的扫描方式，效果可能是不一样的。为了能获得较高的图像扫描质量，可以对参数进行调整。

例如，当彩色图像的亮度太亮或太暗时，可通过拖动亮度滑动条上的滑块改变亮度。如果亮度太高，会使图像看上去发白；亮度太低，则会变暗。应该拖动亮度滑块，使图像的亮度适中。同样，对于其他参数，可以按照类似的调整方法来进行局部修改，直到得到满意的效果为止。总之，一幅好的扫描图像不必再用图像处理软件进行更多的调整，即可满足打印输出的要求，而且最接近原版。

9.5.3 扫描仪的日常维护

为了保证扫描仪的扫描质量和扫描仪的使用寿命，在日常的使用过程中应该注意以下几个方面：

（1）扫描仪要摆放在平坦、震动较小的地方，这样当步进电机工作时不会有额外的负荷，可以保证达到理想的垂直分辨率。

（2）保持扫描仪玻璃的干净，它关系到扫描仪的精度和识别率。如果发现玻璃上有灰尘时，应当及时清理。

（3）将要扫描的图像摆放在起始线的中央，这样可以最大限度地减少由于光学透镜导致的失真。

（4）不宜用超过扫描仪光学分辨率的精度进行扫描，因为这样做不但对输出效果的改善不明显，还会大量消耗电脑资源。

（5）保存图像要选用 JPG 格式，压缩比为原图像大小的 75%～85%，过小会严重丢失图像的信息，出现失真。

（6）防高温、防尘、防湿、防震荡以及防倾斜。

9.6 课堂实战——用 U 盘传送文件

平时要养成用 U 盘传送文件时，能及时查毒、杀毒，再进行文件的传送。

操作步骤

（1）在电脑的 USB 接口插入 U 盘。

（2）如果安装了杀毒软件，这时会弹出扫描提示框，如图 9.6.1 所示。

（3）单击 扫描 按钮则开始扫描 U 盘，扫描结束后，在屏幕的右下角出现如图 9.6.2 所示的提示框。

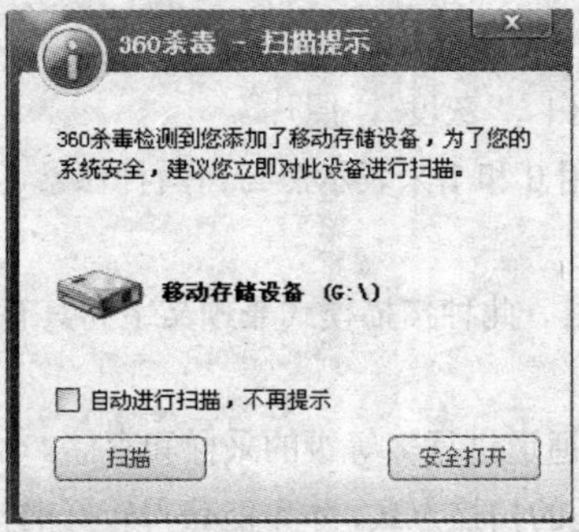

图 9.6.1 扫描提示框

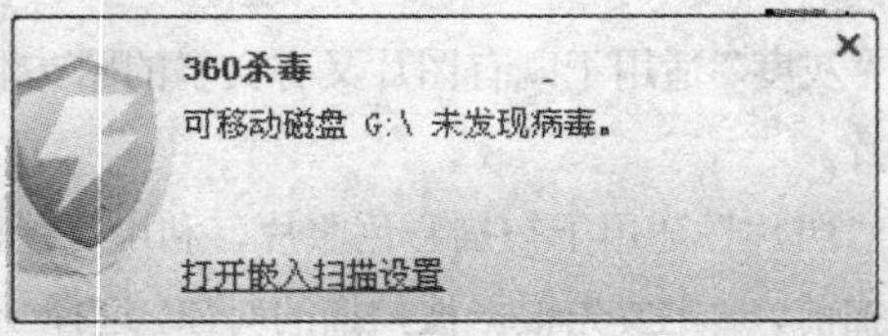

图 9.6.2 扫描结束提示框

（4）打开“我的电脑”窗口，在磁盘列表中双击可移动磁盘图标，打开 U 盘的窗口，可浏览 U 盘的内容，从中选择需要的文件，单击鼠标右键，在弹出的快捷菜单中选择 复制(C) 命令，如图 9.6.3 所示。

（5）单击工具栏中的“向上”按钮，进入我的电脑窗口，打开 E: \盘，在右边窗格空白处单击鼠标右键，在弹出的快捷菜单中选择 粘贴(P) 命令即可。

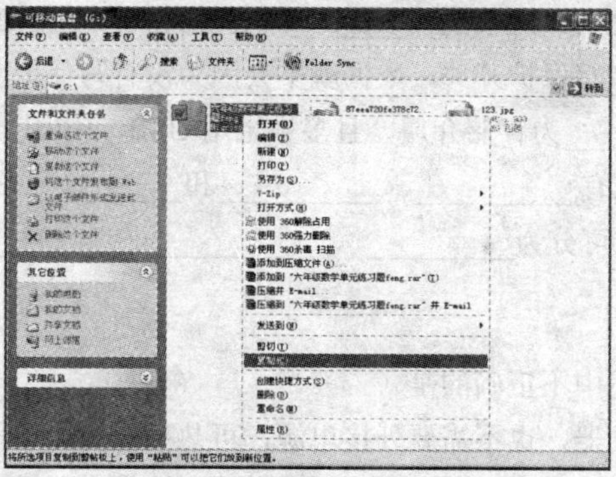

图 9.6.3　浏览 U 盘内容并复制文件

（6）文件传送完成后，单击任务栏中的“安全删除硬件”按钮，这时弹出“安全删除硬件”对话框，如图 9.6.4 所示。

（7）单击“停止(S)”按钮，弹出“停用硬件设备”对话框，如图 9.6.5 所示。

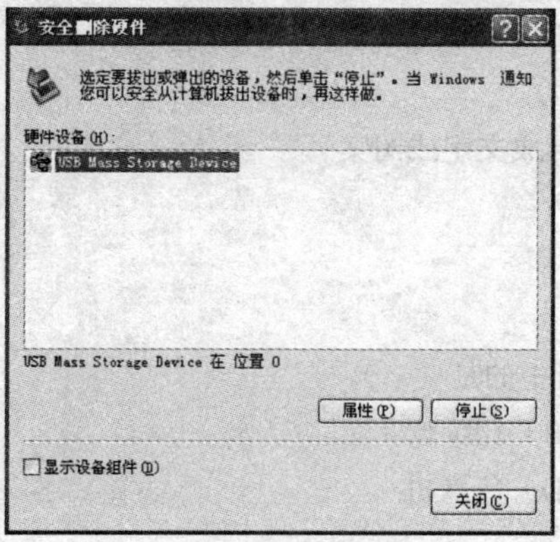

图 9.6.4　“安全删除硬件”对话框

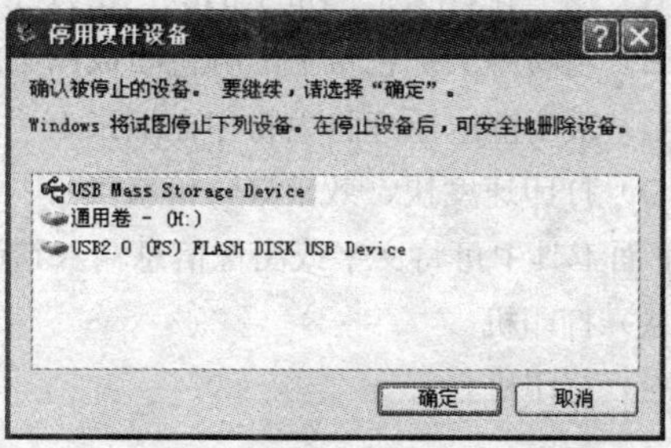

图 9.6.5　“停用硬件设备”对话框

（8）单击“确定”按钮返回到“安全删除硬件”对话框中。

（9）单击“关闭(C)”按钮，这时系统提示已经安全移除硬件，这样就可以拔下电脑上的 U 盘了。

本 章 小 结

本章主要讲述常用存储设备、打印机、复印机、传真机、扫描仪等办公设备的基本知识。通过本章的学习，使读者在以后的工作和学习中可以熟练使用这些常用办公设备，提高工作效率。

操 作 练 习

一、填空题

1．常用的存储设备有__________、__________和__________等。

2．U 盘是一种新型的移动存储设备，也称为__________或__________。

3．在将 U 盘插入电脑之前，应该先_________写保护开关，以便向 U 盘内写数据。在使用完毕拔下 U 盘后，就要_________写保护开关，数据就不会因为没有写保护而丢失。

4．移动硬盘采用_________为存储介质，且多数采用 USB，IEEE 1394 等传输速度较快的接口。

5．目前，常用的打印机有__________、__________和__________ 3 种。

6．传真机从功能上大致可分为__________、__________、__________和__________ 4 类。

二、选择题

1．下面关于 U 盘的叙述中不正确的是（　）。

（A）不需要物理驱动器，也不需要外接电源，可热插拔

（B）体积小，重量轻，可抗震防潮，特别适合随身携带

（C）U 盘使用完毕后，可以将其直接从 USB 接口中拔下来

（D）U 盘在处于只读状态时，可以有效地阻止病毒的感染

2．下面属于移动硬盘的特点的是（　）。

（A）存储容量大　　（B）传输速度快

（C）便携性好　　（D）可靠性高

3．下列关于针式打印机的说法中，正确的是（　）。

（A）用一排针头把色带上的颜色击打在纸上形成文字或图案

（B）用喷墨头把色带上的颜色喷成图案或文字

（C）采用静电原理将墨粉印在纸张上

（D）打印速度快、效果好、价格贵

4．下面工具中可将文字或图像信息输入到计算机中的是（　）。

（A）打印机　　（B）扫描仪

（C）复印机　　（D）传真机

三、简答题

1．简述打印机、复印机、传真机的日常保养和维护。

2．用扫描仪扫描黑白图片时，怎样扫描出来的图像质量较好？

四、上机操作题

1．用 U 盘在计算机中传送数据。

2．扫描一张黑白照片，将它保存在计算机中，并用喷墨打印机打印出来。

3．复印一份小学五年级下册的数学试卷，要求用一张 A4 纸。

4．接收某公司的一份传真，并回复传真。

第 10 章　计算机维护与故障排除

在使用计算机的过程中，应该养成良好的使用习惯，并定期对系统进行维护，以便减少计算机故障发生的频率，延长计算机的使用寿命。另外，还应该掌握常见故障的处理方法，以便对症下药采取切实可行的解决措施。

知识要点

- 日常硬件保养
- 日常系统维护
- 检测计算机故障
- 计算机病毒
- 常见计算机故障的排除

10.1　日常硬件保养

计算机硬件是运行各种软件的物理基础，一旦出现故障就会直接影响到正常的工作和学习，作为计算机用户，必须了解一些计算机硬件维护的基础知识。

10.1.1　计算机的运行环境

在使用计算机的过程中，用户常常忽略环境条件对计算机的影响。事实上，很好的运行环境是计算机正常工作的前提条件，因而计算机的使用寿命与运行环境有着直接的关系。

1．重视计算机的清洁

计算机的组成部件都十分精密，若计算机处于灰尘较多的工作环境下，灰尘将随着散热风扇带起的散热气流污染计算机的散热系统，堵塞计算机的各种接口，造成散热能力下降，从而影响计算机的正常运行，甚至造成短路，将设备烧毁。另外，尘埃还常带静电荷，若沾在磁盘上或进入驱动器，可能会造成磁盘信息出错。计算机的清洁措施主要体现在以下几个方面：

（1）不使用的时候为计算机套上防尘罩。

（2）一个月清理一次计算机机箱内部的灰尘，以确保计算机能够正常运行。需要注意的是，在对机箱内部进行除尘工作时，应使用软油漆刷轻扫。

（3）应对计算机的屏幕、鼠标和键盘、主机机壳和光驱等进行定期清洁。在对屏幕进行清洁时，最好使用专用的计算机屏幕擦拭布清洁，以免造成屏幕磨损。

（4）光驱使用的时间长了，CD 托盘也会堆积灰尘，用卫生纸清洁干净即可。

2．合适的温度

一般计算机工作在 10～30℃的环境下比较合适。若温度过高，计算机可能会因为散热不畅而导致死机；若温度过低，则可能会造成计算机无法启动或不能正常运行等状况。因此，放置主机的房间应保持通风良好，以调节室内温度。

注意：控制好计算机的温度是非常必要的，尤其是在夏日酷暑天气，最好在安放计算机的房间安上空调，以确保计算机正常运行。

3．合适的湿度

计算机理想的相对湿度为 30%～80%。若湿度太高，会影响显卡、CPU 等配件的性能发挥，甚至引起一些配件短路；若湿度过低，容易产生静电。过高的静电，可能会击穿半导体芯片而影响计算机的正常工作。

注意：天气较为潮湿的时候，最好每天能够使用计算机，或者让计算机通电一段时间，用计算机自身发出的热量来烘烤湿气，以减少和避免因潮湿带来的计算机故障。

4．稳定的电源

电压瞬间的大幅度波动，很容易导致计算机重新启动，甚至损坏主机电源或硬盘，从而造成巨大的损失。因此，在电压经常波动的情况下，最好为计算机配备稳压设置，从而保证计算机正常工作所需的稳定电源。

提示：有条件的用户可以配备 UPS，从而对计算机进行电源保护，使计算机在市电中断后能继续运行一段时间。

5．防止电磁干扰

计算机存储设备的主要介质是磁性材料，如果计算机周边的磁场较强会造成显示器出现异常的抖动或者偏色，甚至造成存储设备中的数据损坏或者丢失。因此，应尽量使计算机远离磁场、辐射源，如手机等物品不应放在显示器旁边。

10.1.2 良好的使用习惯

计算机的很多故障都是人为的错误操作所引起的，所以必须养成良好的操作习惯。

1．正确的开关机顺序

正确的开机顺序是：打开电路电源→打开显示器电源→打开主机电源。正确的关机顺序是：关闭主机→关闭显示器电源→关闭电路电源。

应用程序未正常结束时不要关机，否则有可能造成系统文件损坏而导致死机；遇到死机等特殊情况时，按下主机上的复位（Reset）按钮对计算机进行重新启动。

2．避免频繁开关机

频繁地开关机会对计算机各配件造成一定的冲击，对硬盘的损伤尤其严重，从而减少计算机的使用寿命。

一般来说，关机后距离下一次开机的时间应有 10 s。同时，应尽量避免计算机在工作时关机，如果计算机正在读写数据时突然关机，很可能会损坏驱动器等设备。

3. 不要将光盘长时间放入光驱内

若将光盘长期放置在光驱中，系统每次开机时都会对光盘的内容进行读取，从而减缓系统的启动速度。另外，盘片长时间放置在光驱中还容易吸附灰尘，从而加速光头的老化而缩短光驱的使用寿命。

4. 不要带电插拔设备

如果用户需要给计算机添加新的硬件设备，除了 USB 接口的设备外，其他硬件设备均不能在接通电源的情况下进行直接插拔，如硬盘、内存、显卡和网卡等，否则可能会造成硬件设备出现故障造成不可修复的损坏，甚至会造成整个硬件系统的损坏。

5. 减少计算机搬动次数

经常搬动计算机，很可能造成计算机内部设备的连接松动，从而造成计算机故障。减少计算机搬动次数可以减少计算机碰撞的可能，一旦计算机被碰撞，显示器、主机和硬盘等计算机设备都有被撞坏的可能。

因此，用户最好将计算机放置在固定的位置，不要经常移动，尤其是在计算机运行的时候。在必须要转移计算机的情况下，应将计算机放入购买计算机时所附带的备用泡沫塑料的箱子内，因为泡沫塑料可以减少搬运过程中碰撞对计算机的影响。另外，在搬运计算机的过程中，应尽量保持计算机的平稳。

10.1.3 常用外设的清洁

计算机的常用外设主要包括显示器、鼠标、键盘、光驱和打印机等，对外设进行定期清洁，可以延长其使用寿命。

1. 显示器的清洁

显示器是最基本的输出设备，显示器清洁与否直接影响用户的视觉效果。显示器屏幕是很精细的，因此，在进行清洁时，应注意以下两点：

（1）如果屏幕上只是沾上了灰尘，用干燥的软毛刷将其刷掉即可。

（2）如果屏幕上沾上了指纹或其他污渍时，不能用手、抹布和卫生纸等物品来清理，应使用显示器屏幕专用擦拭布和清洁剂来清除。

2. 鼠标的清洁

在使用鼠标时，鼠标垫、鼠标下面的滚动球及垫片很容易沾上灰尘，并形成污垢，若污垢过多会导致鼠标的灵敏度降低，甚至失灵，缩短鼠标的使用寿命。因此，应经常对鼠标垫、滚动球和垫片进行清理，以保证鼠标的正常使用。

清洁鼠标的正确方法为：鼠标垫片上的污垢可直接刮去，对于滚动球部分的灰尘或污垢，需要将鼠标拆开后用棉签仔细清除。

3. 键盘的清洁

键盘是最常用的输入设备之一，即使一个键失灵，用起来也很不方便。由于键盘是一种机电设备，使用频繁，加之键盘底座和各按键之间有较大的间隙，灰尘容易侵入。因此对键盘定期清洁维护也是十分必要的。

最简单的维护一是将键盘反过来轻轻拍打，让其内的灰尘落出；二用湿布清洗键盘表面，但注意湿布一定要拧干，以防水进入键盘内部。

4．光驱的清洁

光驱属于易耗设备，所以用户应该重视光驱的保养。给光驱带来最大危害的是被光盘带进来的灰尘或其他杂质，因此，保养好光盘能极大地延长光驱的使用寿命。

使用光盘应注意，不要在光盘上贴标签，要保持光盘表面的清洁；不要使用变形的光盘，取放光盘时不要触摸光盘的数据存放面；光盘用完后应立即放回保护盒内。

清洁光驱的正确方法为：当光驱使用一段时间后难免会堆积一些灰尘，用卫生纸轻轻擦拭即可；清洗光盘时应用潮湿、干净的棉布擦拭，擦拭后还要等光盘完全晾干后才能使用。

5．打印机的清洁

打印机是集机械、电子技术为一体的精密设备，也是办公中较为常用的外部设备。因此，在日常维护的工作中不仅要做好清洁工作，还要注意打印机机械部分的保养，从而减少打印机故障的发生，提高工作效率。

打印机的清洁主要包括以下几点：

（1）要经常使用软毛刷清理纸道中的杂物和灰尘，防止纸面污损。

（2）清洁机壳时，应该使用稀释过的中性清洁剂。

（3）对于不能直接进行擦拭的部分，如激光头、硒鼓等，要用吹气球进行除尘，有条件的可以使用小型吸尘器。

（4）采用专门的清洁纸，对打印机的内部进行清洁。

（5）将润滑油均匀地涂抹到打印机的机械部件上，可让机械部分保持光滑。

综上所述，对硬件设备进行维护时，重要的工作就是防尘、防止静电、防潮湿；对外设进行维护时应细心，且下手要轻，选用工具和清洁剂要合适，不要使用酒精或含氨清洁剂之类的有机溶剂，尽量采用专门的清洁剂和工具。

10.2 日常系统维护

计算机使用一段时间后所产生的垃圾文件和磁盘碎片，不仅会占用磁盘空间，还会影响计算机的运行速度。因此，用户应该养成定期清理垃圾文件和磁盘整理的习惯。

10.2.1 磁盘碎片整理

磁盘在使用过一段时间以后，会产生一些“碎片”，它们占据着磁盘的空间，影响磁盘的读写速度。Windows XP 提供的磁盘碎片整理程序可以重新安排文件在磁盘中的存储位置，将文件的存储位置整理到一起，同时合并可用空间，提高运行速度。

磁盘碎片整理的具体操作步骤如下：

（1）单击 开始 按钮，在打开的“开始”菜单中选择 所有程序(P) → 附件 → 系统工具 → 磁盘碎片整理程序 命令，打开 磁盘碎片整理程序 窗口（一），如图 10.2.1 所示。

（2）在该窗口中显示了磁盘的一些状态和系统信息，选择需要整理的磁盘，单击 分析 按钮，系统弹出 磁盘碎片整理程序 对话框（一），如图 10.2.2 所示。

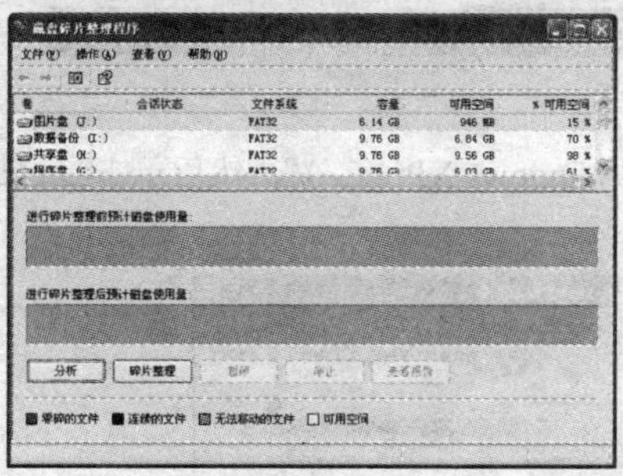

图 10.2.1　“磁盘碎片整理程序”窗口（一）

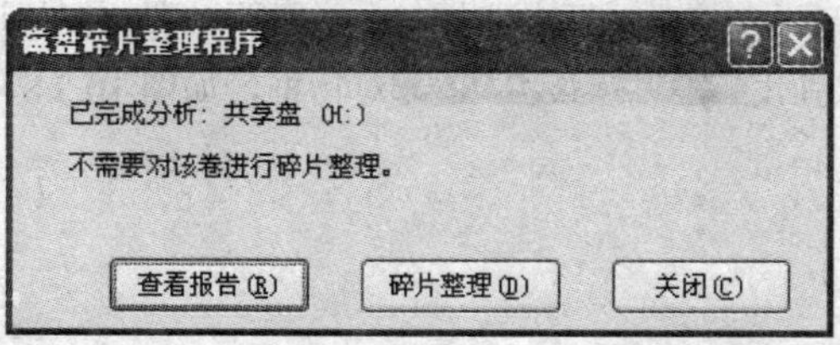

图 10.2.2　“磁盘碎片整理程序”对话框（一）

（3）在该对话框中单击 查看报告(R) 按钮，弹出如图 10.2.3 所示的 分析报告 对话框。

（4）如果在 磁盘碎片整理程序 对话框（一）中提示需要进行磁盘碎片整理，则单击 碎片整理(D) 按钮，系统开始对所选择的磁盘进行碎片整理。

（5）磁盘碎片整理完成后，弹出 磁盘碎片整理程序 对话框（二），如图 10.2.4 所示。

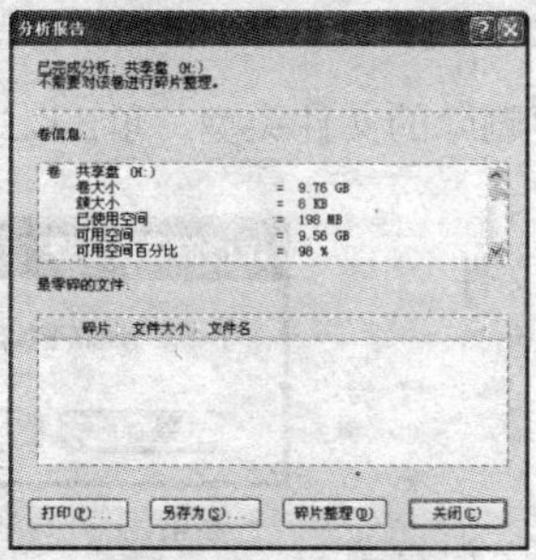

图 10.2.3　“分析报告”对话框

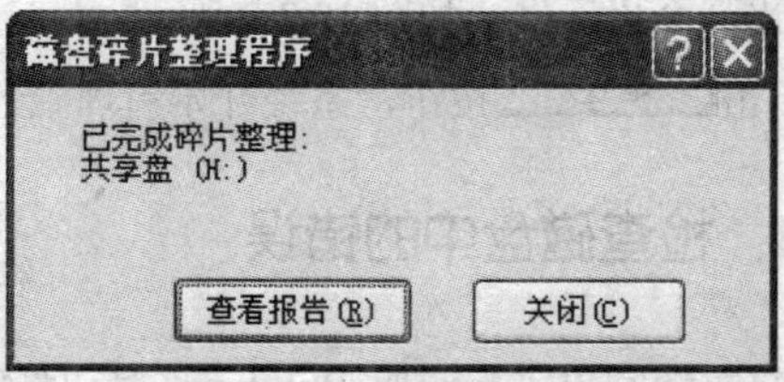

图 10.2.4　“磁盘碎片整理程序”对话框（二）

（6）在 磁盘碎片整理程序 对话框（二）中单击 查看报告(R) 按钮，在弹出的 碎片整理报告 对话框中可查看磁盘碎片整理信息，如图 10.2.5 所示。

（7）单击 关闭(C) 按钮，返回到 磁盘碎片整理程序 窗口（二），可以看到在“会话状态”栏中显示为“已整理碎片”，如图 10.2.6 所示。

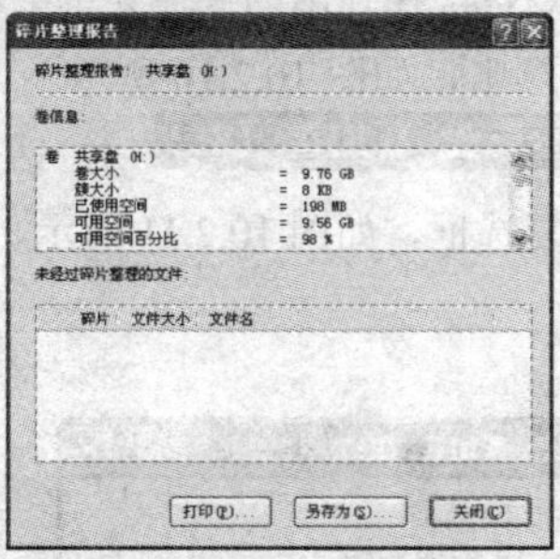

图 10.2.5　“碎片整理报告”对话框

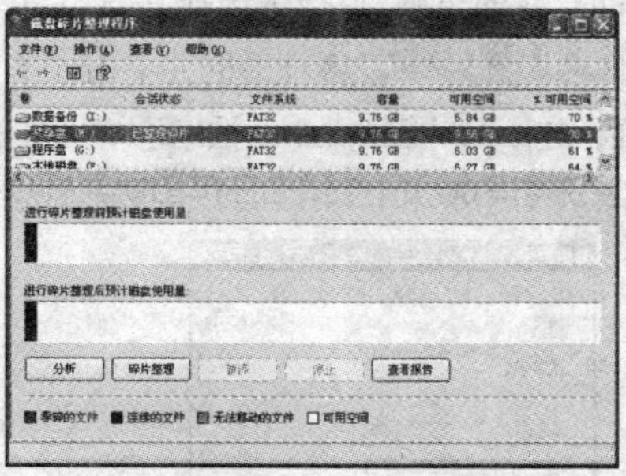

图 10.2.6　“磁盘碎片整理程序”窗口（二）

（8）单击 磁盘碎片整理程序 窗口中的“关闭”按钮，关闭该程序。

10.2.2　清理磁盘

Windows XP 为用户提供了一个新增程序工具——磁盘清理程序。该程序可用于清理用户的磁盘，删除不用的文件，以便释放更多的磁盘空间。磁盘清理的具体操作步骤如下：

（1）单击 开始 按钮，在打开的“开始”菜单中选择 所有程序(P) → 附件 → 系统工具 → 磁盘清理 命令，弹出 选择驱动器 对话框，如图 10.2.7 所示。

（2）在该对话框中选择一个磁盘驱动器，例如选择“Windows XP（E:）”，然后单击 确定 按钮，弹出 (E:)的磁盘清理 对话框，如图 10.2.8 所示。

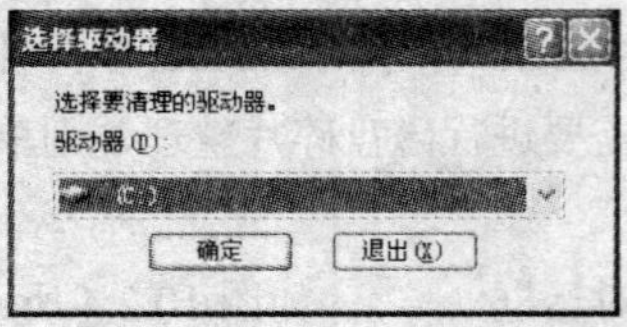

图 10.2.7 “选择驱动器”对话框

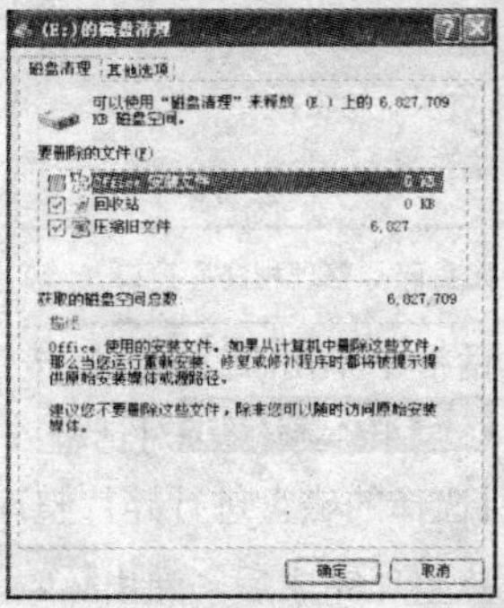

图 10.2.8 “磁盘清理”对话框

（3）在该对话框中的“要删除的文件”下拉列表中选择要删除的文件类型，单击 确定 按钮，系统弹出一个提示框，如图 10.2.9 所示。

（4）单击 是(Y) 按钮，系统开始清理磁盘中不需要的文件。

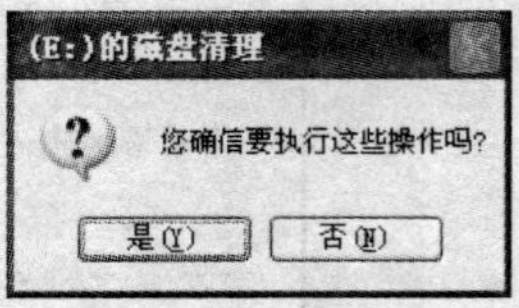

图 10.2.9 系统提示框

10.2.3 检查磁盘中的错误

如果计算机经常出错，例如 Windows 启动缓慢、频繁死机、保存的文件不能正常运行，应检测磁盘是否出现了逻辑错误，如果出现了逻辑错误，可用磁盘检测程序对其进行修复。

下面打开“我的电脑”，对 E 盘进行检查。其具体操作步骤如下：

（1）双击桌面上“我的电脑”图标。

（2）在打开的“我的电脑”窗口中选择 E 盘，并单击鼠标右键，在弹出的快捷菜单中选择 属性(R) 命令，这时打开 新加卷（E:）属性 对话框并单击“工具”选项卡，如图 10.2.10 所示。

（3）单击 开始检查(C)... 按钮，弹出 检查磁盘 新加卷（E:） 对话框，选中 ☑自动修复文件系统错误(A) 和 ☑扫描并试图恢复坏扇区(N) 复选框，如图 10.2.11 所示。

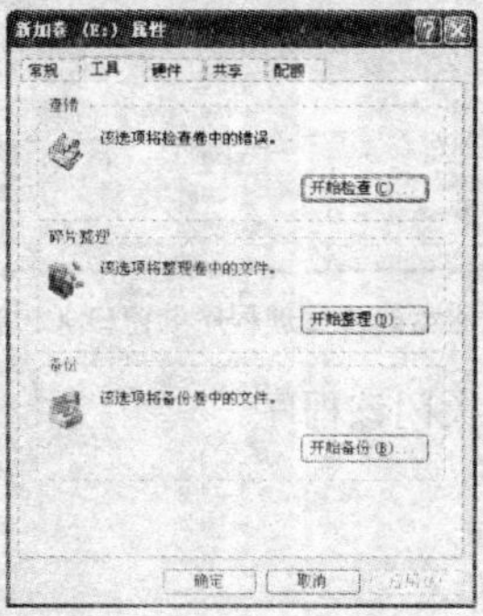

图 10.2.10 “新加卷（E:）属性”对话框

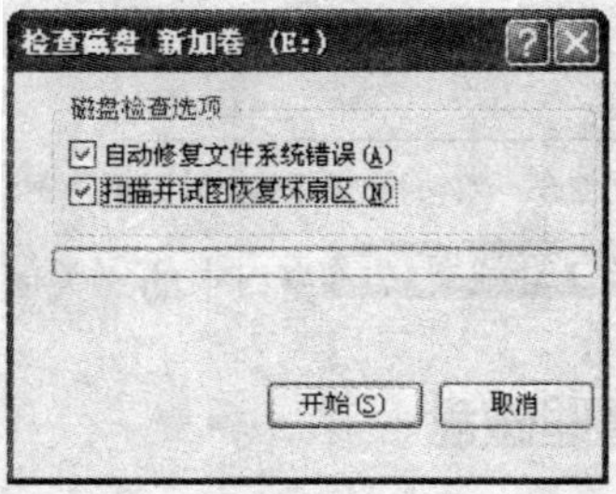

图 10.2.11 设置检查磁盘选项

（4）单击 开始(S) 按钮，系统开始扫描并修复磁盘，如图 10.2.12 所示。

提示：如果选中 ☑ 自动修复文件系统错误(A) 复选框，磁盘检测程序将对磁盘分区进行独占访问，因此在检测完成之前不能对该磁盘分区进行任何访问操作，一般须重启系统后立即进行检查。

（5）扫描结束后，系统将出现一个对话框提示已完成磁盘检查，如图 10.2.13 所示。

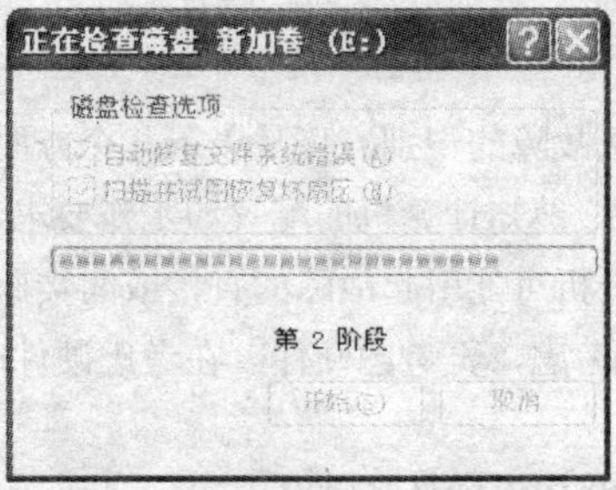

图 10.2.12　扫描并修复磁盘

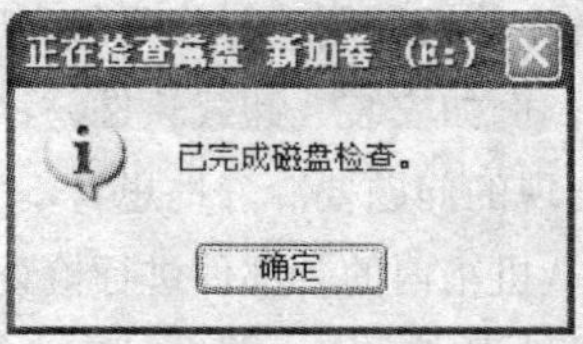

图 10.2.13　完成磁盘扫描和修复

（6）单击 确定 按钮，返回到 新加卷 (E:) 属性 对话框中，再单击 确定 按钮即可。

10.3　检测计算机故障

在使用计算机的过程中，难免会出现一些计算机故障，用户应了解计算机故障的常见类型、判断原则以及检测方法，以便对症下药采用切实可行的解决措施。

10.3.1　计算机故障的类型

计算机的故障可以分为硬件故障和软件故障两大类，下面分别进行介绍。

1．硬件故障

硬件故障是指计算机硬件系统使用不当或硬件物理损坏所造成的故障，如显示器无法显示，元器件、集成电路等出现故障。硬件故障可以分为以下两个方面：

（1）硬件自身故障。硬件自身故障是指各种板卡、外设、集成电路等出现的电器故障或机械故障，属于硬件物理损坏。这种故障会导致整个系统或外设无法正常工作，一般由外界环境、操作不当、硬件质量低劣或硬件自然老化引起。解决这种故障的办法就是更换硬件。

（2）接触不良。接触不良是指在硬件部件和外设均完好无损的情况下，由于粗心大意而造成的故障，一般表现在 CPU、显卡、内存条与主板之间的数据线、电源线、音频线的接触不良。对于这种故障，解决的办法就是将接触不良的配件重新连接好。

2．软件故障

软件故障是指由软件出错或不正确的操作所引起的故障。软件故障通常有以下几个方面：

（1）驱动程序故障。驱动程序故障是由驱动程序安装不正确或硬件不兼容引起的。这种故障一般需要重新安装与硬件相匹配的程序。

（2）病毒的破坏。病毒对计算机的影响比较严重，轻则影响机器的速度，重则可使机器瘫痪。

对于感染病毒的计算机，在防病毒方面要时刻警惕所用的外部存储器，因为这些很可能就是病毒的传染源。

（3）BIOS 设置问题。BIOS 设置中，参数没有设置或设置错误，系统都会出现故障。在设置 BIOS 时，要根据 BIOS 的设置手册进行，避免由于 BIOS 设置不正确所引起的故障。

10.3.2 识别故障的原则

计算机的故障种类繁多，千奇百怪，对于计算机故障的识别，可从以下几个方面进行。

（1）要了解计算机所用的操作系统和应用软件，熟知计算机的配置和工作要求，了解最近对计算机所做的工作，例如安装、卸载软件、移动等，分析可能引起故障的直接或间接原因。

（2）对待出现的问题要冷静地思考，先从软件考虑，再考虑硬件。在考虑硬件时，先从外部连线进行检查，再从机箱内的各部件进行检查。

（3）尽量通过识别文本、图像、声音等线索查找所出现的故障。

（4）通过自己的知识和经验对故障进行分类，再去寻找解决问题的途径和方法。

（5）在对计算机进行检测时，一定要先断开电源，此外，还要注意预防静电。

10.3.3 计算机故障常见的检测方法

计算机常用的检测方法有以下几种：

1．加电自检

在每次启动计算机时，计算机自检程序都会对主板、内存、显卡、磁盘、键盘等主要部件进行一次快速地检查测试。在检查的时候，计算机的扬声器会发出声响，可以通过扬声器的声音判断错误类型。

2．观察法

观察法是指通过看、听、闻等方法来检测故障。看是指观察系统板卡的插头和插座是否歪斜、电阻和电容是否相碰、表面是否烧焦、芯片表面是否开裂等，还要看是否有异物掉进主板的元器件之间造成短路；听是指监听硬盘电机或寻道机构、显示器变压器、电源风扇等设备的工作声音是否正常，当系统发生短路故障时，通常有异常的声响伴随；闻是指闻主机、板卡中是否有烧焦的气味，便于发现和诊断故障，以确定短路位置。

3．替换法

替换法是目前用得比较多的一种方法，在无法确定哪个部件损坏时，应尽可能不动元器件的电路，用一台无故障机器的部件替换有故障机器的部件进行检查。例如将有故障机器的声卡、显卡、内存、硬盘等部件依次拔下，换上好的部件，观察故障还是否存在。当某个部件出现问题时，换上好的部件故障就会消失，这时就可以确定故障所在。

4．隔离法

隔离法就是将主板上的部件逐一拔下，然后启动计算机，看故障是否消除，若故障消除，则可以确定故障就是这个部件所引起的，可考虑通过更换部件来消除故障。若故障仍然存在，则继续上面的工作，直到找到故障的所在之处。

5．最小系统法

最小系统法是指保留系统能运行的最小环境，把其他配件从扩展槽中取下，再启动计算机，观察最小系统是否能够正常运行。最小系统是由主板、喇叭和开关电源组成，一般在计算机启动后系统没有任何反应的情况下用此方法对计算机进行检测。在用最小系统法检测计算机时，将机箱内的所有接口板都取出来，并去掉硬盘驱动器的电源插头及键盘连线，打开电源，系统仍没有反应，则说明故障出现在主板上，若打开电源，系统有报警声，说明上述 3 部分正常。然后再逐步加入其他部件扩大最小系统，在逐步扩大的过程中，若发现系统由正常变为不正常，则说明刚加入的部件有问题。如果在加入的过程中，没有发现问题，就继续上述工作，直到找到故障为止。

6．原理分析法

原理分析法就是指按照计算机部件的基本原理，根据机器工作的时序关系，从逻辑上分析各点应有的特征，从而找出故障的原因。如在某一时刻，某个点应该有多宽的脉冲信号，或应满足哪个条件，这种条件下正确的电平状态是怎样的，然后测试和观察这点的具体现象，分析和判断故障原因的可能性。

7．升、降温法

计算机由于工作时间过长，温度过高而出现的故障，关机检查时是正常的，工作一段时间后，又出现故障，这时，就可用降温的方法来排除故障。升温法就是人为地把计算机工作环境的温度升高，使高温参数较差的元器件暴露出问题，以帮助寻找故障的一种方法；降温法就是对怀疑有故障的元件进行人为地降温，当某个元件在降温后故障消失，则说明这个元件的热稳定性较差，是引起故障的根源，可考虑将其更换。

8．程序检测法

对于一些出现非严重性故障且能够引导操作系统的计算机，可以用一些高级诊断程序来确定其故障的存在之处。检测软件有 NORTON2000，BurnInTest，SiSoftSANDRA 等。这些软件是专为检查、诊断计算机而编制的。

9．根据系统提示判断故障

系统提示信息如表 10.1 所示，用户可根据提示内容判断故障。

表 10.1　系统提示信息

信　息	出现的原因
Auxiliary device failure	集成触摸垫或外部 PS/2 鼠标可能出现故障
Bad command or file name	输入的命令不存在，或不在指定的路径中
Cache disabled due to failure	微处理器内部的主高速缓存出现故障
Data error	软盘或硬盘驱动器无法读取数据
Decreasing available memory	一个或多个内存模块可能出现故障或插接不正确
Disk C: failed initialization	硬盘驱动器初始化失败
Diskette drive 0 seek failure	可能是连接线松动或系统配置信息与硬件配置不符
Diskette read failure	可能是连接线松动或软盘出现故障
Diskette subsystem reset failed	软盘驱动器控制器可能出现故障
Diskette write protected	由于软盘已被写保护，操作可能无法完成
Timer chip counter 2 failed	主板上的芯片可能出现故障
Unexpected interrupt in protected mode	键盘控制器可能出现故障，或者安装的某个内存模块松动

续　表

信　息	出现的原因
Drive not ready	软盘驱动器中无软盘，或驱动器托盘中没有硬盘驱动器。在继续操作之前，请在软盘驱动器中装入软盘或在托盘中装入硬盘驱动器
Error reading PCMCIA card	计算机无法识别 PC 卡
Warning! Battery is critically low	警告！电池电量不足
Extended memory size has changed	NVRAM 中记录的内存容量与计算机中安装的内存不符
Gate A20 failure	安装的某个内存模块可能松动
General failure	操作系统无法执行此命令
Hard-disk drive configuration error	计算机无法识别驱动器的类型
Hard-disk drive controller failure 0	硬盘驱动器无法对计算机发出的命令做出反应
Hard-disk drive controller failure 1	CD-ROM 驱动器无法对计算机发出的命令做出反应
Hard-disk drive failure	硬盘驱动器无法对计算机发出的命令做出反应
Hard-disk drive read failure	硬盘驱动器可能出现故障
Invalid configuration information please run System Setup program	系统配置信息与硬件配置不符。此信息最有可能在安装内存模块之后出现
Keyboard clock line failure	可能是连接线或接口松动，或者键盘出现故障
Keyboard controller failure	可能是连接线或接口松动，或者键盘出现故障
Keyboard data line failure	可能是连接线或接口松动，或者键盘出现故障
Keyboard stuck key failure	如果正在使用外部键盘或小键盘，则可能是连接线或接口松动，或者键盘出现故障 如果正在使用内置键盘，则此键盘可能出现故障 在计算机引导时可能按了内置键盘或外部键盘上的某个键
Memory address line failure at address, read value expecting value	安装的某个内存模块可能出现故障或插接不正确
Memory allocation error	尝试运行的软件与操作系统、另一个应用程序或公用程序发生冲突
Memory data line failure at address, read value expecting value	安装的某个内存模块可能出现故障或插接不正确
Memory double word logic failure at address, read value expecting value	安装的某个内存模块可能出现故障或插接不正确
Memory odd/even logic failure at address, read value expecting value	安装的某个内存模块可能出现故障或插接不正确
Memory write/read failure at address, read value expecting value	安装的某个内存模块可能出现故障或插接不正确
No boot device available	计算机无法找到软盘或硬盘驱动器
No boot sector on hard-disk drive	操作系统可能损坏
No timer tick interrupt	主板上的芯片可能出现故障
Non-system disk or disk error	A 驱动器中有软盘或硬盘驱动器中没有安装可引导操作系统
Not a boot diskette	软盘上无操作系统
Optional ROM bad checksum	可选 ROM 出现故障
Sector not found	操作系统无法找到软盘或硬盘驱动器上的某个扇区。软盘或硬盘驱动器上可能有坏扇区或损坏的 FAT
Seek error	操作系统无法找到软盘或硬盘驱动器上的特定磁道
Shutdown failure	主板上的芯片可能出现故障
Time-of-day clock lost power	存储在 NVRAM 中的数据已损坏
Time-of-day clock stopped	维持 NVRAM 中数据的备用电池的电能可能已用尽
Time-of-day not set-please run the System Setup program	存储在系统设置程序中的时间或日期与系统时钟不符

10.4　计算机病毒

计算机病毒（Computer Viruses）是一种人为编制的具有破坏性的计算机程序，它具有自我复制的能力，通过非授权隐藏在可执行文件或数据文件中，在计算机系统运行时，通过自我复制和数据共享的手段迅速传染给其他程序，从而破坏计算机的正常运行。一旦计算机感染了病毒，该病毒就会依附在计算机中，并且具有很强的传染性，使计算机的资源受到不同程度的破坏。

10.4.1　计算机病毒的特征

根据目前发现的计算机病毒，可以看出计算机病毒具有以下 5 个特点：

（1）破坏性。计算机病毒的目的在于破坏计算机系统。有的病毒可以删除和修改数据，有的占用系统资源，有的干扰机器运行，更为严重的可使整个系统瘫痪。

（2）传染性。计算机病毒有很强的繁殖能力，它可以不断自我复制，一旦发作，会将自身复制到内存、硬盘、U 盘，甚至所有文件中，使其他程序也感染上病毒。如果一台计算机感染病毒，可以通过通信线路把病毒传染到联网的所有计算机上。另外，它还可以通过该计算机使用过的软件、外存储器等传染给其他计算机。

（3）隐蔽性。病毒程序一般都是短小精悍的程序，不易被察觉和发现。病毒进入计算机后常常不是立刻发作的，它有足够的时间去传染和破坏。

（4）潜伏性。病毒具有依附其他程序而寄生的能力，它会随着感染病毒的程序一起进入系统。病毒侵入计算机后潜伏在合法文件中并不立即发作，经过一段时间潜伏便开始发作，起到破坏作用。病毒的潜伏期可以是几天、几周、几个月甚至更长时间。

（5）激发性。触发病毒发作的条件可以是某个特定的日期、某个时间、某个事件的出现或某个文件的使用次数等，当满足了一定条件时，病毒会突然发作。如 CIH 病毒在每月 26 日发作。

10.4.2　计算机病毒的类型

计算机病毒的种类很多，对于这些不同种类的病毒可以从不同的角度进行分类。

1．按表现性质分类

按表现性质病毒可分为良性病毒和恶性病毒。良性病毒只是对系统的正常运行进行干扰；恶性病毒危害性极大，严重的将会破坏计算机硬件实体。

2．按病毒的寄生媒介分类

按病毒的寄生媒介可分为入侵型、源码型、外壳型和操作系统型。其中，入侵型病毒一般是针对某种特定程序编写的；源码型病毒是病毒在源程序编译之前以源代码形式入侵到高级语言编写的源程序中；外壳型病毒一般只是对主程序的首尾进行修改；操作系统型病毒可以加入或替代部分操作系统进行工作。

3．按感染的目标分类

按感染的目标可分为引导型病毒、文件型病毒和混合型病毒。

另外，还有其他分类方法，如按病毒是否可传染分为可传染性病毒和不可传染性病毒；按激活时间可分为随机型病毒和定时型病毒等。

10.4.3　计算机病毒的危害

计算机病毒会感染、传播，这并不可怕，可怕的是病毒的破坏性。其主要危害有：

（1）攻击硬盘主引导扇区、Boot 扇区、FAT 表、文件目录，使磁盘上的信息丢失。

（2）删除硬盘或网络上的可执行文件或数据文件，使文件丢失。

（3）修改或破坏文件中的数据，使内容发生变化。

（4）占用系统资源及磁盘空间，使内存减少。

（5）占用 CPU 运行时间，使运行效率降低。

（6）对整个磁盘或扇区进行格式化。

（7）破坏计算机主板上的 BIOS 内容，使计算机无法工作。

（8）破坏屏幕正常显示，干扰用户的操作。

（9）破坏键盘输入程序，使用户的正常输入出现错误。

（10）攻击蜂鸣器，使计算机的蜂鸣器发出响声。

（11）造成磁头在硬盘某些点上死读，从而破坏硬盘。

（12）构成系统死循环。

10.4.4 计算机病毒的防治与清除

计算机病毒的破坏力越来越强，几乎所有的软、硬件故障都可能与病毒有关系，所以对于病毒的防治是非常重要的。另外，在发现计算机病毒后及时进行清除也是非常必要的。

1. 预防病毒

计算机感染病毒后会给我们带来很多不必要的麻烦，因此，预防病毒是刻不容缓的。下面将介绍一些预防病毒的措施。

（1）杜绝传染渠道。病毒的传染无非是两种方式：一种是网络，另一种是光盘和移动存储设备。由于电子邮件的盛行，通过互联网传播的病毒要远远高于后者。杜绝病毒传染渠道应注意以下 6 点：

1）不可轻易下载小网站的软件与程序。

2）不可光顾那些很诱惑人的小网站，因为这些网站很有可能就是网络陷阱。

3）不可随便打开某些来历不明的 E-mail 与附件程序。

4）安装正版杀毒软件公司提供的防火墙，比如个人防火墙软件，并注意随时保持打开状态。

5）不可在线启动、阅读某些文件，否则很有可能成为网络病毒的传播者。

6）经常给自己发 E-mail，查看是否会收到第二封未属标题及附带程序的邮件。

提示： 对于光盘和移动存储设备传染的病毒，预防的方法就是不可随便打开程序或安装软件。可以先复制到硬盘上，接着用杀毒软件检查一遍，再执行安装或打开程序。

（2）设置传染对象的属性。病毒其实是一段程序或指令代码，它主要针对的是以.exe 与.com 为扩展名的文件，由于它天生具有局限性，因此预防病毒的另一种方法便是设置传染对象的属性，即把所有以.exe 与.com 为扩展名的文件设定为“只读”。这样一来就算病毒程序被激活，也无法对其他程序进行写操作，也就不能感染可执行程序，因此病毒的破坏力受到了很大的限制。

2. 清除病毒

在计算机中一旦发现病毒，应及时进行清除，清除病毒最有效的工具就是杀毒软件。但切记不要相信那些盗版的杀毒软件，因为在这些杀毒软件中也会隐藏一些恶性病毒，而且杀毒能力有时也非常低。因此选购杀毒软件时最好选正版的杀毒软件。

10.4.5　瑞星杀毒软件的使用

瑞星杀毒软件是一个免费的软件，用户可以很容易地上网找到该软件最新版本并将其下载到自己的计算机上，将其下载后就可以进行安装了。

（1）瑞星安装成功后的主界面上有“家庭模式”和“专业模式”供不同用户选择，这里我们选择“专业模式”，如图 10.4.1 所示。

（2）新安装的瑞星杀毒软件需要立即进行升级，以使病毒库更新到最新。单击按钮，弹出“智能升级”进度对话框如图 10.4.2 所示。升级成功后系统自动进行更新，更新过程对话框如图 10.4.3 所示。

图 10.4.1　瑞星杀毒软件主界面

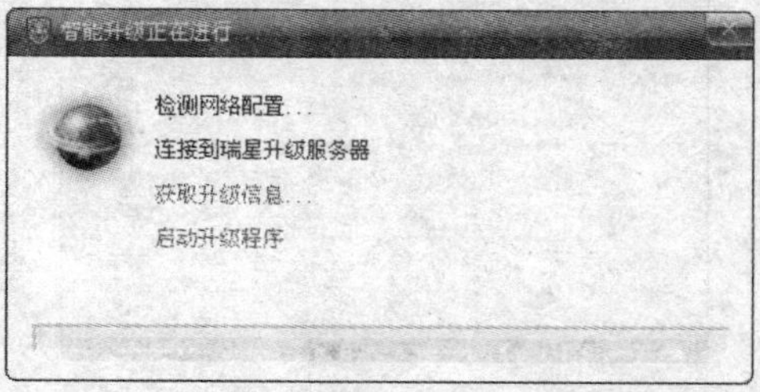

图 10.4.2　“智能升级”对话框

（3）更新完成后，弹出更新“结束”对话框，如图 10.4.4 所示。单击 完成(F) 按钮，完成瑞星杀毒软件的升级。

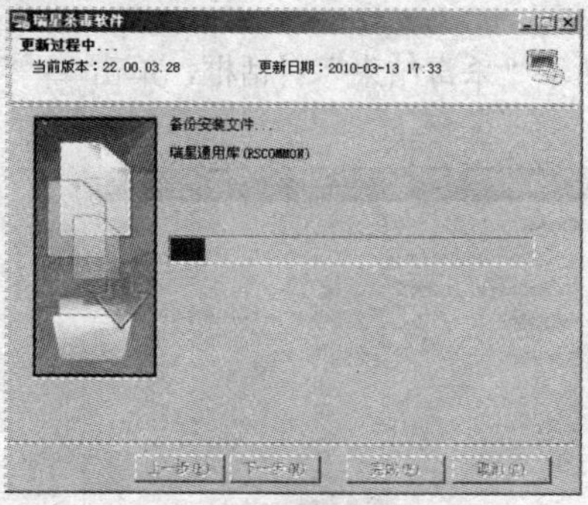

图 10.4.3　“更新过程”对话框

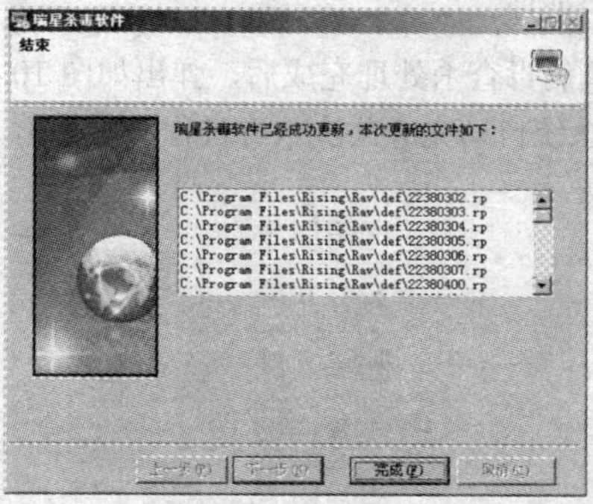

图 10.4.4　更新“结束”对话框

（4）首次升级完成后需要对系统做一个全面的杀毒，以保证系统的安全可靠。可以直接单击按钮，对系统关键区进行查杀。这里我们建议全面查杀，单击 杀毒 选项卡，弹出“杀毒”界面如图 10.4.5 所示。

（5）在“杀毒”界面中设置“发现病毒时”的处理方式为“清除病毒”，弹出“确认验证码”对话框，如图 10.4.6 所示。

（6）输入验证码，单击 确定 按钮。设置“杀毒结束时”的处理方式为“退出”，单击 开始查杀 按钮，弹出“正在杀毒”界面，如图 10.4.7 所示。

瑞星杀毒软件将查杀并按用户设置要求处理的病毒文件信息显示在“杀毒”界面的底栏中，如图 10.4.8 所示。

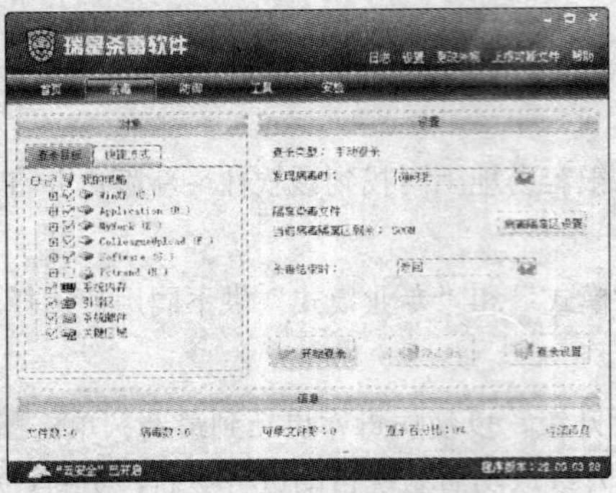

图 10.4.5　“杀毒”界面

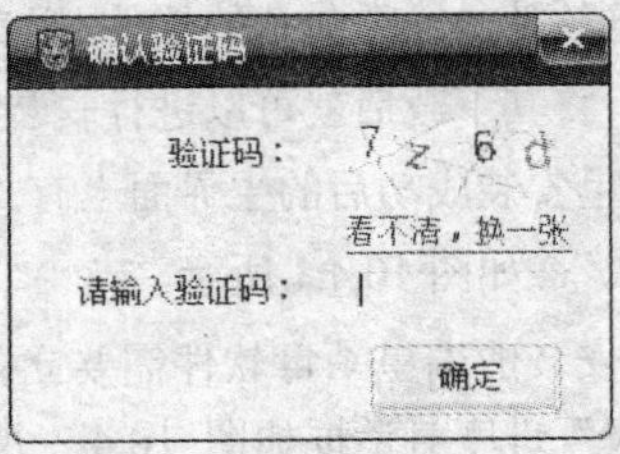

图 10.4.6　“确认验证码”对话框

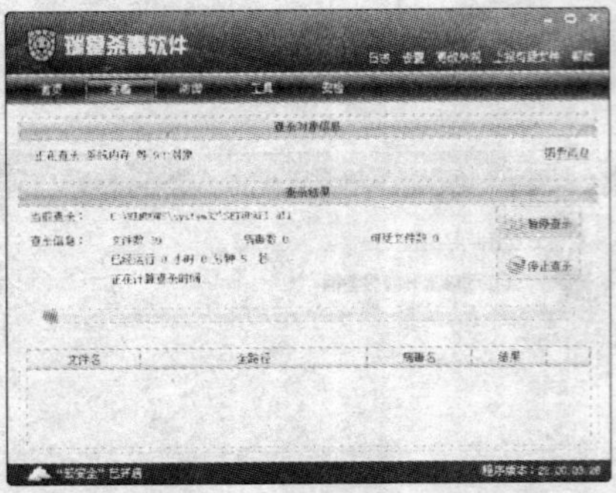

图 10.4.7　“正在杀毒”界面

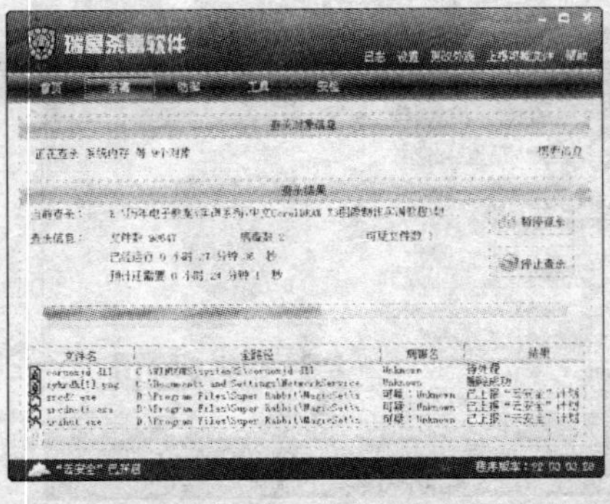

图 10.4.8　“杀毒”界面的底栏的病毒文件信息

用户还可以在查出的待处理病毒上单击鼠标右键，弹出快捷菜单如图 10.4.9 所示。在快捷菜单中选择相应的命令可以查看病毒的详细信息，定位病毒文件在计算机中的具体位置，还可以对病毒文件作进一步的处理。

计算机病毒查杀处理完成后，弹出如图 10.4.10 所示“杀毒结束”对话框，单击按钮或 10 秒钟后系统自动完成此次杀毒过程，并退出。

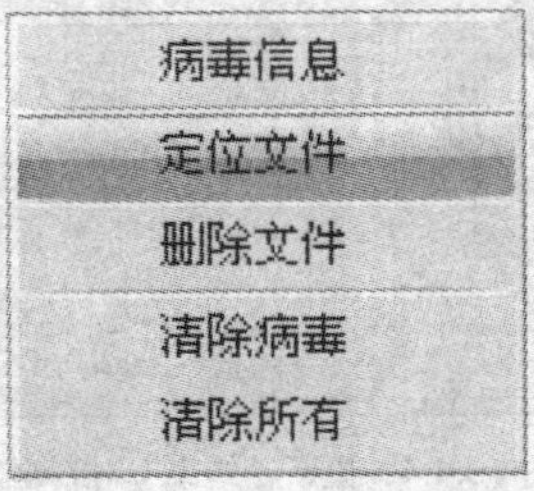

图 10.4.9　快捷菜单

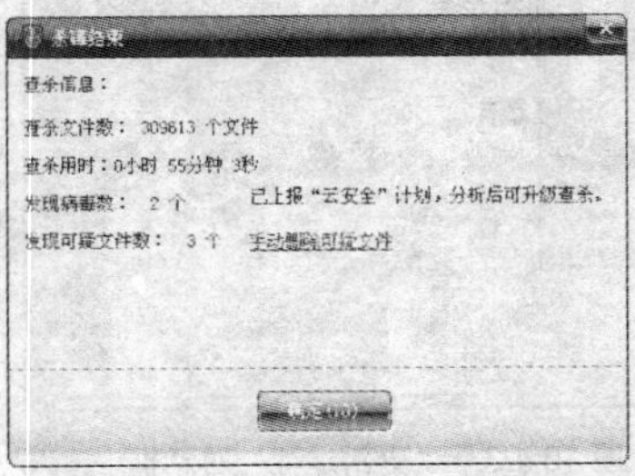

图 10.4.10　“杀毒结束”对话框

（7）单击 确定 按钮完成设置。当再次打开 Windows 防火墙 窗口时，可以看到 Windows 防火墙正在帮助保护您的计算机。

10.5　常见计算机故障的排除

在使用计算机的过程中，会出现各种各样的问题。掌握一些基本的计算机故障排除知识有助于我们更有效地利用计算机工作和学习。

下面是一些比较常见的计算机故障以及相应的排除方法，供大家参考。

10.5.1 光驱故障

光驱是计算机硬件中使用寿命较短的配件之一，属于计算机易耗硬件。光驱在使用一段时间后，发生故障的频率就提高了，常见的光驱故障有以下几种：

常见故障一：光驱工作时硬盘指示灯始终闪烁。硬盘指示灯闪烁是因为光驱与硬盘同时接在一个 IDE 接口上。将光驱单独接在一个 IDE 接口上问题即可解决。

常见故障二：找不到光驱。计算机开机后在“我的电脑”里找不到光驱盘符，出现这种现象可通过以下几种方法解决。

（1）检查是否正确安装了光驱驱动程序。

（2）检查光驱的 I/O 地址范围以及 IRQ 中断请求设置是否与其他设备产生冲突。

（3）检查 BIOS 中的常规设置项是否已经正确检测出光驱所在的数据传输线路的工作模式。

（4）检查光驱本身的工作模式设置是否与 BIOS 中的设置相符。

（5）检查是否因为安装了某些虚拟光驱软件而导致物理光驱设备丢失。

（6）某些病毒会导致不识别光驱，杀毒即可。

常见故障三：光驱无法正常读盘，屏幕上显示：“驱动器 X 上没有光盘，插入光盘再试”。在这种情况下，弹出光驱托盘，检查光盘本身是否已经严重磨损，确定光盘无损伤，重新放置光盘，问题即可解决。

常见故障四：光驱使用时出现读写错误或无盘提示。这种现象大部分是在换光盘时光驱的激光头还没有就位就对光驱进行操作所引起的故障。对光驱所有的操作都必须要等光盘指示灯不闪烁时才可进行，这样就可以避免出现上述错误。

常见故障五：光驱在读取光盘数据时，出现读盘困难而且读盘的时间变长。光驱读不出光盘数据时的硬件故障主要集中在激光头组件上，且可分为两种情况：一种是光驱使用太久造成激光管老化，另一种是光电管表面太脏、激光管透镜太脏或者位移变形。所以在对激光管功率进行调整时，还须对光电管和激光管透镜进行清洗。

10.5.2 内存故障

在计算机故障中，内存故障发生的频率也相当高，常见的内存故障有以下几种：

常见故障一：开机无显示，长时间蜂鸣报警（针对 Award BIOS 而言）。此类故障一般是因为内存条与内存插槽接触不良造成的，用橡皮擦拭其金手指部位即可解决问题（不要用酒精等清洗）。此类故障也有可能是内存条损坏或主板内存插槽有问题造成的，如果是内存条损坏，需要更换内存条；如果是主板内存插槽损坏了，就只有去维修主板了。

常见故障二：Windows 注册表经常无故损坏，提示要求用户恢复。此类故障一般都是因为内存条质量不好而起的，更换质量较好的内存条问题即可解决。

常见故障三：Windows 经常自动进入安全模式。此类故障一般是由于主板与内存条不兼容或内存条质量不好而引起的。频率较高的内存插在不支持高频率内存条的主板上，导致 Windows 经常自动进入安全模式，解决此故障可以尝试在 CMOS 设置降低内存读取速度，如若不行，就只有更换和主板匹配的内存条了。

常见故障四：随机性死机。此类故障一般是由于一台计算机上安装了两根不同频率的内存条，由于各内存条速度不同产生一个时间差从而导致死机，去掉其中一根内存条问题即可解决。

常见故障五：运行某些软件时经常出现内存不足的提示。此现象一般是由于系统盘剩余空间不足造成，删除一些无用文件，多留一些空间即可。

10.5.3 显卡故障

常见的显卡故障有如下几种：

常见故障一：开机无显示。此类故障一般是因为显卡与主板插槽接触不良或主板插槽有问题而造成的（针对独立显卡而言）。由于显卡原因造成的开机无显示故障，开机后一般会发出一长两短的蜂鸣声（主板 BIOS 为 Award BIOS）。

常见故障二：显示花屏，看不清字迹。此类故障一般是由于显示器或显卡不支持高分辨率而造成的。花屏时可切换启动模式到安全模式，然后在 Windows 操作系统下进入显示设置，将分辨率调低，重新启动计算机故障即可解决。

常见故障三：颜色显示不正常。此类故障一般有以下原因：

（1）显示卡与显示器信号线接触不良。

（2）显示器自身故障。

（3）在某些软件里运行时颜色不正常，在 BIOS 设置里有一项校验颜色的选项，将其开启即可。

（4）显卡损坏。

（5）显示器被磁化。此类现象一般是由于显示器附近有磁性物体干扰所致，磁化后还可能会引起显示画面出现偏转的现象。拿走磁性物体，对显示器进行消磁即可。

常见故障四：死机。出现此类故障一般是由于主板与显卡不兼容或主板与显卡接触不良而造成的，显卡与其他扩展卡不兼容也会导致死机。

常见故障五：屏幕出现异常杂点或图案。此类故障一般是由于显卡与主板接触不良或显卡的显存出现问题造成。清洁显卡金手指部位或更换显卡问题即可解决。

常见故障六：显卡驱动程序丢失。显卡驱动程序载入、运行一段时间后自动丢失，此类故障一般是由于显卡质量不佳或显卡与主板不兼容，使得显卡芯片温度过高而导致系统运行不稳定或出现死机，更换显卡问题即可解决。

10.5.4 硬盘故障

硬盘是计算机的重要部件之一，硬盘出现故障的频率也比较高，常见的硬盘故障有以下几种：

常见故障一：系统不认硬盘。系统从硬盘无法启动，从光盘启动也无法进入 C 盘，使用 CMOS 中的自动监测功能也检测不到硬盘的存在。这种故障大都出现在连接数据线或 IDE 端口上，在正常使用计算机的情况下，硬盘本身故障的可能性不大，通过重新插接硬盘数据线或者改换 IDE 口等替换试验，很快就会发现故障之所在。如果新接上的硬盘也不被接受，则说明硬盘的跳线没有设置正确，重新设置硬盘跳线，问题即可解决。

常见故障二：CMOS 引起的故障。CMOS 中的硬盘类型正确与否直接影响硬盘的正常使用。目前的计算机都支持“IDE Auto Detect”功能，可自动检测硬盘的类型。而有些比较老的计算机产品没有自动识别硬盘类型的功能，当 BIOS 丢失信息后，硬盘类型出错从而引起故障，重新设置硬盘参数问题即可解决。

常见故障三：分区表错误引发的启动故障。分区表错误是硬盘的严重错误，不同的错误会造成不同的损失。如果没有活动分区标志，则计算机无法启动。可以从光驱引导系统后对硬盘读写，通过 Fdisk 设置活动分区进行修复即可。

常见故障四：磁盘坏道引起死机。如果系统盘出现逻辑坏道，则可能出现计算机启动过程中死机或者刚刚启动起来就死机。如果是其他盘出现坏道，则可能出现计算机在运行此盘下的某些文件时死机。对于硬盘坏道问题，可以通过格式化软件进行格式化，如果问题解决，说明硬盘的坏道是逻辑坏道，如果无法修复坏道，则可能是物理坏道，要到专业的硬盘维修部门去维修或者更换新硬盘。

10.5.5　主板故障

主板是整个计算机的关键部件，在计算机中起着至关重要的作用。如果主板产生故障将会影响到整个计算机系统的工作。下面是主板在使用过程中最常见的故障。

常见故障一：开机无显示。计算机开机无显示，首先要检查的就是 BIOS。主板的 BIOS 中储存着重要的硬件数据，同时 BIOS 极易受到破坏，一旦受损就会导致系统无法运行，出现此类故障一般是因为主板 BIOS 被 CIH 病毒破坏造成（当然也不排除主板本身故障导致系统无法运行）。一般 BIOS 被病毒破坏后硬盘里的数据将全部丢失，所以可以通过检测硬盘数据是否完好来判断 BIOS 是否被破坏，如果硬盘数据完好无损，那么还有 3 种原因会造成开机无显示的现象。

（1）主板扩展槽或扩展卡有问题，导致插上诸如声卡等扩展卡后主板没有响应而无显示。

（2）免跳线主板在 BIOS 里设置的 CPU 频率不对，也可能会引发开机不显示，对此，只要清除 BIOS 即可予以解决。BIOS 跳线的默认位置一般为 1，2 短路，只要将其改跳为 2，3 短路几秒钟即可清除 BIOS。

（3）主板无法识别内存，内存损坏或者内存不匹配也会导致开机无显示的故障。某些老的主板比较挑内存，一旦插上主板无法识别的内存，主板就无法启动，甚至某些主板不给任何故障提示（鸣叫）。对于主板 BIOS 被破坏的故障，可以插上 ISA 显卡看有无显示（如有提示，按提示步骤操作即可），如果没有开机画面，要重新刷新 BIOS，可以到专业维修部门刷新 BIOS。

常见故障二：BIOS 设置不能保存。此类故障一般是由于主板电池电压不足造成，更换电池即可，但有的主板电池更换后同样不能解决问题，此时有以下两种可能：

（1）主板电路问题，对此要找专业维修人员进行维修。

（2）主板 BIOS 跳线问题，有时候因为用户错误地将主板上的 BIOS 跳线设为清除选项，或者设置成外接电池，使得 BIOS 数据无法保存。

常见故障三：计算机频繁死机。在进行 BIOS 设置时也会出现死机现象。一般为主板或 CPU 有问题，若按下面方法不能解决此故障，就只有更换主板或 CPU 了。

出现此类故障一般是由主板 Cache 有问题或主板设计散热不良引起的，在死机后触摸 CPU 周围主板元件，发现其温度非常高。在更换大功率风扇之后，死机故障得以解决。对于 Cache 有问题的故障，可以进入 BIOS 设置，将 Cache 禁止后即可顺利解决，当然，Cache 禁止后速度肯定会受到影响。

常见故障四：主板 COM 口或并行口、IDE 口失效。出现此类故障一般是由于用户带电插拔相关硬件造成的，此时可以用多功能卡代替，但在代替之前必须先禁止主板上自带的 COM 口与并行口（有的主板连 IDE 口都要禁止方能正常使用）。

10.5.6　电源故障

电源是一个容易被忽略但却非常重要的设备。它负责供应整台计算机所需的电能，一旦电源出现问题，整个系统都会瘫痪。常见的电源故障主要有以下几种：

常见故障一：通电后电源风扇不旋转。出现此类故障首先可以用万用表来测量一下电源有没有SB +5 V的输出和第14接口的绿色线上有无3.2～4 V的启动电压。如果测量没有电压，则说明辅助电源没有工作。这时就要测试电源的主、副开关电源的公共部分、整流滤波以前部分和TL494（PWM脉宽调制控制器所采用的控制芯片）的第12脚有无工作电压。如果辅助电源工作正常、电压输出正常、TL494的工作全部都正常，主电源应该启动，如果不能够启动就可以说明故障出现在主电源部分。

常见故障二：加电后风扇颤动或转动一下即停。从这种故障的现象来看，可以判断电源的初级部分是正常的，而故障是由于电源保护检测部分产生的，也就是说电源保护装置被触动了，此时应该测量一下TL494的第4脚上的电压是否低于0.4 V。

10.5.7　显示器故障

显示器作为计算机中必不可少的输出设备，其原理相当复杂，元件众多，出现的故障也较多，通常主要表现为黑屏、显示不正常以及花屏等现象。

1. CRT显示器常见故障及排除

造成CRT显示器故障的原因很多，有可能是显示器本身存在质量问题，也可能是潮湿、老化或磁场干扰等原因引起的。

常见故障一：显示器黑屏。造成显示器黑屏的原因很多，首先应排除硬件故障。如果是显卡损坏或显示器断线造成没有信号传送到显示器，则显示器的指示灯会不停地闪烁，提示没有接收到信号。如果将分辨率设得高于显示器的最大分辨率也会造成黑屏，严重时会损坏显示器。另外，硬件冲突、屏幕保护程序、节能、超频等原因也会引起黑屏。

若是由屏幕保护引起的，可取消屏幕保护程序；若是由节能设置引起的，进入CMOS设置里，选择“Power Management Setup→Power Management”，将其设置为Disabled即可。

常见故障二：显示器出现青紫色块。显示器出现青紫色块主要是由于受到了磁场干扰，也就是通常所说的被磁化了。首先检查显示器旁有没有放带磁性的物品，如电视机、音箱、收音机等，应将这些物品远离显示器，然后使用显示器的消磁按钮进行消磁。对于严重的色块，可能是显示器受磁场干扰已经很严重，显示器的消磁功能已不起作用，那么就要使用专门的消磁器或送回厂家维修。

常见故障三：显示内容模糊。此类故障可根据不同的情况做不同的处理。如果模糊现象较轻，仅仅是字体轮廓变粗，而字体依然可以识别，则故障可能是由于受到震动引起的，其解决办法是打开机盖，微调FBT上的聚焦电位器即可。

如果是刚开机时模糊，后来屏幕字母却越来越清晰，则故障可能是由于潮湿引起的，可用无水酒精清洗放电环及尾座上各电极插头和插座。

如果出现字符大面积严重模糊，且调FBT上的聚焦电位器时屏幕亮度随之变化，则故障可能是由于CRT锥体玻壳内有杂物或CRT锥体质量太差引起，此时最好请专业人员进行修理。

2．LCD 显示器常见故障及排除

随着技术不断成熟和价格不断下降，LCD 显示器得到了越来越广泛的应用。LCD 是很精密的电子设备，维修 LCD 显示器的专业性很强，通常需要专业人士才能维修。下面给出一些 LCD 显示器常见故障的排除方法以供用户参考。

常见故障一：电源指示灯不亮。出现此类情况应该首先检查电源线是否插紧，然后检查显示器电源开关是否打开。

常见故障二：电源指示灯变橙色。如果电源指示灯呈橙色并不断地闪动，应该检查视频信号线是否正常连接。

常见故障三：重影。图像出现重影可能是因为使用的视频电缆质量不好，或者在视频通路上插入了低质量的分配器，使总体的带宽变窄所致，使用 CCHT 的原配电缆即可。

10.6　课堂实战——查杀磁盘病毒

本例主要练习使用“360 杀毒”软件查杀磁盘中的病毒，掌握杀毒软件的使用。

操作步骤

（1）打开 我的电脑 窗口，在“在本地磁盘（E:)”的图标上单击鼠标右键，在弹出的快捷菜单中选择 使用 360杀毒 扫描 命令，如图 10.6.1 所示。

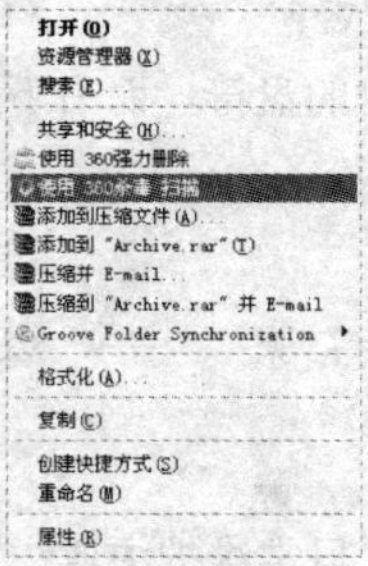

图 10.6.1　在右键快捷菜单中选择杀毒命令

（2）这时弹出“360 杀毒”界面，系统正在扫描 E 盘的病毒，如图 10.6.2 所示。

（3）扫描完成后，弹出扫描完成对话框，如图 10.6.3 所示。

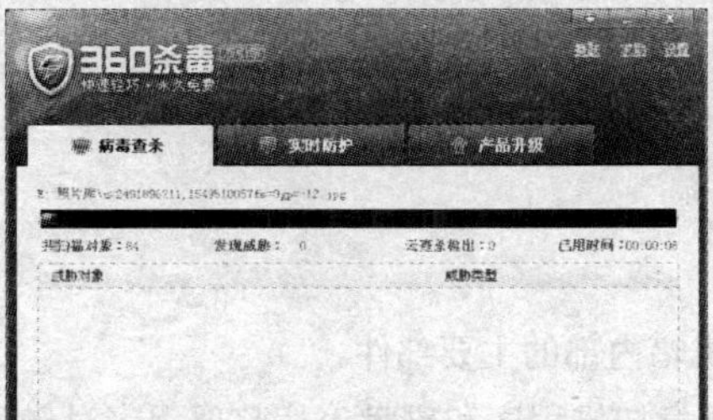

图 10.6.2　正在查杀病毒

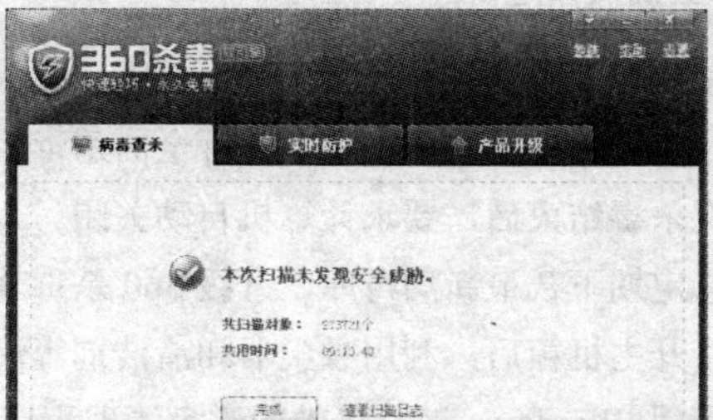

图 10.6.3　扫描完成对话框

（4）单击 完成 返回到 360 杀毒界面，再单击“关闭”按钮 ✕ 退出 360 杀毒程序。

本 章 小 结

本章主要介绍了日常硬件保养、日常系统维护、检测计算机故障、计算机病毒及常见计算机故障的排除等知识。在日常使用过程中需要对计算机进行合理的维护和保养，才能保证计算机正常地工作，并延长其使用寿命。

操 作 练 习

一、填空题

1. 正确的开机顺序是：打开______电源→打开______电源→打开______电源。
2. 按照传染对象的不同，计算机病毒可分为 3 种类型，即________、________和________。

二、选择题

1. 计算机病毒主要造成计算机系统中（　）的损坏。
   （A）磁盘　　（B）磁盘驱动器
   （C）程序和数据　　（D）磁盘和磁盘上的文件
2. 常见硬件故障的类型有（　）。
   （A）机械故障　　（B）电路故障　　（C）接触不良　　（D）介质故障
3. 在“我的电脑”中找不到移动硬盘的盘符，而右下角硬件插入图标正常，此移动硬盘在其他电脑上正常使用，造成此故障的原因可能是（　）。
   （A）本机操作系统缺少必要文件　　（B）USB 接口有问题
   （C）移动硬盘盘符和本地硬盘盘符冲突　　（D）上述原因都有可能

三、简答题

1. 为什么要进行计算机的日常维护？日常维护中应注意哪些问题？
2. 什么是计算机病毒？计算机病毒有哪些共同的特征？
3. 怎样进行磁盘碎片的整理？

四、上机操作题

1. 使用 360 杀毒软件查杀病毒，要求：
（1）对计算机上的所有数据进行全面杀毒。
（2）杀毒结束后，要求计算机自动关闭。
（3）定期下载最新病毒库，升级 360 杀毒软件。
2. 打开主机箱后，利用吸尘器和清洁剂等清洁机箱内部的主要部件。
3. 利用 Windows XP 自带的磁盘清理程序、磁盘扫描程序和磁盘碎片整理程序对磁盘进行整理（如每 3 个星期整理一次）。

第 11 章　综合应用实例

为了更好地了解并掌握 Office 2007 的应用，本章准备了一些具有代表性的综合应用实例。所举实例由浅入深地贯穿本书的知识点，使读者能够深入了解该软件的相关功能和具体应用。

知识要点

- 制作祝福贺卡
- 制作考试试卷
- 用 Excel 管理客户信息
- 制作学生通知书
- 制作“我的画册”演示文稿
- 制作“夜莺的歌声”演示文稿

综合实例 1　制作祝福贺卡

实例内容

利用 Word 2007 制作祝福贺卡，效果如图 11.1.1 所示。

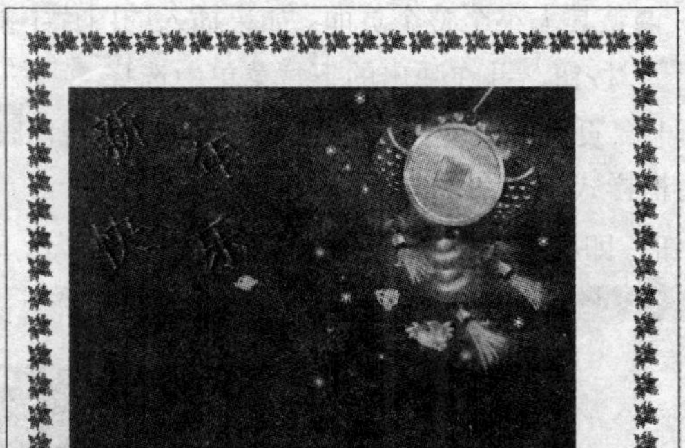

图 11.1.1　效果图

设计思想

在制作过程中，主要用到页面设置、插入图片、添加页面边框、选择控件、编辑页眉和页脚以及插入艺术字等操作。

操作步骤

（1）单击“Office”按钮，选择 新建(N) 命令，新建一个空白文档。

（2）打开 页面布局 选项卡，单击“页面设置”对话框启动器按钮，弹出**页面设置**对话框。在 页边距 选项卡中设置纸张方向为“横向”。打开 纸张 选项卡，在“纸张大小”下拉列表中选择“letter”，如图 11.1.2 所示。

（3）单击 插入 选项卡“插图”组中的 图片 按钮，弹出**插入图片**对话框。在“查找范围”下拉列表中选择需要的图片，如图 11.1.3 所示。

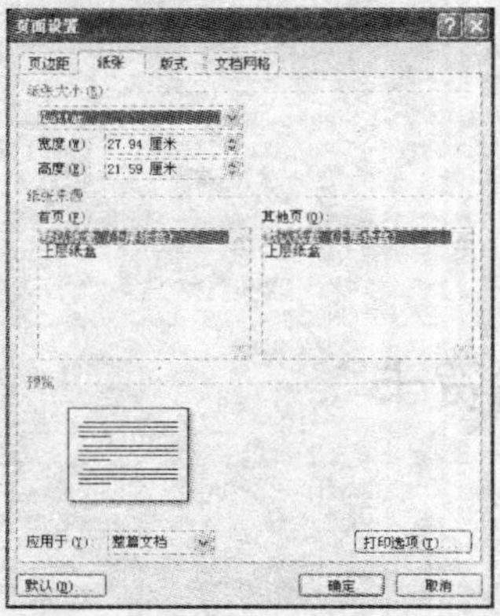

图 11.1.2　设置纸张方向和大小

图 11.1.3　选择插入的图片

（4）单击 确定 按钮，即可在文档中插入图片。

（5）选中插入的图片，调整其大小至整个页面。如果插入的图片不能调整大小，则单击 格式 选项卡“排列”组中的 文字环绕 按钮，并在弹出的下拉菜单中选择 衬于文字下方(D) 命令。

（6）单击 页面布局 选项卡“页面背景”组中的 页面边框 按钮，弹出**边框和底纹**对话框。在“艺术型”下拉列表中选择一种边框样式，如图 11.1.4 所示。

（7）单击 确定 按钮，即可为整个页面添加边框效果，如图 11.1.5 所示。

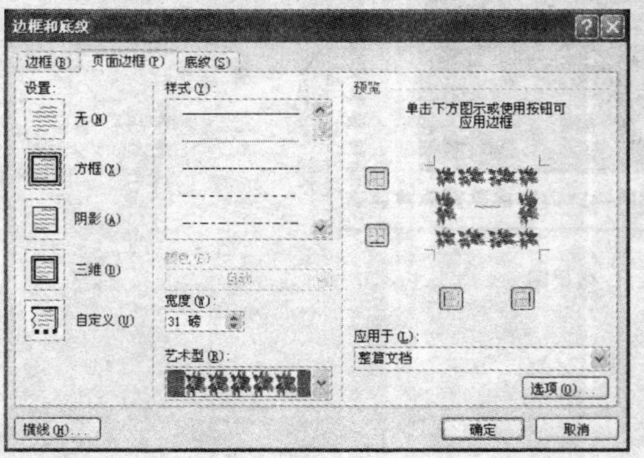

图 11.1.4　设置页面边框

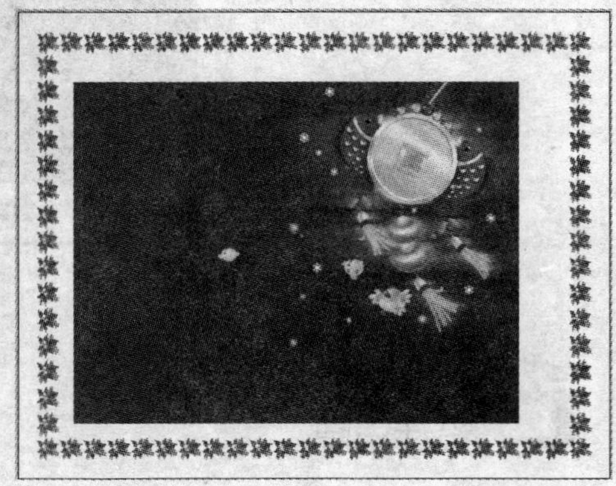

图 11.1.5　页面边框效果

（8）单击“Office”按钮，在弹出的下拉菜单中单击 Word 选项(I) 按钮，打开**Word 选项**对话框。单击左侧的 常用 选项卡，在右侧“使用 Word 时采用的首选项”栏选中

☑ 在功能区显示“开发工具”选项卡(D) 复选框，如图 11.1.6 所示。

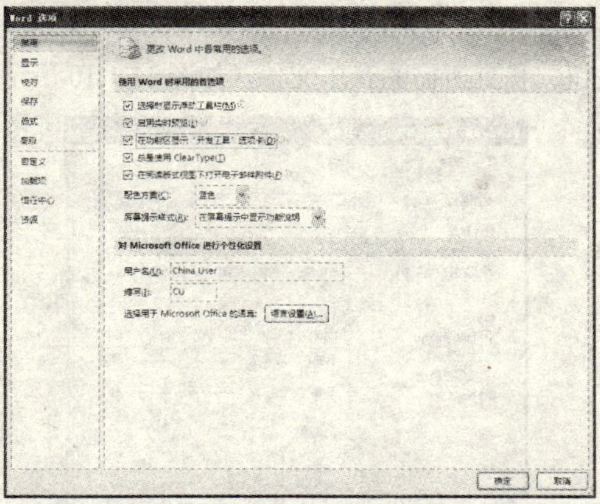

图 11.1.6　设置 Word 选项

提示：选中此复选框后，就可以在 Word 的功能区显示 开发工具 选项卡了。

（9）单击 插入 选项卡“页眉和页脚”组中的 页脚 按钮，在弹出的下拉列表中选择 编辑页脚(E) 命令，进入页脚编辑状态。

（10）单击 开发工具 选项卡“控件”组中“旧式工具”按钮，在弹出的下拉列表中选择“其他控件”按钮，如图 11.1.7 所示。

（11）此时会打开**其他控件**对话框，从中选择“Windows Media Play”选项，并双击。在页脚编辑区会插入一个虚线框，如图 11.1.8 所示。

图 11.1.7　选择控件

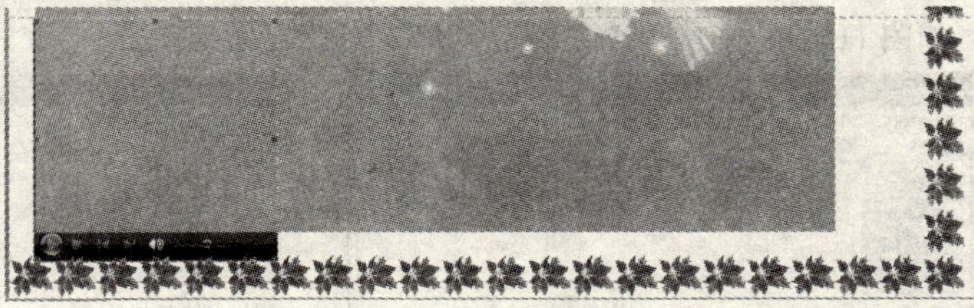

图 11.1.8　插入的虚线框

（12）在该虚线框上单击鼠标右键，在弹出的快捷菜单中选择 属性(I) 命令，打开**属性**对话框。在“URL”后的输入框中输入“\music.mp3”，如图 11.1.9 所示。

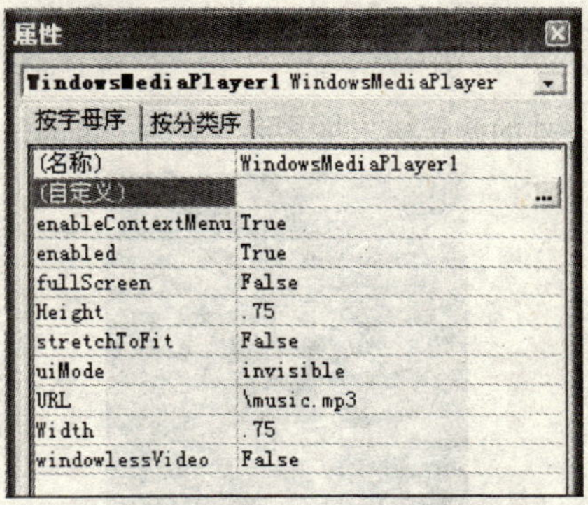

图 11.1.9　“属性”对话框

（13）单击“自定义”项目和...按钮，打开Windows Media Player 属性对话框。在“选择模式”下拉列表中选择“Invisible”，并在“播放次数”后输入较大的数值，保证该音乐可以达到重复播放的效果。单击浏览(B)...按钮，找到所需的音乐文件，如图 11.1.10 所示。

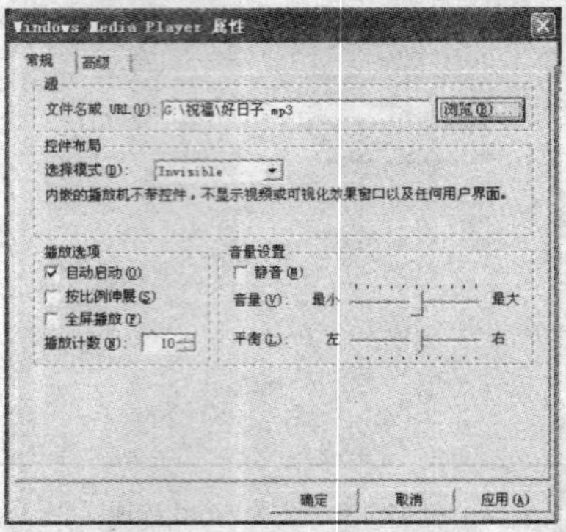

图 11.1.10　设置 Windows Media Player 的属性

（14）设置完成后，单击确定按钮，这样在网络上发送贺卡时就会自动播放该首歌。

（15）在插入选项卡的“文本”组中单击艺术字按钮，在弹出的下拉菜单中选择“艺术字样式 19”选项。

（16）打开编辑艺术字文字对话框，在“文本”框中输入“新”，设置其字体为“宋体”，“字号”为 60，如图 11.1.11 所示。

（17）单击确定按钮即可插入艺术字。在该艺术字上单击鼠标右键，在弹出的快捷菜单中选择设置艺术字格式(O)...命令，弹出设置艺术字格式对话框。选择版式选项卡，单击“浮于文字上方”按钮，如图 11.1.12 所示。

图 11.1.11　“编辑艺术字文字”对话框

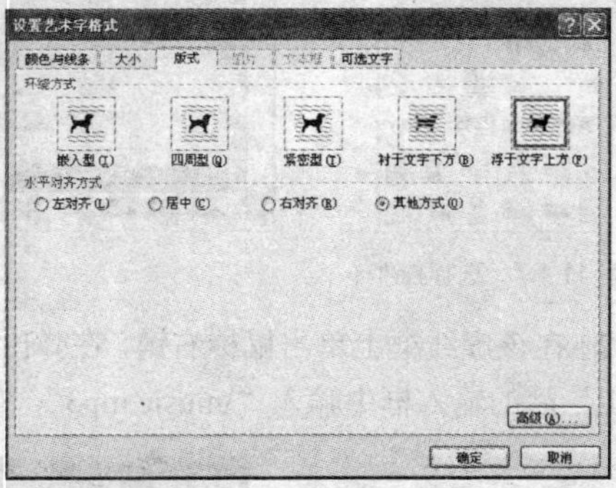

图 11.1.12　设置艺术字格式

（18）用鼠标按住艺术字上部的旋转柄，将艺术字旋转一定的角度，如图 11.1.13 所示。

图 11.1.13　旋转艺术字

（19）按住“Ctrl”键，将制作好的艺术字复制一个。在复制的艺术字上双击鼠标，打开艺术字 格式 选项，在“文字”组中单击 编辑文字 按钮，弹出 编辑艺术字文字 对话框，将文本框中的“新”改为“年”。

（20）用同样的方法，制作另外两个艺术字，并将它们的移到合适的位置。

（21）单击 插入 选项卡“文本”组中的 文本框 按钮，在弹出的下拉列表中选择 绘制文本框(D) 命令，在贺卡的下方绘制一个文本框，并输入祝福语。设置其字体为“隶书”、字号为“小二”、字体颜色为“深蓝”。

（22）双击该文本框打开 格式 选项卡，单击 形状填充 按钮，在弹出的下拉列表中选择 无填充颜色(N) 命令。单击 形状轮廓 按钮，在弹出的下拉列表中选择 无轮廓(N) 命令，最终效果如图 11.1.14 所示。

图 11.1.14　设置文本框格式效果

（23）单击“Office”按钮，在弹出的菜单中选择 打印(P) → 打印预览(V) 命令，可看到预览效果，如图 11.1.1 所示。

综合实例 2　制作考试试卷

实例内容

本例利用 Word 2007 制作一份高三数学试卷，最终效果如图 11.2.1 所示。

设计思想

试卷要做到工整，制作的时候常会要设置文字对齐，特别是在试卷中除了中文之外，还有数字、英文字母、希腊字母甚至包括一些特殊符号，这就为试卷文字的对齐造成了许多困难。另外，试卷中包含了大量的公式，多而复杂。不仅有庞大的分式、复杂的方程，还有求和公式、微分积分等，借助 Word 2007 中提供的公式编辑器工具，可以完成这些复杂数学公式的输入。需要掌握的知识要点：

（1）模板的设置和使用。

（2）文本框的使用方法。

（3）制表位的使用。

（4）为文档设置分栏。

（5）利用符号库插入特殊的符号。

（6）公式编辑器的使用方法。

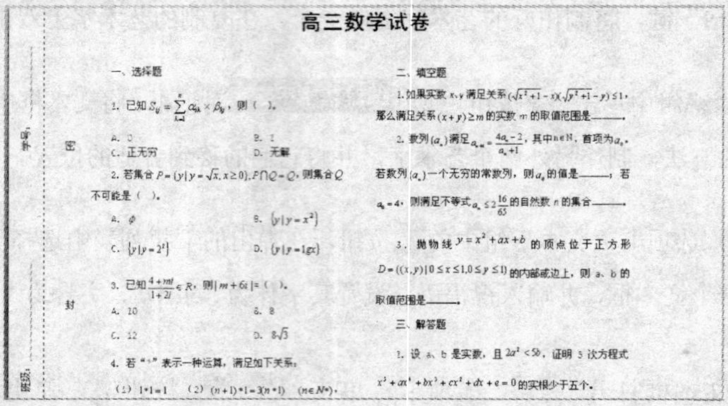

高三数学试卷

学号： 密 封 班级：

一、选择题

1. 已知 $S_{ij}=\sum_{k=1}^{n}\alpha_{ik}\times\beta_{kj}$，则（ ）。

A. 0　　B. 1

C. 正无穷　　D. 无解

2. 若集合 $P=\{y|y=\sqrt{x},x\geq 0\}$，$P\cap Q=Q$，则集合 Q 不可能是（ ）。

A. ϕ　　B. $\{y|y=x^2\}$

C. $\{y|y=2^x\}$　　D. $\{y|y=\lg x\}$

3. 已知 $\frac{4+mi}{1+2i}\in R$，则 $|m+6i|=$（ ）。

A. 10　　B. 8

C. 12　　D. $8\sqrt{3}$

4. 若“*”表示一种运算，满足如下关系：

（1）$1*1=1$　（2）$(n+1)*1=3(n*1)$　$(n\in N^*)$。

二、填空题

1. 如果实数 x、y 满足关系 $(\sqrt{x^2+1}-x)(\sqrt{y^2+1}-y)\leq 1$，那么满足关系 $(x+y)\geq m$ 的实数 m 的取值范围是______。

2. 数列 (a_n) 满足 $a_{n+1}=\frac{4a_n-2}{a_n+1}$，其中 $n\in N$，首项为 a_0，若数列 (a_n) 一个无穷的常数列，则 a_0 的值是______；若 $a_0=4$，则满足不等式 $a_n\leq 2\frac{16}{65}$ 的自然数 n 的集合______。

3. 抛物线 $y=x^2+ax+b$ 的顶点位于正方形 $D=\{(x,y)|0\leq x\leq 1,0\leq y\leq 1\}$ 的内部或边上，则 a、b 的取值范围是______。

三、解答题

1. 设 a、b 是实数，且 $2a^2<5b$，证明 5 次方程式 $x^5+ax^4+bx^3+cx^2+dx+e=0$ 的实根少于五个。

图 11.2.1　最终效果图

操作步骤

1. 制作试卷模板

各类试卷中的内容都很相似，大致包括以下几个部分：卷头、试卷的名称和试卷的内容等。因此，就有必要制作一份试卷模板，这样虽然第一次的工作比较麻烦，但以后再制作类似的试卷就简单多了。

（1）单击“Office”按钮，然后在弹出的菜单中选择 新建(N) 选项，弹出 新建文档 对话框。

（2）在该对话框左侧的“模板”列表框中选择“我的模板…”选项，弹出 新建 对话框，如图 11.2.2 所示。

（3）在对话框左侧选择“空白文档”，在“新建”栏选中 ◉模板(T) 复选框，单击 确定 按钮，即可根据用户创建的模板来创建新文档，在 Word 的标题栏上可以清晰地看到“模板 1”的字样，如图 11.2.3 所示。

图 11.2.2　“新建”对话框

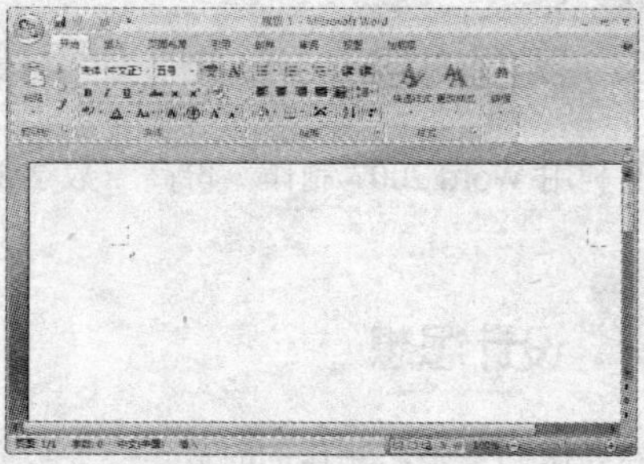

图 11.2.3　制作的 Word 模板

2. 页面设置

页面设置是非常必要的，Word 默认的纸型是 A4 纸，而一般用的试卷都是 8 开纸，横向的，这就需要手动设置了。

（1）单击 页面布局 选项卡“页面设置”右侧的“对话框启动器”按钮，弹出 页面设置 对话框。

（2）单击“页边距”标签，在“页边距”选区中将“上”“下”“左”“右”都设置成“3 厘米”，在“方向”选区中选择“横向”，如图 11.2.4 所示。

（3）单击“纸张”标签，在“纸张大小”下拉列表中选择“自定义大小”，在“宽度”“高度”文本框中分别输入“26 厘米”和“37.8 厘米”。

（4）设置完成后，单击 确定 按钮退出该对话框。

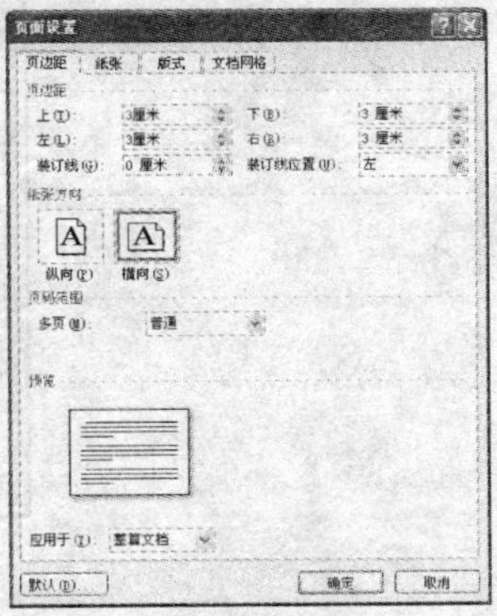

图 11.2.4 设置页边距

3．设置试卷“卷头”

（1）单击 插入 选项卡“插图”组中的 形状 按钮，在弹出的“基本形状”下拉列表中选择“垂直文本框”按钮，然后在文档中拖出一个文本框，并将文本框长度调整为页面高度（或纸张高度），宽度根据需要调整。

（2）在文本框中输入“姓名：_______________”字样，然后输入若干空格；同样，再输入“学校：_______________”“班级：_______________”“学号：_______________”信息。

注意：具体文字内容，空格的间距及文本的对齐方式等根据具体情况输入并调整。

（3）选中上述输入的内容，单击鼠标右键，在弹出的快捷菜单中选择 文字方向(X)... 命令，弹出 **文字方向 - 文本框** 对话框，选中中部靠左边的一个选项（见图 11.2.5），然后单击 确定 按钮完成设置。

（4）选中该文本框，选择 设置文本框格式(O)... 命令，弹出 **设置文本框格式** 对话框，如图 11.2.6 所示。

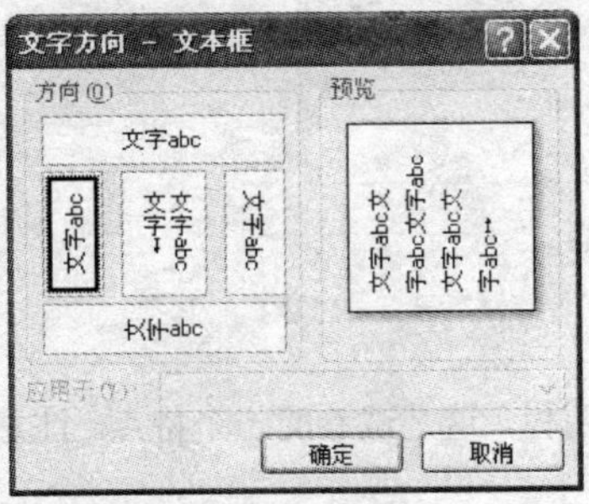

图 11.2.5 “文字方向 - 文本框”对话框

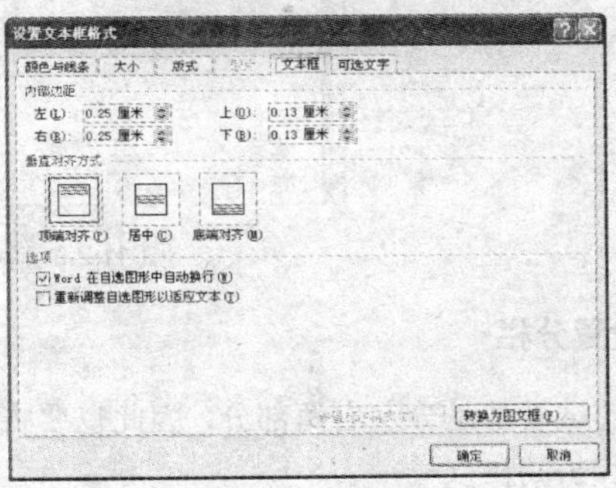

图 11.2.6 “设置文本框格式”对话框

（5）在 文本框 选项卡中单击 转换为图文框(F)... 按钮，系统将弹出如图 11.2.7 所示的提示框，单击 确定 按钮，即可将文本框转换为图文框。

图 11.2.7 提示信息

（6）选中该图文框，单击 开始 选项卡“段落”组中的“边框和底纹”按钮，在弹出的快捷菜单中选择 边框和底纹(O)... 命令，弹出 **边框和底纹** 对话框。

（7）打开 边框 选项卡，在“设置”栏中单击“自定义”选项；在“样式”下拉列表中选择“短画线”；再单击“预览”区中的 3 个边框设置按钮各一次，取消 3 条边的短画线，如图 11.2.8 所示。

（8）单击 确定 按钮完成设置。调整图文框的大小、位置及文字对齐方式（图文框可以放置在页边处）。

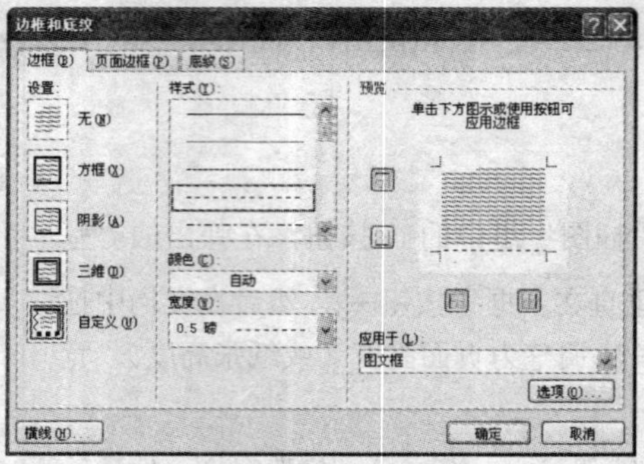

图 11.2.8 “边框和底纹”对话框

（9）再插入一个竖排文本框，输入“密封装订线”字样。再选中该文本框，单击鼠标右键，在弹出的快捷菜单中选择 设置文本框格式(O)... 命令，弹出**设置文本框格式**对话框。选择“颜色和线条”选项卡，将“线条”颜色设置为“无颜色”，单击 确定 按钮完成设置。并调整好该文本框的大小、文字间距和对齐方式等，然后将其定位于紧靠前一个文本框的右侧。

（10）至此，一个漂亮的试卷“卷头”就制作完成了，如图 11.2.9 所示。

图 11.2.9 制作完成的“卷头”

4．设置分栏

一般的试卷都是分左右两部分，因此也要将页面分为两栏，这是试卷的一个特点。注意不要将标题部分也分为两栏。

（1）单击 页面布局 选项卡“页面设置”组中的 分隔符 按钮，在弹出的下拉列表中选择 选项，这样就在第一行中插入了分节符。

（2）将光标定位于分节符的后面回车，使光标置于空行中，再在“页面设置”组中单击 分栏 按钮，在弹出的下拉列表中选择 更多分栏(C)... 选项，弹出**分栏**对话框。在“预设”栏中选择“两栏”；如果需要，可以在两栏之间加一条分隔线，只须选中 ☑分隔线(B) 复选框即可，如图 11.2.10 所示。

（3）单击 确定 按钮，分栏就设置好了。

5．编辑模板内容

一般地，试卷的第一部分是选择题，题目的形式也是“四选一”，所以可以将选择题的题号和选择答案的编号输入模板，在以后的试卷制作中免去了重新输入的麻烦，直接输入题目和选项就可以了。

（1）将光标停留在首行，单击 开始 选项卡“段落”组中的“居中”按钮；在“字体”组中设置字体为“黑体”“加粗”“二号”。这样，在以后使用这个模板的时候，在标题部分输入的文字就会自动变为刚才设置的格式。

（2）单击 开始 选项卡“段落”组中的“对话框启动器”按钮，弹出**段落**对话框。选择缩进和间距(I)选项卡，单击制表位(T)...按钮，弹出制表位对话框，在“制表位位置”文本框中输入“12 字符”，或是所需要的位置，然后单击设置(S)按钮，如图 11.2.11 所示。

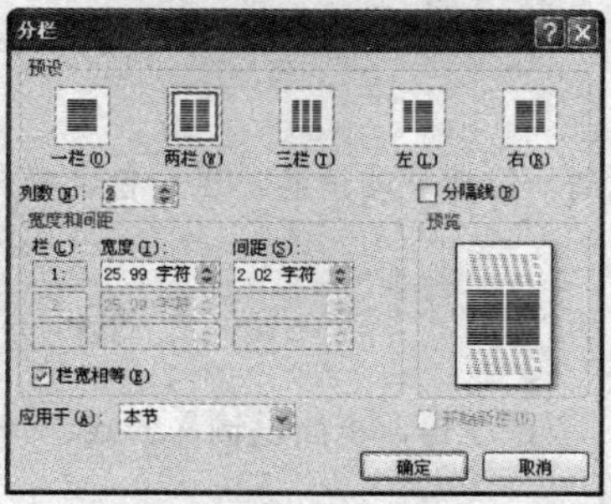

图 11.2.10 设置分栏

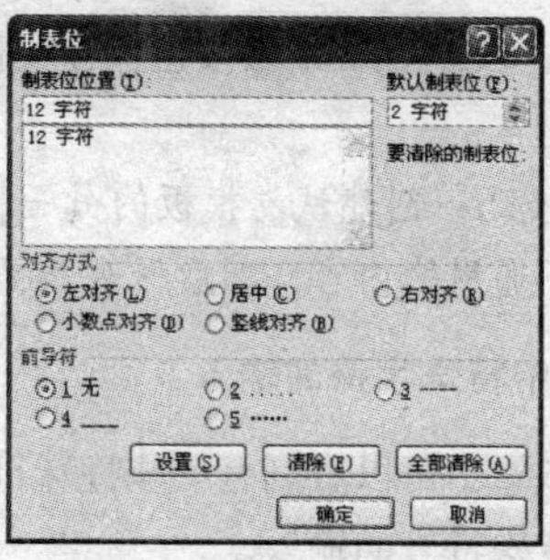

图 11.2.11 输入制表位位置

（3）单击确定按钮退出对话框。此时，Word 的标尺中就会在 12 的位置上有一个制表符，如图 11.2.12 所示。

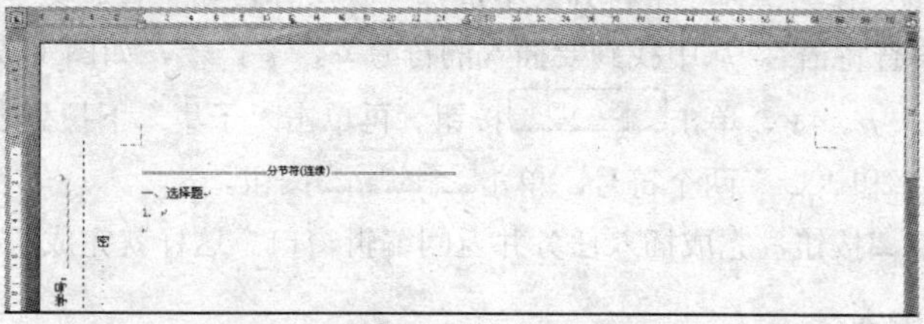

图 11.2.12 标尺上显示的制表符

（4）输入答案选项。在输入“A.”之后，按“Tab”键，光标就会自动移动到制表符所在的位置，然后再输入“B.”。重复上述操作，直至输入完毕，如图 11.2.13 所示。

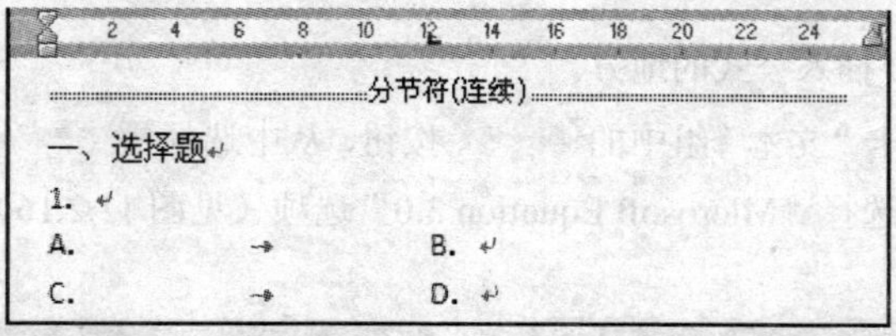

图 11.2.13 输入答案编号

6．保存模板

（1）单击“Office”按钮，然后在弹出的菜单中选择保存(S)或另存为(A)命令，弹出另存为对话框，如图 11.2.14 所示。

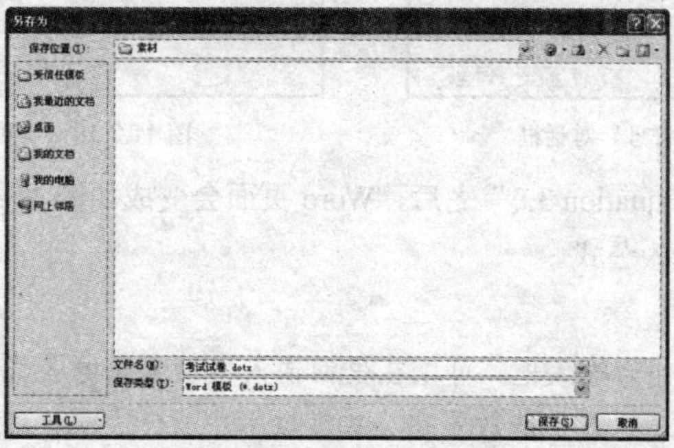

图 11.2.14 “另存为”对话框

（2）在“保存位置”下拉列表中选择要保存的位置；在“文件名”文本框中输入文件名称；在“文件类型”下拉列表中选择“Word 模板”。

（3）单击 保存(S) 按钮保存模板。

技巧：创建试卷模板的另一种方法是：找到一份典型的试卷，里面包含编排好的版式和格式，去掉不通用的内容，然后保存为模板就可以了。

7．试卷中特殊字符的输入

在这份试卷中可以看到有一些特殊符号，比如 α，β，γ 等，下面以输入公式“$(\alpha\cap\beta)\cup\gamma$”为例，讲解特殊符号的输入。

（1）单击鼠标使光标停留在文档中要插入符号的位置。

（2）单击 插入 选项卡“符号”组中的 Ω 符号 按钮，在弹出的下拉列表中选择 Ω 其他符号(M)... 命令，弹出 **符号** 对话框。在“字体”下拉列表中选择一种字体，如“普通文本”，在“子集”下拉列表中选择“希腊语和科普特语”，从中找到要插入的符号 α，β，γ，如图 11.2.15 所示。

（3）依次选中 α，β，γ，单击 插入(I) 按钮。再单击“子集”下拉列表，从中选择“数学运算符”，分别找到“∩”和“∪”两个符号，单击 插入(I) 按钮。

（4）单击 关闭 按钮，完成插入任务并返回编辑窗口。这样就完成了上面公式的输入。

8．试卷中公式的输入

在输入数学试卷时，发现题目中很多公式不能直接输入，需要用公式编辑器输入。下面以输入公式 $S_{ij}=\sum_{k=1}^{n}\alpha_{ik}\times\beta_{kj}$ 为例，讲解公式的输入方法。

（1）将光标定位在要插入公式的地方。

（2）单击 插入 选项卡“文本”组中的 对象 按钮，从中选择 对象(J)... 命令，弹出 **对象** 对话框。在“对象类型”中选择“Microsoft Equation 3.0”选项（见图 11.2.16），单击 确定 按钮退出对话框。

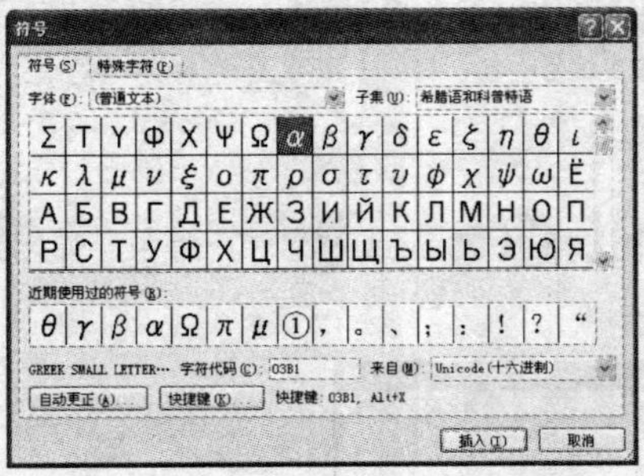

图 11.2.15 “符号”对话框

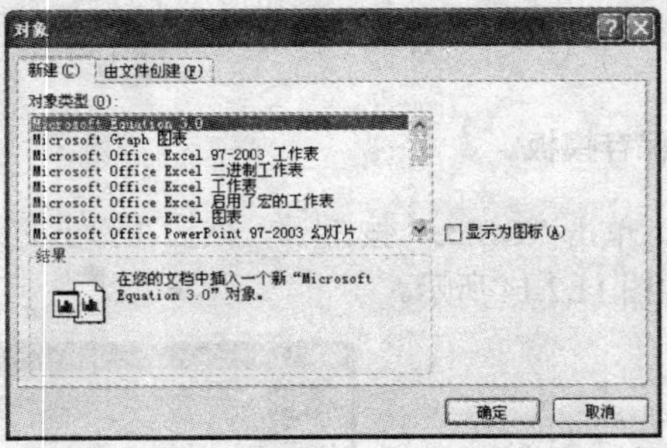

图 11.2.16 “对象”对话框

（3）插入“Microsoft Equation 3.0”之后，Word 页面会变成如图 11.2.17 所示的界面，利用“公式”工具栏可以很方便地输入公式。

提示：光标闪动处为输入框，可以在里面输入各种复杂的公式。输入时，输入框随着公式长短而发生变化，整个数学表达式都被放置在公式编辑框中。公式窗口浮动在文本上，其中囊括了几乎所有数学符号，例如：关系符号、运算符号、修饰符号、逻辑符号、各种集合符号以及希腊字母等。

（4）在输入框中输入“S”，然后在“上标和下标”模板中，选取带下标的选项，如图 11.2.18 所示。

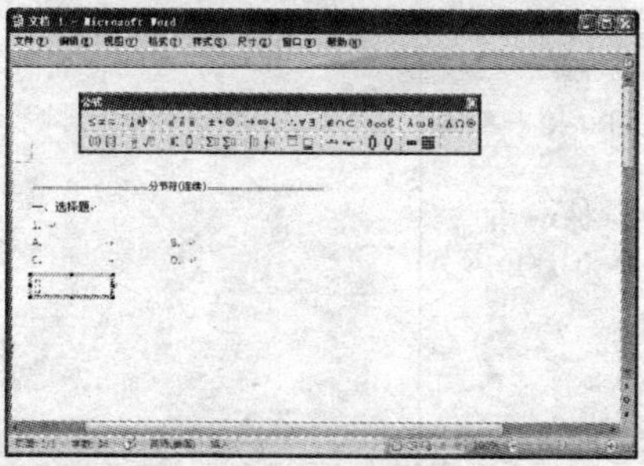

图 11.2.17　公式编辑器界面

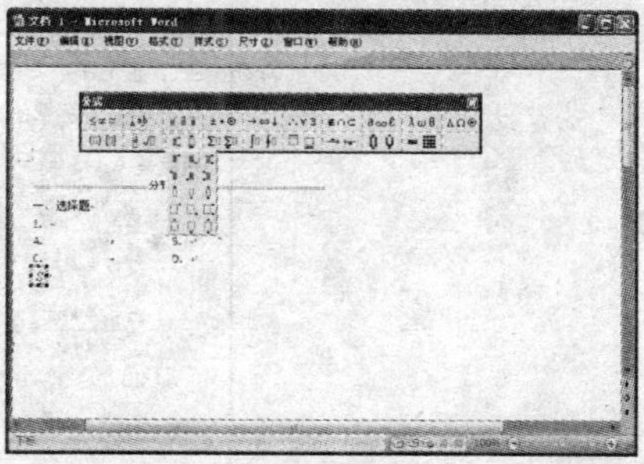

图 11.2.18　插入下标

（5）这时“S”的右侧就出现下标框，输入“ij”；用鼠标左键单击公式右侧结束处，将光标定位到公式右侧位置（也可以直接按向右的方向箭头），然后输入“=”。

（6）在工具栏中单击“求和”模板，在打开的选项中选择上下带虚框的求和符号，然后将光标置于相应的位置框上，分别输入“n”“k=1”，如图 11.2.19 所示。

（7）使光标置于公式右侧，单击工具栏上的“希腊字母”按钮，在打开的选项中单击输入“α”上单击一下，然后再按前面的方法输入下标“ik”，如图 11.2.20 所示。

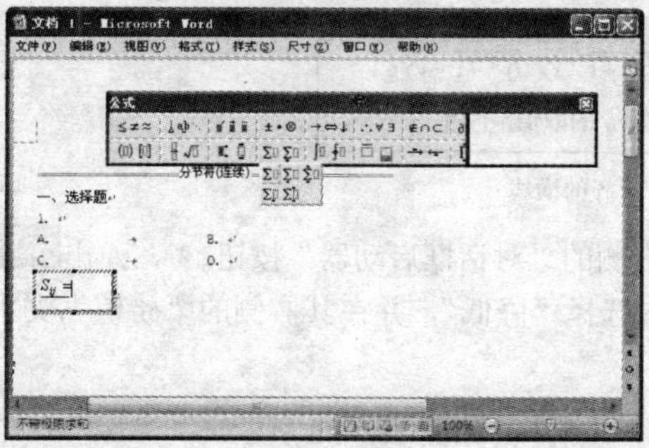

图 11.2.19　插入求和符号

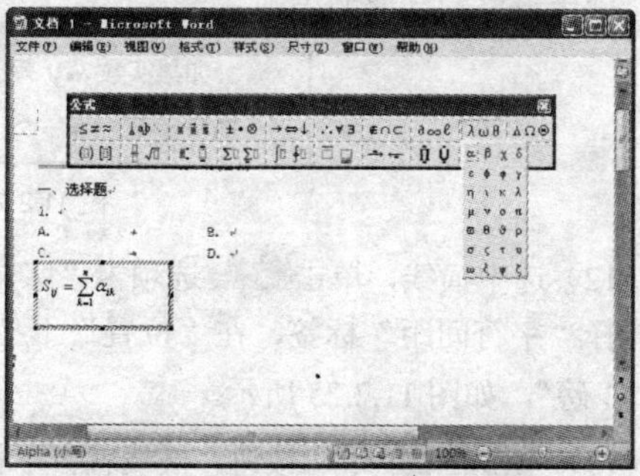

图 11.2.20　插入希腊字母

（8）单击“数字符号”按钮，从中选取乘号，如图 11.2.21 所示。

（9）插入“β”及其下标“kj”，公式就输入完成了。单击公式编辑器外的任意位置，退出公式编辑界面，返回到 Word 中，如图 11.2.22 所示是编辑好的公式。

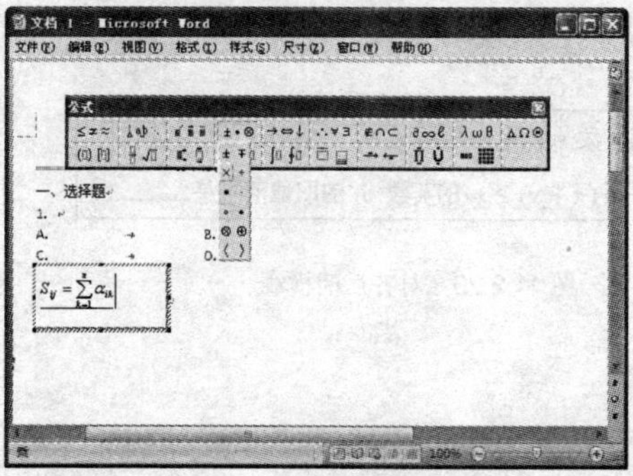

图 11.2.21　插入运算符号

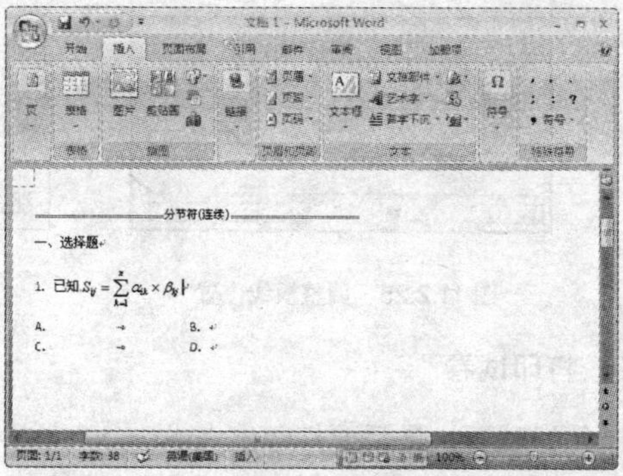

图 11.2.22　完成输入公式

（10）接下来按照该方法将选择题全部输入，如图 11.2.23 所示就是输入完成的选择题部分。

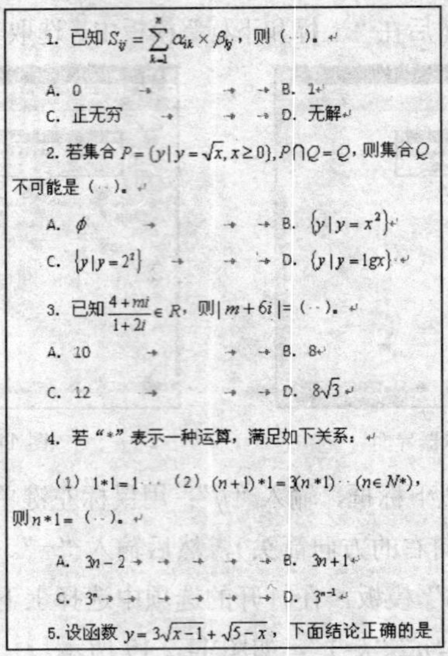

1. 已知 $S_{ij}=\sum_{k=1}^{n}\alpha_{ik}\times\beta_{kj}$，则（ ）。

A. 0　　B. 1

C. 正无穷　　D. 无解

2. 若集合 $P=\{y|y=\sqrt{x},x\geq 0\}$，$P\cap Q=Q$，则集合 Q 不可能是（ ）。

A. ϕ　　B. $\{y|y=x^2\}$

C. $\{y|y=2^x\}$　　D. $\{y|y=\lg x\}$

3. 已知 $\frac{4+mi}{1+2i}\in R$，则 $|m+6i|=$（ ）。

A. 10　　B. 8

C. 12　　D. $8\sqrt{3}$

4. 若"*"表示一种运算，满足如下关系：

（1）$1*1=1$　（2）$(n+1)*1=3(n*1)$　$(n\in N^*)$，则 $n*1=$（ ）。

A. $3n-2$　　B. $3n+1$

C. 3^n　　D. 3^{n-1}

5. 设函数 $y=3\sqrt{x-1}+\sqrt{5-x}$，下面结论正确的是

图 11.2.23　选择题部分

（11）在输入填空题时，需要注意一点：填空所用的横线和文字经常会出现如图 11.2.24 所示的情况，这样很影响试卷的美观。

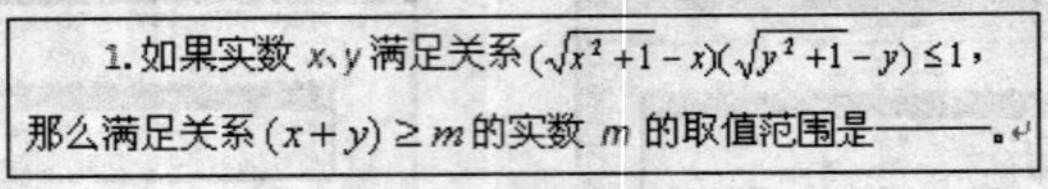

1. 如果实数 x、y 满足关系 $(\sqrt{x^2+1}-x)(\sqrt{y^2+1}-y)\leq 1$，那么满足关系 $(x+y)\geq m$ 的实数 m 的取值范围是______。

图 11.2.24　没有对齐的横线

（12）选中横线，单击开始选项卡"字体"组右侧的"对话框启动器"按钮，弹出字体对话框。选择"字符间距"标签，在"位置"下拉列表中选择"降低"，并在其右侧的"磅值"文本框中输入"3 磅"，如图 11.2.25 所示。

（13）单击确定按钮，横线就会下移和文字对齐了，如图 11.2.26 所示。

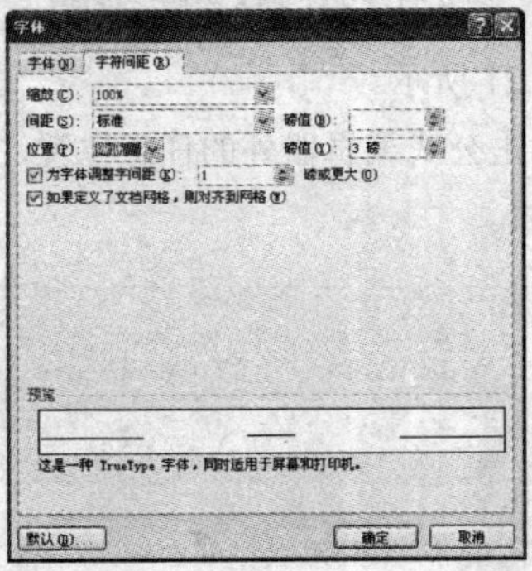

图 11.2.25　调整横线位置

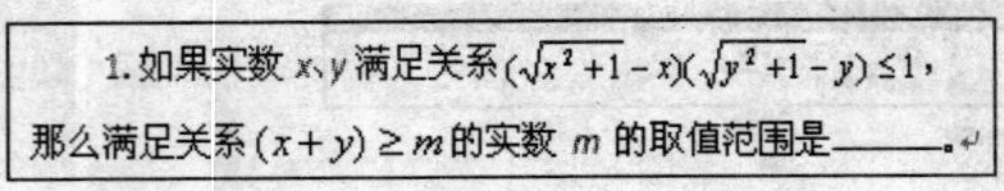

1. 如果实数 x、y 满足关系 $(\sqrt{x^2+1}-x)(\sqrt{y^2+1}-y)\leq 1$，那么满足关系 $(x+y)\geq m$ 的实数 m 的取值范围是______。

图 11.2.26　对齐后的横线

9. 打印试卷

制作好试卷，最后要打印出来。

（1）单击"Office"按钮，选择打印命令，或使用键盘快捷键"Ctrl+P"，弹出打印对话框。从中选择正确的打印机类型，选择打印范围。

（2）设置好参数后，单击确定按钮即可。

综合实例 3　用 Excel 管理客户信息

实例内容

本例练习用 Excel 2007 管理客户信息，最终效果如图 11.3.1 所示。

	A	B	C	E	F
1	客户姓名	出生年月	客户级别	年龄	生日月份
2	郑婉彤	1981-1-20	钻石	30	1
3	郑宇明	1972-3-29	钻石	39	3
4	苑洁滢	1971-3-9	钻石	40	3
5	王琳嫣	1973-4-3	钻石	38	4
6	徐玉玺	1973-5-8	黄金	38	5
7	王润涵	1976-5-5	白银	35	5
8	车丽颖	1979-6-27	钻石	32	6
9	明雪莹	1976-6-6	白银	35	6
10	王雯杉	1970-6-25	白银	41	6
11	张文穜	1960-7-5	黄金	51	7
12	支彤欣	1980-8-9	钻石	31	8
13	李亦璇	1969-8-25	钻石	42	8
14	张雨佳	1981-8-5	白银	30	8
15	郑俊钰	1978-8-23	白银	33	8
16	高昱	1969-9-9	钻石	42	9
17	张嘉琳	1977-9-21	黄金	34	9
18	邱雨童	1976-9-2	黄金	35	9
19	熊子洁	1975-10-5	黄金	36	10

图 11.3.1　效果图

设计思想

为了建立良好的客户关系，公司会在每位客户生日之际根据客户级别寄送不同的温馨小礼品，由于客户数据很多，处理起来很麻烦，运用 Excel 可以很轻松地解决这个问题。在制作的过程中，主要用到公式和函数的使用、数据排序、数据筛选、单元格格式设置等操作。

操作步骤

（1）启动 Excel 2007，新建一个工作簿，并将工作表命名为“客户生日档案”。

（2）在工作表中输入以下内容，如图 11.3.2 所示。

	A	B	C	D	E	F
1	客户姓名	出生年月	客户级别	客户级别值	年龄	生日月份
2	张雨佳	1981年5月1日	白银			
3	郑宇明	1972年3月29日	钻石			
4	王琳嫣	1973年4月3日	钻石			
5	熊子洁	1975年10月5日	黄金			
6	明雪莹	1976年6月6日	白银			
7	徐玉玺	1973年5月8日	黄金			
8	支彤欣	1980年8月9日	钻石			
9	郑婉彤	1981年1月20日	钻石			
10	张嘉琳	1977年9月21日	黄金			
11	李亦璇	1969年8月25日	钻石			
12	邱雨童	1976年9月2日	黄金			
13	王雯杉	1970年6月25日	白银			
14	郑俊钰	1978年8月23日	白银			
15	王润涵	1976年5月5日	白银			
16	车丽颖	1979年6月27日	钻石			
17	张文穜	1960年7月5日	黄金			
18	高昱	1969年9月9日	钻石			
19	苑洁滢	1971年3月9日	钻石			

图 11.3.2　输入数据

（3）选中 B 列数据，单击 开始 选项卡“数字”组中的对话框启动器按钮，弹出 **设置单元格格式** 对话框。选择 数字 选项卡，在“分类”列表中选择“日期”，在“类型”列中选择如图 11.3.3 所示的日期类别。

（4）单击确定按钮，效果如图 11.3.4 所示。

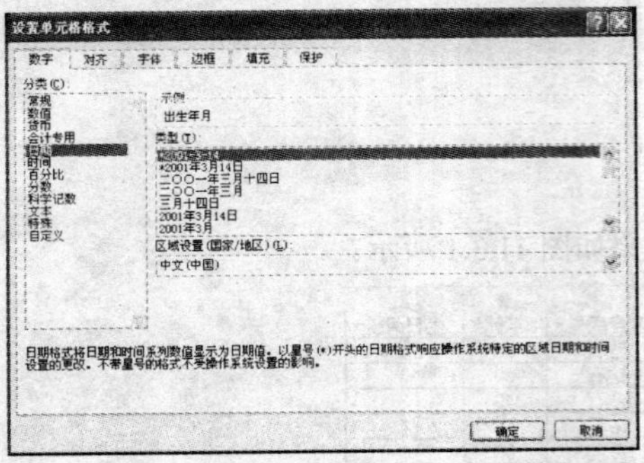

图 11.3.3　设置日期类型

	A	B	C	D	E	F
1	客户姓名	出生年月	客户级别	客户级别值	年龄	生日月份
2	张雨佳	1981-5-1	白银			
3	郑宇明	1972-3-29	钻石			
4	王琳嫣	1973-4-3	钻石			
5	熊子洁	1975-10-5	黄金			
6	明雪莹	1976-6-6	白银			
7	徐玉玺	1973-5-8	黄金			
8	支彤欣	1980-8-9	钻石			
9	郑婉彤	1981-1-20	钻石			
10	张嘉琳	1977-9-21	黄金			
11	李亦璇	1969-8-25	钻石			
12	邱雨童	1976-9-2	黄金			
13	王雯杉	1970-6-25	白银			
14	郑俊钰	1978-8-23	白银			
15	王润涵	1976-5-5	白银			
16	车丽颖	1979-6-27	钻石			
17	张文橦	1960-7-5	黄金			
18	高昱	1969-9-9	钻石			
19	菀洁滢	1971-3-9	钻石			

图 11.3.4　显示更改后的日期类型

（5）选中 E2 单元格，在公式编辑栏中输入公式“=YEAR(NOW())-YEAR(B2)”，按回车键，如图 11.3.5 所示。

（6）将鼠标移至 E2 单元格的右下角，当其变为+形状时，拖动鼠标至 E19 单元格后释放，完成公式的复制操作，这样其余客户的年龄也算出来了，如图 11.3.6 所示。

E2　fx　=YEAR(NOW())-YEAR(B2)

	A	B	C	D	E	F
1	客户姓名	出生年月	客户级别	客户级别值	年龄	生日月份
2	张雨佳	1981-8-5	白银		30	
3	郑宇明	1972-3-29	钻石			
4	王琳嫣	1973-4-3	钻石			
5	熊子洁	1975-10-5	黄金			
6	明雪莹	1976-6-6	白银			
7	徐玉玺	1973-5-8	黄金			
8	支彤欣	1980-8-9	钻石			
9	郑婉彤	1981-1-20	钻石			
10	张嘉琳	1977-9-21	黄金			
11	李亦璇	1969-8-25	钻石			
12	邱雨童	1976-9-2	黄金			
13	王雯杉	1970-6-25	白银			
14	郑俊钰	1978-8-23	白银			
15	王润涵	1976-5-5	白银			
16	车丽颖	1979-6-27	钻石			
17	张文橦	1960-7-5	黄金			
18	高昱	1969-9-9	钻石			
19	菀洁滢	1971-3-9	钻石			

图 11.3.5　计算第一位客户的年龄

E2　fx　=YEAR(NOW())-YEAR(B2)

	A	B	C	D	E	F
1	客户姓名	出生年月	客户级别	客户级别值	年龄	生日月份
2	张雨佳	1981-8-5	白银		30	
3	郑宇明	1972-3-29	钻石		39	
4	王琳嫣	1973-4-3	钻石		38	
5	熊子洁	1975-10-5	黄金		36	
6	明雪莹	1976-6-6	白银		35	
7	徐玉玺	1973-5-8	黄金		38	
8	支彤欣	1980-8-9	钻石		31	
9	郑婉彤	1981-1-20	钻石		30	
10	张嘉琳	1977-9-21	黄金		34	
11	李亦璇	1969-8-25	钻石		42	
12	邱雨童	1976-9-2	黄金		35	
13	王雯杉	1970-6-25	白银		41	
14	郑俊钰	1978-8-23	白银		33	
15	王润涵	1976-5-5	白银		35	
16	车丽颖	1979-6-27	钻石		32	
17	张文橦	1960-7-5	黄金		51	
18	高昱	1969-9-9	钻石		42	
19	菀洁滢	1971-3-9	钻石		40	
20						

图 11.3.6　复制公式

（7）选中 F2 单元格，在单元格中输入公式“=MONTH(B2)”，按回车键，计算出了第一位客户生日的月份。按照上述方法将该公式复制至 F19 单元格，计算出其余客户的生日月份，如图 11.3.7 所示。

	A	B	C	D	E	F
1	客户姓名	出生年月	客户级别	客户级别值	年龄	生日月份
2	张雨佳	1981-8-5	白银		30	8
3	郑宇明	1972-3-29	钻石		39	3
4	王琳嫣	1973-4-3	钻石		38	4
5	熊子洁	1975-10-5	黄金		36	10
6	明雪莹	1976-6-6	白银		35	6
7	徐玉玺	1973-5-8	黄金		38	5
8	支彤欣	1980-8-9	钻石		31	8
9	郑婉彤	1981-1-20	钻石		30	1
10	张嘉琳	1977-9-21	黄金		34	9
11	李亦璇	1969-8-25	钻石		42	8
12	邱雨童	1976-9-2	黄金		35	9
13	王雯杉	1970-6-25	白银		41	6
14	郑俊钰	1978-8-23	白银		33	8
15	王润涵	1976-5-5	白银		35	5
16	车丽颖	1979-6-27	钻石		32	6
17	张文橦	1960-7-5	黄金		51	7
18	高昱	1969-9-9	钻石		42	9
19	菀洁滢	1971-3-9	钻石		40	3

图 11.3.7　计算生日的月份

提示：MONTH 函数返回以序列号表示的日期中的月份。月份是介于 1（1 月）至 12（12 月）之间的整数。如 MONTH(1973-5-8)，返回结果为“5”。

（8）选中 D2 单元格，在其中输入公式“=IF(C2="钻石",1,IF(C2="黄金",2,IF(C2="白银",3)))”，按回车键，计算出第一位客户的级别值。按照上述方法将该公式复制至 D19 单元格，计算出其余客户的客户级别值，如图 11.3.8 所示。

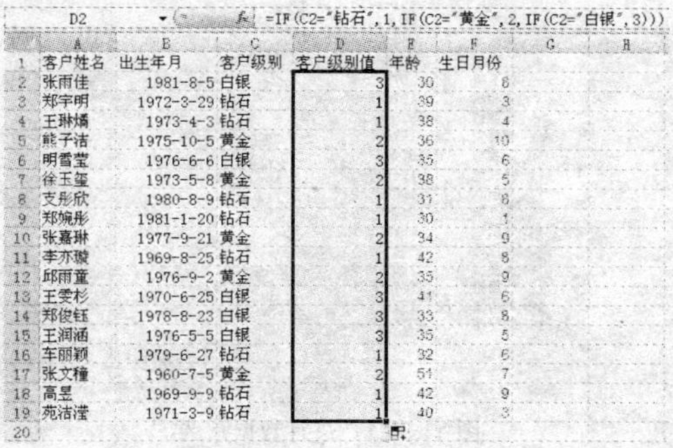
D2　=IF(C2="钻石",1,IF(C2="黄金",2,IF(C2="白银",3)))

	A	B	C	D	E	F	G	H
1	客户姓名	出生年月	客户级别	客户级别值	年龄	生日月份		
2	张雨佳	1981-8-5	白银	3	30	8		
3	郑宇明	1972-3-29	钻石	1	39	3		
4	王琳嫣	1973-4-3	钻石	1	38	4		
5	熊子洁	1975-10-5	黄金	2	36	10		
6	明雪莹	1976-6-6	白银	3	35	6		
7	徐玉玺	1973-5-8	黄金	2	38	5		
8	支彤欣	1980-8-9	钻石	1	31	8		
9	郑婉彤	1981-1-20	钻石	1	30	1		
10	张嘉琳	1977-9-21	黄金	2	34	9		
11	李亦璇	1969-8-25	钻石	1	42	8		
12	邱雨童	1976-9-2	黄金	2	35	9		
13	王雯杉	1970-6-25	白银	3	41	6		
14	郑俊钰	1978-8-23	白银	3	33	8		
15	王润涵	1976-5-5	白银	3	35	5		
16	车丽颖	1979-6-27	钻石	1	32	6		
17	张文穜	1960-7-5	黄金	2	51	7		
18	高昱	1969-9-9	钻石	1	42	9		
19	苑洁滢	1971-3-9	钻石	1	40	3		
20								

图 11.3.8　计算客户级别值

（9）将光标置于数据区中的任意一个单元格中，单击 数据 选项卡“排序和筛选”组中的 排序 按钮，弹出 排序 对话框。设定排序的主要关键字为“生日月份”，次要关键字为“客户级别值”，如图 11.3.9 所示。

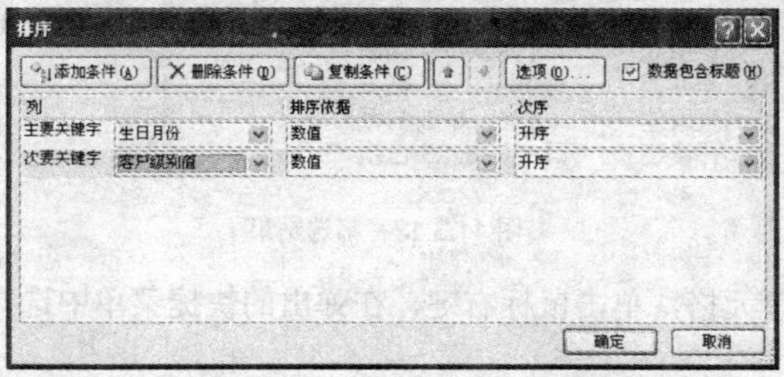

图 11.3.9　设定排序条件

（10）单击 确定 按钮返回工作表，可以发现数据已经根据指定的排序要求重新排列，如图 11.3.10 所示。

	A	B	C	D	E	F
1	客户姓名	出生年月	客户级别	客户级别值	年龄	生日月份
2	郑婉彤	1981-1-20	钻石	1	30	1
3	郑宇明	1972-3-29	钻石	1	39	3
4	苑洁滢	1971-3-9	钻石	1	40	3
5	王琳嫣	1973-4-3	钻石	1	38	4
6	徐玉玺	1973-5-8	黄金	2	38	5
7	王润涵	1976-5-5	白银	3	35	5
8	车丽颖	1979-6-27	钻石	1	32	6
9	明雪莹	1976-6-6	白银	3	35	6
10	王雯杉	1970-6-25	白银	3	41	6
11	张文穜	1960-7-5	黄金	2	51	7
12	支彤欣	1980-8-9	钻石	1	31	8
13	李亦璇	1969-8-25	钻石	1	42	8
14	张雨佳	1981-8-5	白银	3	30	8
15	郑俊钰	1978-8-23	白银	3	33	8
16	高昱	1969-9-9	钻石	1	42	9
17	张嘉琳	1977-9-21	黄金	2	34	9
18	邱雨童	1976-9-2	黄金	2	35	9
19	熊子洁	1975-10-5	黄金	2	36	10

图 11.3.10　排序结果

（11）如果不想让“客户级别值”字段显示，可以选中 D 列，再单击鼠标右键，在弹出的快捷

菜单中选择 隐藏(H) 命令。

（12）将光标置于数据区中任意一个单元格中，单击 数据 选项卡“排序和筛选”组中的 筛选 按钮，这时各个字段右边出现下拉按钮，如单击“生日月份”下拉按钮，在弹出的下拉列表中选择“8”，如图 11.3.11 所示。

图 11.3.11　进行数据筛选

提示： 如果客户数量很大，为了浏览方便，可以通过数据筛选只显示符合条件的数据。

（13）单击 确定 按钮，则工作表只显示筛选出的生日月份为“8”的客户记录，如图 11.3.12 所示。

	A	B	C	E	F
1	客户姓名	出生年月	客户级别	年龄	生日月份
12	支彤欣	1980-8-9	钻石	31	8
13	李亦璇	1969-8-25	钻石	42	8
14	张雨佳	1981-8-5	白银	30	8
15	郑俊钰	1978-8-23	白银	33	8

图 11.3.12　筛选结果

（14）选中 A1:F19 单元格，单击鼠标右键，在弹出的快捷菜单中选择 设置单元格格式(F)... 命令，弹出 设置单元格格式 对话框。

（15）选择 对齐 选项卡，将文本对齐方式设置为水平和垂直均为“居中”；选择 边框 选项卡，在线条样式列中选择一种较粗的线，单击预置栏中的“外边框”按钮，再选择一种较细的线作为内边框，如图 11.3.13 所示。

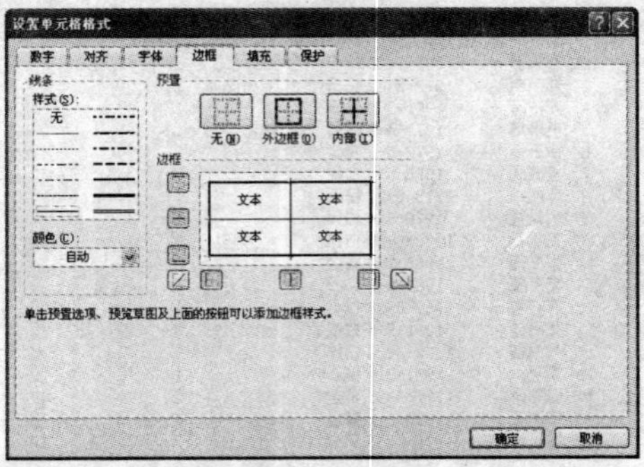

图 11.3.13　设置单元格格式

（16）单击 确定 按钮返回工作表，最终效果如图 11.3.1 所示。

综合实例 4　制作学生通知书

实例内容

本例用 Excel 2007 制作学生通知书，最终效果如图 11.4.1 所示。

	A	B	C	D	E	F	G
1	通知书						
2							
3	贵家长：						
4	您们好，根据教育局规定，我校于1月17日开始放假，时间为1月18日至2月16日						
5	。放假期间，望各位家长看护好孩子的安全，同时还要密切配合好学校，督促孩子						
6	按时完成假期作业。						
7							
8		五年级二班		宋新谱	同学的成绩单		
9	语文	数学	英语	美术	体育	劳动实践	总分
10	92	99	97	90	80	83	541
11–18	评语						
19–22	家长签字						
23							
24					高新二小		
25					2011年1月17日		

图 11.4.1　效果图

设计思想

用 Excel 函数与数据有效性配合快速填通知书，免去了老师们一个一个写的繁琐劳动。在制作的过程中，主要用到插入列、页面设置、公式和函数的使用、单元格格式的设置、数据的有效性等操作。

操作步骤

（1）启动 Excel 2007，打开“期中成绩表”，如图 11.4.2 所示。

	A	B	C	D	E	F	G	H
1	期中成绩表							
2	姓名	语文	数学	英语	美术	体育	劳动实践	总分
3	宋新谱	92	99	97	90	80	83	
4	李佳乐	95	91	87	87	78	79	
5	翟佳桐	93	100	88	88	85	80	
6	高楠	98	98	88	89	80	82	
7	宋云	94	85	92	90	79	84	
8	赵玉梅	87	91	95	94	88	79	
9	吴晴	86	92	87	97	77	77	
10	李燕	88	87	85	93	75	74	
11	张志伟	85	89	80	87	70	72	
12	吴家宝	96	90	71	85	75	70	
13	韩刚	88	89	86	80	71	69	
14	李鹏	87	90	80	84	70	83	
15	刘浩然	85	91	78	87	82	85	

图 11.4.2　期中成绩表

（2）选中 H3 单元格，单击 开始 选项卡“编辑”组中的“自动求和”按钮 Σ，按回车键，求出第一位同学的成绩总分，如图 11.4.3 所示。

H3　fx =SUM(B3:G3)

	A	B	C	D	E	F	G	H
1	期中成绩表							
2	姓名	语文	数学	英语	美术	体育	劳动实践	总分
3	宋新谱	92	99	97	90	80	83	541
4	李佳乐	95	91	87	87	78	79	
5	翟佳桐	93	100	88	88	85	80	
6	高楠	98	98	88	89	80	82	
7	宋云	94	85	92	90	79	84	
8	赵玉梅	87	91	95	94	88	79	
9	吴晴	86	92	87	97	77	77	
10	李燕	88	87	85	93	75	74	
11	张志伟	85	89	80	87	70	72	
12	吴家宝	96	90	71	85	75	70	
13	韩刚	88	89	86	80	71	69	
14	李鹏	87	90	80	84	70	83	
15	刘浩然	85	91	78	87	82	85	

图 11.4.3　自动求和

（3）将光标置于 H3 单元格的右下角，当鼠标指针变成✚形状时，向下拖动鼠标至 H15 单元格，计算出其他同学的总分成绩，如图 11.4.4 所示。

H3　fx =SUM(B3:G3)

	A	B	C	D	E	F	G	H
1	期中成绩表							
2	姓名	语文	数学	英语	美术	体育	劳动实践	总分
3	宋新谱	92	99	97	90	80	83	541
4	李佳乐	95	91	87	87	78	79	517
5	翟佳桐	93	100	88	88	85	80	534
6	高楠	98	98	88	89	80	82	535
7	宋云	94	85	92	90	79	84	524
8	赵玉梅	87	91	95	94	88	79	534
9	吴晴	86	92	87	97	77	77	516
10	李燕	88	87	85	93	75	74	502
11	张志伟	85	89	80	87	70	72	483
12	吴家宝	96	90	71	85	75	70	487
13	韩刚	88	89	86	80	71	69	483
14	李鹏	87	90	80	84	70	83	494
15	刘浩然	85	91	78	87	82	85	508

图 11.4.4　填充公式

（4）为了在后面输入函数公式时方便，在姓名前加一列“序号”。选中 A2 单元格，单击鼠标右键，在弹出的快捷菜单中选择 插入(I)... 命令，弹出 插入 对话框。单击 ⊙整列(C) 单选按钮，如图 11.4.5 所示。

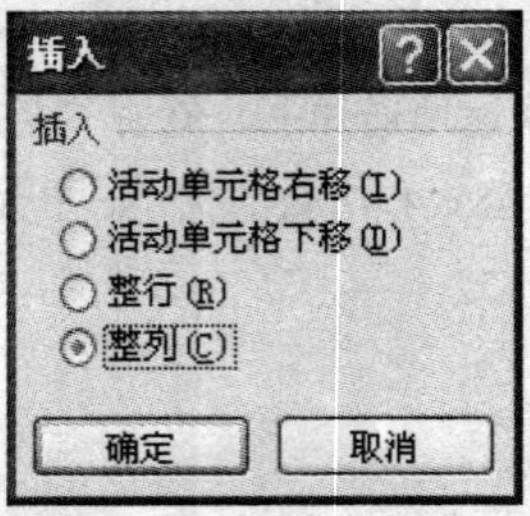

图 11.4.5　插入列

（5）单击 确定 按钮，可在姓名前加入一列，在 A2 列中输入学生的序号，如图 11.4.6 所示。

	A	B	C	D	E	F	G	H	I
1		期中成绩表							
2	序号	姓名	语文	数学	英语	美术	体育	劳动实践	总分
3	1	宋新谱	92	99	97	90	80	83	541
4	2	李佳乐	95	91	87	87	78	79	517
5	3	翟佳桐	93	100	88	88	85	80	534
6	4	高楠	98	98	88	89	80	82	535
7	5	宋云	94	85	92	90	79	84	524
8	6	赵玉梅	87	91	95	94	88	79	534
9	7	吴晴	86	92	87	97	77	77	516
10	8	李燕	88	87	85	93	75	74	502
11	9	张志伟	85	89	80	87	70	72	483
12	10	吴家宝	96	90	71	85	75	70	487
13	11	韩刚	88	89	86	80	71	69	483
14	12	李鹏	87	90	80	84	70	83	494
15	13	刘浩然	85	91	78	87	82	85	508

图 11.4.6　插入一列

（6）双击工作表标签“Sheet1”，将其重命名为“考试成绩”。双击“Sheet2”标签，将其重命名为“通知书”，如图 11.4.7 所示。

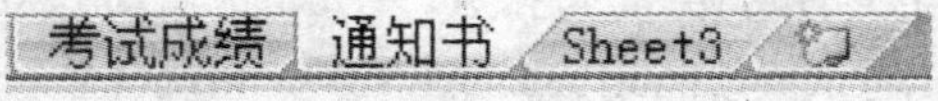

图 11.4.7　命名工作表标签

（7）打开“通知书”工作表，单击 页面布局 选项卡“页面设置”组中的 纸张大小 按钮，在弹出的下拉列表中选择 B5 纸。

（8）选中 A4:G7 单元格，单击鼠标右键，在弹出的快捷菜单中选择 设置单元格格式(F)... 命令，弹出 设置单元格格式 对话框。选择 对齐 选项卡，设置文本垂直对齐方式为“靠上”，在“文本控制”区中选中 ☑自动换行(W) 和 ☑合并单元格(M) 复选框，如图 11.4.8 所示。

（9）单击 确定 按钮返回工作表。选中 A9:G22 单元格，单击 开始 选项卡“字体”组中的“框线”按钮，在弹出的下拉列表中选择 所有框线(A) 命令，如图 11.4.9 所示。

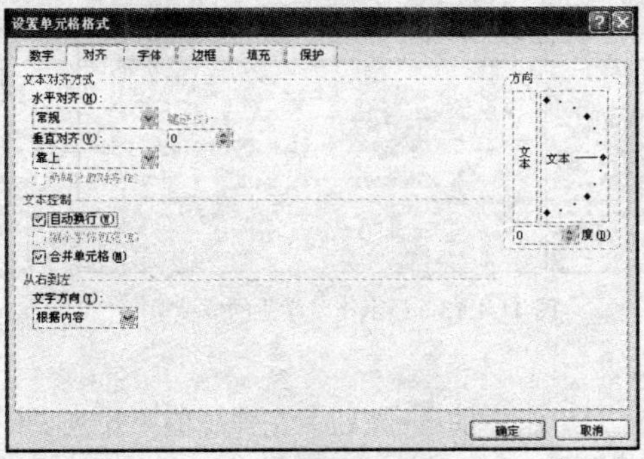

图 11.4.8　设置单元格格式

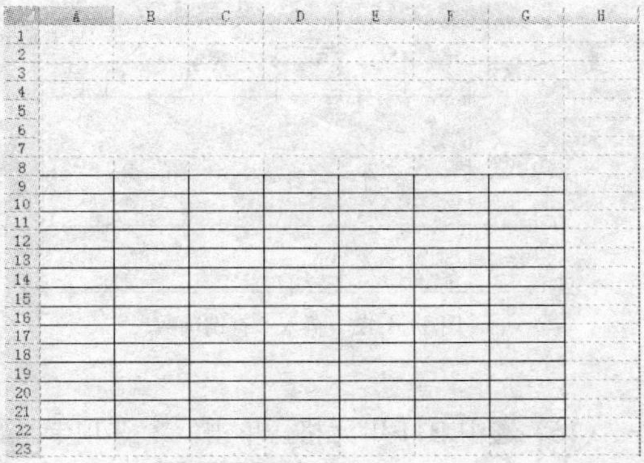

图 11.4.9　添加边框线

（10）选中 A11:A18 单元格，单击 开始 选项卡“对齐方式”组中的“合并后居中”按钮，合并该单元格。按同样的方法，合并 B11:G18 单元格、A19:A22 单元格，B19:G22 单元格，效果如图 11.4.10 所示。

（11）在“通知书”工作表的相关单元格中输入通知书的内容，如图 11.4.11 所示。‘

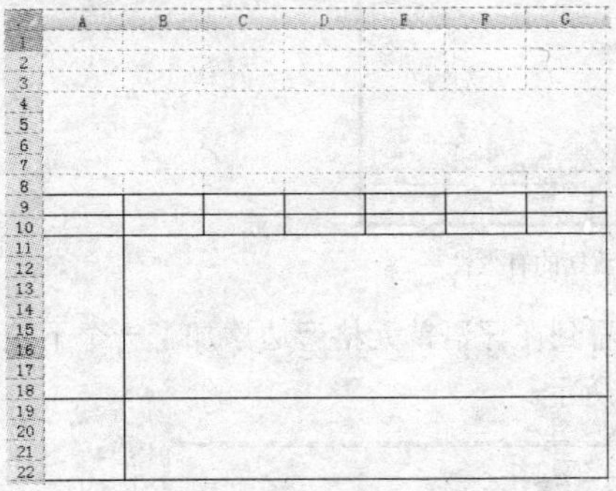

图 11.4.10　合并单元格

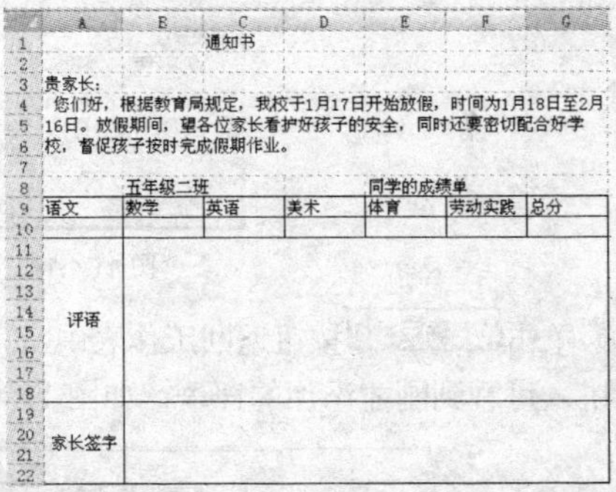

图 11.4.11　输入通知书的内容

（12）选中标题“通知书”，设置其字号为“20”。选中 A1 单元格，单击“字符颜色”按钮，在弹出的下拉列表中选择“白色”。

（13）选中 A9:G10 单元格，单击 开始 选项卡“段落”组中的“居中”按钮和“垂直对齐”

按钮，使文本中居中显示。

（14）假如要显示 1 号学生的成绩单，可在 A1 单元格中输入 1，然后选中 D8 单元格，在编辑栏中输入函数“=Vlookup(A1,考试成绩!A3:I15,2,FALSE)”，系统会显示序号为 1 的学生的姓名如图 11.4.12 所示。

提示：使用 Vlookup 查询函数，根据 A1 单元格的内容，将在“考试成绩”表的 A3:I15 单元格中的数据进行查询，把考试成绩中与之相同内容的这行的第 2 个单元格的姓名提取到此单元格。

（15）同样，将公式“=Vlookup(A1,考试成绩!A3:I15,2,FALSE)”依次复制到 A10，B10、C10、D10、E10、F10、G10 单元格，并将公式中的数字 2，依次改为 3，4，5，6，7，8，9，则 1 号学生的成绩单如图 11.4.13 所示。

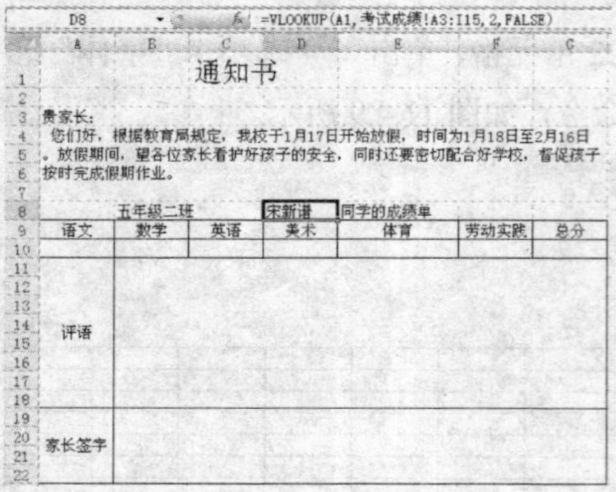

图 11.4.12　输入“查询函数”

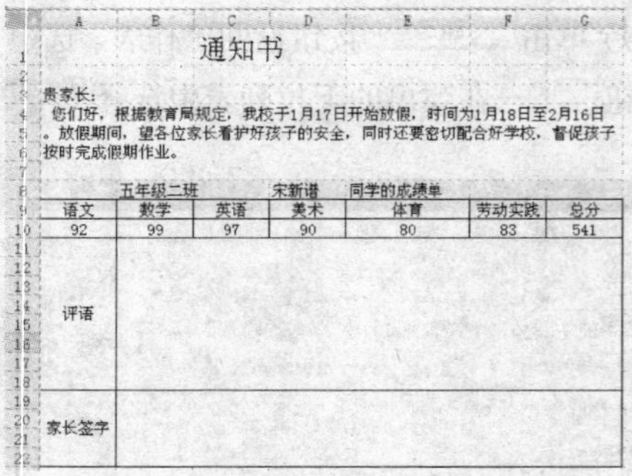

图 11.4.13　显示 1 号学生的成绩单

（16）选中 B11 单元格，单击 数据 选项卡“数据工具”组中的 数据有效性 按钮，在弹出的下拉列表中选择 数据有效性(V)... 选项，弹出 **数据有效性** 对话框。选择 设置 选项卡，设置“允许”条件为“序列”。在“来源”文本框中输入学生的评语，每个评语后面用半角逗号搁开，如图 11.4.14 所示。

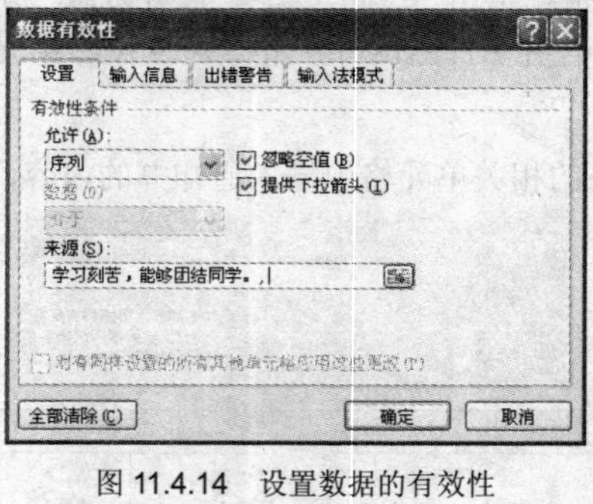

图 11.4.14　设置数据的有效性

（17）单击 确定 按钮返回工作表中，可以看到在评语单元格旁边添加了一个下拉按钮，单击该按钮，可看到刚才添加的评语，如图 11.4.15 所示。

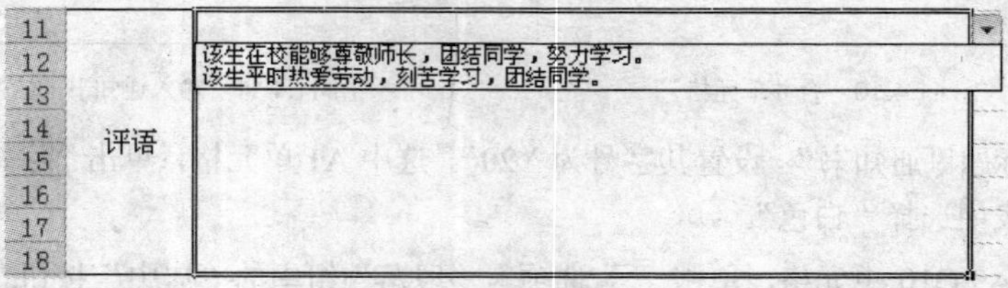

图 11.4.15　显示数据的有效性

（18）在 A1 单元格中输入一个序号后，按回车键，在表“考试成绩”中与之相同序号的这一行的学生信息就会自动提取在表“通知书”的相应单元格中。根据该学生的平时情况，在“评语”栏中单击下拉按钮选择合适的评语就可以了。

（19）单击“Office”按钮，在弹出的菜单中选择打印(P)命令，弹出打印内容对话框，单击确定按钮就可以输出该张通知书了，效果如图 11.4.1 所示。

综合实例 5　制作“我的画册”演示文稿

实例内容

本例制作“我的画册”演示文稿，最终效果如图 11.5.1 所示。

设计思想

在制作过程中，主要用到幻灯片背景设置、插入艺术字、插入图片、添加超链接、设置切换和动画效果等操作。

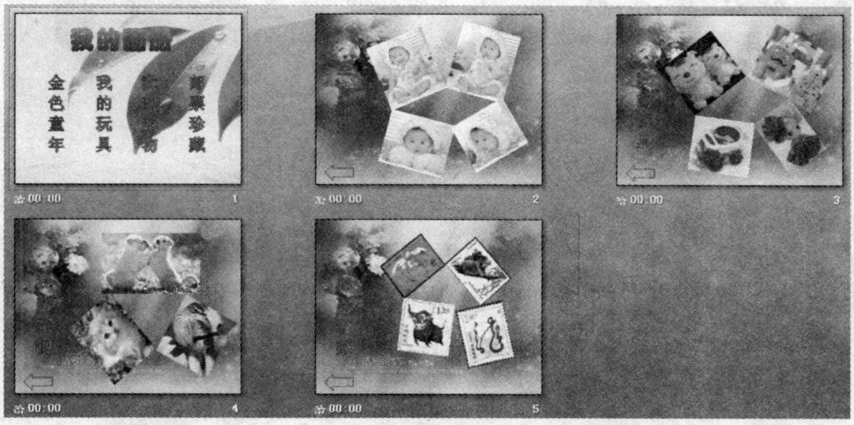

图 11.5.1　效果图

操作步骤

（1）启动 PowerPoint 2007 应用程序，新建一个演示文稿。

（2）单击设计选项卡“背景”组中的背景样式按钮，在弹出的下拉列表中选择设置背景格式(B)...命令，弹出设置背景格式对话框。选中图片或纹理填充(P)单选按钮，如图 11.5.2 所示。

（3）单击文件(F)...按钮，在弹出的插入图片对话框中选择一幅图片插入到幻灯片中，如图 11.5.3 所示。

（4）将幻灯片中的占位符选中后删除。单击插入选项卡“文本”组中的艺术字按钮，从弹出的下拉列表中选择合适的艺术字样式，如图 11.5.4 所示。

（5）在幻灯片上单击创建艺术字文本框，并在其中输入艺术字文字，将其字体设置为“华文琥珀”，字号为“80”，效果如图 11.5.5 所示。

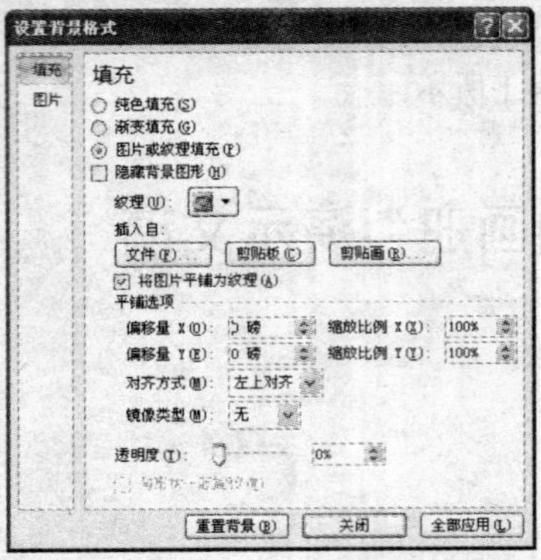

图 11.5.2 “设置背景格式”对话框

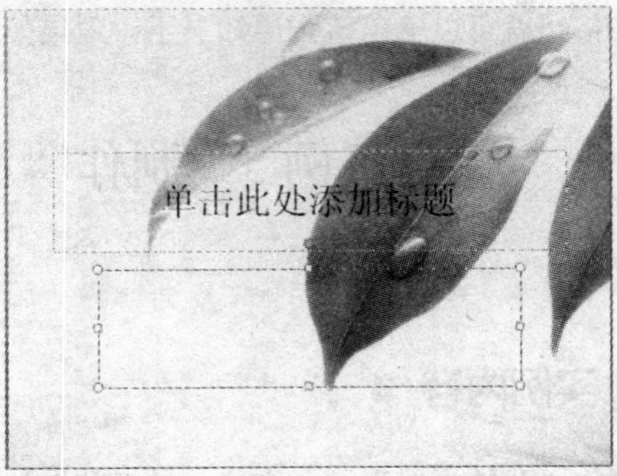

图 11.5.3 插入的图片

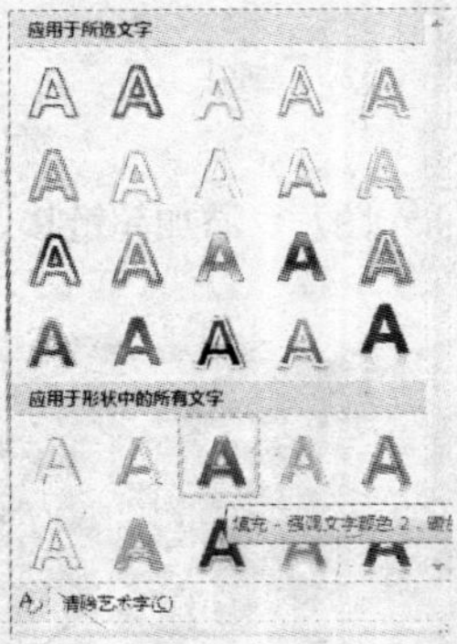

图 11.5.4 选择艺术字样式

图 11.5.5 插入的艺术字

（6）重复上述步骤，在幻灯片中插入“金色童年”艺术字。选中该艺术字，单击 格式 选项卡“艺术字样式”组中的“文本填充”按钮，在弹出的下拉列表中选择“黄色”；单击“文本轮廓”按钮，在弹出的下拉列表中选择“红色”，效果如图 11.5.6 所示。

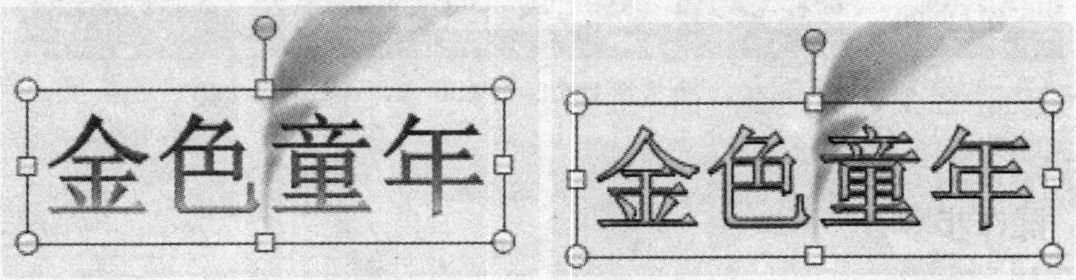

图 11.5.6 更改艺术字样式

（7）选中“金色童年”艺术字，单击 开始 选项卡“段落”组中的“文字方向”按钮，从弹出的下拉列表中选择“堆积”选项。

（8）按住“Ctrl”键，将“金色童年”艺术字复制出 3 个，并将其中的文字依次改为“我的玩具”、“我的宠物”、“邮票珍藏”，如图 11.5.7 所示。

（9）选中上述 4 个艺术字，单击 格式 选项卡“排列”组的 对齐 按钮，在弹出的下拉列表中选择 上下居中(M) 命令，使艺术字对齐显示，效果如图 11.5.8 所示。

图 11.5.7　复制艺术字

图 11.5.8　设置艺术字对齐方式

（10）按下“Ctrl+M”键，插入一张新的幻灯片。在视图选项卡中的“演示文稿视图”选项区中单击幻灯片母版按钮，切换到幻灯片母版视图。

（11）选中第 2 张幻灯片，在插入选项卡中的“插图”选项区中单击图片按钮，在弹出的**插入图片**对话框中选择一幅图片插入到幻灯片中，如图 11.5.9 所示。

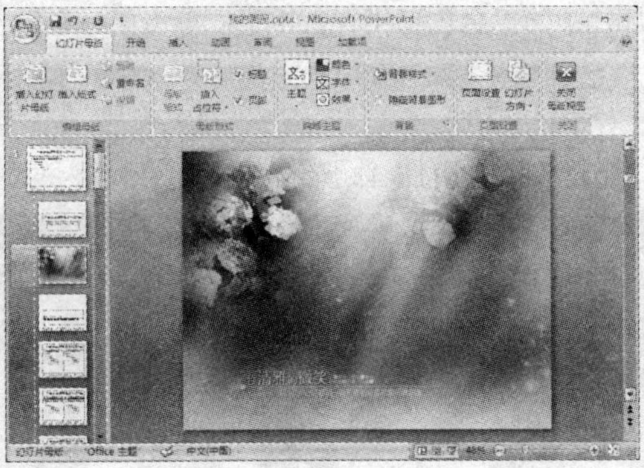

图 11.5.9　制作幻灯片母版

（12）单击幻灯片母版选项卡中的关闭母版视图按钮退出幻灯片母版视图。

（13）按回车键插入其他 4 张幻灯片。将第 1 张幻灯片中的艺术字选中，分别复制并粘贴到其他 4 张幻灯片中，如图 11.5.10 所示。

图 11.5.10　创建幻灯片并插入艺术字

（14）重复步骤（11）的操作，在第 2 张幻灯片中插入 4 幅图片，并排列好它们的顺序，如图 11.5.11 所示。

（15）按照同样的方法，在其他 3 张幻灯片中插入相应的图片，如图 11.5.12 所示。

图 11.5.11　在第二张幻灯片中插入图片

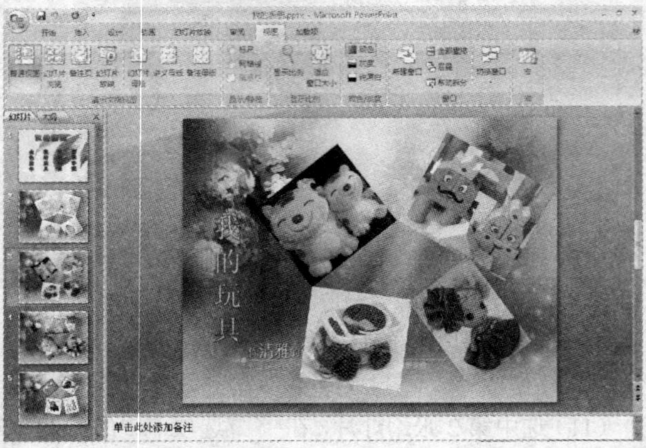

图 11.5.12　其他幻灯片制作完成

（16）选中第 1 张幻灯片中的“金色童年”艺术字，单击鼠标右键，从弹出的快捷菜单中选择 超链接(H)... 命令，弹出 插入超链接 对话框。在“链接到”列中选择 本文档中的位置(A) 选项，在“请选择在文档中的位置”栏中选择“2. 幻灯片 2”，如图 11.5.13 所示。

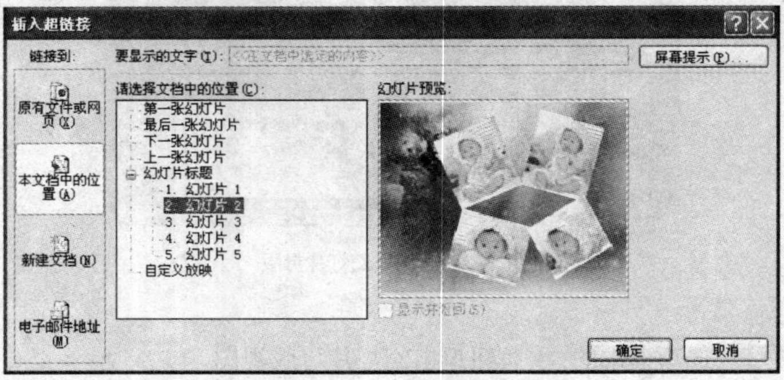

图 11.5.13　插入超链接

（17）单击 确定 按钮返回到该幻灯片中。依同样的方法，将幻灯片 1 中的其他 3 个艺术字添加超级链接。

（18）选中第 2 张幻灯片，在 插入 选项卡中的“插图”选项区中单击 形状 按钮，在弹出的下拉列表中选择一个箭头，在幻灯片中绘制一个箭头，如图 11.5.14 所示。

（19）在绘制的箭头上单击鼠标右键，在弹出的快捷菜单中选择 设置形状格式(O)... 命令，弹出 设置形状格式 对话框。在 填充 选项卡中单击 纯色填充(S) 按钮，单击“颜色”按钮，在弹出的下拉列表中选择“浅绿”，效果如图 11.5.15 所示。

（20）在箭头上单击鼠标右键，从弹出的快捷菜单中选择 编辑文字(X) 命令，在箭头上输入文字“返回”，如图 11.5.16 所示。

（21）在箭头上单击鼠标右键，从弹出的快捷菜单中选择 超链接(H)... 命令，在弹出的 插入超链接 对话框，将箭头链接到 1. 幻灯片 1 中。

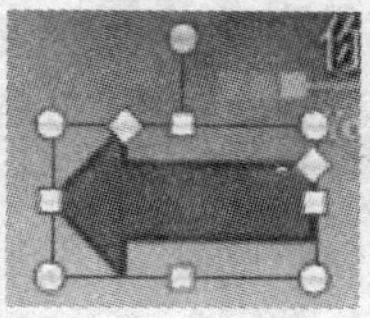
图 11.5.14　绘制箭头

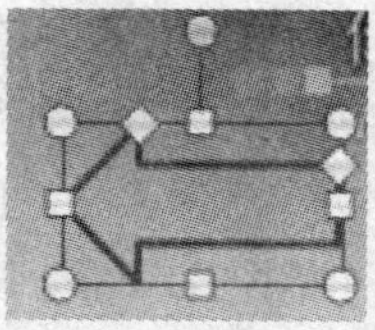
图 11.5.15　设置形状格式

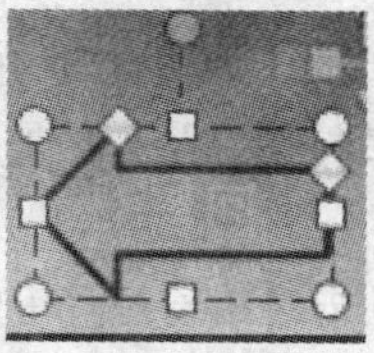
图 11.5.16　添加文字

（22）复制该箭头，将其粘贴到其他 3 张幻灯片中。

（23）在 动画 选项卡中的“切换到此幻灯片”选项区中单击 ▼ 按钮，从弹出的下拉列表中选择“楔入”切换动画，如图 11.5.17 所示。

（24）在“切换到此幻灯片”选项区中的“切换声音”下拉列表中选择“风铃”选项，在“切换速度”下拉列表中选择“中速”选项，在“换片方式”中选中 ☑ 在此之后自动设置动画效果: 00:00 复选框，单击 全部应用 按钮，将其应用于所有幻灯片中。

（25）选中第 1 张幻灯片中“我的画册”的艺术字，在 动画 选项卡中的“动画”选项区中单击 自定义动画 按钮，打开“自定义动画”任务窗格。

（26）单击 添加效果 ▼ 按钮，从弹出的下拉列表中选择 进入(E) → 2. 飞入 命令，添加飞入动画效果。

（27）依次选择下面的 4 个艺术字，单击 添加效果 ▼ 按钮，从弹出的下拉列表中选择 进入(E) → 其他效果(M)... 命令，弹出 添加进入效果 对话框，在其中选择 阶梯状 动画，如图 11.5.18 所示。

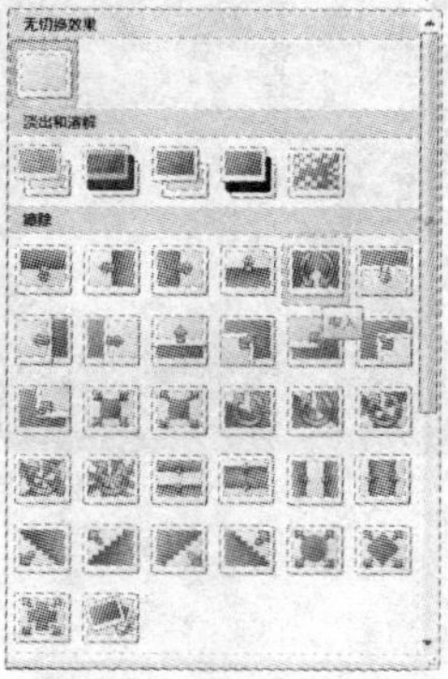

图 11.5.17　选择切换动画

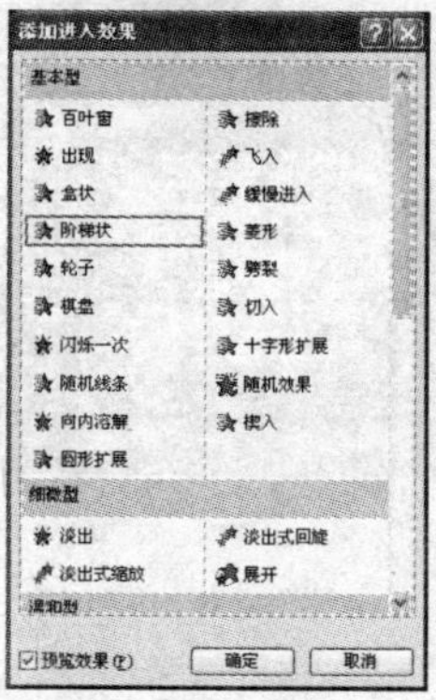

图 11.5.18　“添加进入效果”对话框

（28）单击 确定 按钮，将动画应用于所选对象上，如图 11.5.19 所示。

（29）选中动画 1，将其“开始方式”设置为“之前”，将动画 2～5 的“开始方式”设置为“之后”，将其“速度”设置为“中速”。

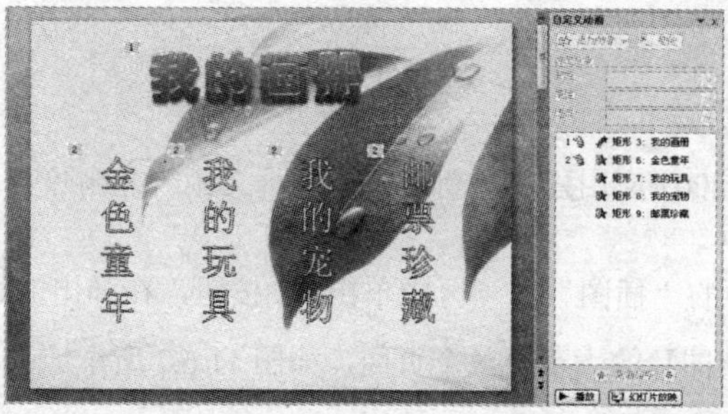

图 11.5.19　添加动画效果

（30）给第 2 张幻灯片添加动画效果。设置其艺术字的动画效果为 5. 空翻 。选择第 1 幅图片，单击 添加效果 按钮，从弹出的下拉列表中选择 强调(M) → 1. 放大/缩小 命令，给图片添加动画效果。

（31）同样的方法给幻灯片中的其他 3 幅图片添加动画效果。选中动画 1，将其“开始方式”设置为“之前”，将动画 2～5 的“开始方式”设置为“之后”，将其“速度”设置为“快速”。

（32）重复上述步骤，为其他 3 张幻灯片中的艺术字及其图片添加相同动画效果。

（33）按下功能键“F5”即可观看放映效果，如图 11.5.1 所示。

综合实例 6　制作“夜莺的歌声”演示文稿

实例内容

本例制作“夜莺的歌声”幻灯片，效果如图 11.6.1 所示。

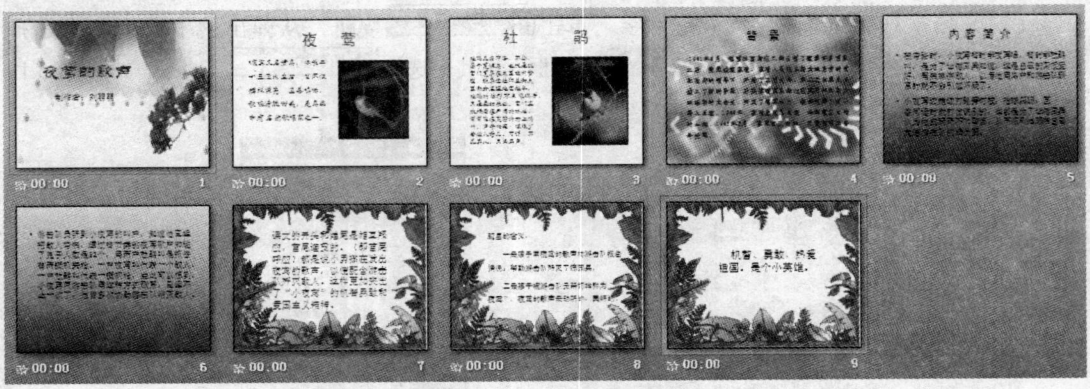

图 11.6.1　效果图

设计思想

在制作的过程中，主要用到插入图片、设置版式、设置字符和段落格式、添加背景、设置动画等操作。

操作步骤

（1）启动 PowerPoint 2007 应用程序，新建一个演示文稿，并删除其占位符。

（2）在 插入 选项卡中的“插图”选项区中单击 图片 按钮，在弹出的 插入图片 对话框中选择一幅图片插入到幻灯片中，调整图片的大小至整个页面，如图 11.6.2 所示。

（3）单击 插入 选项卡“文本”组中的 文本框 按钮，在弹出的下拉列表中选择 横排文本框(H) 选项，在页面中绘制一个横排文本框，并设置其字体为“华文隶书”，字号“66”，字体颜色为“深红”。依同样的方法再绘制一个横排文本框，输入制作者姓名，并设置字体、字号，如图 11.6.3 所示。

图 11.6.2 插入图片

图 11.6.3 插入文本框

（4）按下“Ctrl+M”快捷键，新建一张幻灯片。

（5）单击 开始 选项卡“幻灯片”组中的 版式 按钮，在弹出的下拉列表中选择“两栏内容”版式，如图 11.6.4 所示。

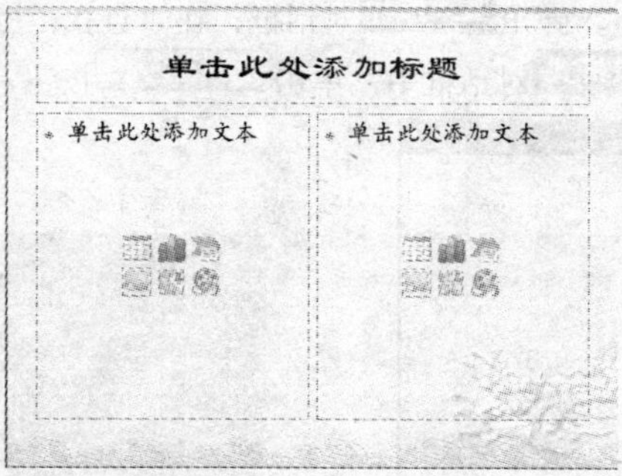

图 11.6.4 设置幻灯片版式

（6）在“标题”文本框中输入“夜莺”文本，设置其字体为黑体，字号为 60，字体颜色为“深蓝，文字 2”；在左侧的文本框中输入夜莺的相关介绍，并设置字体、字号。

（7）选中左侧文本框中的内容，单击 开始 选项卡“段落”组中的对话框启动器按钮，弹出 段落 对话框。设置对齐方式为“两端对齐”，文本缩进为“0.4 厘米”，行距为“1.5 倍行距”，如图 11.6.5 所示。

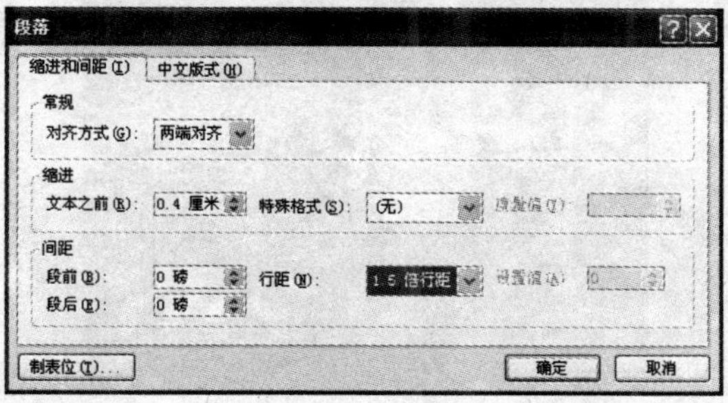

图 11.6.5 设置段落格式

（8）单击 确定 按钮返回幻灯片，在右侧的文本框中单击“插入来自文件的图片”按钮，弹出**插入图片**对话框。在“查找范围”下拉列表中选择需要的图片，单击 插入(S) 按钮，效果如图 11.6.6 所示。

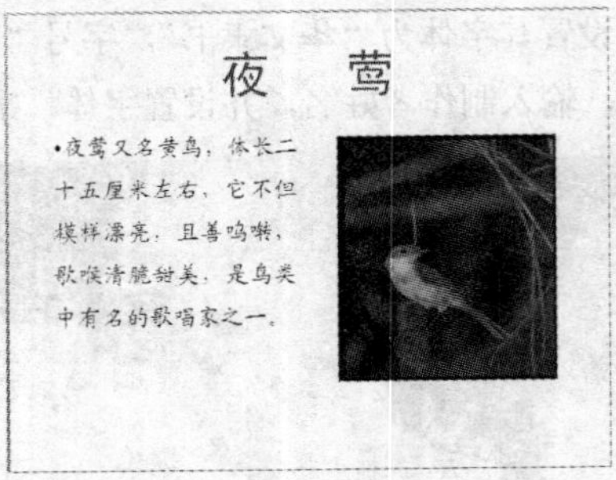

图 11.6.6　在占位符中插入图片

（9）在“幻灯片/大纲”视图中，选中第 2 张幻灯片，按回车键，可插入一张与第 2 张幻灯片版式相同的幻灯片。按照同样的方法，制作第 3 张幻灯片。

（10）按下“Ctrl+M”快捷键，插入第 4 张幻灯片，设置其版式为“标题和内容”。

（11）单击 设计 选项卡“背景”组中的 背景样式 按钮，在弹出的下拉列表中选择 设置背景格式(B)... 命令，弹出**设置背景格式**对话框。选中 ⊙ 图片或纹理填充(P) 单选按钮，如图 11.6.7 所示。

（12）单击 文件(F)... 按钮，弹出**插入图片**对话框，在“查找范围”列表中选择一幅图片，单击 插入(S) 按钮返回到**设置背景格式**对话框中，单击 关闭 按钮，效果如图 11.6.8 所示。

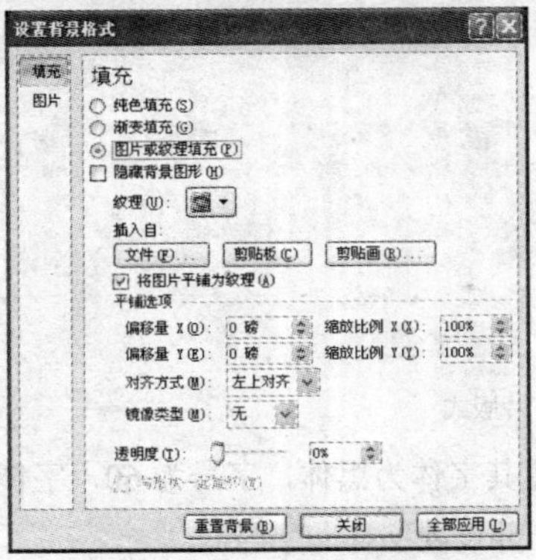

图 11.6.7　设置背景格式

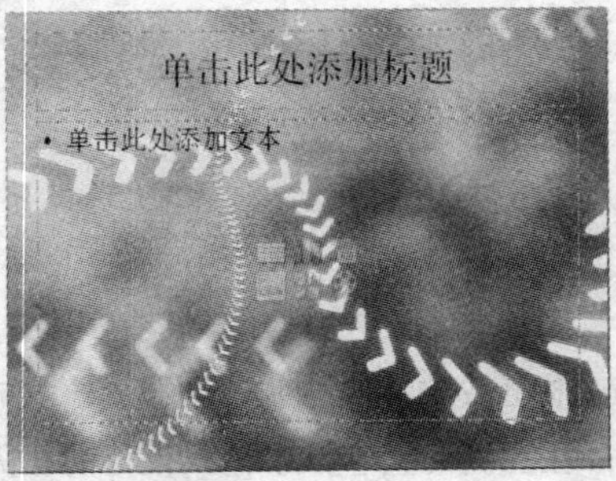

图 11.6.8　插入背景图片

（13）在占位符中输入背景及背景资料，并设置其字符和段落格式，如图 11.6.9 所示。

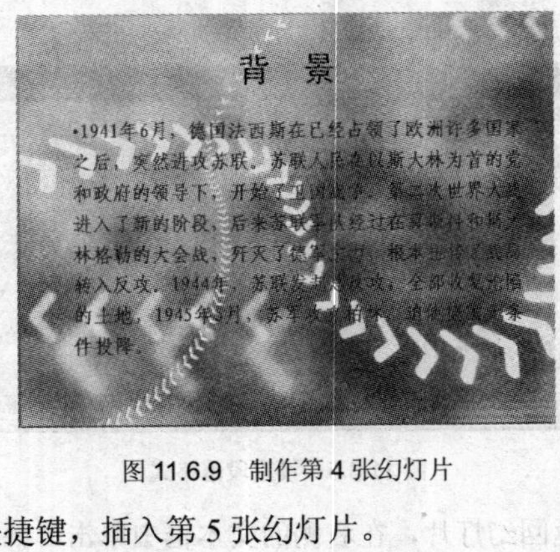

图 11.6.9　制作第 4 张幻灯片

（14）按下“Ctrl+M”快捷键，插入第 5 张幻灯片。

（15）单击设计选项卡“背景”组中的背景样式按钮，在弹出的下拉列表中选择设置背景格式(B)...命令，弹出**设置背景格式**对话框。单击渐变填充(G)单选按钮，再单击“预设颜色”按钮，在弹出的下拉列中选择“茵茵绿原”，如图 11.6.10 所示。

（16）单击关闭按钮返回幻灯片中。依照前面的方法，依次制作 6～9 张幻灯片。

（17）给第 1 张幻灯片添加动画效果。选中“夜莺的歌声”文本，单击动画选项卡“动画”组中的自定义动画按钮，打开“自定义动画”任务窗格。

（18）单击添加效果按钮，在弹出的下拉列表中选择进入(E)→2. 飞入选项，添加飞入动画效果。再次选中该文本，选择强调(M)→1. 放大/缩小选项，添加放大/缩小动画效果。

（19）选中制作者文本框，在添加效果下拉列表中选择进入(E)→3. 盒状选项，添加盒状动画。

（20）给第 2 张幻灯片添加动画效果。选中“夜莺”文本框，选择进入(E)→2. 飞入选项；选中左侧的文本框，在添加效果下拉列表中选择进入(E)→其他效果(M)...选项，弹出**添加进入效果**对话框，从中选择颜色打字机动画效果，如图 11.6.11 所示。

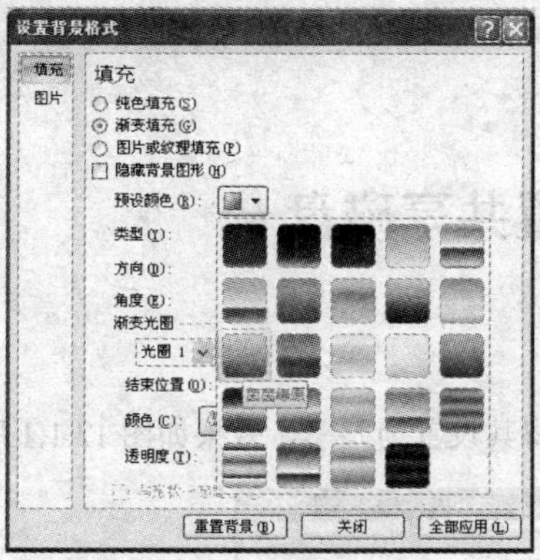

图 11.6.10　设置渐变填充效果

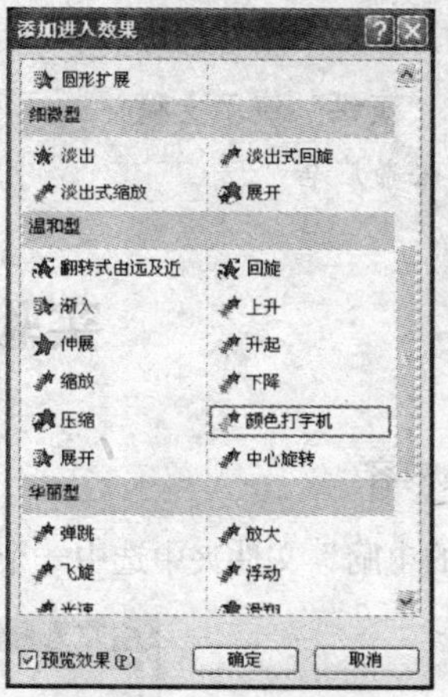

图 11.6.11　添加进入动画效果

（21）选中左侧的图片，在添加效果下拉列表中选择进入(E)→5. 空翻选项。依照同样的方法，依次设置其他幻灯片的动画效果。

（22）打开动画选项卡，单击“切换到此幻灯片”组中的“其他”按钮，在弹出的下拉列表中选择“向左下揭开”选项。在“换片方式”栏选中在此之后自动设置动画效果: 00:00复选框，设置速度为“中速”，单击全部应用按钮。

（23）单击“幻灯片放映”按钮，可以看到放映的效果，如图 11.6.1 所示。

第 12 章　上 机 实 验

本章通过上机实验培养读者的实际操作能力，使读者达到巩固并检验所学知识的目的。

知识要点

- 设置共享磁盘
- 安装与设置输入法
- 简单制作会议台签
- 把圆截成半圆
- 编辑“产品介绍”文档
- 制作提货单
- 计算和管理“销售数据表”
- 制作“演讲”演示文稿
- 制作公益广告

实验 1　设置共享磁盘

1．实验内容

在“我的电脑”文件夹中选中一个磁盘符，并将其设置为共享，效果如图 12.1.1 所示。

图 12.1.1　效果图

2．实验目的

掌握 Windows XP 中磁盘共享的设置。

3．操作步骤

（1）打开 我的电脑 窗口，并在该窗口中选中需要共享的磁盘，如图 12.1.2 所示。

（2）单击鼠标右键，从弹出的快捷菜单中选择 共享和安全(H)... 命令，弹出 共享盘（H:）属性 对话框，打开 共享 选项卡，如图 12.1.3 所示。

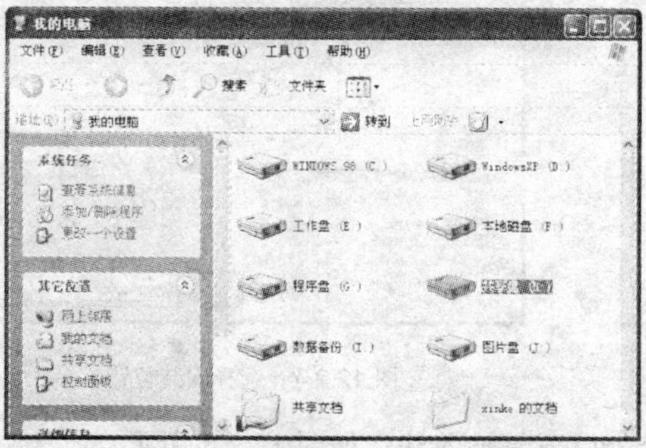

图 12.1.2　选中共享磁盘

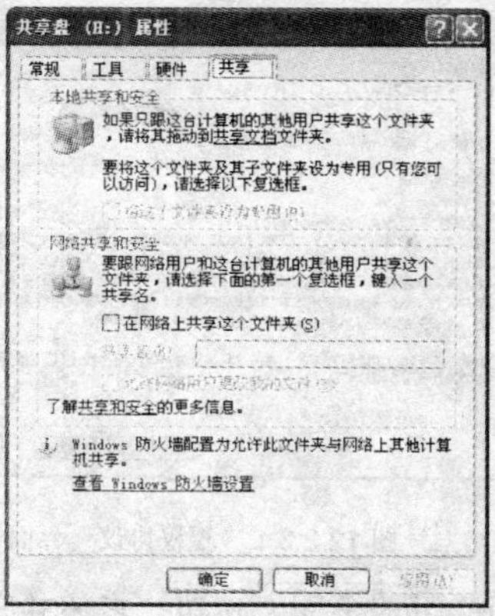

图 12.1.3　打开“共享”选项卡

（3）在该选项卡中的“网络共享和安全”选区中选中☑在网络上共享这个文件夹(S)复选框；在“共享名”文本框中输入共享名文本“共享盘”。

（4）设置完成后，单击 确定 按钮，即可将该磁盘在网络上共享。

实验 2　安装与设置输入法

1. 实验内容

本例练习安装“QQ 五笔输入法”，并设置其为默认输入法。

2. 实验目的

掌握软件的安装、输入法属性的设置等操作。

3. 操作步骤

（1）打开“F:\常用应用程序”文件夹，双击“QQ 五笔输入法”图标，如图 12.2.1 所示。

（2）系统开始安装此程序，进入“欢迎界面”，如图 12.2.2 所示。

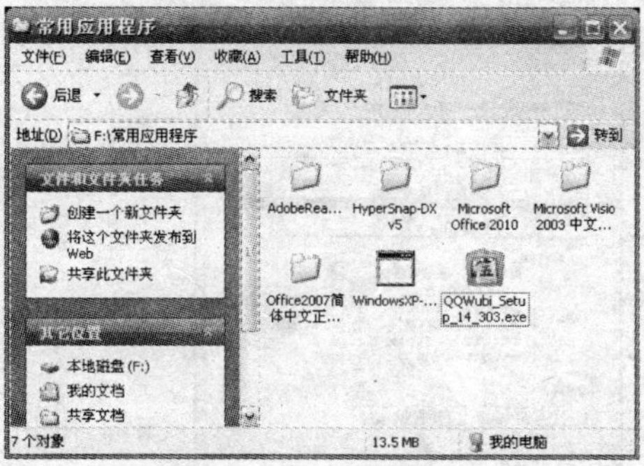

图 12.2.1　双击 QQ 五笔输入法图标

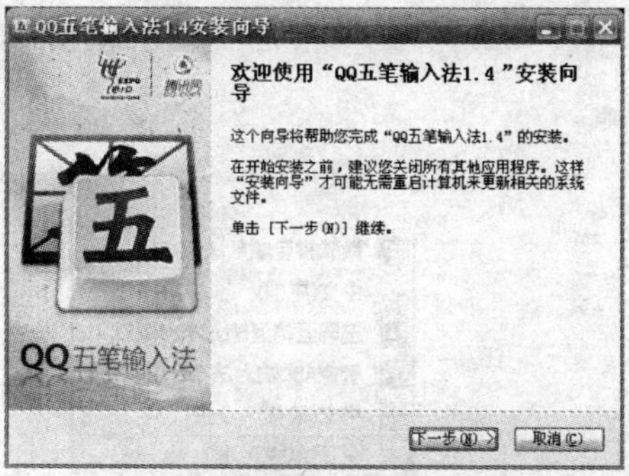

图 12.2.2　进入欢迎界面

（3）单击 下一步(N) > 按钮，进入“授权协议”界面，如图 12.2.3 所示。

（4）单击 我接受(I) 按钮，进入“选择安装位置”界面。单击 浏览(B)... 按钮选择文件安装的位置，如图 12.2.4 所示。

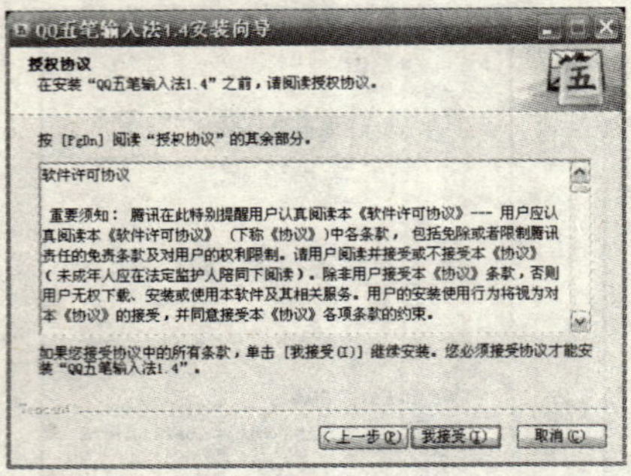

图 12.2.3 "授权协议"界面

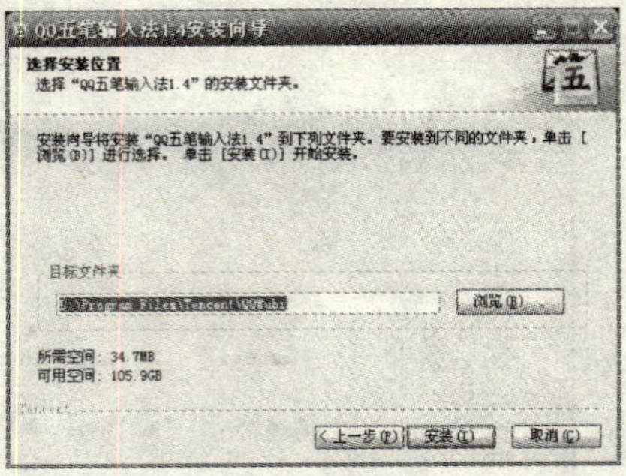

图 12.2.4 选择安装位置

（5）单击 安装(I) 按钮，系统开始安装 QQ 五笔输入法，如图 12.2.5 所示。

（6）单击 下一步(N) > 按钮进入 QQ 输入法设置界面，在此采用默认设置。

（7）单击 完成 按钮即可完成 QQ 五笔输入法的安装，如图 12.2.6 所示。

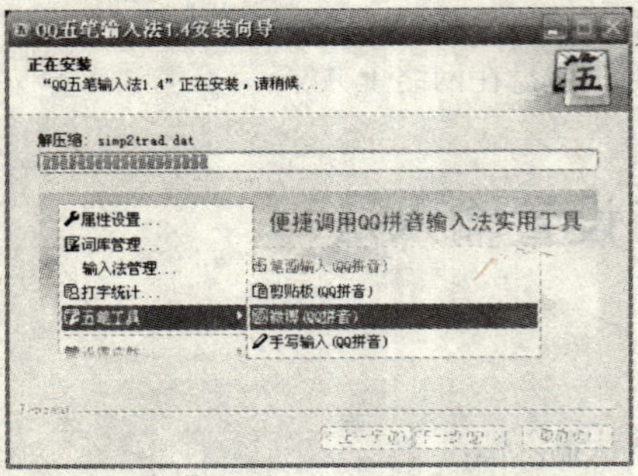

图 12.2.5 正在安装界面

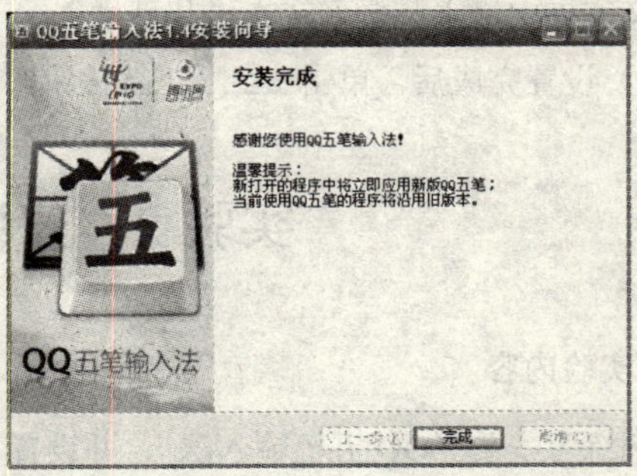

图 12.2.6 完成安装

（8）单击任务栏上的"输入法指示器"按钮，在弹出的快捷菜单中可以看到刚才添加的"QQ 五笔输入法"，如图 12.2.7 所示。

（9）在任务栏中单击"QQ 五笔输入法"图标，在弹出的快捷菜单中选择 设置(E)... 命令。

（10）这时弹出 文字服务和输入语言 对话框，在"默认输入语言"下拉列表中选择"QQ 五笔输入法"如图 12.2.8 所示。

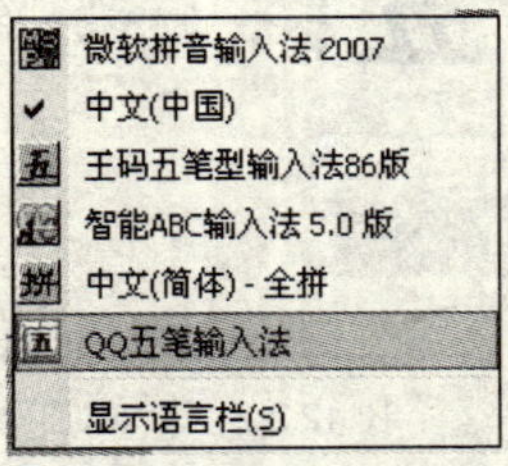

图 12.2.7 添加的 QQ 五笔输入法

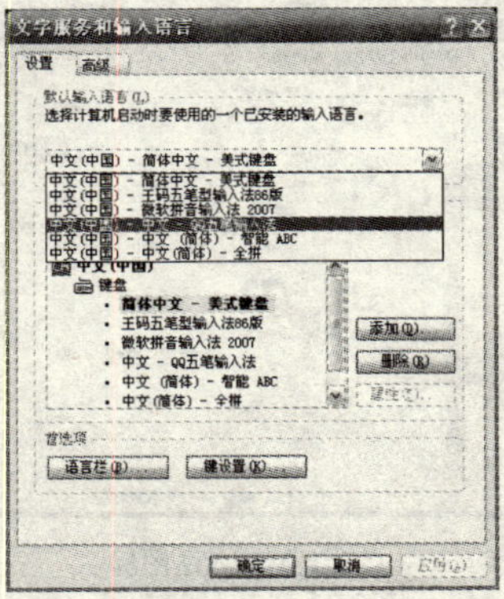

图 12.2.8 选择默认输入法

（11）单击 确定 按钮完成输入法设置，以后系统每次启动时都会默认使用 QQ 五笔输入法。

实验 3　简单制作会议台签

1．实验内容

本例制作简单的台签，效果如图 12.3.1 所示。

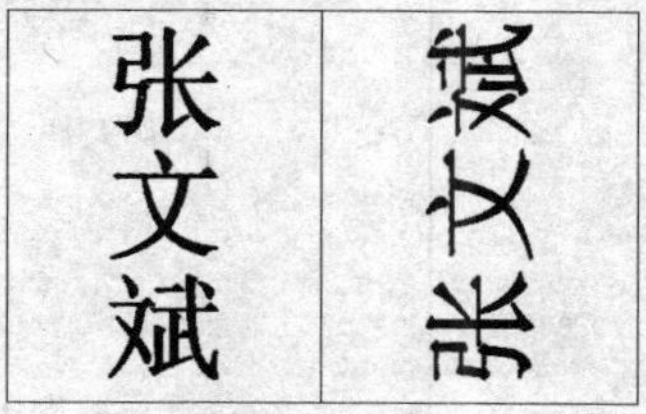

图 12.3.1　效果图

2．实验目的

掌握插入表格、设置单元格文字方向、保存文件等操作。

3．操作步骤

（1）测量好台签的长与宽尺寸，比如 100 mm×200 mm。

（2）单击“Office”按钮，选择 新建(N) 命令，新建空白文档。

（3）在“Office”按钮上单击鼠标右键，在弹出的下拉列表中选择 自定义快速访问工具栏(C)... 选项，弹出 Word 选项 对话框。

（4）单击 高级 选项卡，在“显示”栏中选择度量单位为“厘米”，取消 以字符宽度为度量单位(W) 复选框的选中，如图 12.3.2 所示。

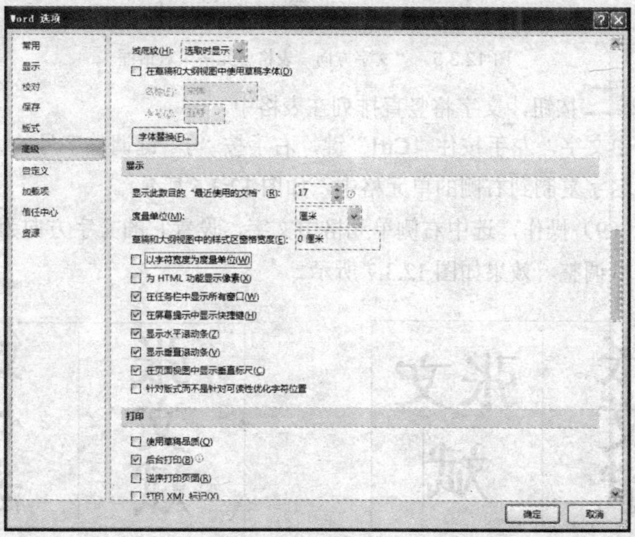

图 12.3.2　设置度量单位为“厘米”

（5）单击 确定 按钮，这时 Word 中的标尺将以实际长度（厘米）为单位。

（6）单击 插入 选项卡“表格”组中的 表格 按钮，在表格下拉列表中选择 2×1，插入表格，如图 12.3.3 所示。

（7）打开 页面布局 选项卡，单击“页面设置”对话框启动器按钮，弹出 页面设置 对话框。在 页边距 选项卡中设置纸张方向为“横向”。

（8）用鼠标拖动表格边框线，将表格外形尺寸按台签实际尺寸调整，如图 12.3.4 所示。

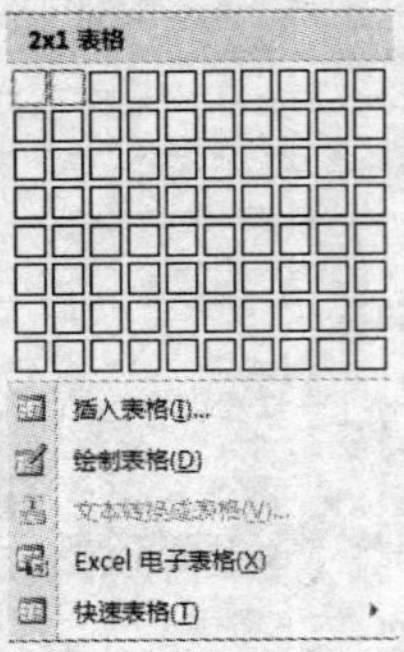

图 12.3.3　选择表格的行数和列数

图 12.3.4　调整后的表格

（9）在第一个单元格中输入姓名，如“张文斌”。将名字选中，单击鼠标右键，在弹出的快捷菜单中选择 文字方向(X)... 命令，弹出 文字方向 - 表格单元格 对话框。在“方向”栏中选择第二种文字样式，如图 12.3.5 所示。

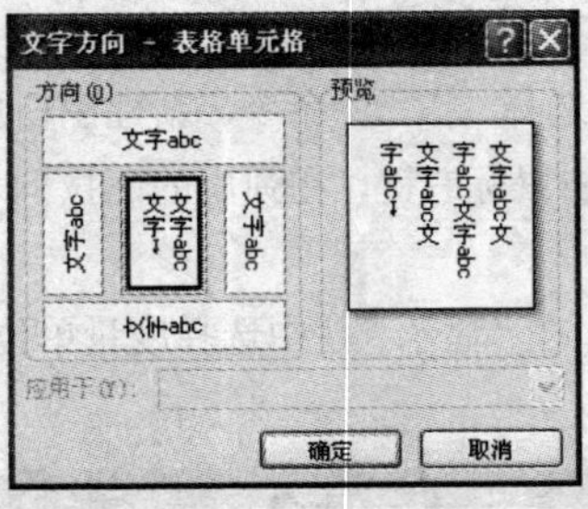

图 12.3.5　“文字方向 - 表格单元格”对话框

（10）单击 确定 按钮，文字将竖直排列在表格中。

（11）用鼠标选中文字，左手按住“Ctrl”键，右手按“}”键调整字号的大小，直到合适为止。再将文字加粗，并将名字复制到右侧的单元格中，如图 12.3.6 所示 。

（12）重复步骤（9）操作，选中右侧单元格中文字，设置它的文字方向为第一种文字样式，即名字按反方向（竖向）调整，效果如图 12.3.7 所示。

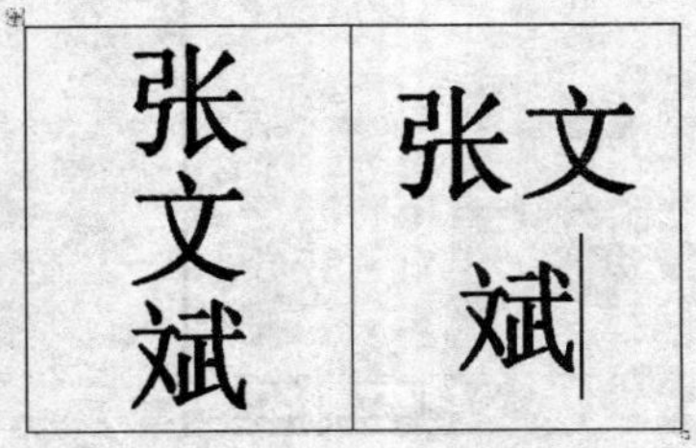

图 12.3.6　复制文字到右侧单元格

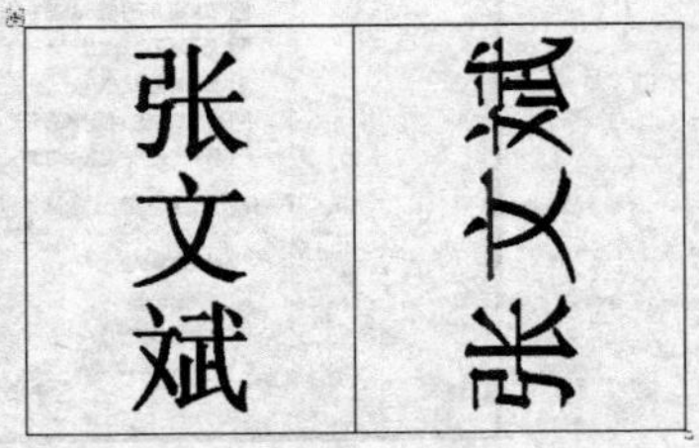

图 12.3.7　名字按反方向调整

（13）选中整个表格，单击鼠标右键，在弹出的快捷菜单中选择 单元格对齐方式(G) 命令，在弹出的列表中选择“中部居中”按钮，使表格中的文字水平和垂直都居中，最终效果如图 12.3.1 所示。

（14）单击“Office”按钮，在弹出的菜单中选择 打印(P) → 打印预览 命令，可看到预览效果。打印后，按边框线进行裁剪、对折安装即可。

实验 4　把圆截成半圆

1．实验内容

本例练习把圆截成半圆，效果如图 12.4.1 所示。

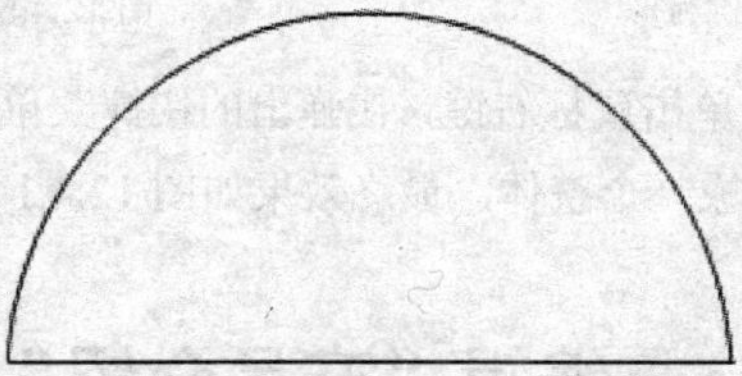

图 12.4.1　效果图

2．实验目的

掌握插图组中的“形状”工具的使用。

3．操作步骤

（1）打开 Word 2007 程序，新建一个空白文档。

（2）单击插入选项卡“插图”组的形状按钮，在弹出的形状列表中单击“椭圆”按钮。

（3）按住“Shift”键在文档中绘制一个圆。然后再单击“矩形”按钮，绘制一个矩形，将矩形移到圆上，调整大小及位置，使其刚好覆盖圆的一半，如图 12.4.2 所示。

（4）为精确调整位置，可以在按下“Ctrl”键的同时，用鼠标单击两个图形将它们同时选中，再按“Shift”键用小键盘上的方向键对选定形状的位置进行微调。

（5）在矩形上单击鼠标右键，在弹出的快捷菜单中选择设置自选图形格式(O)...命令，弹出设置自选图形格式对话框。选择颜色与线条选项卡，在“线条”颜色下拉列表中选择“无颜色”，如图 12.4.3 所示。

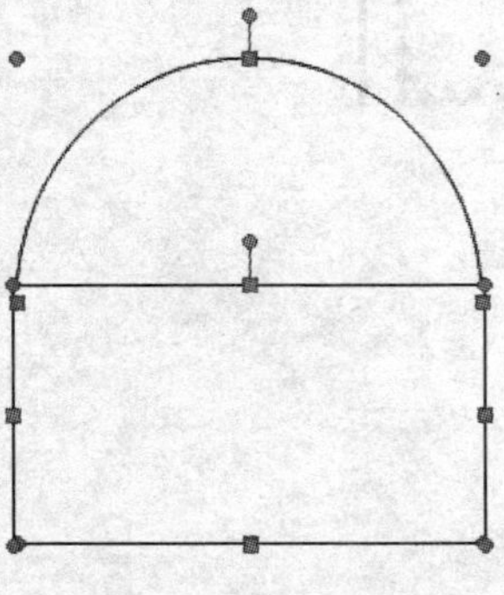

图 12.4.2　插入的基本形状

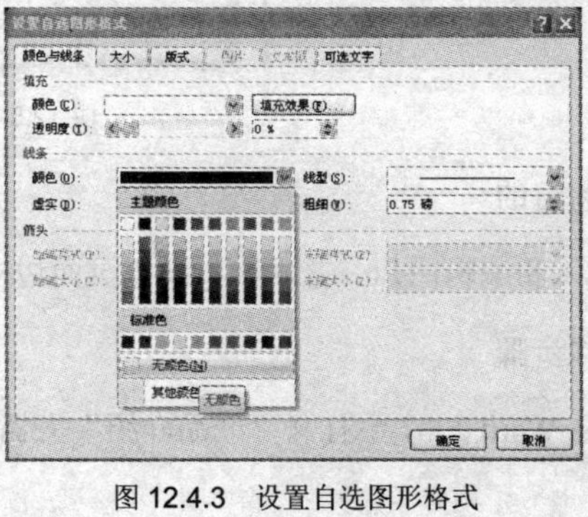

图 12.4.3　设置自选图形格式

（6）单击确定按钮就可以得到半圆的弧形了，如图 12.4.4 所示。

（7）单击“形状”列表中“线条”栏中的“直线”按钮，将半圆弧形的两个端点连接起来，就可以得到封闭的半圆形了，如图 12.4.5 所示。

（8）单击开始选项卡“编辑”组中的选择按钮，在弹出的下拉列表中选择选择对象(O)命令，将绘制的圆、矩形和直线全部选中。

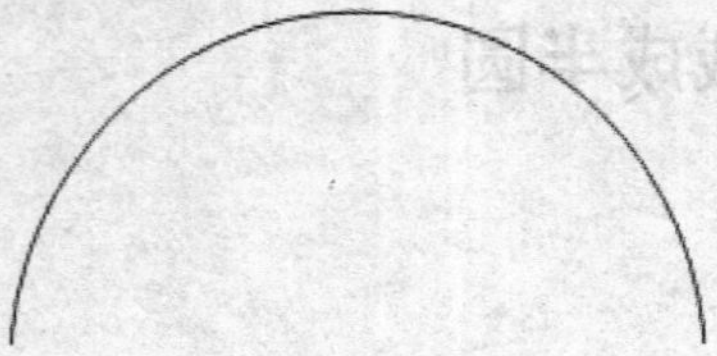

图 12.4.4　得到得半圆弧形

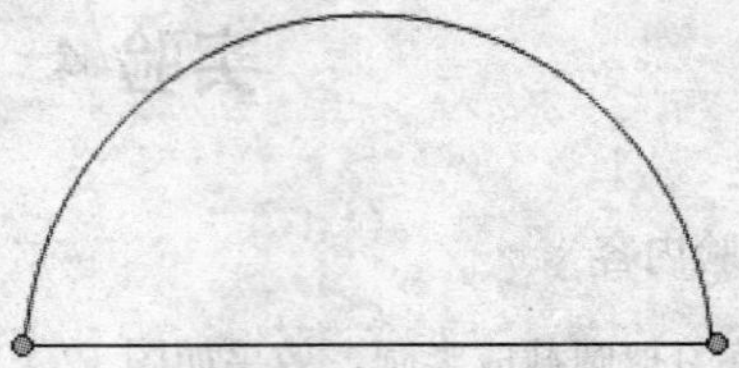

图 12.4.5　连接圆弧的两个端点

（9）在选中的自选图形上，单击鼠标右键，在弹出的快捷菜单中选择 组合(G) → 组合(G) 命令，将它们组合成一个整体，最终效果如图 12.4.1 所示。

实验 5　编辑“产品介绍”文档

1．实验内容

本例将编辑“产品介绍”文档，最终效果如图 12.5.1 所示。

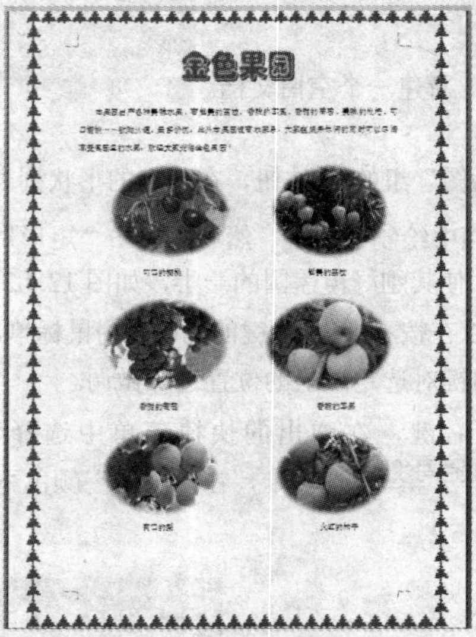

图 12.5.1　效果图

2．实验目的

掌握插入和编辑图片、艺术字，设置页面边框等操作。

3．操作步骤

（1）在 Word 2007 中打开“产品介绍”文档。

（2）将光标插入点定位到第一行中，在 插入 选项卡的“文本”组中单击 艺术字 按钮，在弹出的下拉菜单中选择“艺术字样式 11”选项。

（3）打开 编辑艺术字文字 对话框，在“字体”下拉列表框中设置艺术字的字体为“华文琥珀”，在“字号”下拉列表框中设置艺术字的大小为 48，在“文本”框中输入“金色果园”，如图 12.5.2 所示。

（4）单击 确定 按钮即可插入艺术字，如图 12.5.3 所示。

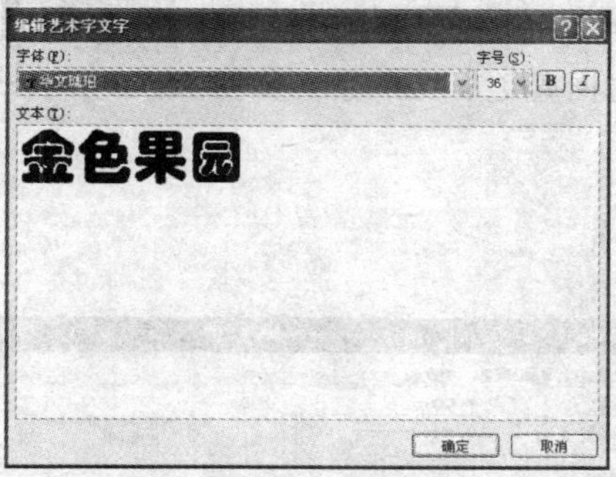

图 12.5.2　“编辑艺术字文字”对话框

图 12.5.3　插入的艺术字

（5）选中插入的艺术字，单击“段落”组中的“居中”按钮，使标题居中。

（6）选中正文文本，单击“段落”对话框启动器按钮，弹出段落对话框，设置首行缩进“2 字符”，行距为 1.5。

（7）将光标插入点定位到文本下方，选择插入选项卡，在“插图”组中单击图片按钮，弹出插入图片对话框，在其中选择“樱桃.jpg”图片，如图 12.5.4 所示。

（8）单击插入(S)按钮插入图片。选中插入的图片，将光标插入点移至图片边缘的控制点上，拖动鼠标缩小图片，如图 12.5.5 所示。

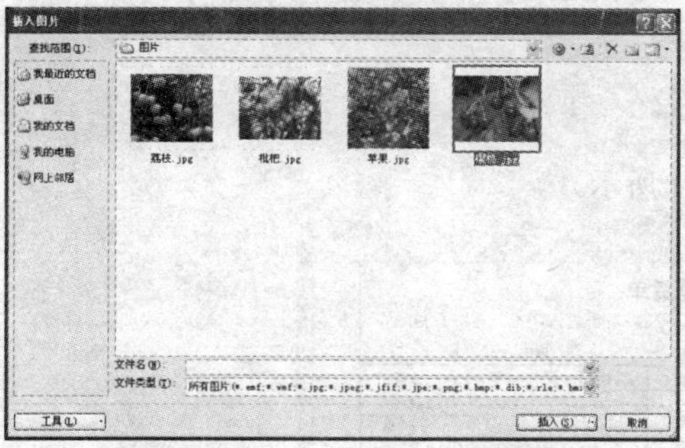

图 12.5.4　“插入图片”对话框

图 12.5.5　缩小图片的过程

（9）选中图片，单击格式选项卡，在“图片样式”组中单击“其他”按钮，在弹出的下拉列表中选择“柔化边缘椭圆”样式，此时可为图片应用样式效果，如图 12.5.6 所示。

图 12.5.6　应用图片样式

（10）用同样的方法添加其他图片，为图片应用样式效果，并在每张图片下方输入文本，效果如图 12.5.7 所示。

（11）单击 页面布局 选项卡，在“页面背景”组中单击 页面边框 按钮，弹出 边框和底纹 对话框。在“艺术型”下拉列表中选择一种边框样式，设置边框宽度为“20 磅”，如图 12.5.8 所示。

图 12.5.7　插入和编辑的图片

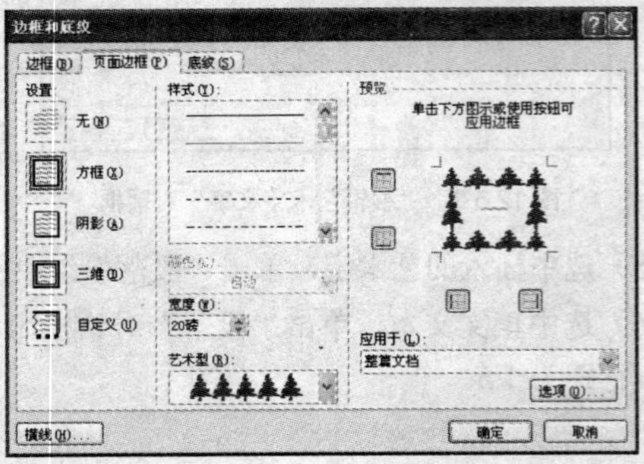

图 12.5.8　设置边框样式

（12）单击 确定 按钮可为整个页面添加边框效果，如图 12.5.1 所示。

实验 6　制作提货单

1．实验内容

本例将制作“提货单”，最终效果如图 12.6.1 所示。

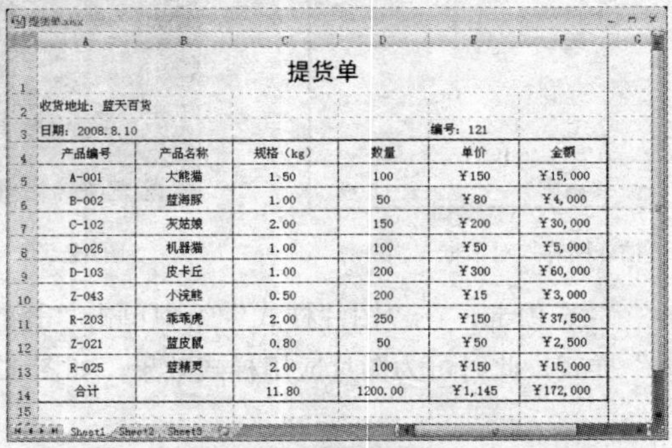

提货单

收货地址：蓝天百货

日期：2008. 8. 10　　　　编号：121

产品编号	产品名称	规格（kg）	数量	单价	金额
A-001	大熊猫	1.50	100	¥150	¥15, 000
B-002	蓝海豚	1.00	50	¥80	¥4, 000
C-102	灰姑娘	2.00	150	¥200	¥30, 000
D-026	机器猫	1.00	100	¥50	¥5, 000
D-103	皮卡丘	1.00	200	¥300	¥60, 000
Z-043	小浣熊	0.50	200	¥15	¥3, 000
R-203	乖乖虎	2.00	250	¥150	¥37, 500
Z-021	蓝皮鼠	0.80	50	¥50	¥2, 500
R-025	蓝精灵	2.00	100	¥150	¥15, 000
合计		11.80	1200.00	¥1, 145	¥172, 000

图 12.6.1　效果图

2．实验目的

掌握用鼠标调整行高和列宽的方法、设置单元格边框、设置单元格数字格式、使用公式、复制公式、保存为模板等操作。

3．操作步骤

（1）打开 Excel 2007 工作表，在 A1 单元格中单击一下，选定 A1 作为活动单元格，这时，状态栏会提示“就绪”字样，表明可以开始输入数据了。继续在相应单元格中录入表格数据，如图 12.6.2 所示。

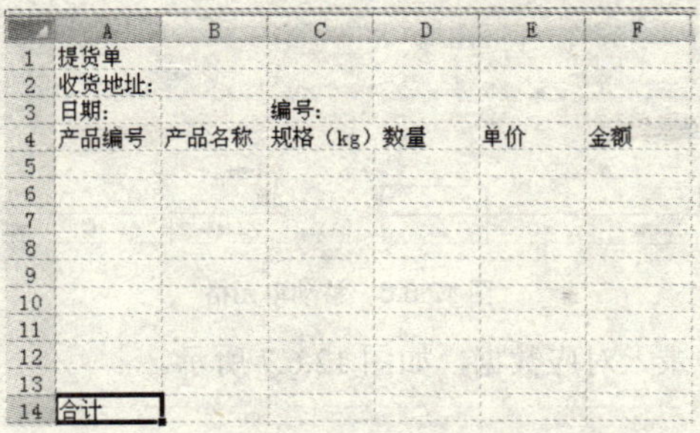

图 12.6.2　输入数据

提示：输入数据后，按下“Enter”键向下移动活动单元格，或按“Tab”键向右移动活动单元格。

（2）调整行高和列宽。将鼠标指针指向列号的右边界，当鼠标指针变为✛形状时，按住左键水平拖动鼠标即可改变列宽；将鼠标指针指向行号的下边界，当鼠标指针变为✛形状时，按下左键垂直拖动鼠标即可改变行高。

（3）选中 A1:F1 单元格区域，在“开始”选项卡中的“对齐方式”组中单击“合并后居中”按钮；在“字体”组中设置字体为“黑体”，字号为“22 磅”，如图 12.6.3 所示。

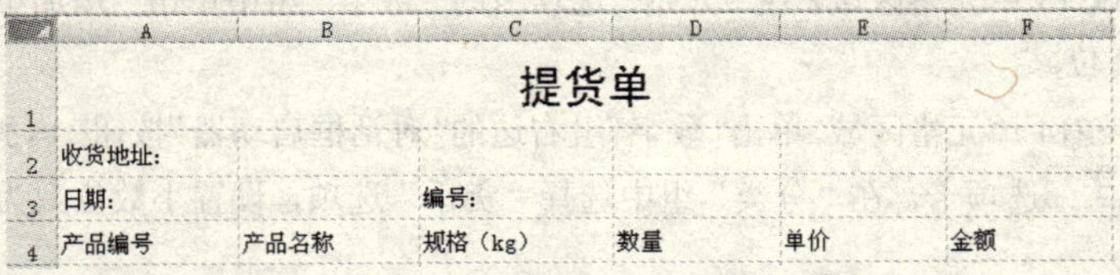

图 12.6.3　设置对齐方式和字体格式

（4）选择 A4:F14 单元格区域，单击鼠标右键，在弹出的快捷菜单中选择 设置单元格格式(F)... 命令，弹出 设置单元格格式 对话框。选择 边框 选项卡，在线条“样式”下拉列表中选择较粗的“直线”，从“颜色”下拉列表中选择“深蓝色”，然后单击“预置”栏中的“外边框”按钮；从线条“样式”列表中选择较细的“直线”，再单击“预置”栏中的“内部”按钮，为单元格添加“内部”的线条，如图 12.6.4 所示。

（5）设置完毕后，单击 确定 按钮，为表格设置边框后的效果如图 12.6.5 所示。

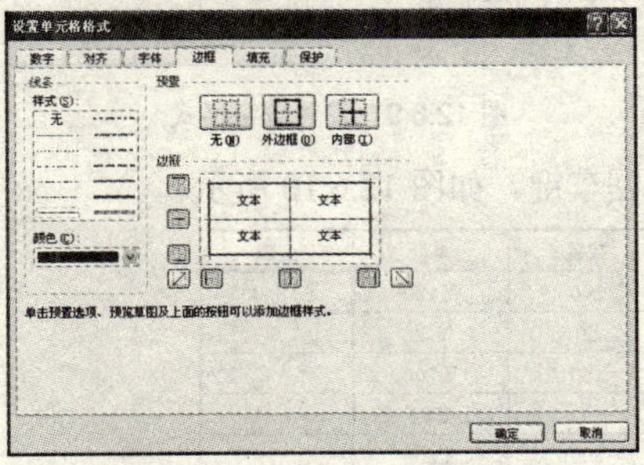

图 12.6.4　“边框”选项卡

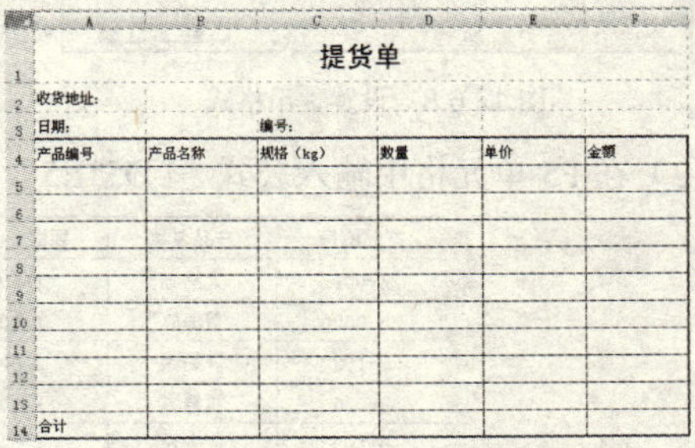

图 12.6.5　设置表格边框

（6）保持单元格区域的选中状态，在“开始”选项卡的“段落”组中单击按钮，让表格中的文字居中显示。

（7）选中 C3 单元格，将鼠标光标移动到单元格外框处，当光标变成形状时，按下鼠标左键并向右拖动，当虚框到达 E3 单元格时，松开鼠标即可将 C3 中的数据“编号:”移动到 E3 中，如图 12.6.6

所示。

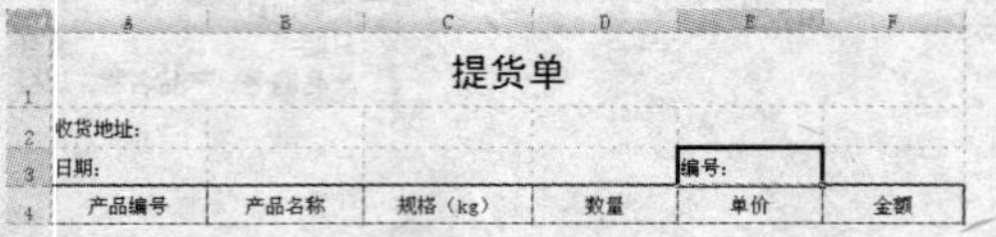

图 12.6.6　移动单元格

（8）在建好的提货单中录入对应数据，如图 12.6.7 所示。

提货单

收货地址:

日期:　　编号:

产品编号	产品名称	规格（kg）	数量	单价	金额
A-001	大熊猫	1.5	100	150	
B-002	蓝海豚	1	50	80	
C-102	灰姑娘	2	150	200	
D-026	机器猫	1	100	50	
D-103	皮卡丘	1	200	300	
Z-043	小浣熊	0.5	200	15	
R-203	乖乖虎	2	250	150	
Z-021	蓝皮鼠	0.8	50	50	
R-025	蓝精灵	2	100	150	
合计					

图 12.6.7　输入提货单数据

（9）选中 C5:C13 单元格区域，在“开始”选项卡的“数字”组中单击“增加小数位数”按钮，使小数位数保留 2 位。

（10）选中 E5:F14 单元格区域，单击“数字”组右边的“对话框启动器”按钮，弹出设置单元格格式对话框。选择数字选项卡，在“分类”组中选择“货币”选项，设置小数位数为“0”，如图 12.6.8 所示。

（11）设置完成后，单击确定按钮，效果如图 12.6.9 所示。

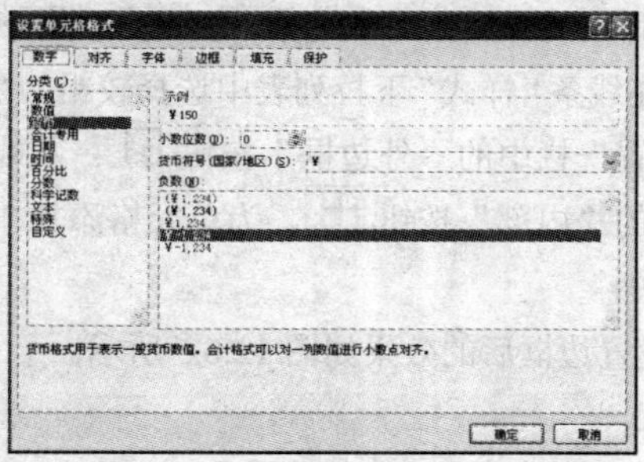

图 12.6.8　设置货币格式

提货单

收货地址:

日期:　　编号:

产品编号	产品名称	规格（kg）	数量	单价	金额
A-001	大熊猫	1.50	100	¥150	
B-002	蓝海豚	1.00	50	¥80	
C-102	灰姑娘	2.00	150	¥200	
D-026	机器猫	1.00	100	¥50	
D-103	皮卡丘	1.00	200	¥300	
Z-043	小浣熊	0.50	200	¥15	
R-203	乖乖虎	2.00	250	¥150	
Z-021	蓝皮鼠	0.80	50	¥50	
R-025	蓝精灵	2.00	100	¥150	
合计					

图 12.6.9　设置数字格式

（12）在 F5 单元格中输入公式“=D5*E5”，并按回车键，如图 12.6.10 所示。

产品编号	产品名称	规格（kg）	数量	单价	金额
A-001	大熊猫	1.50	100	¥150	¥15,000
B-002	蓝海豚	1.00	50	¥80	
C-102	灰姑娘	2.00	150	¥200	
D-026	机器猫	1.00	100	¥50	
D-103	皮卡丘	1.00	200	¥300	
Z-043	小浣熊	0.50	200	¥15	
R-203	乖乖虎	2.00	250	¥150	
Z-021	蓝皮鼠	0.80	50	¥50	
R-025	蓝精灵	2.00	100	¥150	
合计					

图 12.6.10　输入公式

（13）选中 F5 单元格，将光标移动到单元格右下角的填充柄上，当指针变为十形状时，按鼠标向下拖动直到 F13 单元格。此时，F6:F13 中的单元格即被公式填充，如图 12.6.11 所示。

4	产品编号	产品名称	规格（kg）	数量	单价	金额
5	A-001	大熊猫	1.50	100	￥150	￥15,000
6	B-002	蓝海豚	1.00	50	￥80	￥4,000
7	C-102	灰姑娘	2.00	150	￥200	￥30,000
8	D-026	机器猫	1.00	100	￥50	￥5,000
9	D-103	皮卡丘	1.00	200	￥300	￥60,000
10	Z-043	小浣熊	0.50	200	￥15	￥3,000
11	R-203	乖乖虎	2.00	250	￥150	￥37,500
12	Z-021	蓝皮鼠	0.80	50	￥50	￥2,500
13	R-025	蓝精灵	2.00	100	￥150	￥15,000
14	合计					

图 12.6.11　填充公式

（14）选中 C14:F14 单元格，在“开始”选项卡的“编辑”组中单击“自动求和”按钮Σ，计算出各项目的合计值，如图 12.6.12 所示。

	A	B	C	D	E	F
1	提货单					
2	收货地址：蓝天百货					
3	日期：2008.8.10				编号：121	
4	产品编号	产品名称	规格（kg）	数量	单价	金额
5	A-001	大熊猫	1.50	100	￥150	￥15,000
6	B-002	蓝海豚	1.00	50	￥80	￥4,000
7	C-102	灰姑娘	2.00	150	￥200	￥30,000
8	D-026	机器猫	1.00	100	￥50	￥5,000
9	D-103	皮卡丘	1.00	200	￥300	￥60,000
10	Z-043	小浣熊	0.50	200	￥15	￥3,000
11	R-203	乖乖虎	2.00	250	￥150	￥37,500
12	Z-021	蓝皮鼠	0.80	50	￥50	￥2,500
13	R-025	蓝精灵	2.00	100	￥150	￥15,000
14	合计		11.80	1200.00	￥1,145	￥172,000

图 12.6.12　计算合计值

（15）将“提货单”保存为模板。单击“Office”按钮，选择“另存为(A)”命令，这时会弹出“另存为”对话框。在“保存类型”列表框中选择“Excel 模板”选项，并将该模板命名为“提货单模板”，如图 12.6.13 所示。

（16）单击“确定”按钮完成模板保存。创建模板后，如果下次需要再次创建提货单时，只需要单击“Office”按钮，选择“新建(N)”命令，这时会弹出“新建工作簿”对话框。在“模板”列表中选择“我的模板...”选项，弹出“新建”对话框，如图 12.6.14 所示。

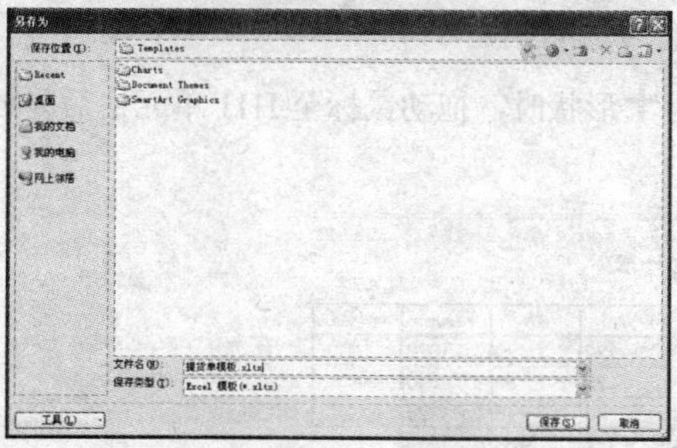

图 12.6.13　“另存为”对话框

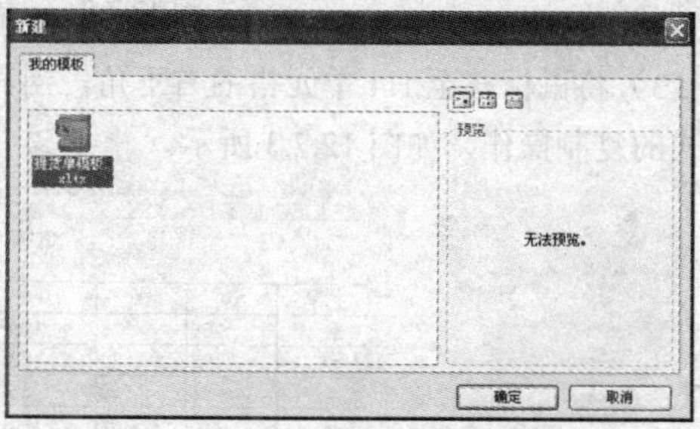

图 12.6.14　“新建”对话框

（17）双击“提货单模板”图标，打开提货单工作表，我们只须对其中的某些数据进行修改即可完成另外一张“提货单”的创建。

（18）单击快速启动工具栏上的“打印预览”按钮，调整页面大小即可打印出来，效果如图 12.6.1 所示。

实验 7　计算和管理“销售数据表”

1．实验内容

本例将计算和管理“销售数据表”，效果如图 12.7.1 所示。

	A	B	C	D	E	F	G	H	I
1	商场销售统计表								
2									单位：万元
3		1月	2月	3月	4月	5月	6月	合计	平均值
4	食品	23	28	35	27	19	26	158	26.33
5	鞋类	56	58	65	53	48	48	328	54.67
6	家具	85	92	102	99	79	83	540	90.00
7	服装	102	150	98	92	85	84	611	101.83
8	办公文品	185	178	170	183	192	190	1098	183.00
9	厨卫用品	218	269	195	203	194	185	1264	210.67
10	数码产品	205	215	234	228	237	239	1358	226.33
11	珠宝饰品	308	325	280	265	281	279	1738	289.67

图 12.7.1　效果图

2．实验目的

掌握公式和函数的使用、数据排序等操作。

3．操作步骤

（1）打开“销售数据表.xlsx”，选择要输入公式的单元格，这里选择 H4 单元格。

（2）单击 开始 选项卡“编辑”组中的“自动求和”按钮 Σ ，在弹出的下拉列表中选择 Σ 求和(S) 选项，将得到“服装”类别的计算结果，如图 12.7.2 所示。

商场销售统计表

单位：万元

	1月	2月	3月	4月	5月	6月	合计	平均值
服装	185	178	170	183	192	190	1098	
鞋类	85	92	102	99	79	83		
家具	56	58	65	53	48	48		
食品	218	269	195	203	194	185		
厨卫用品	102	150	98	92	85	84		
办公文品	23	28	35	27	19	26		
数码产品	205	215	234	228	237	239		
珠宝饰品	308	325	280	265	281	279		

图 12.7.2　计算“服装”类别销售额

（3）将鼠标移至 H4 单元格的右下角，当其变为✚形状时，拖动鼠标至 H11 单元格后释放，完成公式的复制操作，如图 12.7.3 所示。

商场销售统计表

单位：万元

	1月	2月	3月	4月	5月	6月	合计	平均值
服装	185	178	170	183	192	190	1098	
鞋类	85	92	102	99	79	83	540	
家具	56	58	65	53	48	48	328	
食品	218	269	195	203	194	185	1264	
厨卫用品	102	150	98	92	85	84	611	
办公文品	23	28	35	27	19	26	158	
数码产品	205	215	234	228	237	239	1358	
珠宝饰品	308	325	280	265	281	279	1738	

图 12.7.3　复制公式

（4）选择 I4 单元格，单击 公式 选项卡“函数库”中的 插入函数 按钮，弹出 插入函数 对话框。在“选择函数”列表框中选择平均值函数 AVERAGE，如图 12.7.4 所示。

（5）单击 确定 按钮，弹出 函数参数 对话框。单击 Number1 文本框右面的按钮，在工作表中选择 B4:G4 单元格，如图 12.7.5 所示。

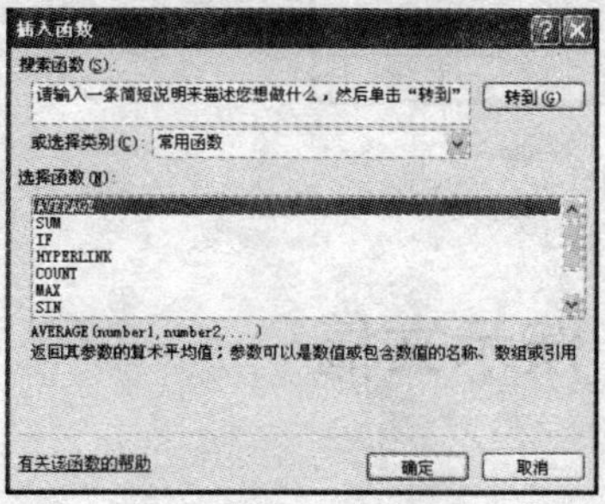

图 12.7.4 选择函数

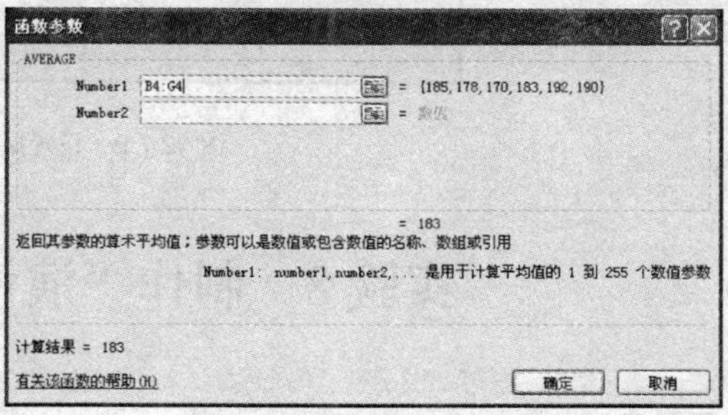

图 12.7.5 设置参数

（6）单击 确定 按钮返回工作表，即可看到利用函数计算出来的结果。重复步骤（3）的操作，将该函数复制至 I11 单元格中，如图 12.7.6 所示。

（7）选中 I4:I11 单元格中的数据，单击鼠标右键，在弹出的快捷菜单中选择 设置单元格格式(F)... 命令，弹出 设置单元格格式 对话框。在 数字 选项卡的“分类”列表中选择“数值”选项，在示例区中设置小数位数为 2，如图 12.7.7 所示。

I4 　 fx =AVERAGE(B4:G4)

	A	B	C	D	E	F	G	H	I
1	商场销售统计表								
2									单位：万元
3		1月	2月	3月	4月	5月	6月	合计	平均值
4	服装	185	178	170	183	192	190	1098	183
5	鞋类	85	92	102	99	79	83	540	90
6	家具	56	58	65	53	48	48	328	54.6667
7	食品	218	269	195	203	194	185	1264	210.667
8	厨卫用品	102	150	98	92	85	84	611	101.833
9	办公文品	23	28	35	27	19	26	158	26.3333
10	数码产品	205	215	234	228	237	239	1358	226.333
11	珠宝饰品	308	325	280	265	281	279	1738	289.667
12									

图 12.7.6 复制函数

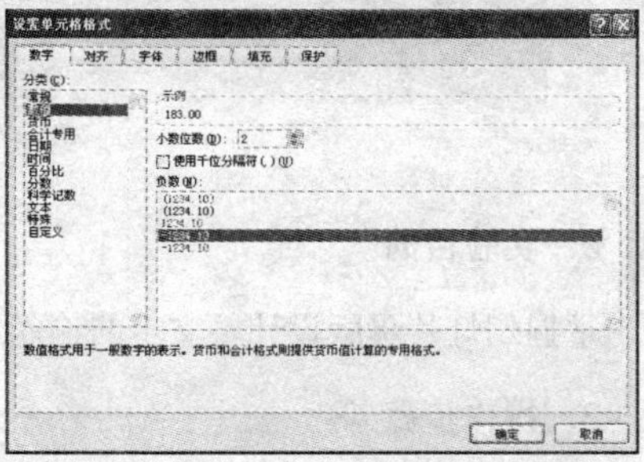

图 12.7.7 “数字”选项卡

（8）单击 确定 按钮返回工作表，效果如图 12.7.8 所示。

	A	B	C	D	E	F	G	H	I
1	商场销售统计表								
2									单位：万元
3		1月	2月	3月	4月	5月	6月	合计	平均值
4	办公文品	185	178	170	183	192	190	1098	183.00
5	家具	85	92	102	99	79	83	540	90.00
6	鞋类	56	58	65	53	48	48	328	54.67
7	厨卫用品	218	269	195	203	194	185	1264	210.67
8	服装	102	150	98	92	85	84	611	101.83
9	食品	23	28	35	27	19	26	158	26.33
10	数码产品	205	215	234	228	237	239	1358	226.33
11	珠宝饰品	308	325	280	265	281	279	1738	289.67

图 12.7.8 设置数值格式

（9）选择 A3:I11 单元格，单击 数据 选项卡“排序和筛选”组中的 排序 按钮，弹出 排序 对话框。在“主要关键字”下拉列表中选择“合计”项，按升序排序，如图 12.7.9 所示。

（10）单击 确定 按钮即可得到数据排序的结果，如图 12.7.1 所示。

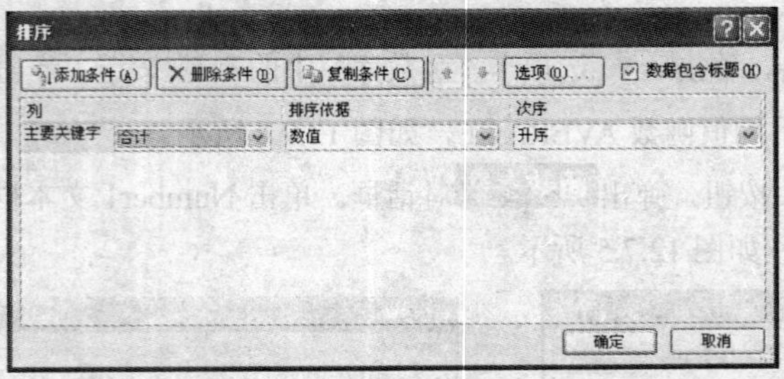

图 12.7.9　设置排序条件

实验 8　制作“演讲”演示文稿

1. 实验内容

本例制作“演讲”演示文稿，效果如图 12.8.1 所示。

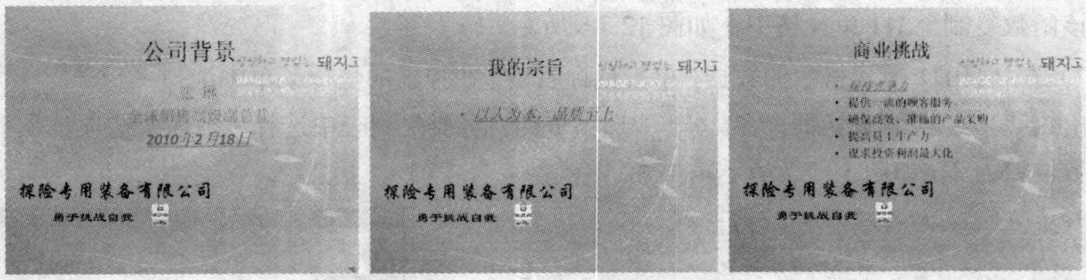

图 12.8.1　效果图

2. 实验目的

掌握幻灯片母版设计、文本的输入、插入声音、设置动画等操作。

3. 操作步骤

（1）启动 PowerPoint 2007，新建一个空白演示文稿。

（2）单击 视图 选项卡“演示文稿视图”组中的 幻灯片母版 按钮，进入幻灯片母版视图，如图 12.8.2 所示。

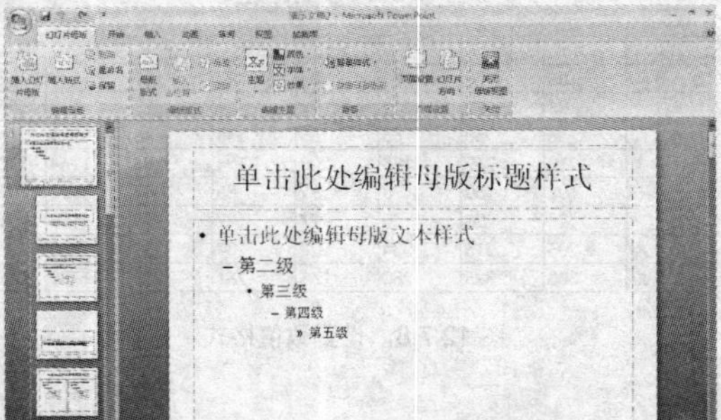

图 12.8.2　幻灯片母版视图

（3）删除标题样式和母版文本样式占位符。单击 插入 选项卡“插图” 文本框 按钮，在页面中绘制两个横排文本框，并在其中输入文本。

（4）单击 开始 选项卡，在“字体”组中设置其字体和字号，并将文本框缩小移至页面中的合适位置，如 12.8.3 所示。

（5）单击 插入 选项卡“插图”选项区中的 图片 按钮，在弹出的**插入图片**对话框中选择一幅公司标志图片插入到幻灯片中。调整图片大小并移至合适位置。

（6）切换到幻灯片母版视图，单击“背景”组中的 背景样式 按钮，在弹出的下拉列表中选择 设置背景格式(B)... 命令，弹出**设置背景格式**对话框。选择 填充 选项卡，单击 ◎ 图片或纹理填充(P) 单选按钮，如图 12.8.4 所示。

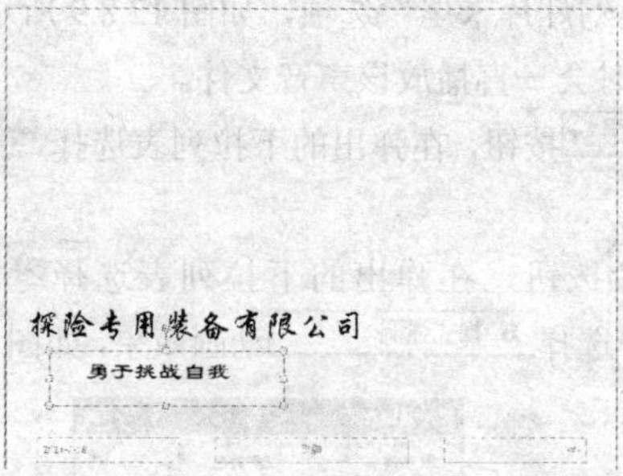

图 12.8.3　在文本框中输入文本

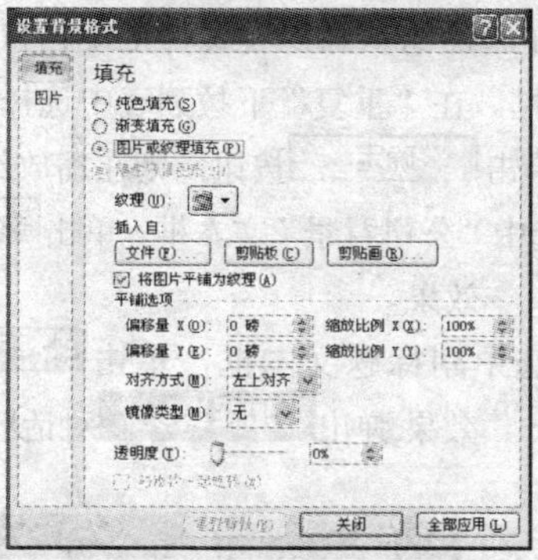

图 12.8.4　设置填充方式

（7）单击 文件(F)... 按钮，弹出**插入图片**对话框，在查找范围下拉列表中选择一种背景图片，单击 插入(S) 按钮返回到**设置背景格式**对话框中，单击 全部应用(L) 和 关闭 按钮。

（8）单击 关闭母版视图 按钮退出幻灯片母版编辑状态，效果如图 12.8.5 所示。

（9）在占位符中输入相应的文本，并设置字体、字号和颜色，如图 12.8.6 所示。

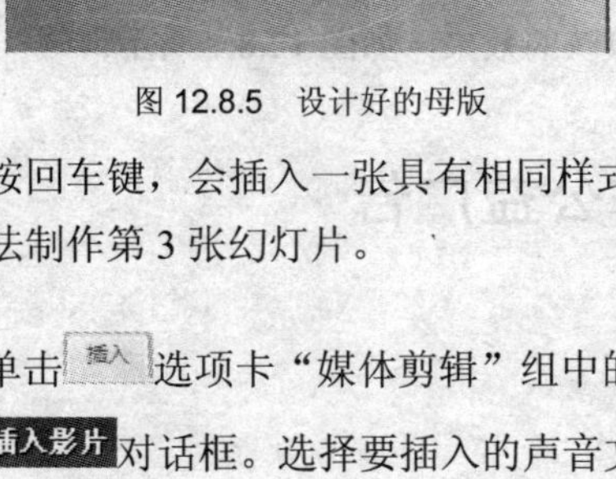

图 12.8.5　设计好的母版

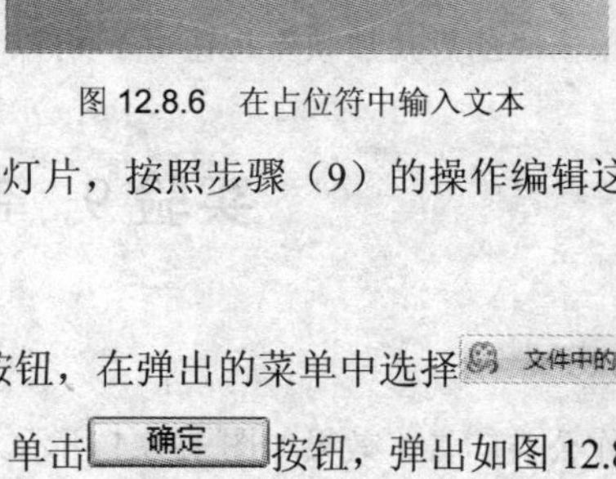

图 12.8.6　在占位符中输入文本

（10）按回车键，会插入一张具有相同样式的幻灯片，按照步骤（9）的操作编辑这张幻灯片。按同样的方法制作第 3 张幻灯片。

（11）单击 插入 选项卡“媒体剪辑”组中的 影片 按钮，在弹出的菜单中选择 文件中的影片(F)... 命令，弹出**插入影片**对话框。选择要插入的声音文件，单击 确定 按钮，弹出如图 12.8.7 所示的提示框。

（12）如果要在幻灯片中自动播放声音，单击 自动(A) 按钮，可以看到在幻灯片中添加一个小喇叭图标，如图 12.8.8 所示。

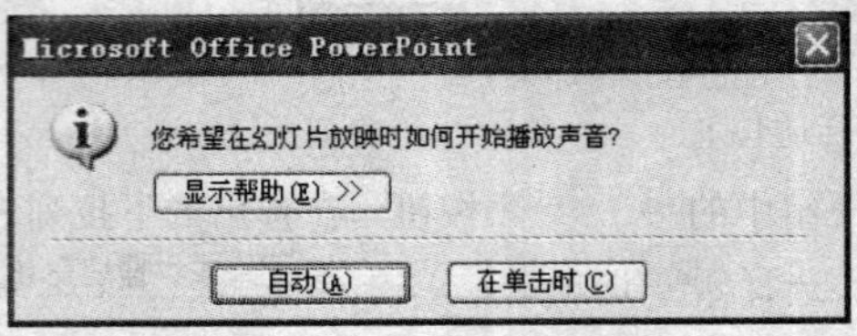

图 12.8.7　询问播放声音提示框

图 12.8.8　在幻灯片中插入声音

（13）在添加的动画声音文件上单击鼠标右键，在弹出的快捷菜单中选择 计时(T)... 命令，弹出 播放 声音 对话框。在“重复”下拉列表中选择“直至幻灯片末尾”选项，如图 12.8.9 所示。

（14）单击 确定 按钮，则在播放幻灯片时会一直播放该声音文件。

（15）选中“公司背景”文本框，单击 添加效果 按钮，在弹出的下拉列表选择 进入(E) → 2. 飞入 效果。

（16）选中副标题文本框，单击 添加效果 按钮，在弹出的下拉列表选择 强调(M) → 其他效果(M)... 效果,弹出 添加强调效果 对话框，从中选择 B 样式强调 动画效果，如图 12.8.10 所示。

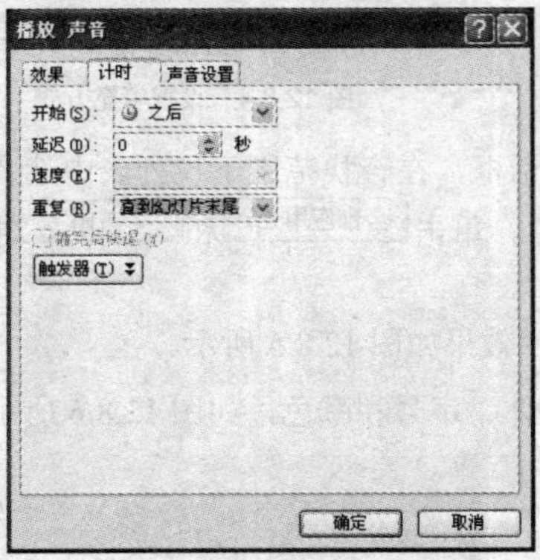

图 12.8.9　设置播放方式

图 12.8.10　添加强调动画效果

（17）重复步骤（15）～（16）的操作，将其余两张幻灯片也设置相同的动画效果。

（18）打开 动画 选项卡，在“切换到此幻灯片”组中“换片方式”栏选中 在此之后自动设置动画效果: 00:00 复选框，设置速度为“慢速”，单击 全部应用 按钮。

（19）单击“幻灯片放映”按钮，可以看到放映的效果，如图 12.8.1 所示。

实验 9　制作公益广告

1．实验内容

本例制作公益广告，效果如图 12.9.1 所示。

图 12.9.1 效果图

2. 实验目的

掌握背景设置、插入艺术字、插入文本框、设置动画效果等操作。

3. 操作步骤

（1）启动 PowerPoint 2007，新建一个空白演示文稿，并删除其占位符。

（2）单击 设计 选项卡“背景”组中的 背景样式 按钮，在弹出的下拉列表中选择 设置背景格式(B)... 命令，弹出 设置背景格式 对话框。选择 填充 选项卡，单击 图片或纹理填充(P) 单选按钮，如图 12.9.2 所示。

（3）单击 文件(F)... 按钮，弹出 插入图片 对话框，在查找范围下拉列表中选择荷花图片，单击 插入(S) 按钮，效果如图 12.9.3 所示。

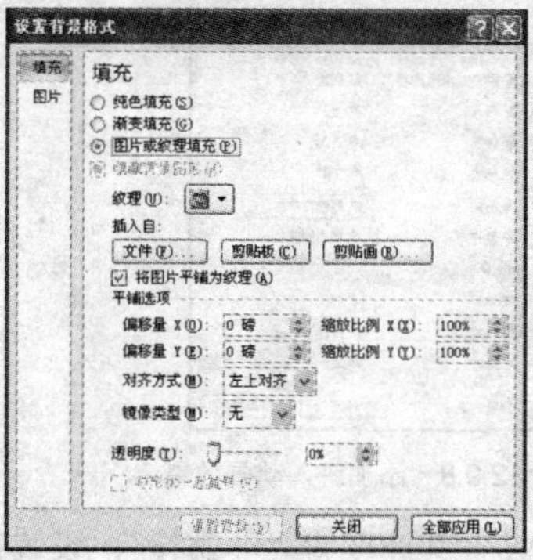

图 12.9.2 设置填充方式

图 12.9.3 设置背景

（4）单击 插入 选项卡“文本”组中的 文本框 按钮，在页面中绘制一个竖排文本框，并输入“俭以养德 廉以立身”文本。设置其字体为“隶书”，字号为“40”，字符颜色为“红色”。如图 12.9.4 所示。

图 12.9.4 在文本框中输入文本

（5）单击 插入 选项卡“文本”组中的 艺术字 按钮，从弹出的下拉列表中选择合适的艺术字样式，如 12.9.5 所示。

（6）在幻灯片上单击创建艺术字文本框，并在其中输入艺术字文字，将其字体设置为“华文行楷”，字号为“120”，效果如图 12.9.6 所示。

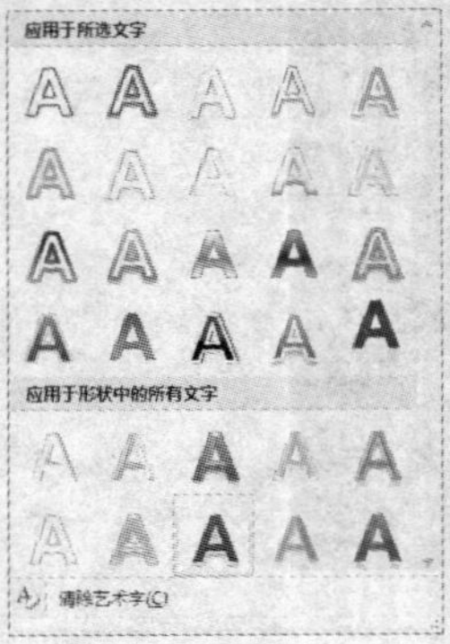

图 12.9.5　选择艺术字样式

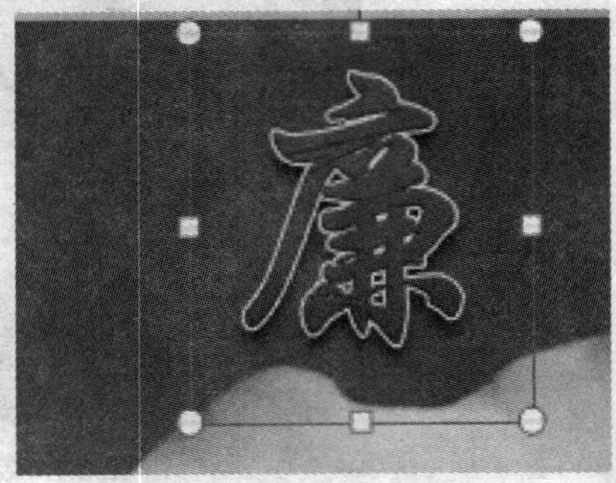

图 12.9.6　插入的艺术字

（7）选中添加的艺术字，单击 动画 选项卡“动画”组中的 自定义动画 按钮，打开“自定义动画”任务窗格。

（8）单击 添加效果 按钮，在弹出的下拉列表中选择 强调(M) → 其他效果(M)... 选项，弹出 添加强调效果 对话框，从中选择 陀螺旋 动画效果，如图 12.9.7 所示。

（9）选中竖排文本框文本，单击 添加效果 按钮，在弹出的下拉列表中选择 进入(E) → 其他效果(M)... 选项，弹出 添加进入效果 对话框，从中选择 颜色打字机 动画效果，如图 12.9.8 所示。

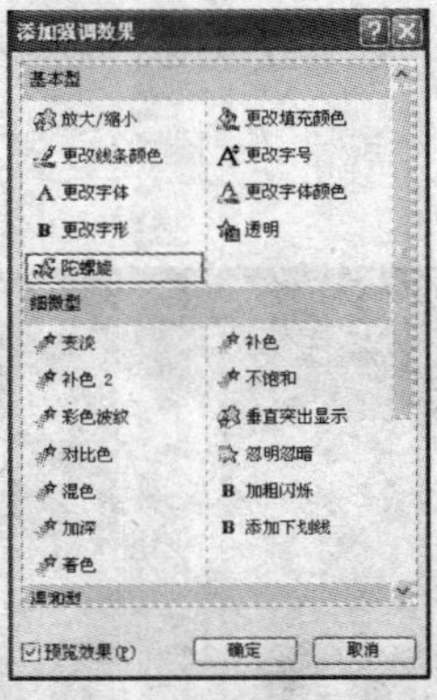

图 12.9.7　添加强调动画效果

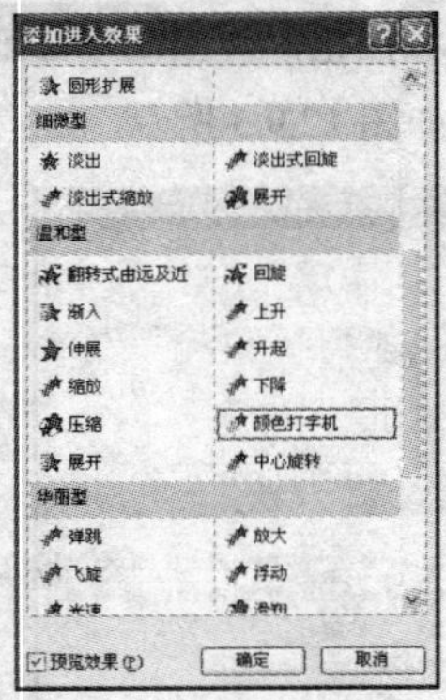

图 12.9.8　添加进入动画效果

（10）在动画任务窗格中，单击第一个动画效果，设置其速度为“非常慢”；设置第二个动画效果为“中速”。

（11）在“切换到此幻灯片”组中“换片方式”栏选中 在此之后自动设置动画效果: 00:00 复选框。

（12）单击屏幕右下角的“幻灯片放映”按钮，可播放该幻灯片，如图 12.9.1 所示。